明解Python

图灵程序设计丛书

[日] 柴田望洋 / 著　周凯 / 译

人民邮电出版社
北京

图书在版编目(CIP)数据

明解Python / (日) 柴田望洋著 ; 周凯译 . -- 北京 : 人民邮电出版社, 2022.2 (2024.5 重印)
(图灵程序设计丛书)
ISBN 978-7-115-58376-5

Ⅰ. ①明… Ⅱ. ①柴… ②周… Ⅲ. ①软件工具—程序设计 Ⅳ. ①TP311.56

中国版本图书馆CIP数据核字(2021)第267320号

内容提要

本书图文并茂、示例丰富，采用全彩印刷方式，通过299段代码和165幅图表，全面、系统地讲解了Python的基础语法和编程知识，内容涉及分支/循环语句、对象、字符串、列表、集合、函数、类、模块、异常处理和文件处理等。针对初学者难以理解和容易误解的地方，本书均采用平实的语言，辅以精心设计的版式，循序渐进、清晰直观地进行了讲解。跟随本书的讲解，读者可以扎实掌握Python的基础知识，并具备实际使用Python进行编程的能力。

本书适合Python初学者阅读，也适合有一定基础的Python使用者用来查漏补缺、巩固基础。

◆ 著　　[日] 柴田望洋
译　　周　凯
责任编辑　高宇涵
责任印制　周昇亮

◆ 人民邮电出版社出版发行　　北京市丰台区成寿寺路11号
邮编　100164　　电子邮件　315@ptpress.com.cn
网址　https://www.ptpress.com.cn
北京九州迅驰传媒文化有限公司印刷

◆ 开本：800×1000　1/16
印张：25　　2022年2月第1版
字数：620千字　　2024年5月北京第2次印刷

著作权合同登记号　图字：01-2019-7825号

定价：129.80元

读者服务热线：(010)84084456-6009　印装质量热线：(010)81055316

反盗版热线：(010)81055315

广告经营许可证：京东市监广登字20170147号

前　言

大家好！

如今，Python 被众多企业所采用，用户数量也急剧上升。这门编程语言擅长的领域非常多，不仅包括机器学习、深度学习等人工智能（AI）领域，还包括数据分析、科学计算和 Web 应用开发等诸多领域。

本书是 Python 的入门书，可以帮助大家全面、系统地学习 Python 的基础知识。

本书在讲解时注重以下两个方面的平衡。

- **Python 语言的基础知识**
- **编程的基础知识**

如果将这两个方面套用到外语学习中，前者就相当于基础语法和单词，后者则相当于写作和会话。

本书详细解说了 Python 语言和编程的本质，无论你是否接触过编程语言，只要是 Python 编程的初学者，都可阅读本书。

本书讲解的内容虽然基础，但并不简单。为了让大家能够轻松地理解并掌握复杂的概念和语法，本书提供了 165 幅图表。请大家放心阅读。

本书还提供了多达 299 段的示例程序代码，它们相当于外语教材中的大量例句和对话。让我们一起通过这些程序代码来学习 Python 吧。

本书的行文偏口语化。我以自己长期的教学经验为基础，细致讲解了初学者难以理解和容易误解的地方。如果大家在阅读时感觉像是在听我讲课，像是我们共同完成了这 13 章内容的教与学，那我将倍感荣幸。

柴田望洋

2019 年 4 月

本书结构

本书是一本入门书，用于帮助读者了解编程语言 Python 以及如何使用 Python 进行编程。全书有 13 章，还有 1 个附录，具体结构如下。

第 1 章	开始学习 Python 吧	第 8 章	元组、字典和集合
第 2 章	打印输出和键盘输入	第 9 章	函数
第 3 章	程序流程之分支	第 10 章	模块和包
第 4 章	程序流程之循环	第 11 章	类
第 5 章	对象和类型	第 12 章	异常处理
第 6 章	字符串	第 13 章	文件处理
第 7 章	列表	附录	安装与运行

我们在学习时要注意：Python 只是看似简单，其实它的内部机制很复杂，要学会绝非易事。

为了理解一个概念，有时需要提前了解很多其他概念的相关知识。例如，要想理解用于循环的 **for 语句**（第 4 章），必须先掌握列表等**可迭代对象**（第 6 章～第 8 章）的部分知识；但是，要想理解可迭代对象，又要先理解 **for 语句**的部分知识才行。

通过融入自己长期的编程教学经验，我已经尽量让大家能按本书的章节顺序来学习，但仍有不少知识点需要我们提前了解后面章节的内容。

请大家按本书的顺序学习，并在此基础上根据需要翻阅后面的内容。我会在相应的地方说明应当参照哪些内容。

本书的后记中解释了章节结构的设计初衷，并对前面讲解的内容进行了补充。有其他编程语言经验的读者可以先阅读这部分内容。

此外，“专栏”部分归纳了正文的一些补充知识和应用示例。其中有些内容颇有难度，如果看不懂，可以暂时跳过，以后再回过头来阅读。

希望本书能得到大家的喜爱。

▪ 关于计算机的基础术语

本书并未讲解“字节”“存储空间”等常见的计算机基础术语和文件操作。这是因为讲解这些术语会占据大量篇幅，对已经了解这些术语的读者来说也毫无益处。关于这些术语的详细解释，大家可以上网查阅或参考其他图书。

▪ 关于脚本程序

本书提供了 299 段程序代码供大家下载并参考，不过正文中省略了与介绍过的代码相同或基本相同的程序代码。具体来说，正文中展示了 237 段程序代码，省略了 62 段程序代码。

本书的源程序代码可以在以下网站中下载。

ituring.cn/book/2788

省略的程序代码在正文中则是以 chap99/****.py 的形式，用包含了目录名的文件名来标示的。

附录 A-2 节总结了 Python 程序的执行方法。在 Python 自带的集成开发环境 IDLE 中输入脚本程序代码后，按 F5 键就能执行程序。

让我们一起在执行这 299 段程序代码的过程中不断学习吧！

目　录

第 8 章 元组、字典和集合 199

第 1 章

开始学习 Python 吧

让我们开启 Python 的学习之旅吧！本章，我将讲解 Python 的特点和它的基础内容。

- Python 是什么
- 执行 Python 程序
- 交互式 shell（基本会话模式）
- 运算符和操作数
- 一元运算符和二元运算符
- 基本算术运算符
- 运算符的优先级
- 类型和 type 函数
- 数值型
- 整型（int 型）/ 浮点型（float 型）/ 复数型（complex 型）
- 数值字面量
- 整数字面量（二进制 / 八进制 / 十进制 / 十六进制）和浮点数字面量
- 字符串
- 字符串字面量和原始字符串字面量
- 转义字符
- 变量
- 赋值语句
- 使用 \ 延续代码到下一行
- Python 之禅（The Zen of Python）

1-1 Python 是什么

首先介绍一下 Python 的特点和它的历史。

关于 Python

程序是驱动计算机的指令的集合，计算机正是通过程序来完成各种处理的。

用于系统描述程序的人工语言叫作编程语言（programming language）。

现在我们要学习的 Python 是由荷兰的吉多 · 范罗苏姆（Guido van Rossum）开发的编程语言。Python 这个名字来源于英国广播公司（British Broadcasting Corporation，BBC）制作的电视喜剧片《蒙提 · 派森的飞行马戏团》（*Monty Python's Flying Circus*）。

▶ 英语单词 python 是名词，意思是蟒蛇，所以 Python 的商标也使用了蛇的图案（图 1-1）。

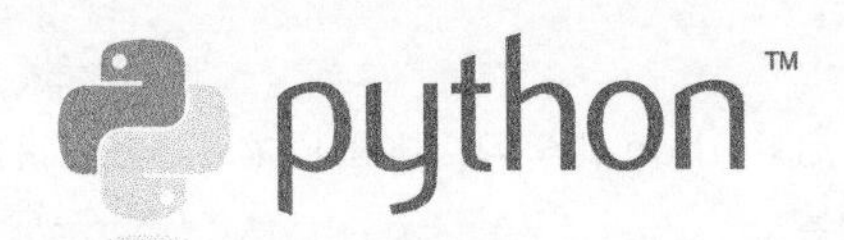

图 1-1　Python 的商标

现在，Python 的开发和维护由 Python 软件基金会（Python Software Foundation）负责。我们可以从以下网站获取 Python 的相关信息。

Ⓐ Python 的基本信息：Python 官网

可从该网站下载 Python。

Ⓑ 中文信息：Python 中国社区（PyChina）

Python 中国社区的主页，该网站用中文发布相关信息。

在 Python 官网的首页通过 Documentation 和 Python Docs 按钮进入文档列表并选择语言后，即可查看中文版的 Python 入门教程、标准库参考、语言参考和常见问题等文档。

Python 的特点

本书在说明 Python 的特点时会用到一些专业术语。在当前阶段，即使大家有不理解的内容也没有关系。

▪ 免费的开源软件

Python 可免费使用且其源代码公开（即公开了 Python 自身的开发方法），所以我们不仅能使用 Python 开发程序，还能阅读和学习 Python 的内部机制。

▪ 多平台运行

Python 可在 Windows、macOS 和 Linux 等平台上运行。

▪ 文档丰富

互联网上有入门教程等在线文档可供大家学习和参考。

▪ 适用于众多领域的通用语言

无论是哪种编程语言，都不可能适用于所有领域。编程语言各自有擅长的领域，有的擅长数值计算，有的擅长数据库和事务处理。

从这方面来说，Python 可以说是一个“全能型选手”。

因为 Python 不仅擅长**机器学习和深度学习等人工智能领域，**还擅长**数据分析、科学计算、Web 应用程序和 GUI（Graphical User Interface，图形用户界面）**等领域。

不仅如此，Python 还具有胶水语言的特性，能轻易地与用其他编程语言开发的程序组合在一起。因此，针对 Python 不擅长的领域，开发人员也可以利用其他擅长该领域的编程语言编写程序，然后配合 Python 进行开发。

另外，在教学一线也有越来越多的人将 Python 指定为必学编程语言。

▪ 支持各种编程范式

在开发程序时，我们可以用各种编程范式来表达编程的基本思想、思维方式和开发方法。Python 极具包容性，支持多种编程范式，比如命令式编程、过程式编程、函数式编程和面向对象编程等。

学会 Python 就能精通上述编程范式。开发人员也可以根据自身所长和所开发程序的特点，自由选取编程范式（或调整不同范式之间的比例）。

▪ 脚本语言

脚本语言是体系较小的编程语言，易于编写程序、运行程序和测试程序。Python 就是一种脚本语言，它具有以下特点。

- **代码简洁**。比其他编程语言少几成代码。
- **可读性好**。程序代码容易阅读。
- **解释执行**。程序能以会话方式逐行运行，易于调试错误。

▪ 丰富的库

编程语言自身具有一定的局限性，会将图像和网络等处理交给库去执行（库集成了各种处理模块）。

随着 Python 的迅速普及，横跨各领域的 Python 库应运而生。

▪ 程序运行速度不快

因为用 Python 编写的程序是**解释执行**的（还有 Python 是动态类型语言等原因），所以这类程序无法快速运行。

不过，把 Python 程序的主要部分交给运行速度很快的库来处理，能提高程序的运行速度。

▪ 难以掌握

虽然外界宣传 Python 很容易学，但事实并非如此。可读性强意味着简短的 Python 代码中潜藏着许多深层的含义。另外，Python 表面上几乎没有指针（普遍认为学起来比较困难），但其实它的内部充满了指针（引用）。因此大家在学习 Python 时要正确理解 Python 程序的每一个表达式和语句的含义。

关于 Python 的版本

Python 在持续更新，它的版本号用 A.B 或 A.B.C 这种形式表示。其中，A 是主版本号，B 是次版本号。末尾的数字 C 会在有小的变动或修补漏洞时添加到版本号中。

Python 在 1991 年、1994 年、2000 年和 2008 年依次发布了 0.9 版、1.0 版、2.0 版和 3.0 版。

Python 从 2.*x* 开始受到广泛关注，随后许多库被开发出来。之后，Python 在 3.*x* 中发生较大变化，导致 Python 2.*x* 和 Python 3.*x* 不兼容。大部分用 Python 2.*x* 编写的程序无法直接使用 Python 3.*x* 运行。官方对 Python 2.*x* 的支持只持续到 2020 年，所以除非有特殊情况，比如只能使用支持 Python 2.*x* 的库等，否则应尽量使用 Python 3.*x*。

本书使用的是 Python 3.7。

执行 Python 程序

在用 Python 编写程序之前，首先要安装 Python。大家可以通过附录来学习安装方法。

另外，如附录所述，Python 程序的执行方式主要有 3 种（图 1-2）。

交互式 shell（基本会话模式）

逐行执行 Python 程序（图 1-2 中的a），这也是本章唯一使用的方式。

在集成开发环境内执行

使用集成开发环境 IDLE（图 1-2 中的b）执行程序。

使用 python 命令执行

使用 `python` 命令执行以后缀名“.py”保存的程序。

a 交互式 shell（基本会话模式）

b 集成开发环境 IDLE

图 1-2　执行 Python 程序

此外，还有一些可以快速运行 Python 程序的方法，比如使用第三方提供的集成开发环境、执行编译操作等。

1-2 Python 的基础知识

本节通过讲解交互式 shell（基本会话模式）的使用方法，让大家逐渐熟悉 Python 并掌握其基础内容。

交互式 shell（基本会话模式）

我们已经知道了有很多执行 Python 程序的方法，接下来就尝试一下交互式 shell[①] 吧。交互式 shell 也叫作基本会话模式。

交互式 shell（基本会话模式）的启动和退出

首先使用 `python` 命令启动交互式 shell。

▶ 启动方式与操作系统的版本和 Python 的版本有关。以下方式仅供参考。

- 使用 Windows 时，要在 PowerShell 或命令提示符中输入 `python`，也可以在“开始菜单”中用以下方式查找并启动 Python。

  “开始菜单”–“所有程序”–“Python 3.7”–“Python 3.7（64 bit）”

- 使用 Linux 时，要在 shell 提示符中输入 `python`。
- 使用 macOS 时，要在终端输入 `python3`。

启动后会出现主提示符（primary prompt），也就是 3 个并排的右向箭头 >>>。

▶ >>> 后面有 1 个空格。

提示符之后可以输入各种命令。

首先，我们试着输入 `copyright`。输入后，版权信息就会显示出来（例 1-1）。

例 1-1　交互式 shell（基本会话模式）显示的版权信息

```
Python 3.7.0 on win32
Type "help", "copyright", "credits" or "license" for more information.
>>> copyright⏎
Copyright (c) 2001-2018 Python Software Foundation.
All Rights Reserved.

Copyright (c) 2000 BeOpen.com.
All Rights Reserved.

Copyright (c) 1995-2001 Corporation for National Research Initiatives.
All Rights Reserved.

Copyright (c) 1991-1995 Stichting Mathematisch Centrum, Amsterdam.
All Rights Reserved.
>>>
```

▶ 红字处是输入命令的地方，蓝字处是 Python 的 shell 显示信息的地方。另外，不同版本的 Python 显示的内容不同。

① 俗称壳，指为使用者提供操作界面的软件。——译者注

在正式使用交互式 shell 之前，我们先来学习以下内容。

退出方式

Python 有多种退出方式。

使用 quit 函数或 exit 函数退出

退出时可以输入 quit() 或 exit()。下面请先输入 quit()（例 1-2）。

例 1-2 退出交互式 shell（其一：quit 函数）
```
>>> quit()⏎
```

这样就退出交互式 shell 了。再次启动 Python，并输入 exit()（例 1-3）。

例 1-3 退出交互式 shell（其二：exit 函数）
```
>>> exit()⏎
```

这里出现了函数（function）一词，我将在之后的章节中逐一讲解函数、“()”等的概念。

使用组合键强制退出

我们可以通过以下组合键强制退出交互式 shell。

- Windows：按住 Ctrl 键的同时按 Z 键，然后按 Enter 键。
- macOS 和 Linux：按住 Ctrl 键的同时按 D 键，然后按 Enter 键。

该退出方法是在程序无法退出时使用的最终手段。

▶ Ctrl + Z 和 Ctrl + D 称为文件终止符。

调出命令历史

想要输入已经输入过的命令（语句和表达式等）时，没有必要从头输入。

使用↑、↓、Home、End、Page Up、Page Down 这些键可以按顺序调出输入过的命令。

如果想输入和之前完全相同的命令，可以直接按 Enter 键；如果想稍微修改一下命令，可以使用←键和→键把光标移动到合适的位置，修改后按 Enter 键。

要点 想要输入相同或类似的命令时，可调出命令历史进行修改。

运算符和操作数

我们使用交互式 shell 模拟计算器的功能，以此来熟悉 Python。

先进行四则运算（例 1-4）。输入计算表达式后，运算结果就显示出来了。

例 1-4　四则运算和求幂

```
>>> 7 + 3⏎            ⬅ 加法
10
>>> 7 - 3⏎            ⬅ 减法
4
>>> 7 * 3⏎            ⬅ 乘法
21
>>> 7 / 3⏎            ⬅ 除法
2.3333333333333335
>>> 7 // 3⏎           ⬅ 取整除（舍去除法结果的小数部分）
2
>>> 7 % 3⏎            ⬅ 求余（7 除以 3 的余数）
1
>>> 7 ** 3⏎           ⬅ 求幂（7 的 3 次方）
343
>>> 7 * (3 + 2) * 4⏎     ⬅ 先计算 () 中的内容
140
```

注意：当需要输入相同或类似的表达式时，没有必要重新输入，调出命令历史进行修改即可（具体方法参考前述内容）。

7 / 3 求的是 7÷3 的实数结果

7÷3 的整数结果是“2 余 1”
使用运算符 // 求商，得到 2
使用运算符 % 求余，得到 1

▶ 箭头后的绿色文字为补充说明部分，并不是输入或输出的内容。
我们将在第 17 页和第 18 页学习为什么输入表达式后运算结果会自动显示出来等内容。

提示符后（字符“7”之前）不能直接输入空格，但是“7”和“+”之间、“+”和“3”之间，以及“3”和回车符之间有无空格均可。

▶ 3-3 节会介绍具体原因。另外，第 5 章会介绍 7/3 的运算结果的最后一位是 5 而不是 3 的原因。

运算符和操作数

用来进行运算的 + 和 - 等符号称为运算符（operator），7 和 3 等运算的对象称为操作数（operand）（图 1-3）。

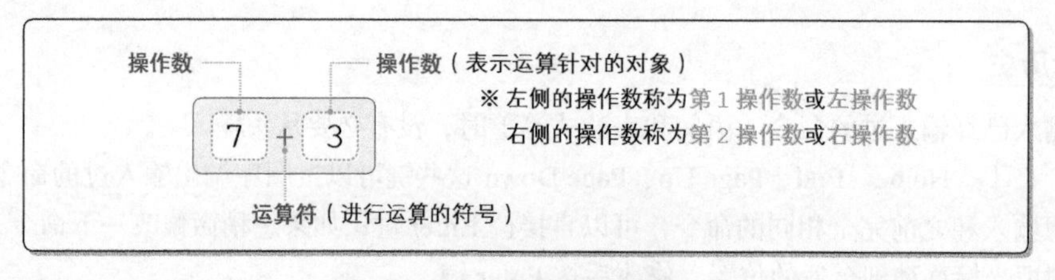

图 1-3　运算符和操作数

加减法运算符 + 和 - 与我们平时计算使用的符号相同，乘除法运算符则不同。乘法使用 * 而不是 ×，除法使用 / 而不是 ÷，舍去运算结果小数部分的除法使用运算符 //，求余运算使用运算符 %（表 1-1）。

另外，求幂运算符为 **。

▶ 7 ** 3 表示计算 7 * 7 * 7 的值。另外，两个 * 之间不能有空格。

在最后计算的表达式 7 * (3 + 2) * 4 中，如果缺少括号，表达式将计算 7 * 3 和 2 * 4 的和，运算结果就会变成 29。也就是说，下页这几点与四则运算的规则相同。

- 从左至右进行运算。
- 乘除法比加减法优先级更高，即乘除法的运算符拥有更高的优先级。
- 优先运算括号内的表达式。

括号可以迭代，如表达式 7 * ((3 + 5) % 2)。另外，进行迭代操作的行为称为嵌套。

▶ 从左至右依次进行运算的运算符是左结合的（求幂运算符 ** 是右结合的）。运算符的结合规则将在 3.3 节介绍。

运算符的优先级

有两个操作数的运算符称为二元运算符（binary operator）。除了二元运算符，还有存在 3 个操作数的运算符——三元运算符（trinary operator），以及只有 1 个操作数的一元运算符（unary operator）。

试着使用我们平时计算常用的一元运算符 + 和 -（例 1-5）。

例 1-5　二元运算符和一元运算符

```
>>> 7*+3⏎                ⬅ 即 7 * (+3)，表示求 7 和 (+3) 的积
21
>>> 7*-3⏎                ⬅ 即 7 * (-3)，表示求 7 和 (-3) 的积
-21
```

通过此例，我们可以得知以下内容。

- 一元运算符 + 和 - 的优先级比乘除法运算符的优先级高。

*

接下来，我们让交互式 shell 模拟计算器的功能，以此来学习 9 个运算符。

这些运算符根据优先级可分为 4 类。表 1-1 是按优先级从高到低的顺序进行排列的运算符一览表。不同颜色表示不同优先级的运算符。

表 1-1　基本算术运算符

x ** y	求幂运算符	求 x 的 y 次方的值	右结合运算符
+x	一元运算符	求 x 本身的值	
-x	一元运算符	求 x 符号反转后的值	
x * y	乘法运算符	求 x 乘以 y 的值	
x / y	除法运算符	求 x 除以 y 的实数值	
x // y	取整除运算符	求 x 除以 y 的整数值	
x % y	求余运算符	求 x 除以 y 的余数	
x + y	加法运算符	求 x 加 y 的值	
x - y	减法运算符	求 x 减 y 的值	

数值型和数值字面量

例 1-4 演示了整数间的四则运算。只有使用运算符 / 的运算结果是实数，其结果中包含了小数部分，其他运算结果均为整数。

数值型

不同编程语言表示数值的方法也各有不同。

我们用类型（type）来表示数值、字符等的种类和方法。Python 有 3 种表示数值的类型。

- `int` 型 表示整数的整数型（integer type）。
- `float` 型 表示实数的浮点型（floating type）。
- `complex` 型 表示复数的复数型（complex type）。

▶ 许多编程语言的 `int` 型只能表示有限的数值，比如数值范围被限制为 -2 147 483 648 ~ 2 147 483 647，而 Python 在表示数值方面没有这样的限制。

另外，Python 的 `float` 型相当于 C 语言和 Java 的 `double` 型（而非 `float` 型）。Python 没有 `double` 型。

我们尝试一下整数型和浮点型的混合运算（例 1-6）。

例 1-6　整数和浮点数的运算

```
>>> 7 + 3⏎          ⬅ int   + int   的运算结果是 int
10                                                 只有该结果为 int 型
>>> 7.0 + 3⏎        ⬅ float + int   的运算结果是 float
10.0
>>> 7 + 3.0⏎        ⬅ int   + float 的运算结果是 float
10.0
>>> 7.0 + 3.0⏎      ⬅ float + float 的运算结果是 float
10.0
```

`int` 型数值之间的加法运算结果是 `int` 型，除此以外的加法运算结果都是 `float` 型。像这样，操作数的类型不同，运算结果的类型也不同。我将在第 5 章讲解详细规则。

数值字面量（整数字面量和浮点数字面量）

`7` 和 `3.0` 等数值的表示法称为数值字面量（numeric literal）。`7` 是整数字面量（integer literal），`3.0` 是浮点数字面量（floating point literal）。

▶ literal 的本意是“字面上的”“字面意义的”。

整数字面量不仅可以表示十进制数，还可以表示二进制数、八进制数和十六进制数。

▶ 一般来说，*n* 进制数是以 *n* 为基数的数（第 24 页的专栏 1-2）。

各基数的字面量表示方法如下所示。十进制数以外的进制数需要加前缀。

- 二进制字面量 … 前缀是 `0b`。使用 `0` 和 `1` 这两个数字。
- 八进制字面量 … 前缀是 `0o`。使用 `0~7` 这 `8` 个数字。
- 十进制字面量 … 使用 `0~9` 这 `10` 个数字。
- 十六进制字面量 … 前缀是 `0x`。使用 `0~9` 和 `a~f`（或 `A ~ F`）这 `16` 个数字和字母。

▶ 二进制字面量、八进制字面量、十六进制字面量的开头也可以写成 0B、0O、0X。不过，八进制数字面量的 0O 不容易辨认。

0b 和 0x 中的 0 只是数值字面量的前缀字符。在十进制数中，除 0 以外的数字的开头不能为 0。因此，03 和 010 等是错误的表示法。

我们来输入整数字面量看看效果吧（例 1-7）。

例 1-7　二进制字面量 / 八进制字面量 / 十进制字面量 / 十六进制字面量

```
>>> 0b10⏎              ← 二进制数的 10（十进制数的 2）
2
>>> 0o10⏎              ← 八进制数的 10（十进制数的 8）
8
>>> 10⏎                ← 十进制数的 10
10
>>> 0x10⏎              ← 十六进制数的 10（十进制数的 16）
16
>>> 010⏎               ← 不会被当成十进制数的 10
  File "<stdin>", line 1
    010
      ^
SyntaxError: invalid token
```

在十进制字面量之前放置 0 会产生错误

最后的 010 产生了错误。

▶ 此处产生的是语法错误。具体内容我会在第 3 章讲解。

通过此例，我们可以得知以下内容。

- 仅仅输入数值字面量，不进行运算，值也会显示出来。
- 整数值用十进制数表示。

Python 从版本 3.6 起可以在数值字面量字符间的任意位置插入下划线“_”（实际上 Python 程序会忽略下划线）（例 1-8）。这样可以让位数较多的数值更易于阅读。

例 1-8　包含下划线的整数字面量

```
>>> 38_239_521_489_247⏎      ← 表示十进制数 38 239 521 489 247
38239521489247
```

浮点数字面量可以省略整数部分或小数部分。另外，我们也可以在浮点数字面量的末尾添加 10 的指数表示形式。请看以下示例。

```
6.52    10.    .001    1e5    3.14e-7    3.141_592_653_5
```

▶ e5 表示 10^5，e-7 表示 10^{-7}。

字符串字面量和转义字符

前面学习的都是数值，现在我们来看一看字符。首先试着输入字符（例 1-9）。

例 1-9 字符的排列（错误）

```
>>> Fukuoka⏎
Traceback (most recent call last):
  File "<stdin>", line 1, in <module>
NameError: name 'Fukuoka' is not defined
```

字符单纯排列在一起所形成的内容不是字符串

很遗憾，这里产生了错误。原因是程序将此处输入的 Fukuoka[①] 当成名称而非排列在一起的字符进行了识别。

▶ 错误消息的最后一行可直译为如下内容。

命名错误：未定义 'Fukuoka' 这一名称。

我会在后面讲解此处的名称指的是什么，现在我们继续学习字符。

字符串字面量

字符串（string）由一系列字符组成，其字符序列称为字符串字面量（string literal）。

字符串字面量使用单引号“'”包围想要表示的字符，例如 'A' 和 'Fukuoka'。我们来看例 1-10。

例 1-10 字符串字面量和加法 / 乘法

```
>>> 'A'⏎                              ← 由 1 个字符构成的字符串
'A'
>>> 'Fukuoka'⏎                        ← 由 7 个字符构成的字符串
'Fukuoka'
>>> '福冈'⏎                           ← 由 2 个字符构成的字符串
'福冈'
>>> '福' + 冈' + '市'⏎                ← 使用运算符 + 拼接字符串
'福冈市'
>>> '福冈' * 3⏎                       ← 使用运算符 * 重复 3 遍字符串
'福冈福冈福冈'
>>> '这是' + 3 * '福冈'+'。'⏎         ← 使用运算符 * 重复字符串，同时使用运算符 + 拼接字符串
'这是福冈福冈福冈。'
>>> 3 * '福冈' * 2⏎                   ← 使用运算符 * 重复 6 遍字符串
'福冈福冈福冈福冈福冈福冈'
>>> ''⏎                               ← 空字符串
''
```

这也是标准的字符串

从示例的后半部分我们可以得知以下内容。

- 使用“字符串 + 字符串”的形式运算，可以得到从左至右拼接的字符串。
- 字符串和整数使用运算符 * 相乘，可以得到重复该整数次数的字符串。

  ※ 注意：字符串之间不能使用运算符 * 相乘。
- 可以使用 0 个字符构成字符串（空字符串）。

字符串的特性和数值的特性完全不同。字符串字面量的类型不是 int 型或 float 型，而是表示字符串的 str 型。

我们通过例 1-11 来看一下字符串和数值的不同点。

① Fukuoka 是福冈的日语读法。——译者注

例 1-11　字符串之间的加法，以及字符串和整数的加法

```
>>> '12' + '34'↵          ← 字符串之间的加法（拼接）：结果不是 46
'1234'
>>> 'Python' + 3↵         ← 结果不是 'Python3'（'Python' + '3' 的结果是 'Python3'）
Traceback (most recent call last):
  File "<stdin>", line 1, in <module>
TypeError: can only concatenate str (not "int") to str
```

由此我们得知，不能对“字符串 + 数值”进行运算。

转义字符

单引号 ' 是表示字符串字面量的开始位置和结束位置的特殊字符。因此，`'This isn't a pen.'` 之类的表示方式是错误的。

字符 ' 用 \' 这 2 个字符来表示（虽然使用了 2 个字符，但实际上表示的是 1 个字符）。所以，`'This isn\'t a pen.'` 才是正确的表示方式。

× `'This isn't a pen.'`　　　○ `'This isn\'t a pen.'`

像这样，把反斜杠 \ 放在开头，配合 2 个或多个字符来表示某一字符（该字符用普通字符难以表示）的方法称为转义字符（escape sequence）。

表 1-2 是转义字符一览表。

表 1-2　转义字符

\a	响铃（alert）	发出警报声或显示警告
\b	退格符（backspace）	将光标移到前一个字符
\f	换页符（form feed）	换页并将当前位置移至下一页开头
\n	换行符（new line）	换行并将当前位置移至下一行开头
\r	回车符（carriage return）	将当前位置移至该行开头
\t	水平制表符（horizontal tab）	横向跳到下一制表位置
\v	垂直制表符（vertical tab）	纵向跳到下一制表位置
\\	反斜杠 \	
\?	问号 ?	
\'	单引号 '	
\"	双引号 "	
\newline	忽略反斜杠和换行符	第 20 页和第 21 页
\ooo	ooo 为 1 ~ 3 位的八进制数	与八进制数 ooo 的值相对应的字符
\xhh	hh 为 2 位的十六进制数	与十六进制数 hh 的值相对应的字符

字符串字面量的表示方法

由 1 个单引号 ' 构成的字符串字面量需要用 4 个字符来表示，包括表示开始位置的 '、表示单引号的 \' 和表示结束位置的 '。请看例 1-12。

例 1-12 单引号

```
>>> '\''⏎          ← 由 1 个单引号构成的字符串
"'"
```

显示结果与以往稍有不同。包围字符串的符号是双引号 " 而不是单引号 '。

实际上，字符串字面量的表示方法有 4 种。

▪ 用单引号 ' 包围字符串

此时，可以直接用 " 表示双引号。单引号用 \' 表示。

▪ 用双引号 " 包围字符串

此时，可以直接用 ' 表示单引号。双引号用 \" 表示。

▪ 用 3 个单引号 ''' 包围字符串

此时，可以直接用 " 表示双引号，字符串中间也可以包含换行符。

▪ 用 3 个双引号 """ 包围字符串

此时，可以直接用 ' 表示单引号，字符串中间也可以包含换行符。

如果不包含引号和换行符，以上表示方法的显示结果相同。我们来看例 1-13。

例 1-13 4 种字符串字面量

```
>>> 'String'⏎
'String'
>>> "String"⏎
'String'
>>> '''String'''⏎
'String'
>>> """String"""⏎
'String'
```

包围字符串的符号有 4 种

交互式 shell 显示的结果均用单引号 ' 包围，各种情形都以 'String' 的形式显示。

下面我们试着在字符串字面量中插入引号和换行符（例 1-14）。

例 1-14 包含引号或换行符的字符串字面量

```
>>> '这是"ABC"。'⏎
'这是"ABC"。'
>>> "构成字符串\"ABC\"的是'A''B'和'C'。"⏎
'构成字符串"ABC"的是\'A\'、\'B\'和\'C\'。'
>>> '''中途⏎
... 是可以⏎
... 换行的。'''⏎
'中途\n是可以\n换行的。'
```

注意：如果在使用 ''' 或 """ 的字符串中换行，主提示符 >>> 会变成辅助提示符（secondary prompt）...

通过以上结果，在交互式 shell 中，关于字符串字面量的显示我们可以得知以下几点。

- 一般使用 '' 包围字符串。
- 字符串内如果含有单引号，就使用双引号包围字符串。
- 换行符和单引号使用转义字符 \n 和 \' 表示。

可用多种表示方法是为了方便输入代码，但我们在编写程序的时候要尽量使用统一的表示方法。

▶ 本书基本上使用 '' 来包围字符串，当字符串包含单引号时使用 "" 包围。

大家可能觉得 ''' 和 """ 除表示包含换行符的字符串字面量之外没有别的用途，其实并非如此。

''' 和 """ 能以程序代码中的字符串为基础，生成类似于用户手册的程序文档。Python 使用 """ 形式的字符串字面量来生成这种程序文档。

▶ 我们将在第 9 章学习 """ 形式的字符串字面量。

拼接相邻的字符串字面量

在相邻的字符串字面量之间插入空格、制表符、换行符等空白字符，字符串字面量仍会被识别为连续的字符串。

例如，'ABC' 'DEF' 会被识别为 'ABCDEF'。我们来看例 1-15。

例 1-15 插入空白字符的相邻的字符串字面量（字句的结合）

```
>>> 'ABC'  'DEF'⏎
'ABCDEF'
```

结果为不带空白字符的字符串 'ABCDEF'（也就是说，'ABCDEF' 并不是通过 'ABC' + 'DEF' 这种运算拼接在一起的）。

原始字符串字面量

以 r 或 R 开头的字符串字面量叫作原始字符串字面量（raw string literal）。原始字符串字面量中的转义字符按照原本含义解释。

下面的示例展示了字符串字面量和原始字符串字面量在表示方法上的不同。

连续 4 个反斜杠字符 \ 构成的字符串字面量

字符串字面量	'\\\\\\\\'	※4 个转义字符 \\。
原始字符串字面量	r'\\\\'	※4 个反斜杠字符 \。

这种原始字符串字面量的表示方法一般用在频繁出现反斜杠的路径中。

▶ raw 表示原生的、未加工过的。原始字符串字面量又称原生字符串字面量。

变量和类型

未使用引号包围的 Fukuoka 不是字符串而是名称（第 12 页）。

这里的名称是变量（variable）的名称。我会在后面的章节中详细讲解变量，这里我们可以先按照下面的内容理解什么是变量。

要点 变量就像一个箱子，用来存储整数、浮点数和字符串等值。把相应的值放入变量后，可以随时取出。

▶ 这种解释不完全正确，我会在第 5 章具体讲解并加以纠正。

请看例 1-16 中的代码。

例 1-16 变量（赋值和求值）

```
1 >>> x = 17⏎              ← 把 17 赋给 x
  >>> y = 52⏎              ← 把 52 赋给 y
  >>> z = x + y⏎           ← 把 x + y 赋给 z
2 >>> x⏎                   ← 求 x 的值
  17
  >>> y⏎                   ← 求 y 的值
  52
  >>> z⏎                   ← 求 z 的值
  69
3 >>> x + 2⏎               ← 求 x + 2 的值
  19
  >>> x // 2⏎              ← 求 x // 2 的值
  8
4 >>> x, y, z⏎             ← 求 x、y 和 z 的值
  (17, 52, 69)
```

第 3 章会介绍求值这一术语的含义

1. = 是用于赋值运算的符号，与数学上的“*x* 等于 17”的含义不同。这里指的是赋值给 x、y 和 z。
2. 在交互式 shell 中仅输入变量名会显示出变量的值。
3. 输入算术运算的表达式后，运算结果会显示出来。
4. 输入多个表达式，各表达式间以逗号隔开，这样一来，相应的结果会以逗号隔开显示在括号内。这种方法非常便捷。

在例 1-9 中，输入名称 Fukuoka 后产生了名字未定义的错误。如果像例 1-16 这样用“x = 17”这样的表达式赋值，就不会产生错误。理由如下。

要点 初次使用的变量名在赋值时，程序会自动声明该变量。

因为变量 x、y 和 z 被赋予了整数值，所以程序会声明这些变量为 int 型。

但是，变量的类型并不是固定的。试着输入例 1-17 中的代码确认一下结果。

例 1-17 更改变量类型

```
>>> x = 17⏎          ← 把 int 型的整数值 17 赋给 x
>>> x⏎               ← 求 x 的值
17
>>> x = 3.14⏎        ← 把 float 型的浮点数 3.14 赋给 x
>>> x⏎               ← 求 x 的值
3.14
>>> x = 'ABC'⏎       ← 把 str 型的字符串 'ABC' 赋给 x
>>> x⏎               ← 求 x 的值
'ABC'
```

更改变量类型并确认变量的值

变量 x 先后“变身”为整数 int 型、浮点数 float 型和字符串 str 型。

使用 type 函数确认类型

实际上，有专门的方法可以确认变量的类型——输入 type（表达式）即可得到括号内的表达式的类型。我们来看例 1-18。

例 1-18 确认变量类型

```
>>> x = 17↵
>>> type(x)↵
<class 'int'>
>>> x = 3.14↵
>>> type(x)↵
<class 'float'>
>>> x = 'ABC'↵
>>> type(x)↵
<class 'str'>
```

更改变量类型并对其进行确认

可以看到，变量 x 的类型在不断变化。

另外，type() 也可以用于字面量（例 1-19）。

例 1-19 确认字面量的类型

```
>>> type(5)↵
<class 'int'>
>>> type(5.5)↵
<class 'float'>
>>> type('ABC')↵
<class 'str'>
```

确认字面量的类型

前面讲的变量名都只有 1 个字符。关于变量名，其实并不是任意名称都可以使用。命名规则大致如下。

- 可使用的字符包括字母、数字和下划线。
- 字母区分大小写。
- 数字不能放在变量名开头。

比如，我们可以使用以下名称。

```
a    abc    point    point_3d    a1    x2
```

▶ 变量名可以使用汉字，但我并不推荐使用。详细规则我们将在 3-3 节中学习。

表达式和语句

我们来比较一下赋值和加法。请输入例 1-20 中的内容。

例 1-20 赋值和加法

```
>>> x = 17↵        ← 把 17 赋给 x
>>> x + 17↵        ← x 加 17 的值
34
```

最开始的“x = 17”没有显示任何内容，后面的“x + 17”显示了运算结果。之所以会出现这种情况，是因为二者存在以下根本性的差异。

- x = 17 是语句（statement）　※ 是语句，不是表达式。
- x + 17 是表达式（expression）　※ 是表达式，也可以是语句（第 52 页）。

输入表达式后，程序会输出表达式的值；输入语句后，程序仅会执行相应的处理（本例中是赋值）。

▶ 当然，如果执行输出命令的语句，相应的内容就会显示出来。我们将在下一章学习相关内容。

要确认“x + 17”是表达式而“x = 17”不是表达式并不难（例 1-21）。

例 1-21 赋值的类型和加法的类型

```
>>> x = 0
>>> type(x + 17)
<class 'int'>                                  加法 x + 17 是 int 型
>>> type(x = 17)
Traceback (most recent call last):             赋值 x = 17 没有类型
  File "<stdin>", line 1, in <module>
TypeError: type() takes 1 or 3 arguments
```

后者不是表达式，没有可供程序查看的类型，所以产生错误。表达式和语句有丰富的内涵，我们会在后面慢慢学习它们的相关内容。

赋值语句

正如前文讲解的那样，+ 是加法运算符，而 = 不是运算符。

要点 用于赋值的符号 = 不是运算符。

▶ 表 3-5 中展示的完整运算符一览不包含 =。虽然 = 不是运算符，但人们仍习惯称它为赋值运算符，本书也遵循了该习惯。

使用符号 = 进行赋值的语句称为赋值语句（assignment statement）。赋值语句功能的丰富程度要远超大家的想象。

▶ 前面讲过在给初次使用的变量名赋值时，程序会自动声明该变量的功能。

我们会逐步学习赋值语句的相关内容，这里先学习两个方便的功能。

给多个变量同时赋相同的值

第一个功能是给多个变量同时赋相同的值。请看例 1-22。

例 1-22 给多个变量赋相同的值

```
>>> x = y = 1          ← 将 1 赋给 x 和 y
>>> x
1
>>> y
1
```

x 和 y 这两个变量在被自动声明的同时赋值为 1。

给多个变量同时赋不同的值

第二个功能是给多个变量同时赋不同的值。请看例 1-23。

例 1-23 给多个变量同时赋不同的值

```
>>> x, y, z = 1, 2, 3↵          ⬅ 分别将 1、2、3 赋给 x、y、z
>>> x↵
1
>>> y↵
2
>>> z↵
3
```

值 1、2、3 分别赋给了变量 x、y、z。

下面来实践一下（例 1-24）。

例 1-24 给多个变量同时赋值

```
>>> x = 6↵
>>> y = 2↵
>>> x, y = y + 2, x + 3↵          ⬅ 将 y+2 赋给 x，将 x+3 赋给 y
>>> x↵
4
>>> y↵
9
```

此处执行了 x 和 y 的赋值操作。这些赋值操作如果按先后顺序执行，应该会得到如下结果。

① 执行 x = y + 2 后，x 的值更新为 4。

② 执行 y = x + 3 后，y 的值更新为 7，即更新后的 x 的值 4 与 3 的和。

×

但实际上并非如此。两个赋值操作理论上是同时进行的，也就是下面这样。

- 执行 x = y + 2 后，x 的值变为 4。
- 执行 y = x + 3 后，y 的值变为 9。

○

要点 理论上可以给多个变量同时赋值。

▶ 在用逗号对多个变量进行赋值时使用了第 8 章中介绍的元组。

符号的叫法

表 1-3 展示了 Python 中使用的符号以及它们的叫法。

表 1-3　符号的叫法

<table>
<tr><th>符号</th><th>称呼</th></tr>
<tr><td>+</td><td>加号、正号、加</td></tr>
<tr><td>-</td><td>减号、负号、连字符、减</td></tr>
<tr><td>*</td><td>星号、乘法、米字符、星</td></tr>
<tr><td>/</td><td>斜杠、分隔号、除号</td></tr>
<tr><td>\</td><td>反斜线、反斜杠</td></tr>
<tr><td>%</td><td>百分号</td></tr>
<tr><td>.</td><td>终止符、小数点、点</td></tr>
<tr><td>,</td><td>逗号</td></tr>
<tr><td>:</td><td>冒号</td></tr>
<tr><td>;</td><td>分号</td></tr>
<tr><td>'</td><td>单引号</td></tr>
<tr><td>"</td><td>双引号</td></tr>
<tr><td>(</td><td>左括号、左圆括号、左小括号</td></tr>
<tr><td>)</td><td>右括号、右圆括号、右小括号</td></tr>
<tr><td>{</td><td>左花括号、左大括号</td></tr>
<tr><td>}</td><td>右花括号、右大括号</td></tr>
<tr><td>[</td><td>左方括号、左中括号</td></tr>
<tr><td>]</td><td>右方括号、右中括号</td></tr>
<tr><td><</td><td>小于号、左尖括号</td></tr>
<tr><td>></td><td>大于号、右尖括号</td></tr>
<tr><td>?</td><td>问号</td></tr>
<tr><td>!</td><td>感叹号</td></tr>
<tr><td>&</td><td>与、and 符号</td></tr>
<tr><td>~</td><td>波浪线、波浪号</td></tr>
<tr><td>‾</td><td>上划线</td></tr>
<tr><td>^</td><td>插入符、脱字符号</td></tr>
<tr><td>#</td><td>井号、井字</td></tr>
<tr><td>_</td><td>下划线</td></tr>
<tr><td>=</td><td>等号、等于</td></tr>
<tr><td>|</td><td>竖线</td></tr>
</table>

使用 \ 延续代码到下一行

如果在某一行代码的最后（换行符前）插入 \，该行代码将直接延续到下一行。也就是说，连续输入 \ 和换行符所形成的转义字符（第 13 页的表 1-2）表示

延续该行到下一行。

我们来看例 1-25。

例 1-25 在行末使用 \ 延续代码到下一行

```
>>> x \↵                    ← 中途换行（代码延续到下一行）
... = 17↵                   ← 上一行的延续                    x = 17
>>> x↵
17
>>> x = 5     \↵            ← 中途换行（代码延续到下一行）     x = 5 + 3
... + 3 ↵                   ← 上一行的延续
>>> x↵
8
>>> x = \  ↵                                     \ 之后放置空格会产生错误
  File "<stdin>", line 1
    x = \
         ^
SyntaxError: unexpected character after line continuation character
```

像最后一行代码那样，\ 和换行符之间如果有空格，就会产生错误。

使用 \ 延续代码到下一行并不是交互式 shell 的特性，后面介绍的脚本程序也使用 \ 使代码延续到下一行。

要点 如果想将当前行的代码延续到下一行继续输入，需要在该行末尾输入 \。

※ 当行末的字符为 \ 时，该行代码将延续到下一行。

► 此外，我们还可以使用括号来延续代码到下一行（具体内容会在第 3 章中介绍）。

专栏 1-1 交互式 shell 最后显示的值

交互式 shell 最后显示的值可以用变量“_”来表示。该变量在运算结果需要用于下次运算时非常有用。

请看下面的应用实例。

```
>>> 5 + 3↵
8
>>> _ * 2↵                  ← 最后显示的值 * 2
16
>>> 7 + _↵                  ← 7 + 最后显示的值
23
```

Python 之禅

我们试着在交互式 shell 中输入例 1-26 的内容。

例 1-26　执行 import this 显示《Python 之禅》

```
>>> import this⏎
The Zen of Python, by Tim Peters

Beautiful is better than ugly.
Explicit is better than implicit.
Simple is better than complex.
Complex is better than complicated.
Flat is better than nested.
Sparse is better than dense.
Readability counts.
Special cases aren't special enough to break the rules.
Although practicality beats purity.
Errors should never pass silently.
Unless explicitly silenced.
In the face of ambiguity, refuse the temptation to guess.
There should be one-- and preferably only one --obvious way to do it.
Although that way may not be obvious at first unless you're Dutch.
Now is better than never.
Although never is often better than *right* now.
If the implementation is hard to explain, it's a bad idea.
If the implementation is easy to explain, it may be a good idea.
Namespaces are one honking great idea -- let's do more of those!
```

输入命令后，画面上显示出许多英语句子。这是由蒂姆·彼得斯（Tim Peters）总结的《Python 之禅》。

▶ Python 官网中发布了相同内容。

我们来粗略浏览一下《Python 之禅》的内容（现在理解不了也没关系）。

- Beautiful is better than ugly.

优美胜于丑陋。

- Explicit is better than implicit.

明了胜于晦涩。

- Simple is better than complex.

简单胜于复杂。

- Complex is better than complicated.

复杂胜于杂乱。

- Flat is better than nested.

扁平胜于嵌套。

- Sparse is better than dense.

间隔胜于紧凑。

- Readability counts.

  可读性很重要。

- Special cases aren't special enough to break the rules.

  特例不足以特殊到违背这些原则。

- Although practicality beats purity.

  实用性胜过纯粹。

- Errors should never pass silently.

  不要忽视错误，

- Unless explicitly silenced.

  除非明确需要这样做。

- In the face of ambiguity, refuse the temptation to guess.

  面对模棱两可，拒绝猜测。

- There should be one -- and preferably only one -- obvious way to do it.

  应该有一种最直接的方法能够解决问题，这种方法最好只有一种。

- Although that way may not be obvious at first unless you're Dutch.

  这可能不容易，除非你是 Python 之父。

  ▶ Python 之父指的是 Python 的开发者吉多·范罗苏姆。

- Now is better than never.

  做也许好过不做，

- Although never is often better than *right* now.

  但不假思索就动手还不如不做。

- If the implementation is hard to explain, it's a bad idea.

  如果方案难以描述，那它一定是个糟糕的方案。

- If the implementation is easy to explain, it may be a good idea.

  如果方案容易描述，那它可能是个好方案。

- Namespaces are one honking great idea -- let's do more of those!

  命名空间是一种绝妙的理念，我们应当多加利用。

专栏 1-2 关于基数

我们在日常计算中使用的十进制数以 10 为基数。

同样，二进制数以 2 为基数，八进制数以 8 为基数，十六进制数以 16 为基数。

下面我们来简单学习一下各个基数。

▪ 十进制数

十进制数可以用以下 10 个数表示。

```
0 1 2 3 4 5 6 7 8 9
```

使用完这些数，位数上升为 2 位。2 位数从 10 开始一直到 99。之后位数上升为 3 位，从 100 开始。也就是说，十进制数的表示方法如下所示。

1 位 … 表示 0 到 9 共 10 个数。

1 ~ 2 位 … 表示 0 到 99 共 100 个数。

1 ~ 3 位 … 表示 0 到 999 共 1000 个数。

十进制数的位数按从低到高的顺序依次表示为 10^0, 10^1, 10^2, …。因此，我们可以把 1234 理解成下面这样。

$$1234 = 1\times10^3 + 2\times10^2 + 3\times10^1 + 4\times10^0$$

※10^0 等于 1（2^0 和 8^0 都等于 1，总之任何数的 0 次方都等于 1）。

▪ 二进制数

二进制数可以用以下 2 个数表示。

```
0 1
```

使用完这些数，位数上升为 2 位。2 位数从 10 开始一直到 11。之后位数上升为 3 位，从 100 开始。也就是说，二进制数的表示方法如下所示。

1 位 … 表示 0 和 1 共 2 个数。

1 ~ 2 位 … 表示 0 到 11 共 4 个数。

1 ~ 3 位 … 表示 0 到 111 共 8 个数。

二进制数的位数按从低到高的顺序依次表示为 2^0, 2^1, 2^2, …。因此，我们可以把 1011 理解成下面这样。

$$1011 = 1\times2^3 + 0\times2^2 + 1\times2^1 + 1\times1^0$$

用十进制数表示就是 11。

※Python 的二进制整数字面量的表示方法是 0b1011。

▪ 八进制数

八进制数可以用以下 8 个数表示。

```
0 1 2 3 4 5 6 7
```

使用完这些数，位数上升为 2 位，下一个数变成 10。2 位数从 10 开始一直到 77。2 位数使用完毕后，位数上升为 3 位。也就是说，八进制数的表示方法如下所示。

1 位 … 表示从 0 到 7 共 8 个数。

1 ~ 2 位 … 表示 0 到 77 共 64 个数。

1 ~ 3 位 … 表示 0 到 777 共 512 个数。

八进制数的位数按从低到高的顺序依次表示为 $8^0, 8^1, 8^2$, …。因此，我们可以把 5316 理解为下面这样。

$5316 = 5 \times 8^3 + 3 \times 8^2 + 1 \times 8^1 + 6 \times 8^0$

用十进制数表示就是 2766。

※Python 的八进制整数字面量的表示方法是 `0o5316`。

▪ 十六进制数

十六进制数可以用以下 16 个数和字母表示。

0 1 2 3 4 5 6 7 8 9 A B C D E F

从前往后依次对应十进制数的 0 ~ 15（A ~ F 可以用小写字母 a ~ f 替代）。

使用完这些数，位数上升为 2 位。2 位数从 10 开始一直到 FF。之后位数上升为 3 位，从 100 开始。

十六进制数的位数按从低到高的顺序依次表示为 $16^0, 16^1, 16^2$, …。因此，我们可以把 12A3 理解为下面这样。

$12A3 = 1 \times 16^3 + 2 \times 16^2 + 10 \times 16^1 + 3 \times 16^0$

用十进制数表示就是 4771。

※Python 的十六进制整数字面量的表示方法是 `0x12a3`。

▪ 二进制数和十六进制数相互转换

表 1C-1 展示了 4 位二进制数与 1 位十六进制数之间的对应关系。4 位二进制数表示的 0000 ~ 1111 就是 1 位十六进制数表示的 0 ~ F。

利用这种对应关系能轻易地将二进制数转换为十六进制数，或者将十六进制数转换为二进制数。

比如，二进制数 0111101010011100 在转换为十六进制数时只要按 4 位一组的方式进行分组，每组替换为相应的 1 位十六进制数即可。

0	1	1	1	1	0	1	0	1	0	0	1	1	1	0	0
7				A				9				C			

另外，在将十六进制数转换为二进制数时，只要反向操作即可，也就是把十六进制数的每一位都替换为相应的 4 位二进制数。

当然，八进制数的 1 位对应二进制数的 3 位，即 3 位二进制数表示的 000~111 对应 1 位八进制数的 0~7。

利用这种对应关系同样可以进行进制转换。

表 1C-1　二进制数和十六进制数的对应关系

二进制数	十六进制数	二进制数	十六进制数
0000	0	1000	8
0001	1	1001	9
0010	2	1010	A
0011	3	1011	B
0100	4	1100	C
0101	5	1101	D
0110	6	1110	E
0111	7	1111	F

总结

- 作为一种迅速普及的脚本语言，Python 支持多种编程范式，包括命令式编程、过程式编程、函数式编程和面向对象编程。
- Python 的版本在不断更新，当前已更新至 Python 3。如果没有什么特殊的理由，应当使用 Python 3，而不是 Python 2。
- Python 程序能以多种方式执行，包括交互式 shell（基本会话模式）、`python` 命令和集成开发环境。
- 基本会话模式会显示主提示符 >>>，该提示符后需要输入命令和语句。输入 `quit()` 或 `exit()` 将退出基本会话模式。
- `*` 和 `+` 等符号称为运算符，用来进行各种运算。

操作数 操作数
7 + 3
运算符

- 另外，如果表达式表示的是运算的对象，该表达式就称为操作数。
- 根据操作数的数量，运算符可分为一元运算符、二元运算符和三元运算符。
- 基本的算术运算符包括用于求幂的 `**`、一元运算符 `+` 和 `-`，以及二元运算符 `*`、`/`、`//`、`%`、`+` 和 `-`。
- 运算符有优先级的概念，例如除法运算符 `/` 的优先级比加法运算符 `+` 的优先级高。但是，不论优先级如何，`()` 内的运算都会优先执行。

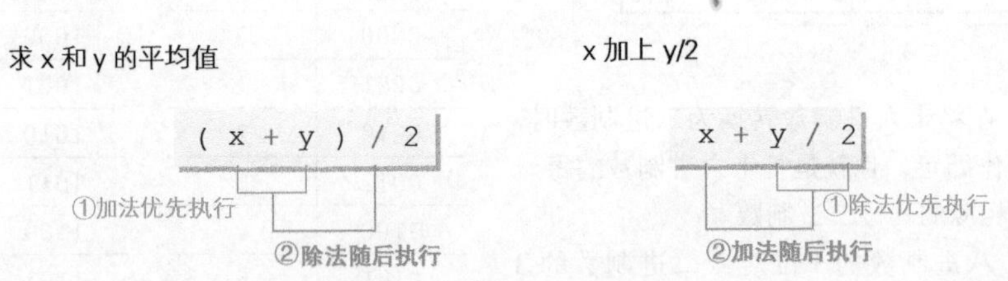

- 类型表示数值和字符的性质。
- 数值型包括整型（`int` 型）、浮点型（`float` 型）和复数型（`complex` 型）。
- 用数字或排列在一起的字符表示数值的方式称为数值字面量。
- 整数字面量可以用二进制字面量、八进制字面量、十进制字面量和十六进制字面量表示。
- 浮点数字面量的末尾可以附加使用 10 的指数形式 e^n。

- 反斜杠符号 \ 和不同字符组合在一起可以表示不同的转义字符，包括换行符 \n 和回车符 \r 等。
- 在一行代码的最后（换行符之前）输入 \，可以将本行代码延续到下一行。
- 表示字符串的类型是字符串型（str 型）。字符串字面量是字符的拼写方式，使用单引号 '、双引号 "、3 个单引号 ''' 或 3 个双引号 """ 包围需要表示的字符串。
- 多个字符串字面量之间如果有空白字符，字符串字面量将进行拼接。
- 原始字符串字面量如果包含转义字符，就会以字符原本的形式进行解释。
- 可以使用运算符 + 进行数值的加法运算和拼接字符串，但字符串和数值不能相加。
- 变量可以存储整数、浮点数和字符串等值，这些值可以随时取出来使用。
- x + 17 是表达式，而 x = 17 是语句，不是表达式。赋值符号 = 有很多功能，但 = 不是运算符。
- 第一次使用的变量名在赋值时，程序会自动声明该变量。
- 可以把与当前变量值类型不同的值赋给变量。
- 用逗号分隔多个变量并把分隔好的变量放在 = 左侧，我们就可以同时为它们赋予不同的值。赋值操作理论上是同时进行的。
- 可以使用 type(表达式) 查看变量和字面量的类型。
- 由蒂姆 · 彼得斯总结的《Python 之禅》作为 Python 编程指南受到了全世界 Python 程序员的欢迎。

x ** y	求幂运算符	求 x 的 y 次方的值（右结合）	7 ** 3	➡ 343
+x	一元运算符 +	求 x 本身的值	+7	➡ 7
-x	一元运算符 -	求 x 符号反转后的值	-7	➡ -7
x * y	乘法运算符	求 x 乘以 y 的值	7 * 3	➡ 21
x / y	除法运算符	求 x 除以 y 的实数值	7 / 3	➡ 2.3333333333333335
x // y	取整除运算符	求 x 除以 y 的整数值	7 // 3	➡ 2
x % y	求余运算符	求 x 除以 y 的余数	7 % 3	➡ 1
x + y	加法运算符	求 x 加 y 的值	7 + 3	➡ 10
x - y	减法运算符	求 x 减 y 的值	7 - 3	➡ 4

第 2 章

打印输出和键盘输入

本章，我会通过执行打印输出和读取键盘输入的程序，带领大家学习各项内容。

- 脚本程序
- 脚本文件和扩展名 .py
- 评论（注释）
- 空行
- 表达式和语句
- 函数
- 内置函数
- 函数调用 / 调用运算符 / 实参
- 使用 print 函数执行打印输出操作
- 向 print 函数传递 end 参数和 sep 参数
- 使用 input 函数读取键盘输入
- 使用 int 函数将字符串转换为整数
- 使用 float 函数将字符串转换为浮点数
- 使用 str 函数将数值转换为字符串
- 使用 bin 函数 /oct 函数 /hex 函数将整数转换为字符串
- 使用 format 方法格式化字符串
- 幻数
- 用变量存储常量
- 程序编码的指定与 UTF-8

2-1 打印输出

上一章我们利用交互式 shell 学习了 Python 的基础内容。从本章开始，我们将执行保存为文件的 Python 程序。

使用 print 函数执行打印输出操作

我们来思考一下使用任意一个数值（而非决定好的数值）进行计算的情况。

如右图所示，读取两个整数并输出它们的和。输入的值不同，计算出的结果也不同。

虽然我们也能在交互式 shell 中逐行输入该代码，并以会话形式执行该程序，但每次执行时都需要重新输入程序代码。

```
整数a：12
整数b：3
a + b 等于 15 。
```

脚本程序

大家在使用 Word 办公软件和编辑器编写好文章后，一般会对其进行保存。文章保存之后可以随时被修改和打印。程序也是如此，一旦被保存为文件后，就可以随时修改和执行。

这样的程序称为脚本程序（script program），存储脚本程序的文件称为脚本文件（script file）。

我先从代码清单 2-1 开始讲解。这是一个在屏幕上显示“Hello!”的程序。

► 附录 A-2 节总结了保存和执行程序的方法。在集成开发环境 IDLE 中输入或读取程序代码后，只要按 F5 键就能执行程序。

代码清单 2-1　　chap02/list0201.py

```
# 打印输出“Hello!”

print('Hello!')        # 调用print函数打印输出
```

代码要从一行的开头录入（不能插入空格）

运行结果

```
Hello!
```

注释

我们先来看程序的第一行。# 表示的含义如下。

> 该行中 # 之后的内容是向阅读程序的人传达的信息。

也就是对程序的评论（comment），亦称注释。

不论有无注释，以及注释的内容是什么，程序的执行都不会受到影响。注释中可以用中文或英语简明扼要地记录要向阅读程序的人（包括程序开发者自己）传达的信息。

► # 之后一般会插入一个空格（# 不是升音符）。

另外，'ABC#DEF' 这种字符串字面量中的 # 不会被识别为注释的开始符号。

要点 脚本程序中会简明扼要地记录注释，以便包含程序开发者在内的读者阅读。

如果他人编写的程序中附带了合适的注释，代码就会变得易于阅读和理解。另外，程序开发者不可能永远记得开发思路，因此编写注释对开发者自己来说也非常重要。

空行

第二行是空行（blank line），空行对程序的运行没有影响。在代码之间的适当位置插入空行，能避免代码扎堆，使代码更容易阅读。

使用 print 函数打印输出

实际上，从零开始编写一个能够执行打印输出操作的程序极其困难，所以一般会使用名为 print 的函数。

函数像是一种专门执行处理的零件。在使用它之前，需要进行函数调用（function call）。

如图 2-1 所示，调用 print 函数相当于将操作交给 print 函数处理，() 中传递的实参（argument）起辅助指示的作用。解释得更形象一些，这个过程就像下面这样。

---

print 函数先生，字符串 'Hello!' 已经给您，请把它显示出来。

另外，包围实参的 () 称为调用运算符（call operator）。

print 函数被调用后会将传递过来的字符串和换行符显示在屏幕上。

▶ 只输出字符串本身，不输出单引号 '。

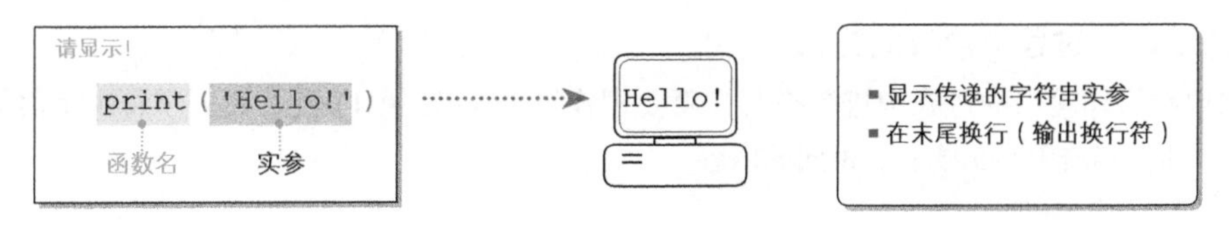

图 2-1　使用 print 函数打印输出

另外，像 print 函数这种默认可以使用的函数称为内置函数（built-in function）。Python 中也有非内置函数的概念。

代码清单 2-1 中除去注释和空行，实际上只有一行代码。调用和执行 print 函数后，程序结束运行。

▶ 我会在后面的内容中逐步讲解函数相关的概念。

打印输出和换行

下面来打印输出“你好。”和“初次见面。”。具体请见代码清单 2-2。该程序按顺序调用 print 函数，打印输出字符串并换行。

代码清单 2-2 chap02/list0202.py

```
# 打印输出“你好。”“初次见面。”

print('你好。')                # 换行
print('初次见面。')            # 换行
```

按顺序执行

运行结果

```
你好。
初次见面。
```

■ 打印输出时不换行的方法

有时，我们希望程序在打印输出时不执行换行操作（自动换行会引发问题）。代码清单 2-3 就是在不换行的情况下执行打印输出操作的程序示例。

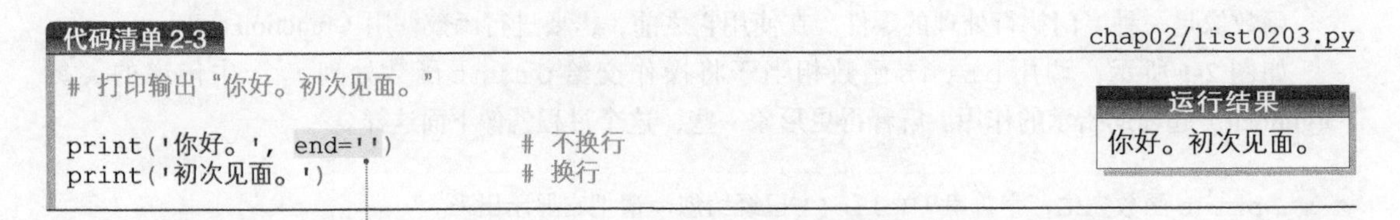

在给函数传递多个实参时要像该程序这样用逗号将各个实参隔开。另外，传递给 print 函数的第二个实参 end='' 的含义如下。

➤ 将程序打印后自动输出的字符串 end 改成空字符串 ''。

■ 在打印输出的过程中换行的方法

如果要在打印输出的过程中进行换行，就要把换行符 \n（第 13 页）插入字符串字面量中。代码清单 2-4 和代码清单 2-5 显示了相同的内容。

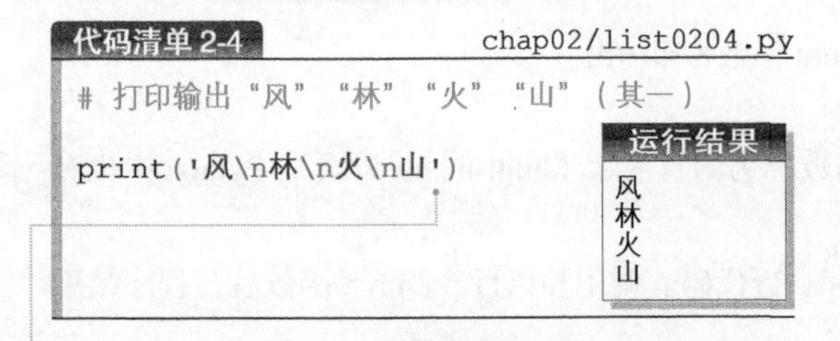

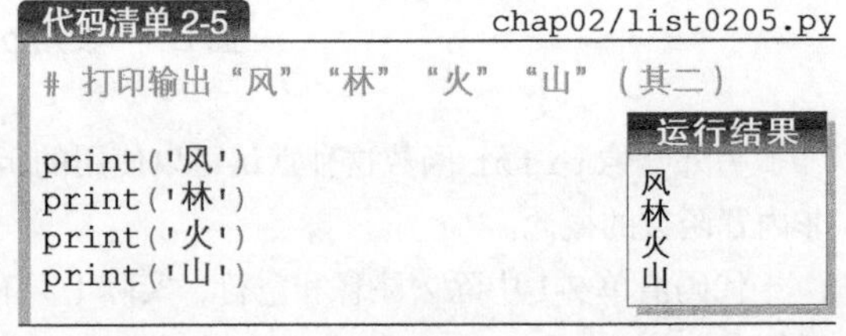

因为 **print** 函数会输出换行符，所以不需要使用转义字符 **\n**

■ 只进行换行

如果只想换行，可以调用 print 函数并在 () 内留空。也就是说，在不传递实参的情况下调用 print 函数可以输出换行符。

我们来看一下代码清单 2-6。

代码清单 2-6　　chap02/list0206.py

```
#打印输出“你好。”“初次见面。”并在中间空一行

print('你好。')              # 打印输出字符串
print()                      # 打印输出空行
print('初次见面。')          # 打印输出字符串
```

运行结果

```
你好。

初次见面。
```

print 函数调用既可以理解为表达式，又可以理解为语句。程序内的各个语句一般按照先后顺序执行。

▶ 第 1 章介绍过表达式和语句的相关内容，下一章我们会进一步学习。

字符串字面量的求值与 print 函数

在第 1 章中，我们通过在交互式 shell 中输入字符串字面量来打印输出字符串的值。这种打印输出方式与使用 print 函数的方式完全不同。

我们先看一下使用交互式 shell 的方式。首先是字符串字面量（例 2-1）。

例 2-1　字符串字面量

```
>>> 'Hello!\nGood Bye!'⏎        ← 表达式
'Hello!\nGood Bye!'             ← … 打印输出字符串本身
```

面向计算机

因为字符串字面量 'Hello\nGood Bye!' 是一种表达式，所以对其求值后得到的值（字符串本身）会返回给交互式 shell，由交互式 shell 打印输出该值。

交互式 shell 只打印输出字符串本身。因为换行符显示为 \n，所以这种输出方式面向的是计算机而不是人。

▶ 我将在下一章详细讲解“求值”。

下面调用 print 函数（例 2-2）。

例 2-2　函数调用

```
>>> print('Hello!\nGood Bye!')   ← 语句
Hello!                           ← … 根据命令打印输出
Good Bye!                             ※ 使用 \n 换行
```

面向人

调用 print 函数并传递字符串字面量 'Hello\nGood Bye!' 作为实参。

执行 print 函数后程序打印输出了“Hello!”和“Good Bye!”。这次没有显示 \n，而是进行了实际的换行。这种输出方式以人为对象。

▶ 表达式解释为语句的相关内容会在 3-1 节介绍。

2-2 读取键盘输入

上一节我们编写了打印输出的程序，本节我们将编写能读取键盘输入并以会话方式运行的程序。

使用 input 函数读取通过键盘输入的字符串

首先，我们来读取通过键盘输入的内容（图 2-2）。代码清单 2-7 是先询问名字，再将其作为字符串读取和显示的程序。

代码清单 2-7 chap02/list0207.py

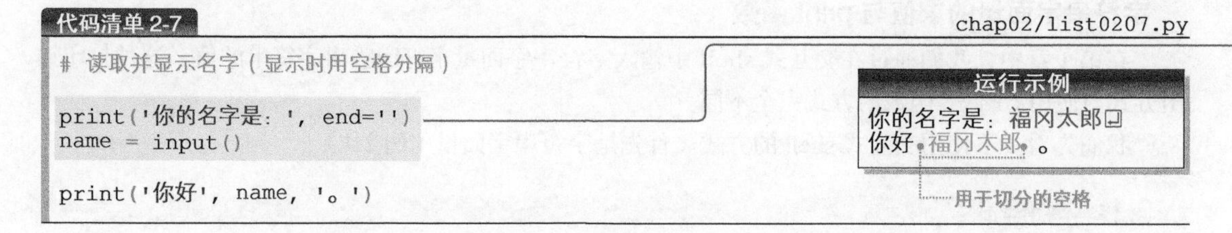

```
# 读取并显示名字（显示时用空格分隔）

print('你的名字是：', end='')
name = input()

print('你好', name, '。')
```


首次出现的 `input` 函数在读取通过键盘输入的字符串后会将该字符串返回。第 9 章会介绍函数的返回值，现在我们只要理解表达式 `input()` 会变成从键盘输入的字符串即可。

在运行示例中，表达式 `input()` 会变成读取的字符串'福冈太郎'，该字符串又会赋给变量 `name`。

第 1 章提到过，变量在赋值时会被声明并自动确定类型。变量 `name` 的类型是字符串型（`str` 型），它的值是'福冈太郎'。

我们也可以通过以下传递实参的形式调用 `input` 函数。

```
input('显示的字符串')
```

使用这种调用方式时，程序会在屏幕上输出显示的字符串（此时不输出换行符），然后读取字符串。

代码清单 2-8 就是按照这种方式改写的程序。

图 2-2 读取通过键盘输入的字符串

代码清单 2-8 chap02/list0208.py

```
# 读取并显示名字（用input函数提示输入）

name = input('你的名字是：')

print('你好', name, '。')
```

运行示例

```
你的名字是：福冈太郎⏎
你好 福冈太郎 。
```

两行代码汇总成一行后，程序变得更加简洁。

在运行示例中，表达式 input('你的名字是：') 的值变成读取的字符串 '福冈太郎'，赋给了变量 name。

▶ input 函数虽然会读取到回车键（相当于换行符）为止的输入，但返回的字符串末尾不包含换行符。

打印输出多个字符串

请注意看前面两个示例程序的最后一行。传递给 print 函数的实参有三个，分别是 '你好'、name 和 '。'。像这样，给 print 函数传递用逗号隔开的多个实参后，程序会从左至右依次输出这些参数。

这里需要注意的是，print 函数在接收并打印输出多个字符串时，会在各字符串之间用空格作为分隔符。

代码清单 2-9 所示的程序则没有输出空格作为分隔符。

代码清单 2-9 chap02/list0209.py

```
# 读取并显示名字（显示时不留间隔）

name = input('你的名字是：')

print('你好', name, '。', sep='')
```

运行示例

```
你的名字是：福冈太郎⏎
你好福冈太郎。
```

传递给 print 函数的最后一个实参 sep='' 表示的含义如下。

在打印输出时，将作为分隔符的字符串 sep 改为空字符串 ''，而非空格。

▶ sep 可以指定为任意字符串。如果设定 sep='\n'，则程序每打印输出一个实参后会换行；如果设定 sep='---'，则程序会输出“你好---福冈太郎---。”，即各部分被 --- 隔开。

使用 + 拼接和输出字符串时不会显示空格。我们来看一下代码清单 2-10。

代码清单 2-10 chap02/list0210.py

```
# 读取并显示名字（拼接字符串后显示）

name = input('你的名字是：')

print('你好' + name + '。')
```

运行示例

```
你的名字是：福冈太郎⏎
你好福冈太郎。
```

字符串转换为数值

下面，我们来编写读取两个整数并对其进行加减乘除运算，最后输出运算结果的程序。请看代码清单 2-11。

▶ 除了加减乘除运算，这里还进行了求幂运算并输出了结果。此外，如果变量 b 的值为 0，除数就为 0，进行除法运算会导致错误发生。第 3 章和第 12 章会讲解此类情况的处理办法。

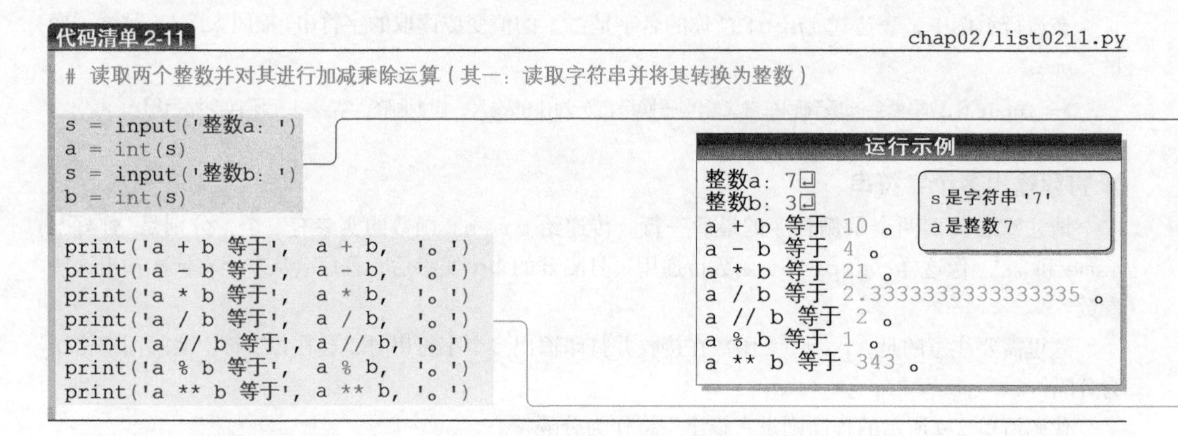

代码清单 2-11　chap02/list0211.py

```
# 读取两个整数并对其进行加减乘除运算（其一：读取字符串并将其转换为整数）

s = input('整数a: ')
a = int(s)
s = input('整数b: ')
b = int(s)

print('a + b 等于',  a + b,  '。')
print('a - b 等于',  a - b,  '。')
print('a * b 等于',  a * b,  '。')
print('a / b 等于',  a / b,  '。')
print('a // b 等于', a // b, '。')
print('a % b 等于',  a % b,  '。')
print('a ** b 等于', a ** b, '。')
```

运行示例

```
整数a: 7⏎
整数b: 3⏎
a + b 等于 10 。
a - b 等于 4 。
a * b 等于 21 。
a / b 等于 2.3333333333333335 。
a // b 等于 2 。
a % b 等于 1 。
a ** b 等于 343 。
```


在运行示例中，读取的字符串 '7' 赋给了变量 s。虽然 str 型字符串 '7' 由数值构成，但它并不是数值（int 型或 float 型的值）。

这里需要使用将字符串转换为 int 型整数的 int 函数。如图 2-3 所示，调用 int（字符串）后，字符串转换为整数，该整数被返回。

另外，表示二进制整数、八进制整数和十六进制整数的字符串通过 int（字符串，基数）进行转换。在将字符串转换为 float 型实数时使用 float（字符串）调用 float 函数。

▶ 在调用表达式执行转换操作时，如果传递的字符串不能转换为数值，就会产生错误，如 int('H2O') 和 float('5X.2')。

示例	调用形式	说明
int('17') ➡ 17	int（字符串）	按十进制整数进行转换
int('0b110', 2) ➡ 6 int('0o75', 8) ➡ 61 int('13', 10) ➡ 13 int('0x3F', 16) ➡ 63	int（字符串，基数）	按指定进制的整数进行转换
float('3.14') ➡ 3.14	float（字符串）	按浮点数进行转换

图 2-3　字符串转换为数值

如果将字符串的读取操作和数值的转换操作合并，代码会更加简洁。请看代码清单 2-12。

代码清单 2-12　　chap02/list0212.py

```
# 读取两个整数并对其进行加减乘除运算（其二：读取操作和转换操作合并，以单一语句实现）

a = int(input('整数a：'))
b = int(input('整数b：'))
```

此处仅显示代码的变更部分，以后也会省略相同部分的代码。

执行该程序并输入与前面运行示例相同的值后，int('7') 的返回值 7 会赋给 a，int('3') 的返回值 3 会赋给 b。

另外，在输出运算结果时，由于未指定用于分隔的字符串 sep，所以各部分之间（即运算结果的数值前后）会显示空格。

但是，如果仿照代码清单 2-10 编写如下程序，程序就会产生错误。

```
print('a + b 等于' + a + b + '。')        # 错误
```

就像第 1 章讲解的那样，字符串和数值不能用 + 拼接。

*

将数值转换为字符串后进行拼接可以避免发生错误。图 2-4 所示的 str 函数可以将数值转换为字符串，即进行 int 函数和 float 函数的逆转换。

如图所示，将数值转换为表示二进制数的字符串、表示八进制数的字符串和表示十六进制数的字符串时，使用的分别是 bin 函数、oct 函数和 hex 函数。

我们使用 str 函数改写程序代码。具体如代码清单 2-13 所示。

代码清单 2-13　　chap02/list0213.py

```
# 读取两个整数并对其进行加减乘除运算（其三：使用str函数输出代码）

print('a + b 等于'  + str(a + b)  + '。')
print('a - b 等于'  + str(a - b)  + '。')
print('a * b 等于'  + str(a * b)  + '。')
print('a / b 等于'  + str(a / b)  + '。')
print('a // b 等于' + str(a // b) + '。')
print('a % b 等于'  + str(a % b)  + '。')
print('a ** b 等于' + str(a ** b) + '。')
```

运行示例

```
整数a：7
整数b：3
a + b 等于10。
a - b 等于4。
a * b 等于21。
… 以下省略 …
```

▶ 后面会介绍如何在字符串中插入数值。

str(52)	➡ '52'	转换为表示十进制数的字符串
str(3.14)	➡ '3.14'	
bin(6)	➡ '0b110'	转换为表示二进制数的字符串
oct(61)	➡ '0o75'	转换位表示八进制数的字符串
hex(63)	➡ '0x3F'	转换为表示十六进制数的字符串

图 2-4　将数值转换为字符串

使用 format 方法格式化字符串

我们已经知道，由于字符串和整数不能拼接，所以处理起来很麻烦。实际上，有办法可以在字符串中插入整数。

先来执行一下代码清单 2-14 的这个程序。

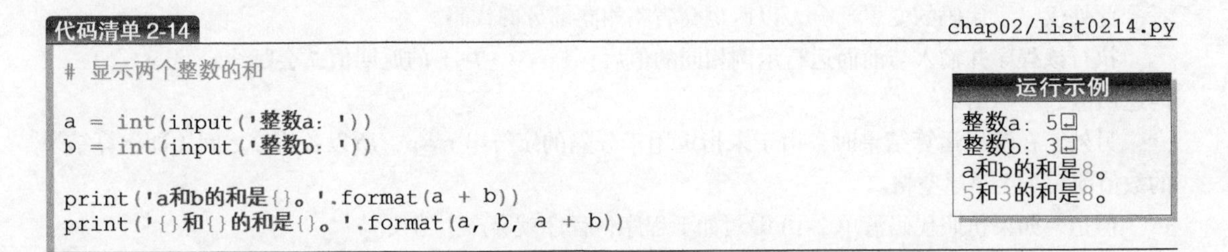

代码清单 2-14　　chap02/list0214.py

```
# 显示两个整数的和

a = int(input('整数a：'))
b = int(input('整数b：'))

print('a和b的和是{}。'.format(a + b))
print('{}和{}的和是{}。'.format(a, b, a + b))
```

运行示例

```
整数a：5⏎
整数b：3⏎
a和b的和是8。
5和3的和是8。
```

对比程序和运行示例后，即使不理解代码的准确含义，大家应该也能猜到程序在做什么。

该程序使用以下形式的表达式执行打印输出。

字符串 .format (并列的实参)　　　※ 字符串中包含 {}。

这是一个先将 format 后面的 () 中的实参转换为字符串，再将其插入 {} 并生成新的字符串的表达式（当存在多个实参时，实参按从前往后的顺序插入 {}）。

图 2-5 显示了运行示例中向字符串插入数值的过程。插入数值后生成的新的字符串，会传递给 print 函数并显示出来。

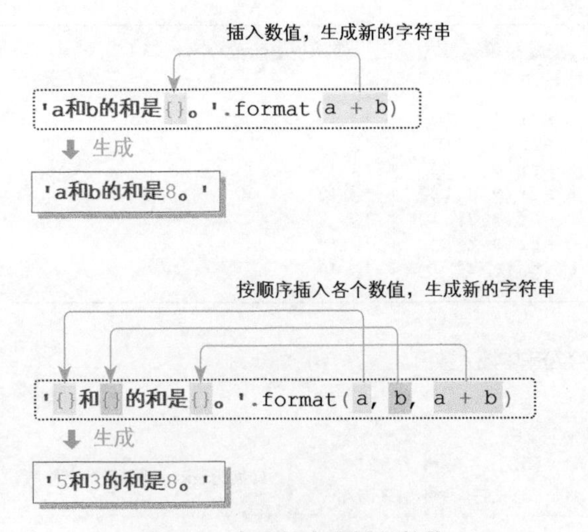

图 2-5　在字符串中插入数值

我们试着使用 format 方法改写前面的程序。代码清单 2-15 就是代码清单 2-9 改写后的程序。

代码清单 2-15　　chap02/list0215.py

```
# 读取并显示名字

name = input('你的名字是：')

print('你好{}。'.format(name))
```

运行示例

```
你的名字是：福冈太郎⏎
你好福冈太郎。
```

在这个程序中，使用 format 插入的是字符串而不是数值。

下面改写代码清单 2-13，改写后的程序如代码清单 2-16 所示。

代码清单 2-16　　chap02/list0216.py

```
# 读取两个整数并对其进行加减乘除运算（其四：使用format输出代码）

a = int(input('整数a：'))
b = int(input('整数b：'))

print('a + b 等于{}。'.format(a + b))
print('a - b 等于{}。'.format(a - b))
print('a * b 等于{}。'.format(a * b))
print('a / b 等于{}。'.format(a / b))
print('a // b 等于{}。'.format(a // b))
print('a % b 等于{}。'.format(a % b))
print('a ** b 等于{}。'.format(a ** b))
```

运行示例

```
整数a：7⏎
整数b：3⏎
a + b 等于10。
a - b 等于4。
a * b 等于21。
a / b 等于2.3333333333333335。
a // b 等于2。
a % b 等于1。
a ** b 等于343。
```

format 不仅能执行插入操作，还能执行各种格式化操作，包括居左、居中、居右和指定位数等。

要点 我们可以使用字符串 .format(...) 这种形式，在字符串中插入（格式化的）其他字符串或数值，以生成新的字符串。

*

print 是函数，而 format 是方法。函数与方法有许多共同点，比如在调用时都会在末尾加上 ()，不过二者也有许多不同点。

我会在第 6 章和第 11 章详细讲解方法。

这里我们只学习如何使用 format 方法进行格式化。格式化的方法还包括使用运算符 % 和使用 f 字符串。我们会在第 6 章学习具体内容。

用变量表示常量

现在，我们来编写一个读取从键盘输入的圆的半径，计算圆的周长和面积并显示结果的程序。程序如代码清单 2-17 所示。

▶ 这里使用 float 函数将字符串转换为浮点数（实数）。

代码清单 2-17 chap02/list0217.py

```
# 计算圆的周长和面积（其一：用浮点数字面量表示圆周率）

r = float(input('半径：'))

print('圆的周长是', 2 * 3.14 * r, '。')
print('面积是', 3.14 * r * r, '。')
```

运行示例

```
半径：7.2⏎
圆的周长是 45.216 。
面积是 162.7776 。
```

该程序根据公式计算圆的周长和面积（半径为 r 的圆，其周长为 $2\pi r$，面积为 πr^2）。

*

这里，圆周率 π 为 3.14，但 π 的值并不等于 3.14，而是无限小数 3.1415926535...。

如果想更精确地计算圆的周长和面积，可以将圆周率的值，即蓝色底纹部分改为 3.14159。

该程序只涉及两处改动，但在大规模的数值计算程序中，π 出现的地方可能有几百处。

使用编辑器的替换功能可以轻易将所有的 3.14 替换为 3.14159，但是代码中的某些 3.14 表示的并不是圆周率，而是其他值。在替换过程中，我们势必要将这些 3.14 排除，**也就是要有选择地进行替换**。

程序中让人难以理解意图的数值称为幻数（**magic number**）。我们应尽量避免使用幻数。

*

代码清单 2-18 引入了变量来表示圆周率。

代码清单 2-18 chap02/list0218.py

```
# 计算圆的周长和面积（其二：用变量表示圆周率）

PI = 3.14159                    # 圆周率
r = float(input('半径：'))

print('圆的周长是', 2 * PI * r, '。')
print('面积是', PI * r * r, '。')
```

运行示例

```
半径：7.2⏎
圆的周长是 45.238896 。
面积是 162.8600256 。
```

在程序开始处，将 3.14159 赋给变量 PI，之后使用 PI 进行计算。

作为常量使用（即赋值后不更改）的变量的名字一般只由大写字母和下划线构成，所以此处变量名使用大写字母 PI。

这样修改后的程序有两个优势。

①可以在一个地方统一管理单个数值

圆周率的值 3.14159 在程序开头赋给了 PI，如果要修改它（比如改为 3.14159265），只要修改一处代码即可。

这样一来，就能避免输入错误和编辑器替换操作导致的错误，例如 3.14159 和 3.14159265 在程序中混用，或者不表示圆周率但与之相同或相似的数值被错误替换等，提升了程序的可维护性（**maintainability**）。

②程序变得容易阅读

因为可以引用变量名 PI 而非数值作为圆周率，所以程序变得更容易阅读，也就是提升了程序的可读性（readability）。

要点 不应该在程序中使用幻数，要使用名称由大写字母和下划线组成的变量并对变量赋值。

▶ 实际上，Python 提供了变量 math.pi 来表示圆周率。使用该变量的程序（chap02/list0218a.py）如下所示。

```
# 计算圆的周长和面积（其三：用 math.pi 表示圆周率）
from math import pi
r = float(input('半径：'))
print('圆的周长是', 2 * pi * r, '。')
print('面积是', pi * r * r, '。')
```

这里从 math 模块引入了变量 pi。我会在第 10 章对 from...import... 进行介绍。

专栏 2-1 指定编码

Python 脚本程序中可以指定编码（专栏 13-1）。以下为指定 UTF-8 编码的示例。

```
# coding: utf-8
```

但是 Python 程序实现原则 PEP 8（第 81 页）认为，不应该在使用 UTF-8（Python 2 则是 ASCII）的文件中对编码进行声明。因此，在 Python 3 的程序中只要使用了 UTF-8 编码，就不需要对编码进行声明。

总结

- Python 的脚本程序可以保存为扩展名为 .py 的脚本文件。
- 程序内的语句基本上按照先后顺序执行。
- 脚本程序内以符号 # 开头的一行内容称为注释，用来向包含程序开发者在内的程序读者传达必要的信息。
- 注释和空行对程序的执行没有影响。
- Python 提供了许多使用方便的内置函数，如 print 函数和 input 函数。
- 当程序请求函数进行某项处理时，一般会使用调用运算符 ()，以函数名（并列的实参）的形式调用函数。
- 把待显示的任意个字符串作为实参传递给 print 函数，然后调用 print 函数，就能输出字符串。实参中包含 \n 可以使字符串换行显示。
- print 函数在输出接收到的参数时，会输出空格来分隔不同参数，最后输出换行符作为结尾。打印输出时在参数中使用 sep='字符串' 可以更改显示时的分隔符，使用 end='字符串' 可以更改显示时的结尾字符。

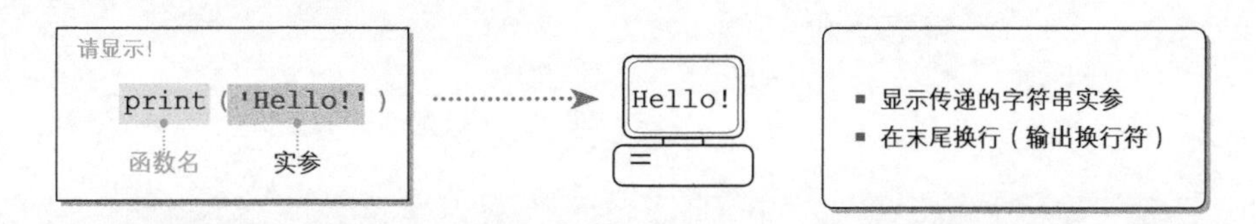

- input 函数会读取通过键盘输入的字符串并返回该字符串。函数读取到行末的换行符，但返回的字符串中不包含换行符。
  另外，如果将字符串作为实参传递给 input 函数，程序会先输出该字符串，然后读取键盘的输入。

- 将字符串转换为整数时，需要调用 int 函数并传递该字符串作为实参。int 函数的第二个

参数可以省略，也可以指定为转换基数 2、8、10、16。

- 将字符串转换为浮点数时需要调用 float 函数。
- 将数值转换为字符串时，在十进制数的情况下使用 str 函数，在二进制数的情况下使用 bin 函数，在八进制数的情况下使用 oct 函数，在十六进制数的情况下使用 hex 函数。
- 调用 format 方法后，我们就可以在字符串中插入其他格式化的字符串或数值，从而生成新的字符串。format 方法的调用形式是字符串 .format(并列的实参)，字符串中包含 {}。
- 在脚本程序中直接使用数值字面量可能会产生意义不明的幻数。应使用大写字母和下划线对变量进行命名，然后使用赋值后的变量。

当脚本程序保存为脚本文件时，其文件扩展名是“.py”。

chap02/gist.py

```
# 第2章 总结

print('ABC', 'XYZ')
print('ABC', 'XYZ', end='')   # 最后不换行
print('ABC', 'XYZ', sep='')   # 不插入分隔符
print()                       # 换行
print('ABC\n\nXYZ', sep='')   # 中间换行两次
print()                       # 换行

s = input('字符串: ')
print('你输入了' , s , '这些内容。')
print('你输入了' + s + '这些内容。')
print('你输入了{}这些内容。'.format(s))
print()

no = int(input('正整数: '))
print('最低位: ', str(no % 10), sep='')
print('二进制: ' + bin(no))     # 转换为二进制字符串
print('八进制: ' + oct(no))     # 转换为八进制字符串
print('十进制: ' + str(no))     # 转换为十进制字符串
print('十六进制: ' + hex(no))   # 转换为十六进制字符串
print()

PI = 3.14159     # 表示圆周率的常量
print('计算长方形的面积和圆的面积。')
width  = float(input('长方形的宽: '))
height = float(input('长方形的长: '))
radius = float(input('圆的直径: '))

print('长方形: {}'.format(width * height))
print('圆    : {}'.format(PI * radius * radius))
```

运行示例

```
ABC XYZ
ABC XYZABCXYZ

ABC

XYZ

字符串: Fukuoka⏎
你输入了Fukuoka这些内容。
你输入了Fukuoka这些内容。
你输入了Fukuoka这些内容。

正整数: 123⏎
最低位: 3
二进制: 0b1111011
八进制: 0o173
十进制: 123
十六进制: 0x7b

计算长方形的面积和圆的面积。
长方形的宽: 5.3⏎
长方形的长: 7.2⏎
圆的直径: 6.4⏎
长方形: 38.16
圆    : 128.67952640000001
```

第 3 章

程序流程之分支

本章，我将围绕用于控制程序分支结构的 if 语句，介绍运算符、表达式、程序结构和编码规范等内容。

- if 语句（if 代码块、elif 代码块与 else 代码块）
- 缩进
- 流程图
- 比较运算符（<、>、<=、>=、==、!=）
- pass 语句
- 逻辑型
- 真和假/True 和 False
- 表达式和求值
- 逻辑运算符（and、or、not）
- 短路求值
- 通过集合来判断
- 条件运算符（if~else）
- 嵌套的 if 语句
- 简单语句和复合语句/代码组
- min 函数和 max 函数
- 排序（升序/降序）和 sorted 函数
- token、关键字、标识符、运算符、分隔符、字面量
- 语法错误和异常
- 编码规范和 PEP 8

3-1　if 语句

if 语句可以根据给定条件是否成立来决定是否执行处理操作。本节，我们会学习 if 语句和基本的运算符。

if 语句（其一）

代码清单 3-1 的程序在读取通过键盘输入的数值后，如果值为正数，就会打印输出“该值为正数。”

另外，在这个程序中，print 的前面有 4 个空格。它们是一定要有的。像这样在一行代码的开头插入空格的做法称为缩进（indent）。

▶ 实际上，空格的数量也可以不是 4 个（但至少要有 1 个）。另外，空格也可以替换为制表符，但我不推荐这种做法。除此之外，还要注意不能使用全角符号的空格。第 81 页会对此进行详细介绍。

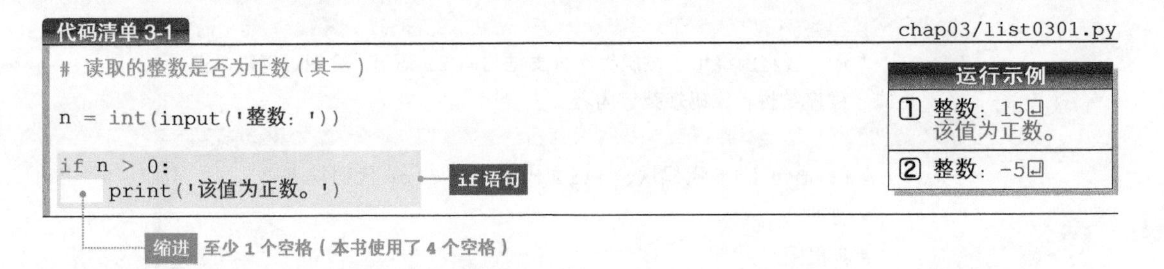

首先，读取通过键盘输入的整数并将其存储至变量 n。

程序代码中的蓝色底纹部分用于判断 n 是否为正数（即是否大于 0），并在判断成立时执行打印输出操作。

这部分就叫作 if 语句（if statement），其形式如右图所示。

判断表达式

```
if 语句:
    语句
```

对 if 和冒号中间的判断表达式进行求值，如果结果为真，冒号之后的语句就会被执行。也就是说，开头的 if 表示“如果”。

该程序的判断表达式为 n > 0。在使用运算符 > 时，如果左操作数的值大于右操作数的值，则表达式结果为真（True），否则为假（False）。

▶ 求值、真、假、True 和 False 等术语会在后面详细讲解。

图 3-1 的流程图展示了该程序中 if 语句的处理过程。观察流程图中的线条和箭头就能明白程序的流程了。

▶ 第 72 页将介绍流程图的符号。

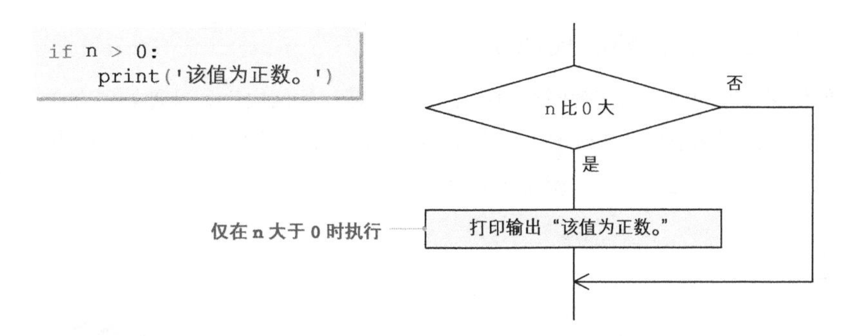

图 3-1 代码清单 3-1 中的 if 语句的流程图

在运行示例①中，判断表达式 n > 0 求值后的结果为 True。程序沿流程图中“是”一侧的线路执行了以下语句，输出“该值为正数。”。

```
print('该值为正数。')
```
仅当 n>0 为真时执行

另外，像运行示例②那样，如果 n 的值小于等于 0，程序则沿“否”一侧的线路运行，不执行该语句。也就是说，屏幕上不会显示任何内容。

要点 如果想在某项条件成立时执行处理操作，可以使用 if 语句实现。

比较运算符

像 > 那样，对左操作数的值和右操作数的值进行比较的运算符称为比较运算符（comparison operator）。比较运算符共有 6 种，具体如表 3-1 所示。

表 3-1 比较运算符

x < y	如果 x 小于 y，则结果为 True，否则结果为 False
x > y	如果 x 大于 y，则结果为 True，否则结果为 False
x <= y	如果 x 小于等于 y，则结果为 True，否则结果为 False
x >= y	如果 x 大于等于 y，则结果为 True，否则结果为 False
x == y	如果 x 等于 y，则结果为 True，否则结果为 False
x != y	如果 x 不等于 y，则结果为 True，否则结果为 False

▶ 程序可以连续使用多个比较运算符，本书第 59 页对此进行了讲解。

因为比较运算符的两个操作数可以是不同类型，所以即便是不同类型的整数和浮点数，也可以使用 > 或 == 进行比较。

▶ 运算符 <= 和 >= 中的 = 不能与相应的 < 和 > 颠倒位置。另外，> 和 =，以及 < 和 = 之间不能有空格。

if 语句（其二：使用 else 代码块）

前面的程序在读取的值不为正数时会直接退出，不显示任何内容。这种处理方式不够人性化。修改后的程序如代码清单 3-2 所示。在程序读取的值不为正数时，显示“该值为 0 或负数。”。

▶ 与前面的程序相同，每个 print 函数前必须缩进。

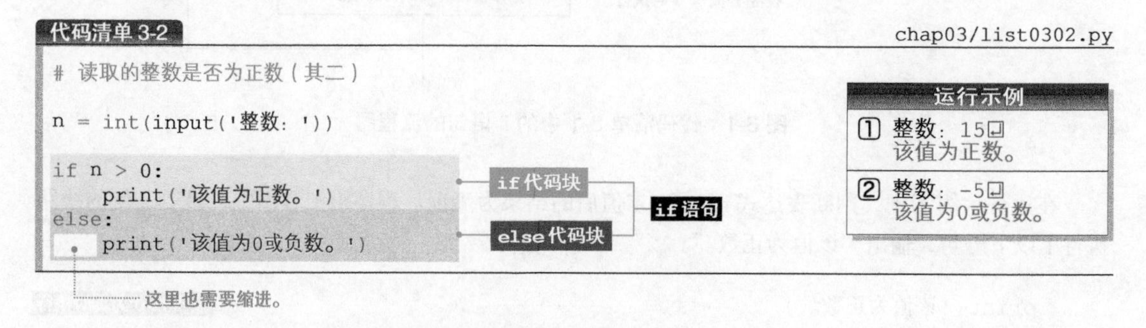

在该程序中，else：之后的橙色底纹部分是新添加的内容。

蓝色底纹部分和橙色底纹部分合并后构成了此次的 if 语句。蓝色部分称为 if 代码块，橙色部分称为 else 代码块。

```
if 表达式:
    语句
else:
    语句
```

▶ 前面程序的 if 语句仅由 if 代码块构成。

else 表示“如果不是 ××，则 ××”。判断表达式在求值后，如果结果为真则执行 if 代码块中的语句，否则（结果为假）执行 else 代码块中的语句。

因此，如图 3-2 所示，程序要根据 n 是否为正数执行不同的处理。

要点 使用带 else 代码块的 if 语句，可以根据条件的真假执行不同的处理。

▶ 使用这种形式的 if 语句时，程序必定会执行两个语句中的一个，也就是不可能两个语句都执行或都不执行。

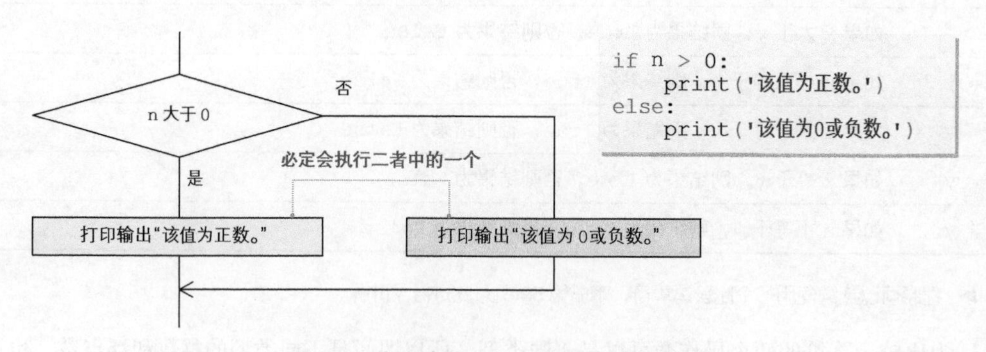

图 3-2 代码清单 3-2 中 if 语句的流程图

判断是否相等

下面，我们来编写一个读取用键盘输入的两个整数，并判断它们是否相等的程序。请看代码清单 3-3。

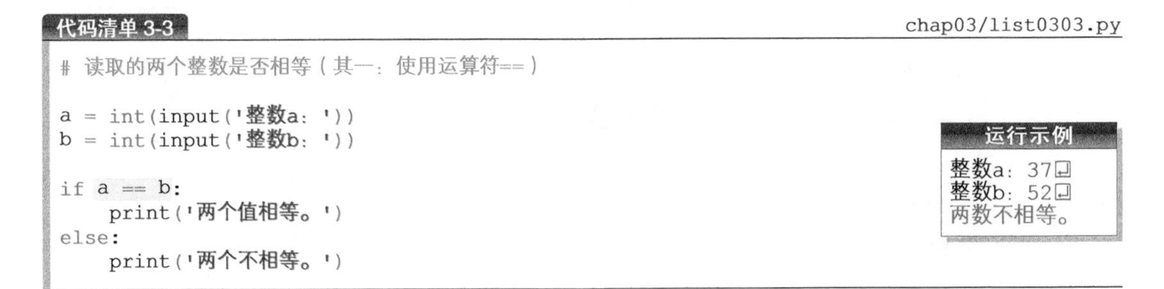

代码清单 3-3 chap03/list0303.py

```
# 读取的两个整数是否相等（其一：使用运算符==）

a = int(input('整数a：'))
b = int(input('整数b：'))

if a == b:
    print('两个值相等。')
else:
    print('两个不相等。')
```

运行示例

```
整数a：37↵
整数b：52↵
两数不相等。
```

程序将整数赋给变量 a 和变量 b，然后判断变量的值是否相等。

在 if 语句的判断表达式中，== 是比较运算符，用于判断左操作数和右操作数是否相等（表 3-1）。

▶ 用于整数和浮点数等值判断的 37==37.0 的结果是 True，而用于整数和字符串等值判断的 37=='37' 的结果是 False。

代码清单 3-4 使用运算符 != 判断左操作数和右操作数是否相等。

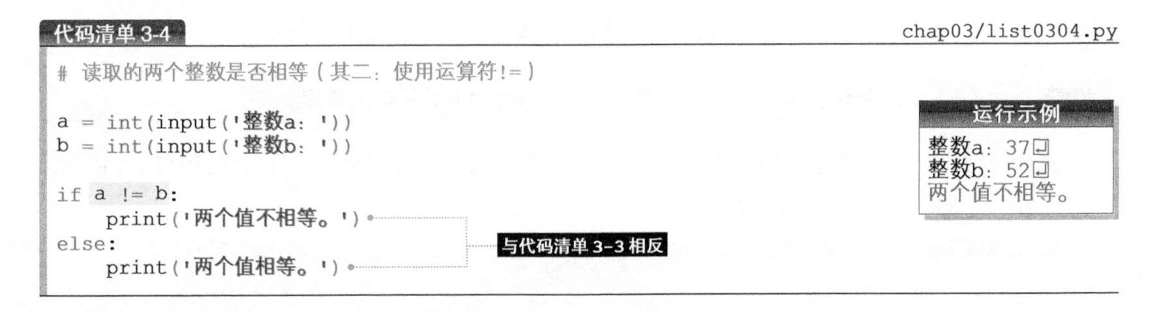

代码清单 3-4 chap03/list0304.py

```
# 读取的两个整数是否相等（其二：使用运算符!=）

a = int(input('整数a：'))
b = int(input('整数b：'))

if a != b:
    print('两个值不相等。')
else:
    print('两个值相等。')
```


运行示例

```
整数a：37↵
整数b：52↵
两个值不相等。
```

请注意，两个语句插入的顺序发生了变化。

*

因为 if、判断表达式、冒号“:”和 else 都是独立的单词，所以表达式和 : 之间，以及 else 和 : 之间即使插入空格也不会产生错误，但一般不会这样做。

▶ 第 81 页讲解的编码规范建议逗号、冒号和分号之前不插入空格。

if 语句（其三：使用 elif 代码块）

代码清单 3-5 演示了如何判断整数的符号，即判断整数是正数、0，还是负数。

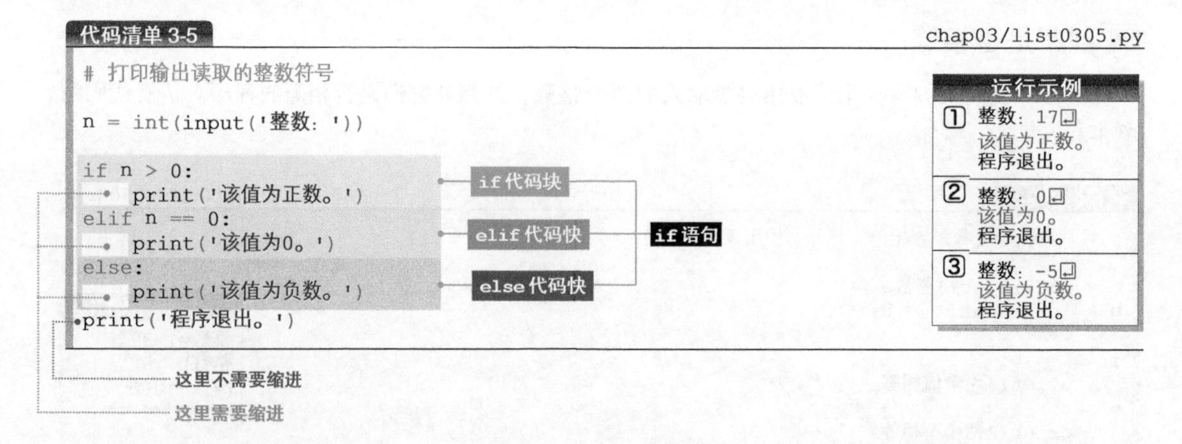

这次用的 `if` 语句在 `if` 代码块和 `else` 代码块之间添加了形式为“`elif 表达式 : 语句`”的 `elif` 代码块。

`elif` 是 else if 的缩略形式，表示“如果不是 ××，那么如果 ××”。

```
if 表达式:
    语句
elif 表达式:
    语句
else:
    语句
```

与之前的 `if` 语句相同，各个代码块中的语句执行后，`if` 语句也执行完毕（不再执行后面的代码块）。

因此，程序只会执行 3 个 `print` 函数调用的其中一个，不会出现都不执行或执行多个的情况。

另外，各个代码块的处理（`print` 函数调用）完成后，`if` 语句执行完毕。

要点 使用带有 `elif` 代码块的 `if` 语句可以在不同条件成立时执行不同的处理。

最后一行代码在程序的最后调用了 `print` 函数打印输出“程序退出。”该行代码与 `if` 语句无关。没有缩进的语句与之前的 `if` 语句无关。

▶ 试着像下面这样，在最后的 `print` 函数前执行与上一行代码相同的缩进（chap03/list0305a.py）。

```
if n > 0:
    print('该值为正数。')
elif n == 0:
    print('该值为0。')
else:
    print('该值为负数。')
    print('程序退出。')
```

这样一来，只有当 `n` 为负数时程序才会打印输出“程序退出。”下一节我将详细讲解缩进的含义与使用方法。

多个 elif 代码块

代码清单 3-6 演示了使用多个 `elif` 代码块的情形。

代码清单 3-6　　chap03/list0306.py

```
# 根据读取的整数输出印刷四原色

n = int(input('整数：'))

if n == 0:
    print('Cyan')
elif n == 1:
    print('Magenta')
elif n == 2:
    print('Yellow')
elif n == 3:
    print('Key plate')
```

运行示例

```
① 整数：0↵
  Cyan
② 整数：1↵
  Magenta
③ 整数：2↵
  Yellow
④ 整数：3↵
  Key plate
⑤ 整数：4↵
```

使用过喷墨打印机的人应该对 CMYK 比较熟悉。上面这个程序就是根据输入的数字 0～3，打印输出 CMKY 各字母所代表的颜色。虽然有 3 个 `elif` 代码块，但这里并没有 `else` 代码块。因此，如果输入 0～3 以外的数字，程序最终什么都不会显示。

如运行示例所示，程序流程有 5 个分支，而不是 4 个。

▶ 有些编程语言支持实现了多分支结构的 `switch` 语句，但 Python 并不支持。

罗列 if 语句

请看代码清单 3-7 所示程序。

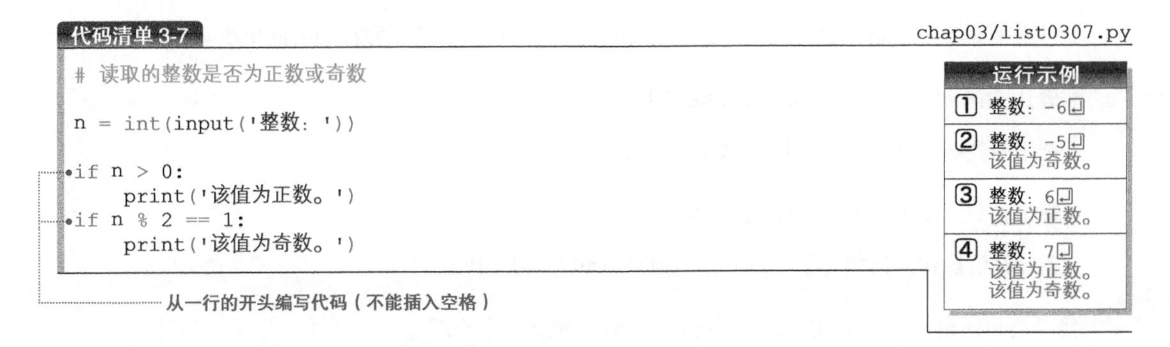

该程序有两个并列的（没有 `elif` 代码块和 `else` 代码块的）`if` 语句，它们按顺序执行，所以只在各自的判断表达式为真时程序会执行打印输出。

并列使用的两个 `if` 语句与带有 `elif` 代码块或 `else` 代码块的 `if` 语句完全不同。注意不要混淆二者。

▶ 第 68 页的内容介绍了该程序被稍加修改后是如何执行的。

pass 语句

我们回到代码清单 3-5 的程序上。该程序虽然有 3 个分支分别输出不同的符号，但 0 从本质上很难说是符号。

当 `if` 语句的各个代码块不需要执行操作时，我们可以用 `pass` 语句来跳过该代码块的执行。具体如代码清单 3-8 所示。

代码清单 3-8　　chap03/list0308.py

```
# 打印输出读取的整数符号（跳过0）

n = int(input('整数：'))

if n > 0:
    print('该值为正数。')
elif n == 0:
    pass                         pass语句
else:
    print('该值为负数。')
```

运行示例

```
① 整数：17⏎
   该值为正数。
② 整数：0⏎
③ 整数：-5⏎
   该值为负数。
```

只由 `pass` 构成的 `pass` 语句（pass statement）不执行任何操作。它的应用很广泛，除在 `if` 语句中使用以外，还未确定要执行什么操作（想要妥善决定后再写代码），以及想要明确表示不执行任何操作时都可以使用。

要点 在语法结构上必须有语句的位置，如果不需要进行任何操作，则放置 `pass` 语句。

▶ 因为必须放置语句，所以不能用注释来代替 `pass`（虽然有的图书和网络资料中介绍注释是语句，但其实注释并不是语句）。

简单语句

这里讲解的 `pass` 语句是一种简单语句（simple statement）。以下为常用的简单语句。

- **表达式语句（expression statement）**

  调用的表达式直接变为语句。例 `print('ABC')`

- **赋值语句（assignment statement）**

  进行赋值操作的语句（第1章介绍过赋值语句）。例 `a = b`

简单语句还包括 `break` 语句、`continue` 语句和 `del` 语句等。

逻辑型（bool 型）

逻辑型（又称 bool 型，bool type）表示真和假。逻辑型包含两个值，如果是假则为 `False`，如果是真则为 `True`。`False` 和 `True` 在 Python 内部分别用 0 和 1 表示。

Python 中所有的值都根据以下规则判断真假。

- `False`、0、0.0、`None`、空值（包括空字符串 `''`、空列表 `[]`、空元组 `()`、空字典 `{}`、空集合 `set()`）都为假。
- 除此以外的值和 `True` 都为真。

▶ 第5章会介绍 `None`，第7章会介绍列表，第8章会介绍元组、字典和集合。

也就是说，虽然 `False` 为假，但被视为假的值（0 或空字符串等）不一定是 `False`。同样，

True 为真，但被视为真的值不一定是 True。

*

逻辑值（逻辑型的值）转换为字符串后会变为 'False' 或 'True'。另外，使用 print 函数输出逻辑值后，程序会显示出字符串。

具体请看代码清单 3-9。

代码清单 3-9 chap03/list0309.py

```
# 打印输出逻辑型的值

a = int(input('整数a: '))
b = int(input('整数b: '))

print('a <  b : ', a <  b)
print('a <= b : ', a <= b)
print('a >  b : ', a >  b)
print('a >= b : ', a >= b)
print('a == b : ', a == b)
print('a != b : ', a != b)

print('False    : ', False)
print('True     : ', True)
print('True + 5: ', True + 5)  # 看作1 + 5
```

运行示例

```
整数a: 5⏎
整数b: 3⏎
a <  b :  False
a <= b :  False
a >  b :  True
a >= b :  True
a == b :  False
a != b :  True
False    :  False
True     :  True
True + 5:  6
```

在程序的前半部分，表达式使用比较运算符对整数 a 和整数 b 进行比较，并打印输出相应的结果。真和假自动转换为字符串，程序打印输出 'True' 或 'False'。

程序的后半部分打印输出了 False、True 和 True+5 的值。逻辑型的值与整数相加是实际编程时常用的技巧。

要点 在 Python 内部，逻辑值为 False 时用 0 表示，为 True 时用 1 表示。另外，逻辑值转换为字符串后会分别变成 'False' 和 'True'。

表达式和求值

本章使用了表达式和求值等术语，我们来好好理解一下这些术语。

表达式

前面的内容频繁使用了术语表达式（expression）。我们可以把表达式理解为以下三项内容的总称。

- 变量
- 字面量
- 用运算符结合变量和字面量的项

以 no + 135 为例，变量 no、整数字面量 135 和使用运算符 + 将二者结合的 no + 135 都是表达式。

另外，“○○运算符”和操作数结合在一起的表达式称为“○○表达式”。比如，使用比较运算

符 > 将 no 和 135 结合在一起的表达式 no > 135 称为比较表达式。

求值

表达式中一般包含类型和值。其中，值会在程序运行时被解析，解析的过程则称为求值（evaluation）。

图 3-3 是求值的具体图例。变量 no 是 int 型，值是 52。

因为变量 no 的值是 52，所以如图 3-3ⓐ所示，表达式 no、135 和 no+135 在求值后分别为 52、135 和 187。当然，三者都为 int 型。

这里，我们用类似于电子温度计的图来显示求值结果。左侧的小字是**类型**，右侧的大字是**值**。

> **要点** 表达式包含类型和值。程序在运行时会对表达式进行求值。

注意，表达式整体的类型和各个操作数的类型不一定是相同的。

▪ 图3-3ⓑ … int > int

当 int 型变量 no 的值为 52 时，表达式 no > 135 在求值后得到逻辑型（bool 型）的 False。

▪ 图3-3ⓒ … bool + int

前面讲解过该表达式。因为逻辑型的 True 在 Python 内部用整数 1 表示，所以将其与 5 进行加法运算后，结果是 int 型的 6。

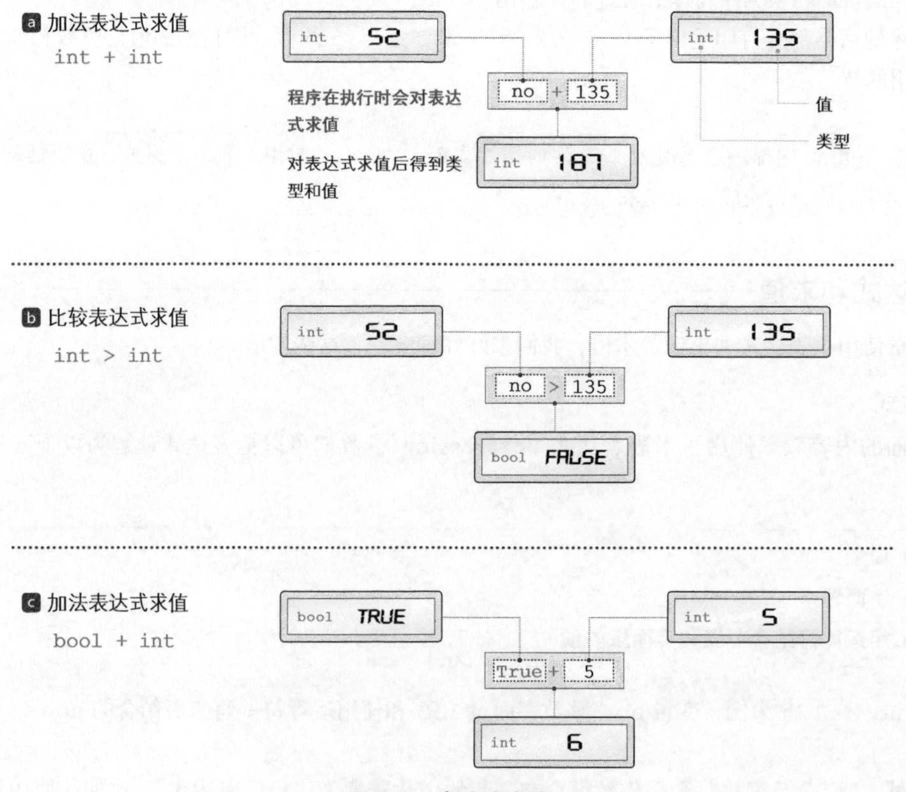

图 3-3 表达式求值

我们以三个表达式为例，学习了求值、类型和值，下面来实际运行一下代码清单 3-10。

代码清单 3-10　chap03/list0310.py

```
# 进行加法运算的表达式和进行比较运算的表达式各自的类型和值

no = int(input('no的值：'))

print('no + 135的类型是{}值是{}。'.format(type(no + 135), no + 135))
print('no > 135的类型是{}值是{}。'.format(type(no > 135), no > 135))
```

运行示例

```
no的值：52⏎
no + 135的类型是<class 'int'>值是187。
no > 135的类型是<class 'bool'>值是False。
```

上面的代码使用了第 16 页介绍的 type 函数来查看类型。

另外，打印输出时使用了上一章介绍的 format 方法（用于向格式化的字符串中插入内容）。

逻辑运算符

我们来编写一个读取整数后，判断整数是 0、一位数，还是多位数的程序。该程序如代码清单 3-11 所示。

代码清单 3-11　chap03/list0311.py

```
# 判断整数的位数（0、一位数或多位数）

n = int(input('整数：'))

if n == 0:                          # 0
    print('该值为0。')
elif n >= -9 and n <= 9:            # 一位数
    print('该值为一位数。')
else:                               # 多位数
    print('该值为多位数。')
```

运行示例

```
① 整数：0⏎
  该值为0。
② 整数：5⏎
  该值为一位数。
③ 整数：-25⏎
  该值为多位数。
```

逻辑与运算符 and

代码清单 3-11 中的蓝色底纹部分用于判断读取的值是否为一位数。

基于运算符 and 的表达式“x and y”相当于中文的“x 且 y”（图 3-4a）。因此，当 n 大于等于 -9 且小于等于 9 时，程序会打印输出“该值为一位数。”。

► 因为比较运算符 >= 和 <= 比运算符 and 的优先级高，所以蓝色底纹部分的判断能正确执行。本书第 76 页的表 3-5 是运算符一览表，该表包含了各个运算符的优先级。
另外，当 n 等于 0 时，程序输出“该值为 0。”后会结束 if 语句，所以当 n 为 -9, -8, …, -2, -1, 1, 2, …, 8, 9 中的一个数时，程序会输出“该值为一位数。”。

逻辑或运算符 or

下面我们来编写一个在读取数字后，判断其是否为多位数，然后打印输出相应内容的程序。该程序如代码清单 3-12 所示。

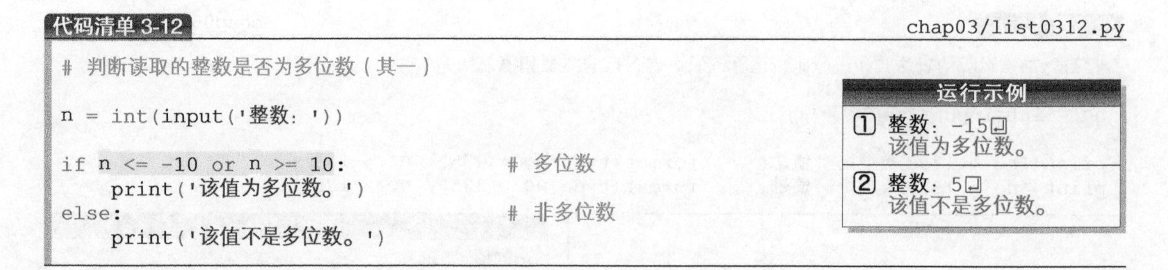

代码清单 3-12　　chap03/list0312.py

```
# 判断读取的整数是否为多位数（其一）

n = int(input('整数：'))

if n <= -10 or n >= 10:                # 多位数
    print('该值为多位数。')
else:                                  # 非多位数
    print('该值不是多位数。')
```

运行示例

```
① 整数：-15⏎
  该值为多位数。
② 整数：5⏎
  该值不是多位数。
```

基于运算符 or 的表达式“x or y”相当于中文的“x 或者 y”（图 3-4 b），但是它表达的含义是“任意一个成立”，而不是“只有一个成立”。

因此，只有当变量 n 的值小于等于 -10 或大于等于 10 时，程序才会打印输出“该值为多位数。”。

逻辑非运算符 not

现在，我们来思考如何反转上面这个程序的判断结果。反转了逻辑值结果（图 3-4 c）的程序如代码清单 3-13 所示，改写时使用的是运算符 not。

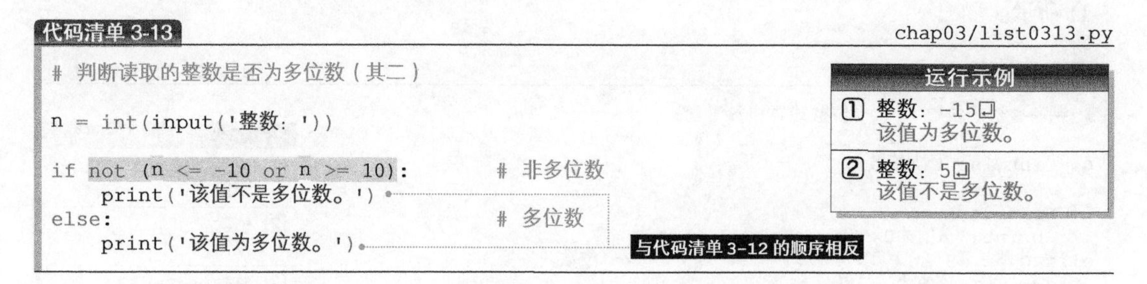

代码清单 3-13　　chap03/list0313.py

```
# 判断读取的整数是否为多位数（其二）

n = int(input('整数：'))

if not (n <= -10 or n >= 10):          # 非多位数
    print('该值不是多位数。')
else:                                  # 多位数
    print('该值为多位数。')
```


运行示例

```
① 整数：-15⏎
  该值为多位数。
② 整数：5⏎
  该值不是多位数。
```

该程序的橘色底纹部分对上一程序蓝色底纹部分的结果取非。当变量 n 的值大于 -10 **或**小于 10 时，表达式的求值结果为真，程序打印输出“该值不是多位数。”。

前面我们的这三个运算符统称为逻辑运算符。

实际上，图 3-4 展示了普通情况下的逻辑与、逻辑或和逻辑非各自的运算结果。比较容易让人混淆的是 Python 的运算符 and 和运算符 or，它们与下图所示的普通逻辑运算不同。

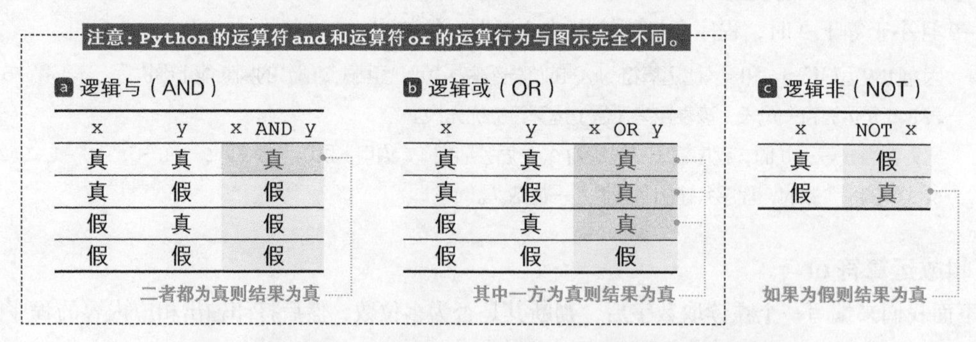

a 逻辑与（AND）

x	y	x AND y
真	真	真
真	假	假
假	真	假
假	假	假

b 逻辑或（OR）

x	y	x OR y
真	真	真
真	假	真
假	真	真
假	假	假

c 逻辑非（NOT）

x	NOT x
真	假
假	真

图 3-4　普通情况下的逻辑与、逻辑或和逻辑非各自的真值表

表 3-2 是 Python 的逻辑运算符概要，其中只有运算符 not 可以生成 True 和 False。大家要正确理解 Python 的逻辑运算符。

表 3-2　逻辑运算符

x and y	如果 x 为假，则结果为 x 的值；如果 x 为真，则结果为 y 求值后的结果
x or y	如果 x 为真，则结果为 x 的值；如果 x 为假，则结果为 y 求值后的结果
not x	如果 x 为真，则结果为 False；如果 x 为假，则结果为 True

▶ 逻辑运算符按优先级从高到低的顺序依次为 not、and 和 or。

逻辑运算表达式的求值和短路求值

首先，我们通过代码清单 3-14 来理解一下逻辑与运算符 and 的运算行为。

▶ 注意，对红色点线包围的表达式求值后的结果会赋给变量 c。

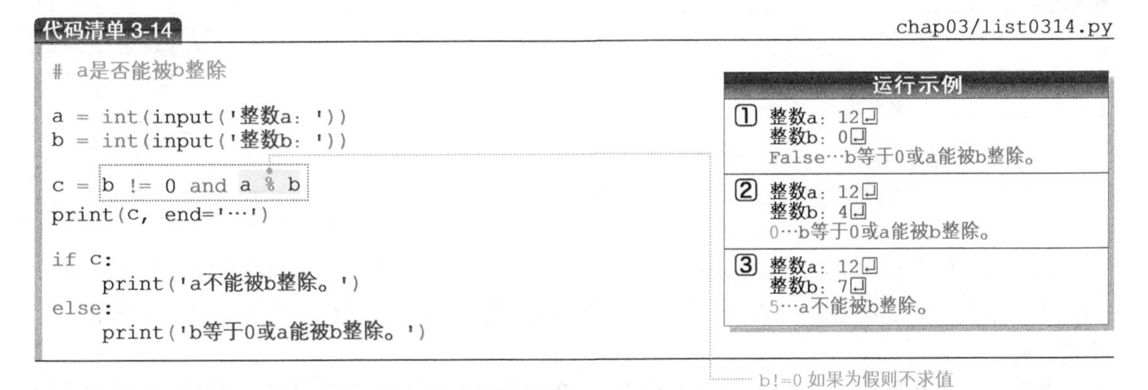

代码清单 3-14　　chap03/list0314.py

```
# a是否能被b整除

a = int(input('整数a: '))
b = int(input('整数b: '))

c = b != 0 and a % b
print(c, end='…')

if c:
    print('a不能被b整除。')
else:
    print('b等于0或a能被b整除。')
```


前面的表 3-2 已经展示过，运算符 and 的运算行为如下所示。

> 如果 x 为假，则结果为 x 的值；如果 x 为真，则结果为 y 求值后的结果。

我们现在通过各运行示例来验证结果。

▪ 运行示例①（b 的值为 0 ➡ 左操作数 x 为假）

如果程序确认左操作数 b!=0 为假，则 and 表达式的求值过程结束（c 最终被赋值为 False）。这是因为如果左操作数为假，则逻辑与 and 的结果一定为假。也就是说，运算符 and 的左操作数求值结果如果为假，则跳过右操作数的求值过程。

为了避免除数为 0 而产生运行时错误，右操作数 a % b 的求值过程被省略。

▪ 运行示例②（b 的值为 4 ➡ 左操作数 x 为真）

因为左操作数 b!=0 为真，所以程序会对右操作数 a % b 进行求值。12 除以 4 的余数 0 被赋给了 c。

▪ 运行示例③（b 的值为 5 ➡ 左操作数 x 为真）

因为左操作数 b!=0 为真，所以程序会对右操作数 a % b 进行求值。12 除以 7 的余数 5 被赋给了 c。

综上所述，c 的赋值情况如下所示。

- 如果 b 等于 0：逻辑值 False。　　※ 注意：除法运算 a % b 未被执行。
- 如果 b 不等于 0：整数 a 除以 b 的余数。

运算符 or 的运算行为如下所示。

如果 x 为真，则结果为 x 的值；如果 x 为假，则结果为 y 求值后的结果。

详见代码清单 3-15 所示程序。

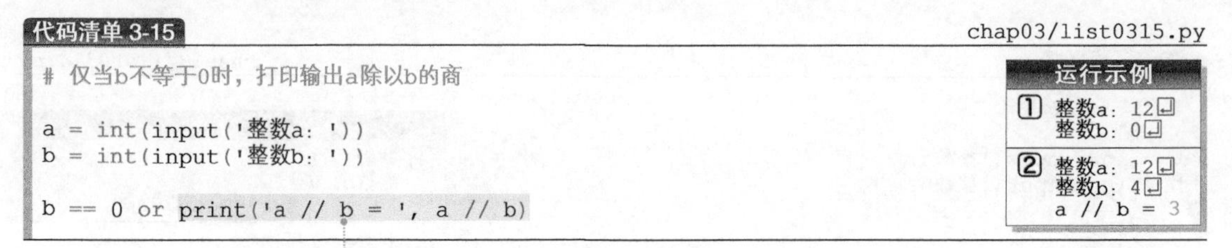

代码清单 3-15　　chap03/list0315.py

```
# 仅当b不等于0时，打印输出a除以b的商

a = int(input('整数a：'))
b = int(input('整数b：'))

b == 0 or print('a // b = ', a // b)
```


像运行示例①那样，程序在确认 b == 0 成立后结束运行。左操作数如果为真，则逻辑或 or 的结果一定为真。也就是说，如果运算符 or 的左操作数的求值结果为真，程序会跳过右操作数的求值过程。

如运行示例②所示，如果 b == 0 不成立，程序会对右操作数求值。这时，程序执行右操作数 print('a // b = ', a // b)，并打印输出相应内容。

左操作数的求值结果一经确定即跳过右操作数的求值过程。这种逻辑运算的求值称为短路求值（short circuit evaluation）。

要点 因为运算符 and 和运算符 or 会进行短路求值，所以右操作数不一定会被求值。不论是哪个运算符，最终生成的值都是最后求得的表达式的值。该值不一定是逻辑值的真和假。

也就是说，Python 的逻辑运算符会按照图 3-5 的方式进行运算。

a 逻辑与（运算符 and）

x	y	x and y
真	真	y
真	假	y
假	真	x
假	假	x

二者都为真则结果为真

b 逻辑或（运算符 or）

x	y	x or y
真	真	x
真	假	x
假	真	y
假	假	y

其中一方为真则结果为真

c 逻辑非（运算符 not）

x	not x
真	False
假	True

如果为假则结果为 True

灰色底纹部分的操作数并没有被求值（实际上被无视了）。
红字的真和假作为操作数，被程序当作运算结果使用。
※ 比如，x and y 求值后，如果得到“真 and 假”，则结果是 y 的值，如果得到“假 and 真”，则结果是 x 的值。

图 3-5　Python 的 and 运算符、or 运算符和 not 运算符

多重比较

代码清单 3-16 使用逻辑与运算符 and 和逻辑或运算符 or，根据月份判断季节。

代码清单 3-16　chap03/list0316.py

```
# 根据读取的月份输出季节（其一）

month = int(input('查询季节。\n月份：'))

if 3 <= month and month <= 5:
    print('该月份属于春天。')
elif 6 <= month and month <= 8:
    print('该月份属于夏天。')
elif 9 <= month and month <= 11:
    print('该月份属于秋天。')
elif month == 1 or month == 2 or month == 12:
    print('该月份属于冬天。')
else:
    print('该月份不存在。')
```

运行示例

```
① 查询季节。
月份：3⏎
该月份属于春天。

② 查询季节。
月份：7⏎
该月份属于夏天。

③ 查询季节。
月份：1⏎
该月份属于冬天。
```

该程序使用运算符 and 和运算符 or 来判断季节，并且仅使用一行代码就完成了各类判断。但是，如果执行判断的逻辑非常复杂，仅用一行代码就不够了。在编写较长的表达式时可以用 () 包围多行代码。

代码清单 3-17 利用该特性判断读取的月份是否属于冬天。

代码清单 3-17　chap03/list0317.py

```
# 根据读取的月份输出季节（其二：编写多行代码判断该月份是否属于冬天）

elif (month == 1 or       #  1月份属于冬天
      month == 2 or       #  2月份也属于冬天
      month == 12         # 12月份也属于冬天
     ):
    print('该月份属于冬天。')
```

这样一来，在 () 内编写注释也变得更加容易。

要点 无法用一行代码实现的复杂表达式，可以通过 () 用多行代码来实现。

▶ () 既方便编写代码，又能记录注释，比第 1 章介绍的 \ 更加好用。另外，与 \ 一样，在使用 () 时不能在单词（变量名和运算符等）中间进行换行。

实际上，程序不使用运算符 and 也可以根据月份判断季节。具体如代码清单 3-18 所示。

比较运算符（表 3-1）可以连续使用，其效果与使用 and 连接多个表达式的效果相同。比如，x < y <= z 相当于 x < y and y <= z。

▶ 因此，在 x < y <= z 中，如果 x < y 为假，表达式 z 的求值过程就会被跳过。

代码清单 3-18 chap03/list0318.py

```
# 根据读取的月份输出季节（其三：连续使用比较运算符）

if 3 <= month <= 5:
    print('该月份属于春天。')
elif 6 <= month <= 8:
    print('该月份属于夏天。')
elif 9 <= month <= 11:
    print('该月份属于秋天。')
```

```
3 <= month and month <= 5
3 <= month <= 5
```
等同

▶ 比较运算符 == 也可以连续使用。判断三个变量 a、b 和 c 的值是否都相等的程序如下所示（chap03/list03a1.py）。

```
if a == b == c:
    print('三者均相等。')
else:
    print('三者并不都相等。')
```

连续使用比较运算符可以使代码变得更加简洁。

要点 在必要的情况下，可以连续使用比较运算符，以使代码更加简洁。

使用集合进行判断

前面介绍的那些程序，读者都需要仔细阅读，才能理解用于判断季节的各个表达式。下面，我们来看一个更为直观的程序（代码清单 3-19）。

代码清单 3-19　　chap03/list0319.py

```
# 根据读取的月份输出季节（其四：使用集合）

month = int(input('查询季节。\n月份：'))

if month in {3, 4, 5}:
    print('该月份属于春天。')
elif month in {6, 7, 8}:
    print('该月份属于夏天。')
elif month in {9, 10, 11}:
    print('该月份属于秋天。')
elif month in {1, 2, 12}:
    print('该月份属于冬天。')
else:
    print('该月份不存在。')
```

运行示例

```
① 查询季节。
  月份：3↵
  该月份属于春天。
② 查询季节。
  月份：7↵
  该月份属于夏天。
③ 查询季节。
  月份：1↵
  该月份属于冬天。
```

即使是不知道正确语法规则的人，在阅读这段代码后也能大致理解这个程序吧？程序中使用 {} 包围被逗号隔开的各项数据，这种表示数据的方式称为集合。

一般来说，“a in 集合”用来判断 a 是否包含在集合中。

▶ 第 8 章会详细介绍集合。用于判断归属性的运算符 in 会在第 6 章、第 7 章、第 8 章中讲解。

条件运算符

代码清单 3-20 是读取两个数字并打印输出较小数字的程序。

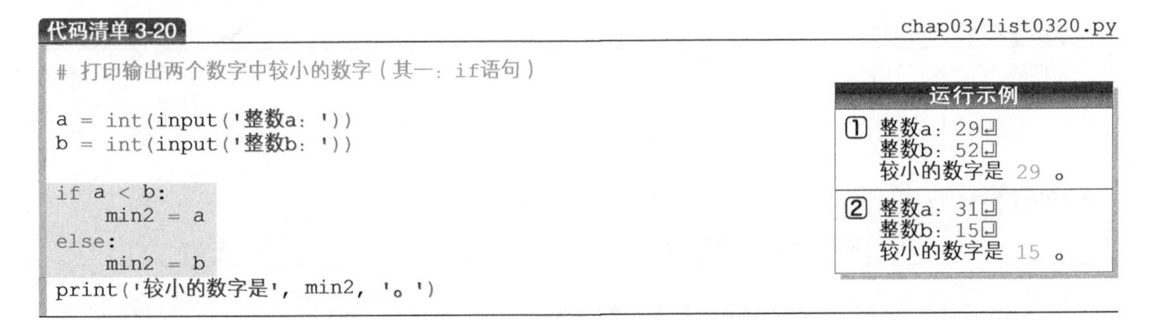

代码清单 3-20　　chap03/list0320.py

```
# 打印输出两个数字中较小的数字（其一：if语句）

a = int(input('整数a：'))
b = int(input('整数b：'))

if a < b:
    min2 = a
else:
    min2 = b
print('较小的数字是', min2, '。')
```

运行示例

```
① 整数a：29↵
  整数b：52↵
  较小的数字是 29 。
② 整数a：31↵
  整数b：15↵
  较小的数字是 15 。
```

程序读取变量 a 和变量 b 的值后进行比较，如果 a 的值小于 b 的值，则将 a 赋给变量 min2，否则将 b 赋给变量 min2。最后在 if 语句执行完毕后，变量 min2 的值为较小的数字。

▶ 如果 a 的值和 b 的值相同，则赋给变量 min2 的值为 b。

因为程序的最后一行在调用 print 函数时没有在开头添加缩进，所以该行代码与 if 语句没有关系。不论变量 a 和变量 b 的大小关系如何，程序都会执行该行代码。

条件运算符

前面的这个程序不使用 if 语句也可以实现，请看代码清单 3-21。

代码清单 3-21 chap03/list0321.py

```
# 打印输出两个数字中较小的数字（其二：条件运算符）

min2 = a if a < b else b
```

如果 a < b，则将 a 赋给 min2　否则将 b 赋给 min2

首次出现的 if else 是表 3-3 中的条件运算符（conditional operator），使用该运算符的表达式的求值过程如下一页的图 3-6 所示。

如果 a 小于 b，则将 a 赋给变量 min2，否则将 b 赋给变量 min2。条件表达式是将 if 语句凝练后的表达式。

表 3-3 条件运算符

x if y else z	如果 y 的值为真，则对 x 求值并将其作为表达式的结果，否则对 z 求值并将其作为表达式的结果。

► 条件运算符是唯一的三元运算符，其他运算符是一元运算符或二元运算符。
另外，如果 y 的值为真，则跳过 z 的求值过程，如果 y 的值为假，则跳过 x 的求值过程，即进行短路求值。

差值计算

代码清单 3-22 在代码清单 3-21 的基础上进行了修改，是一个求读取的两个数字之差的程序。

代码清单 3-22 chap03/list0322.py

```
# 打印输出两个数字的差值

a = int(input('整数a：'))
b = int(input('整数b：'))

print('差值为', b - a if a < b else a - b, '。')
```

如果 a < b，则结果为 b-a　否则结果为 a-b

运行示例

```
① 整数a：4
  整数b：1
  差值为 3 。
② 整数a：2
  整数b：7
  差值为 5 。
```

该程序用于计算较大数字减去较小数字后的差值。

要点 活用条件运算符可以使根据条件真假生成不同结果值的表达式更加简洁。

代码清单 3-23 嵌套使用了两个条件运算符。程序会打印输出读取的整数符号。

代码清单 3-23 chap03/list0323.py

```
# 打印输出读取的整数符号（条件运算符）

n = int(input('整数：'))

print('该值为' + ('正数' if n > 0 else '0' if n == 0 else '负数') + '。')
```

► 运行结果省略。

注意，这种程度的嵌套尚且算好懂，但若嵌套过多，程序就会变得难以阅读。

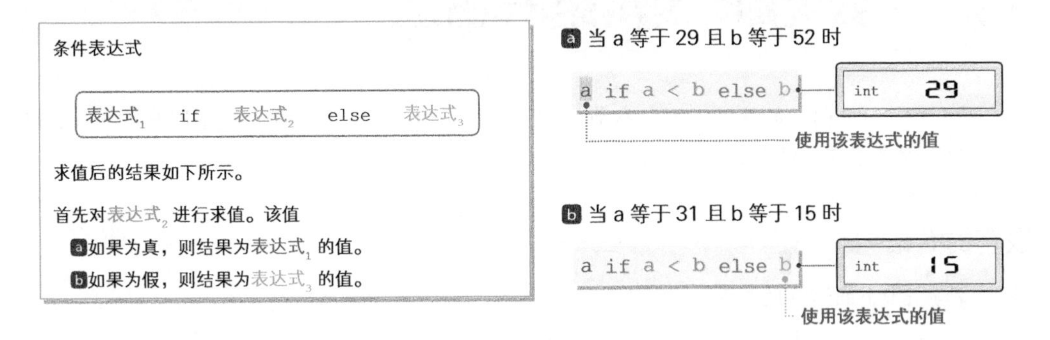

图 3-6　条件表达式的求值

3-2 嵌套的 if 语句和代码组

上一节介绍了 `if` 语句的基础内容。本节，我们来学习复杂的 `if` 语句，包括嵌套的 `if` 语句和 `if` 语句下执行多条语句的情况。

嵌套的 if 语句

先试着写一个下面这样的程序。

- 如果读取的整数为正数，则打印输出“偶数”或“奇数”。
- 如果读取的整数不为正数，则输出相应信息。

写完的程序如代码清单 3-24 所示。

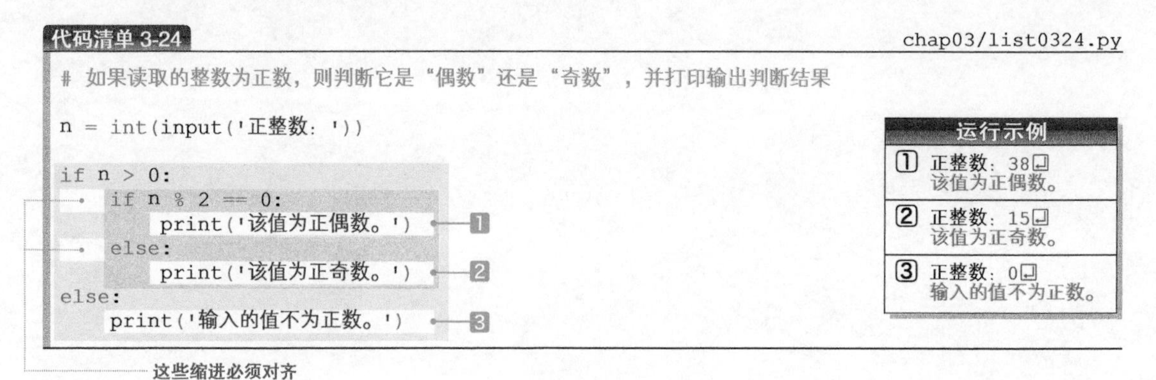

代码清单 3-24　chap03/list0324.py

```
# 如果读取的整数为正数，则判断它是“偶数”还是“奇数”，并打印输出判断结果

n = int(input('正整数：'))

if n > 0:
    if n % 2 == 0:
        print('该值为正偶数。')      1
    else:
        print('该值为正奇数。')      2
else:
    print('输入的值不为正数。')      3
```


如图 3-7 所示，该程序使用了嵌套结构，在 `if` 语句中插入了 `if` 语句。

因为从语法结构上来看 `if` 语句是单独的语句，所以外层 `if` 语句的 `if` 代码块执行的是内层的 `if` 语句。该 `if` 语句根据 n 为偶数还是奇数来执行语句 1 或 2。

外层 `if` 语句的 `else` 代码块执行了语句 3。

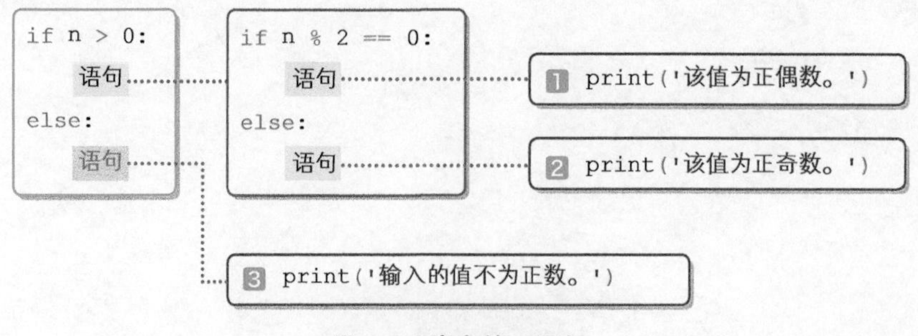

图 3-7　嵌套的 if 语句

另外，如果内层 `if` 语句中的“`if n % 2 == 0:`”和“`else:`”缩进没有对齐，程序就无法进行解析，进而产生错误。

条件成立时，`if` 代码块、`else` 代码块和 `elif` 代码块分别在应该执行的语句前插入 4 个空格作为缩进。另外，执行的语句也可以放在冒号与换行符之间。

具体示例如图 3-8 所示。左右两种编写代码的方式均可。

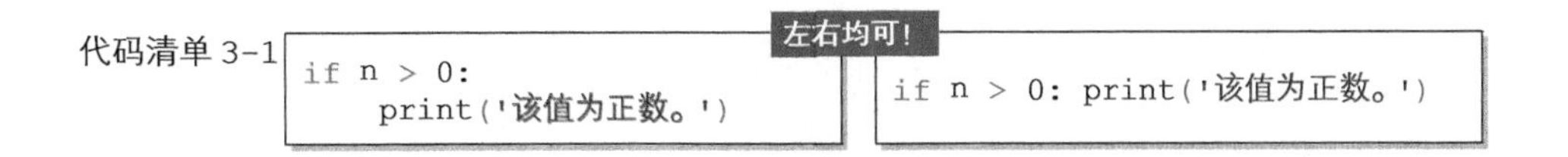

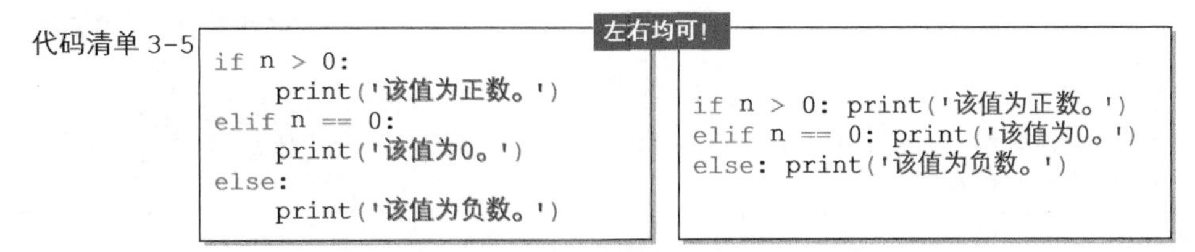

图 3-8　if 语句的编写方式

因为与后面的内容有关，所以我在这里先简单讲解一下复合语句（compound statement）。

本章讲解的 `if` 语句，与下一章讲解的 `while` 语句和 `for` 语句不是前面我们说过的简单语句，而是复合语句。

在这些复合语句中，被控制的语句（条件成立时执行的语句）如果是简单语句，就可以写在冒号之后的同一行内。

要点 复合语句控制的简单语句可以直接放在冒号之后，而不是放在下一行。

也就是说，代码清单 3-24 中的 `if` 语句就可以改写为如下形式（chap03/list0324a.py）。

```
if n > 0:
    if n % 2 == 0: print('该值为正偶数。')
    else: print('该值为正奇数。')
else:
    print('输入的值不为正数。')
```

如果使用条件运算符，代码还可以简化为如下形式（chap03/list0324b.py）。

```
if n > 0:
    print('该值为正{}。'.format('奇数' if n % 2 else '偶数'))
else:
    print('输入的值不为正数。')
```

if 语句下执行多条语句

下面，我们再来写一个程序——读取两个整数，并求出其中较大的数字和较小的数字。具体如代码清单 3-25 所示。

代码清单 3-25 chap03/list0325.py

```
# 计算并输出较小的数字和较大的数字（其一）

a = int(input('整数a: '))
b = int(input('整数b: '))

if a < b:
    min2 = a      ─1
    max2 = b
else:
    min2 = b      ─2
    max2 = a

print('较小的数字是', min2, '。')
print('较大的数字是', max2, '。')
```

运行示例

```
整数a: 37⏎
整数b: 52⏎
较小的数字是 37 。
较大的数字是 52 。
```

程序中的 `if` 语句在 `a` 小于 `b` 时执行1，否则执行2。`if` 代码块和 `else` 代码块各自控制了两个（应当执行的）语句。

像这样，在控制多个语句时，必须对齐这些语句的缩进，否则会产生错误。

要点 在使用复合语句控制多个语句时，这些语句的代码行必须统一缩进。

不过，如图 3-9 所示，`if` 代码块、`elif` 代码块和 `else` 代码块中的代码缩进只要在各自的代码块中统一即可，无须跨代码块统一。

当然，为了避免造成混淆，即使在跨代码块的情况下，缩进也应统一。

× 代码块内的缩进没有实现统一

```
if a < b:
  min2 = a
      max2 = b
else:
      min2 = b
      max2 = a
```

○ 代码块内的缩进实现了统一

```
if a < b:
    min2 = a
    max2 = b
else:
      min2 = b
      max2 = a
```

图 3-9 if 语句与缩进

由复合语句控制的多个并列语句称为代码组（suite）。

如果代码组由多个简单语句构成，各个语句要用分号隔开并编写在同一行内。代码清单 3-26 就利用了该特性。

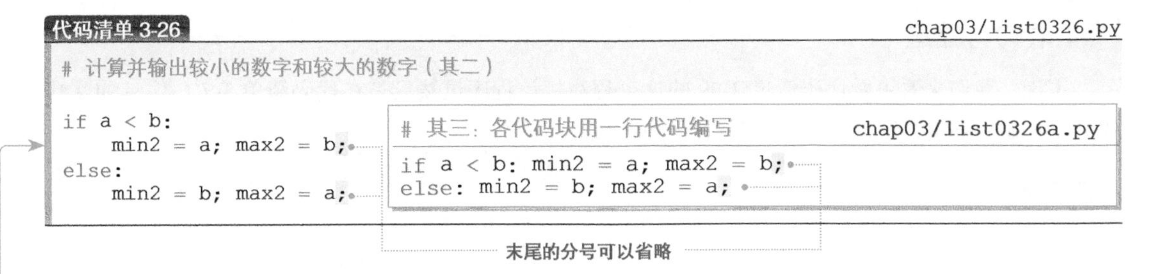

代码清单 3-26　chap03/list0326.py

```
# 计算并输出较小的数字和较大的数字（其二）

if a < b:
    min2 = a; max2 = b;
else:
    min2 = b; max2 = a;
```

```
# 其三：各代码块用一行代码编写　chap03/list0326a.py
if a < b: min2 = a; max2 = b;
else: min2 = b; max2 = a;
```


各代码块中执行的代码组均使用了一行代码编写。

▶ 代码组表示一整组代码。另外，方框内的“其三”是整个代码块只用了一行代码编写的情况，由于代码过分凝练，反而变得不容易让人读懂了。

如果使用条件运算符，再一次性对多个变量进行赋值，我们就能用一行代码实现前面这个程序（代码清单 3-27）。

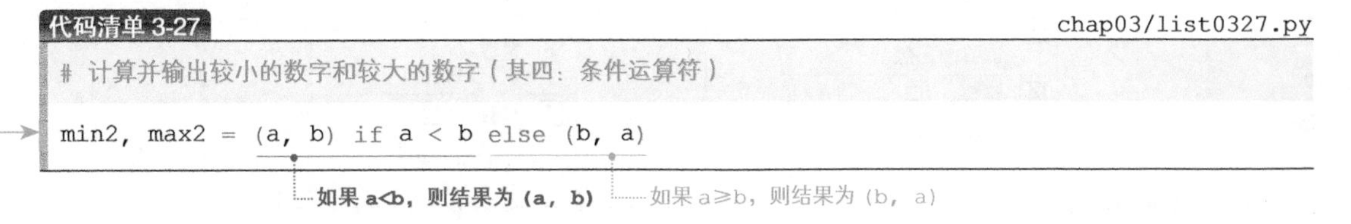

代码清单 3-27　chap03/list0327.py

```
# 计算并输出较小的数字和较大的数字（其四：条件运算符）

min2, max2 = (a, b) if a < b else (b, a)
```


另外，如果等号右边的表达式 (a, b) 和 (b, a) 省略掉圆括号 ()，表达式之间的界线就会变得不明显，进而导致错误发生。

▶ 第 8 章会介绍圆括号 () 的含义。

min 函数和 max 函数

Python 提供了内置的 `min` 函数和 `max` 函数来计算最小值和最大值。利用这两个函数就可以简化程序，请看代码清单 3-28。

代码清单 3-28　chap03/list0328.py

```
# 计算并输出较小的数字和较大的数字（其五：min函数和max函数）

min2 = min(a, b)
max2 = max(a, b)
```

`min` 函数和 `max` 函数会分别返回给定数字中的最小值和最大值。另外，参数的个数不仅限于两个，而是可以任意个。

▶ 如果把调用函数的表达式放在等号右边进行赋值，函数的返回值就会赋给等号左边的变量。第 9 章会详细讲解该过程的原理。

if 语句与缩进

下面，我们来看一看代码清单 3-29 的这个程序。该程序虽然只是在代码清单 3-7（第 51 页）中的第二个 if 语句前添加了缩进，但程序的行为发生了变化。

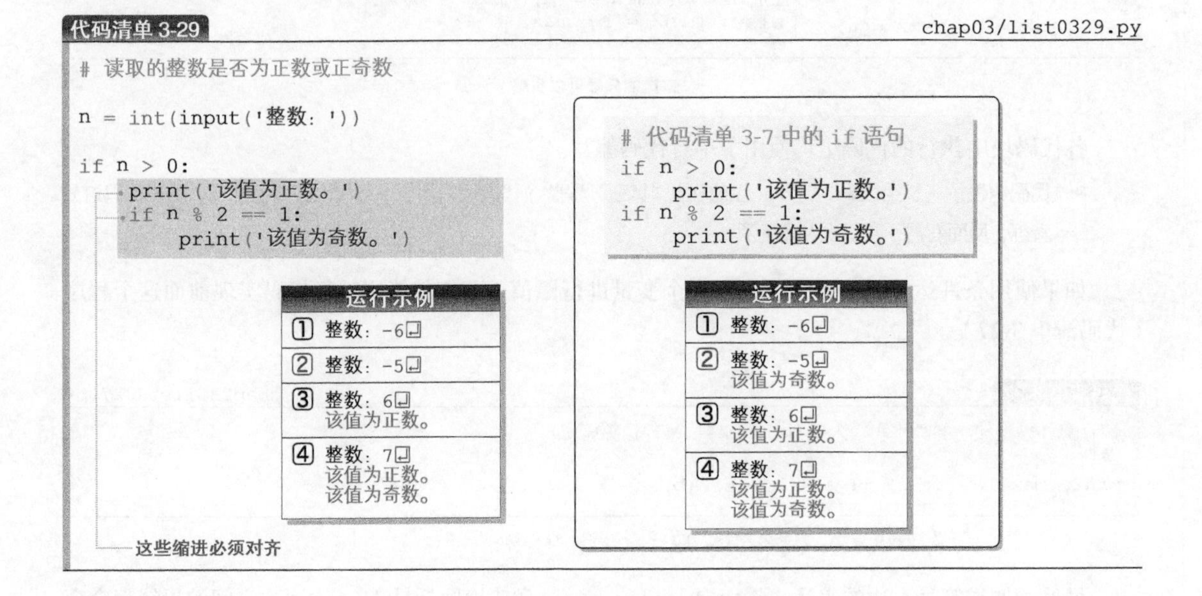

▪ 代码清单 3-7

两个 if 语句虽然排列在一起，但它们之间没有任何关系。因此，不论 n 的值是否为正数，程序都会去判断 n 是否为奇数。如果 n 为奇数，则输出相应的内容。

▪ 代码清单 3-29

第二个 if 语句被插入到最开始的（外层的）if 语句中。因为在 n 为正数时程序执行的是橘色底纹部分，所以只有在 n 为正数时程序才会判断它是否为奇数。如果 n 为奇数，则输出相应的内容。

▶ 也就是说，如果 n 小于 0，则不对 n 是否为奇数进行判断和输出结果（运行示例①和运行示例②）。

外层的 if 语句所控制的代码组（判断表达式 n > 0 为真时执行）由 A 和 B 两个语句构成。

```
A print('该值为正数。')
B if n % 2 == 1: print('该值为奇数。')  ← C
```

因此，A 和 B 必须对齐，而且与最开始的 if 语句相比，要再缩进一级。

▶ 在代码清单 3-29 中，C 由 B 的 if 语句中的 if 代码块控制，放在头部的下一行。因此，C 又缩进了一级。

if 语句的结构和代码组

前面用图解的方式对 if 语句的形式进行了介绍。第 50 页讲解时使用了图 3-10 中的 a，但其实图 3-10 a 是不准确的。图 3-10 b 是更加准确的语法结构。

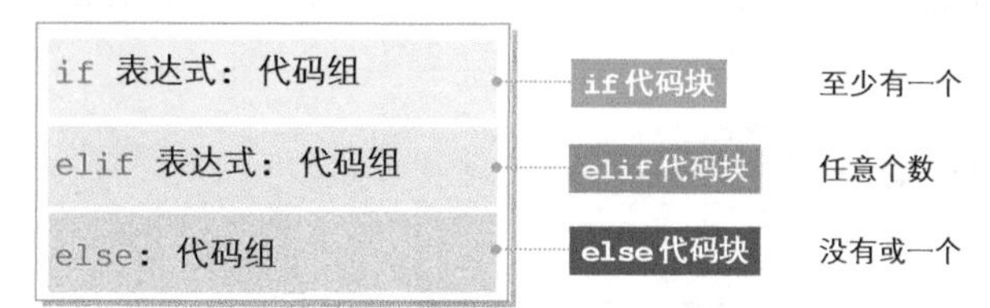

图 3-10　if 语句的语法结构

复合语句中各代码块的起始部分以 `if` 或 `else` 开头，以冒号结尾。该部分称为各代码块的头部（header）。

头部末尾的冒号表示这之后的内容是代码组。

代码组的编写方式如下所示。

- 头部的下一行要再缩进一级（多使用一些空格），然后编写代码。
  当代码组内有多个语句时，这些语句全部使用相同级别的缩进。
  另外，这些语句可以是简单语句，也可以是复合语句。如果这些语句是复合语句，就会形成一种嵌套结构，即在复合语句中使用复合语句，具体示例如代码清单 3-29 所示。

  ► 至少有一个空格用于缩进。

- 只有在代码组仅由简单语句构成时，代码组可以与头部在同一行（即代码组在冒号和换行符之间）。如果有多个单纯语句，则使用分号隔开各语句。最后一个语句之后也能有分号。

  例 `if a < b: min2 = a`

  例 `if a < b: min2 = a; max2 = b;`

  ► 如果代码组内有复合语句，则不能与头部放在同一行。因此，执行以下代码会发生错误。

```
✕if a < b: if c < d: x = u     # 冒号之后不能有复合语句
```

复合语句

二值排序

代码清单 3-30 是读取两个整数后，按升序对其进行排列的程序。

► 升序表示数值按从小到大的顺序排列，降序则相反。

代码清单 3-30 chap03/list0330.py

```
# 对两个整数按照升序排列（其一）

a = int(input('整数a：'))
b = int(input('整数b：'))

if a > b:
    t = a
    a = b        交换 a 的值和 b 的值
    b = t

print('按照a≤b进行排序。')
print('变量a的值是', a, '。')
print('变量b的值是', b, '。')
```

运行示例

```
整数a：57↵
整数b：13↵
按照a≤b进行排序。
变量a的值是 13 。
变量b的值是 57 。
```

更改排列顺序称为排序（sort）。二值排序交换了变量 a 的值和变量 b 的值。不过，只有在 a 的值大于 b 的值时才对二者进行交换。

该程序按照图 3-11 所示步骤对两个值进行了交换。

▶ ① 将 a 的值保存至 t。
② 将 b 的值赋给 a。
③ 将保存在 t 中的 a 的初始值赋给 b。

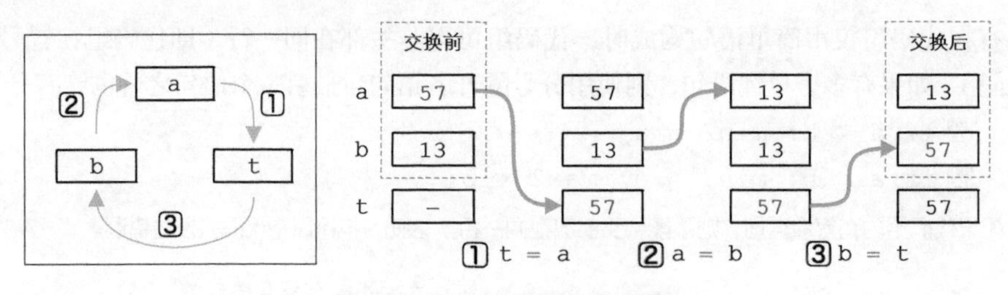

图 3-11 交换两个值的步骤

另外，代码清单 3-31 为了简化代码，使用了第 18 页介绍的给多个变量同时赋值的方法。将 b 赋给 a 和将 a 赋给 b 的操作（在理论上）是同时进行的。

代码清单 3-31 chap03/list0331.py

```
# 对两个整数按照升序排列（其二）

if a > b:
    a, b = b, a        交换 a 的值和 b 的值
```

三值排序

代码清单 3-32 是对三个数值进行升序排列的程序。

代码清单 3-32　chap03/list0332.py

```
# 对三个整数按照升序排列

a = int(input('整数a: '))
b = int(input('整数b: '))
c = int(input('整数c: '))

if a > b: a, b = b, a  ←1
if b > c: b, c = c, b  ←2
if a > b: a, b = b, a  ←3

print('按照a≤b≤c进行排序。')
print('变量a的值是', a, '。')
print('变量b的值是', b, '。')
print('变量c的值是', c, '。')
```

运行示例

```
整数a: 5↵
整数b: 3↵
整数c: 2↵
按照a≤b≤c进行排序。
变量a的值是 2 。
变量b的值是 3 。
变量c的值是 5 。
```

图 3-12 中使用了三个 `if` 语句进行三值排序。

1 比较 a 和 b 的值。如果左侧 a 的值大于右侧 b 的值，则交换二者的值。

2 对 b 和 c 进行同样的操作（只在必要时交换 b 和 c 的值）。

经过右图所示的角逐后，通过执行上述两个步骤，三个值中的最大值被保存在了 c 中。

3 最大值被保存在 c 中。最后进行的是决定第二名的“复活赛”。执行该 `if` 语句后，a 和 b 中较大的值会保存在 b 中。

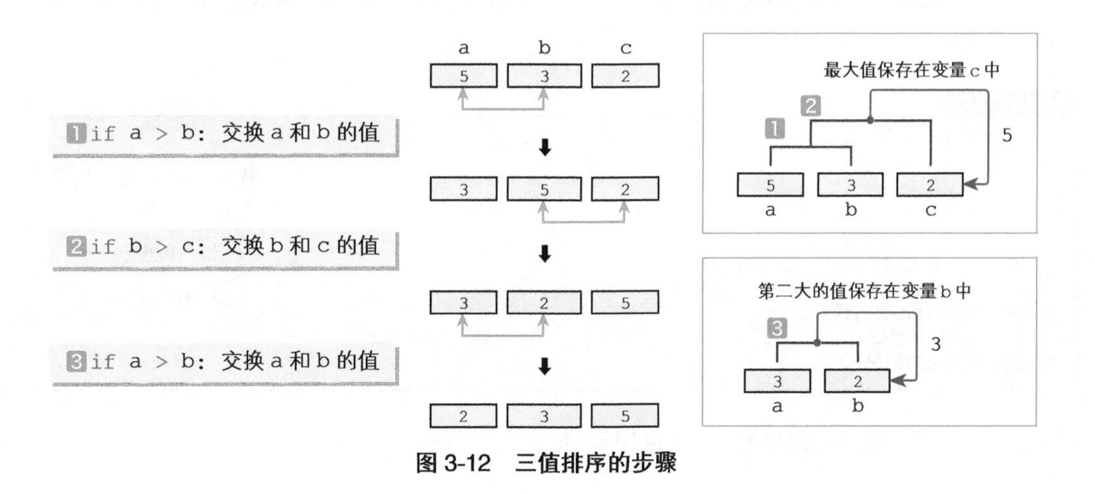

图 3-12　三值排序的步骤

用于排序的内置函数 sorted

我们已经编写程序实现了二值排序和三值排序。四值排序的实现就比较费事了，因为必须列出大量的 `if` 语句。

了解排序的原理对于学习编程来说是必要的，但在实际编写程序时，人们一般会使用内置函数来实现排序。

代码清单 3-33 使用内置函数 `sorted` 改写了二值排序的程序。

代码清单 3-33　　chap03/list0333.py

```
# 对两个整数按照升序排列（其三）

a = int(input('整数a：'))
b = int(input('整数b：'))

a, b = sorted([a, b])          # 升序排列

print('按照a≤b进行排序。')
print('变量a的值是', a, '。')
print('变量b的值是', b, '。')
```

运行示例

```
整数a：52↵
整数b：37↵
按照a≤b进行排序。
变量a的值是 37 。
变量b的值是 52 。
```

第 7 章会介绍这个程序里使用的列表，当前我们没有必要彻底弄清楚它是什么。

▶ sorted 函数与其说是用于排序的函数，不如说是用于返回排序后新生成的列表的函数。当前阶段，我们只要能模仿使用这个函数就足够了。

使用 sorted 函数后，三值排序（**chap03/sort03.py**）的程序和四值排序（**chap03/sort04.py**）的程序如下所示。

```
a, b, c    = sorted([a, b, c])        # 按照升序排列三个数值
a, b, c, d = sorted([a, b, c, d])     # 按照升序排列四个数值
```

另外，如果要按照降序排列，就需要给 sorted 函数传递第二个参数，参数设为 reverse=True。具体请见代码清单 3-34。

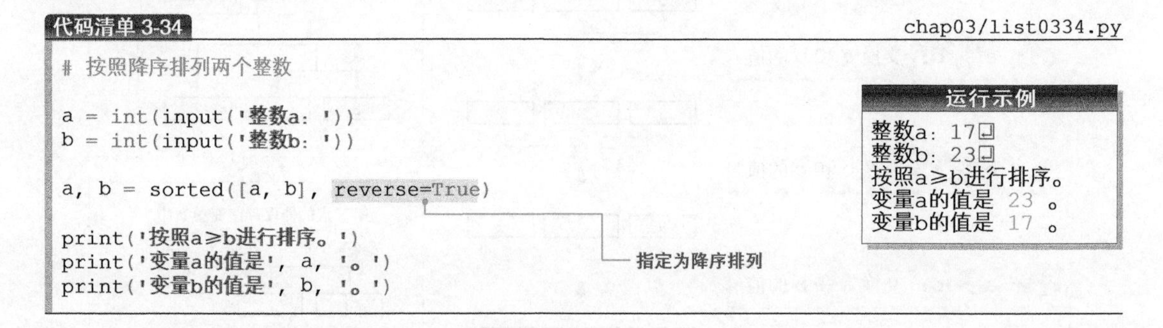

执行程序后，数值按照预想实现了降序排列。

流程图

下面，我来说说流程图（**flowchart**）。流程图用图来表示定义、分析和解答问题的过程，这里我们要学习流程图的基础术语和符号。

▪程序流程图（program flowchart）

程序流程图由以下部分构成。

- ▪表示实际运算的符号。
- ▪表示控制流程的线条符号。
- ▪帮助理解和制作程序流程图的特殊符号。

▪数据（data）

表示不指定媒介的数据。

▪处理（process）

表示任意种类的处理功能。比如，为了改变数据的值、类型和位置而执行的运算或运算群，以及在多个程序流程中为决定后继方向而执行的运算或运算群。

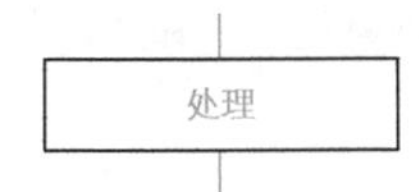

■预定义处理（predefined process）

表示子程序或模块等在他处定义的多个运算或命令群。

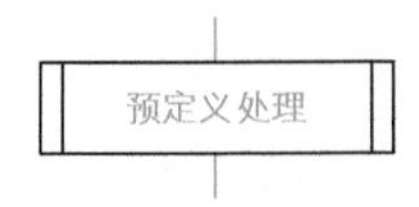

■判断（decision）

该符号表示的功能是在有一个入口和多个出口的情况下，按照符号中定义的条件求值，并根据其结果判断选择唯一的出口。该符号也能表示选择开关的功能。

预想的求值结果写在表示路径的线条旁边。

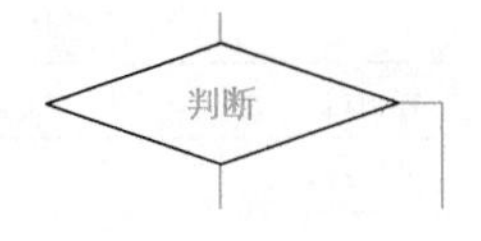

■ 循环条件（loop limit）

循环条件由两部分组成，分别表示循环的开始和结束。符号的两个部分使用相同的名字。

循环的开始符号（先判断再循环）或结束符号（先循环再判断）中记录了循环的初始化方法、递增方式和结束条件。

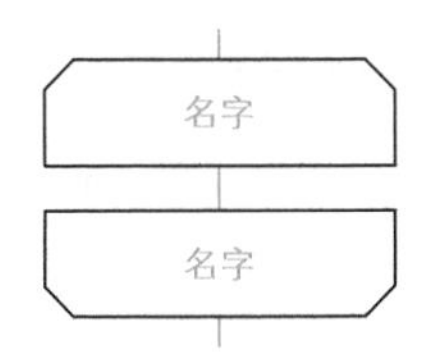

■ 线条（line）

表示控制的流程。

如果需要明确表示流程的方向，则线条必须添加箭头。

在不需要明确表示流程的方向时也可以添加箭头，方便辨识。

■ 端点符（terminator）

表示进入外部环境的出口或从外部环境进来的入口。比如表示程序流程的开始或结束。

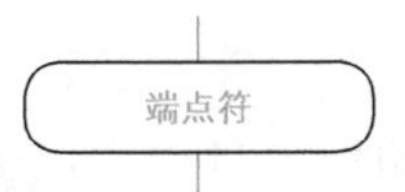

除此之外，还有并行处理和虚线等符号。

3-3 程序的构成要素

本节，我们会学习程序的各种构成要素，包括关键字、标识符、字面量和运算符等。

程序的构成要素

在 Python 程序中，行（换行符）和缩进（空格）都被赋予了明确的含义。

前面已经讲解过以下内容。

① 在代码行末尾使用 \ 可以延续本代码行至下一行。

② 空行实际上被程序忽略了。

③ 缩进的含义和使用方法。

④ 代码可以在 () 中随意换行。

关于④，这里需要补充一点内容。不仅是 ()，在第 6 章以后讲解的 [] 和 {} 中，代码也可以随意换行。也就是说，

要点 在 ()、[]、{} 中，代码可以用多行记述。

程序的构成要素中除了有换行和空格，还包括关键字、标识符、注释、运算符和分隔符等。

这些要素称为 token，类似于中文里的“单词”。

▶ 第 30 页已经介绍过注释，不过第 9 章还会介绍注释的相关内容。

关键字

本章介绍的 `if` 和 `else` 等有特殊含义的词语称为关键字（keyword）。表 3-4 是关键字一览表。

表 3-4 关键字一览表

and	as	assert	break	class	continue
def	del	elif	else	except	False
finally	for	from	global	if	import
in	is	lambda	None	nonlocal	not
or	pass	raise	return	True	try
while	with	yield			

▶ 关键字也称为保留字（reserved word）。

标识符

变量、函数和类可以使用的名称叫作标识符（identifier）。

语法上允许使用汉字作为构成标识符的字符，但我不推荐这种做法。标识符一般由以下字符构成。

- 大写字母　A B C D E F G H I J K L M N O P Q R S T U V W X Y Z
- 小写字母　a b c d e f g h i j k l m n o p q r s t u v w x y z
- 下划线　_
- 数字　0 1 2 3 4 5 6 7 8 9

标识符的起始字符不能使用数字。另外，关键字不能作为标识符使用。

- 正确示例　x1　_x1　abc　_
- 错误示例　1x　if

▶ 表 6-2（第 149 页）中介绍的 `str.isidentifier` 方法可以用来查看字符串是否可以作为正确的标识符使用。

以 __ 开头的名称和以 __ 开头并以 __ 结尾的名称具有特殊含义，这些名称叫作保留的标识符类型（reserved classes of identifiers）。

运算符

表 3-5 是运算符（operator）一览表。

优先级

第 1 章介绍过运算符的优先级（precedence）。该表中的运算符分成了 17 组并按照优先级从高到低的顺序排列。

结合规则

大部分运算符是从左往右进行运算的，这种运算方式称为左结合。比如 `24 // 4 // 2` 的运算结果为 `3`。

▶ 如果运算符是从右往左进行运算的，则上述表达式会被程序视为 `24 // (4 // 2)`，运算结果变为 `12`。

求幂运算符 `**` 是唯一例外的右结合运算符。

▶ 比如，`2 ** 1 ** 4` 被视为 `2 ** (1 ** 4)`，其运算结果为 `2`。

赋值符号不是运算符

`=` 和 `+=` 等符号具备多种赋值功能（包括下一章讲解的增量赋值），但它们并不是运算符。

运算符的优先级、名称和结合规则如表 3-5 所示。

表 3-5 所有运算符的优先级、名称和结合规则

优先级顺序	运算符	名称	
1	(表达式 ...)	表达式结合运算符（元组标记运算符）	
	[表达式 ...]	列表标记运算符	
	{ 键 : 值 }	字典标记运算符	
	{ 表达式 ... }	集合标记运算符	
2	x[索引]	索引运算符	
	x[索引1 : 索引2 : 步进]	分片运算符	
	x(实参 ...)	调用运算符	
	x. 属性	属性引用运算符	
3	await	await 运算符	
4	x ** y	求幂运算符	
5	+x	一元加法运算符	
	-x	一元减法运算符	
	~x	按位取反运算符	
6	x * y	乘法运算符	
	x @ y	矩阵乘法运算符	
	x / y	除法运算符	
	x // y	取整除运算符	
	x % y	求余运算符	
7	x + y	加法运算符	
	x - y	减法运算符	
8	x << y	左移运算符	
	x >> y	右移运算符	
9	x & y	按位与运算符	二元按位运算符
10	x ^ y	按位异或运算符	
11	x | y	按位或运算符	
12	x in y	成员运算符	比较运算符 ※ 在连续使用的情况下，能达到用 and 进行结合的效果
	x not in y		
	x is y	身份运算符	
	x is not y		
	x < y	比较运算符	
	x <= y		
	x > y		
	x >= y		
	x == y		
	x != y		
13	not x	逻辑非运算符	逻辑运算符
14	x and y	逻辑与运算符	
15	x or y	逻辑或运算符	
16	x if y else z	条件运算符	
17	lambda	lambda 运算符	

因为 = 和 += 等用于赋值的符号不是运算符，所以本表中未进行收录。

主要操作	
结合指定的表达式并将其转换为元组	
结合指定的表达式并将其转换为列表	
结合指定的键和值并将其转换为字典	
结合指定的表达式并将其转换为集合	
获取 x 内指定索引位置的元素	
对指定索引范围进行分片	
传递实参并调用函数或方法	
获取 x 指定属性的元素	
暂时停止执行 awaitable 对象中的协同程序	
生成 x 的 y 次方的值	右结合运算符
生成 x 本身的值	
生成 x 符号反转后的值	
按位取反后，生成值 -(x+1)	
生成 x 乘以 y 的值	
生成矩阵 x 乘以矩阵 y 的值（不能利用内置类型）	
生成 x 除以 y 的值（用实数运算）	
生成 x 除以 y 的值（结果舍去小数部分）	
生成 x 除以 y 的余数值	
生成 x 加 y 的值	
生成 x 减 y 的值	
x 按位左移 y 位	
x 按位右移 y 位	
生成 x 和 y 按位取逻辑与后的值	
生成 x 和 y 按位异或后的值	
生成 x 和 y 按位取逻辑或后的值	
如果 x 是 y 的元素，则生成 True，否则生成 False	
如果 x 不是 y 的元素，则生成 True，否则生成 False	
如果 x 和 y 是同一个对象，则生成 True，否则生成 False	
如果 x 和 y 是不同对象，则生成 True，否则生成 False	
如果 x 小于 y，则生成 True，否则生成 False	
如果 x 小于等于 y，则生成 True，否则生成 False	
如果 x 大于 y，则生成 True，否则生成 False	
如果 x 大于等于 y，则生成 True，否则生成 False	
如果 x 等于 y，则生成 True，否则生成 False	
如果 x 不等于 y，则生成 True，否则生成 False	
如果 x 为真，则生成 False，否则生成 True	
如果对 x 求值的结果为假，则生成 x 的值；如果对 x 求值的结果为真，则生成对 y 求值后的值	
如果对 x 求值的结果为真，则生成 x 的值；如果对 x 求值的结果为假，则生成对 y 求值后的值	
如果对 y 求值的结果为真，则生成对 x 求值后的结果，否则生成对 z 求值后的结果	
编写匿名函数	

分隔符

标识符和关键字等各个 token 之间一般需要留空。比如“`if a == 0:`”中的 `if` 和 `a` 不能连起来写成“`ifa == 0:`”。

但是，如果使用了分隔符（delimiter），各个 token 前后就不需要留空了。比如刚才的例子，如果使用了分隔符 `()`，则可以写成“`if(a==0):`”。

具体如下所示。

```
× ifa == 0:      ※ if和a之间没有空格。
○ if a == 0:     ※ if和a之间有空格。
○ if(a==0):      ※ if和a通过分隔符实现分隔。
```

表 3-6 为分隔符一览表。

表 3-6 分隔符一览表

(	)	[	]	{	}	,	:	.	;	@	=	->
+=	-=	*=	/=	//=	%=	@=	&=	|=	^=	>>=	<<=	**=

▶ “.”也会用在浮点数字面量和虚数字面量中。此外，“.”也会作为省略符号“...”使用。在这些情况下，“.”并不作为分隔符使用。

数值字面量

在第 1 章中，我们学习了整数字面量和浮点数字面量。包括这两种字面量在内，一共有三种数值字面量。

整数字面量

整数字面量用于表示 `int` 型的整数，它存储在主存中且没有位数限制。

第 1 章讲过，Python 从版本 3.6 开始，可以在十进制字面量、二进制字面量、八进制字面量和十六进制字面量的任意位置插入下划线。

下面就是整数字面量的示例。

```
7      2147483647                       0o177           0b100110111
3      79228162514264337593543950336    0o377           0xdeadbeef
       100_000_000_000                  0b_1110_0101
```

▶ 我们也学习过非 0 的十进制字面量不能以 0 开头。

浮点数字面量

用十进制数表示 `float` 型实数的字面量称为浮点数字面量。

下页是浮点数字面量的示例。

```
3.14  10.  .001  1e100  003.14e-010  0e0  3.14_15_93
```

另外，与十进制整数字面量不同，在浮点数字面量的情况下，不论是整数部分还是指数部分，开头都可以有多余的 0。

▶ 因此，3.14e-10 与上例中的 003.14e-010 的意义相同。

虚数字面量

虚数字面量（imaginary literal）可以表示实数部分为 0.0 的复数。

虚数字面量的形式是在浮点数字面量后添加 j（大写字母 J 和小写字母 j 都可以）。

下面是虚数字面量的示例。

```
3.14j 10.j 10j .001j 1e100j 3.14e-10j 3.14_15_93j
```

像 (2.3 + 5j) 这样，对浮点数和虚数字面量进行加法运算，就可以得到 complex 类型的复数。

字符串字面量和字节序列字面量

字符串字面量我们也在第 1 章学过了，后面的章节会介绍以下字面量。

格式化字符串字面量

格式化字符串字面量（formatted string literal）也称为 f 字符串，它是一种以 f 或 F 为前缀的字符串字面量。

▶ 第 6 章会对其进行详细讲解。

字节序列字面量

字节序列字面量（bytes literal）是以 b 或者 B 为前缀的（与字符串形式类似的）字面量。

▶ 第 7 章会对其进行详细讲解。

语法错误和异常

Python 中有两种错误，分别是语法错误（sytax error）和异常（exception）。

在熟练掌握 Python 语法前肯定会不断遇到各种错误。下面，我们就来了解一下常见错误和相应的规避方法。

▶ 红色文字是错误信息，绿色文字是错误信息的中文翻译，黑色文字是如何规避错误的说明。

语法错误

语法错误包括 SyntaxError 和 IndentationError，这是字句方面（包含缩进）的错误。程序如果包含语法错误则无法执行。

✕
```
print('ABC)
```

SyntaxError: EOL while scanning string literal

语法错误：在解析字符串字面量时遇到EOL（End Of Line，行尾）

字符串字面量缺少了表示结束的符号“'”，因此需要在C之后添加“'”。

当字符串字面量的开始符号和结束符号不一致时，该错误也会发生。例如'ABC"中'和"混用的情况。

✕
```
print('x的值是'. x. '')
```

SyntaxError: invalid syntax

语法错误：无效的语法

传递给print函数的实参使用了错误的分隔符，因此需要将print函数中的两个“.”换成“,”。

✕
```
print('x的值是',　x,　'')
```

SyntaxError: invalid character in identifier

语法错误：标识符中含有无效字符

传递给print函数的实参在用逗号隔开时，逗号后插入了全角空格。这种错误虽然难以察觉，但我们只要将全角空格修改为半角空格即可。

✕
```
m1 = 17
m2 = 08
```

SyntaxError: invalid token

语法错误：无效的token

十进制整数字面量之前不能有0，因此我们要将08改为8。

► 没有必要为了对齐上下代码行而使用这种编写代码的方式。

✕
```
if a > 5
    print('a大于5')
```

SyntaxError: invalid syntax

语法错误：无效的语法

缺少if语句头部的“:”，因此我们要在5之后添加“:”。

✕
```
if a > 5:
print('a大于5')
```

IndentationError: expected an indented block

缩进错误：代码块需要添加缩进

需要在print前添加缩进（至少要有一个空格）。

异常

异常是在程序执行时发生的错误。我会在第 12 章详细介绍异常，这里只介绍错误示例。一般仔细阅读代码即可规避此类错误。

✕
```
x = 5 / 0
```
ZeroDivisionError: division by zero

零除错误：进行了以 0 为除数的除法运算

不要进行以 0 为除数的除法运算。

✕
```
'ABC' + 5
```
TypeError: can only concatenate str (not "int") to str

类型错误：只有字符串可以与字符串结合（“int” 不可以）

字符串不能和整数结合，因此我们要用 str(5) 把整数 5 转换为字符串。

✕
```
a = '5.3'
print(int(a))
```
ValueError: invalid literal for int() with base 10: '5.3'

值错误：传递给 int() 的字面量 '5.3' 不是正确的十进制字面量

'5.3' 不能转换为整数，因此要将字符串 '5' 赋给 a，或者使用 float() 而不是 int() 进行浮点数转换。

PEP 和编码规范

PEP（Python Enhancement Proposal，Python 增强建议书）汇总了大量文档。这些文档详细说明了建议 Python 实现的功能和 Python 已经实现的功能。

Python 官网 -Documentation-PEP Index

各 PEP 以数字进行区分。其中，PEP 8 “Style Guide for Python Code”（Python 编码规范）作为编码规范为人所熟知。这里，我们来了解一下 PEP 8 的部分内容。

▶ PEP 不仅详细介绍了新功能，还总结了新功能的设计过程。PEP 0 “Index of Python Enhancement Proposals” 一文介绍了 PEP 的整体情况。

- **编码规范的作用是提高代码的可读性，保持代码的一致性。不过，我们在编程时也不必过度拘泥于代码的一致性。**

  ▶ 如果按照编码规范编写的代码难以阅读，则应当按照易于阅读的方式编写代码。

- **要将所有的代码行控制在 79 个字符以内，同时在适当位置插入空行。**
- **不要在代码行末尾添加不必要的空格和制表符。**
- **一级缩进使用 4 个空格。Python 从版本 3 开始不允许混用制表符和空格，所以大家尽量不要**

使用制表符。

▶ 在 Chromium 项目（The Chromium Projects）中，Python 风格指南（Python Style Guidelines）规定缩进为两个空格，但它并不是 PEP 的编码规范。在实际编码中，我们还应当考虑遵循组织或项目的编码策略。

- **用于表示字符串字面量的开始与结束的符号应当统一使用“'”或“"”。**
- **在 # 后要先插入 1 个空格，然后写注释。注释的内容不应只对代码的执行内容进行简单说明。**

▶ 比如下面的注释就没有实质内容（以下注释起码对熟悉 Python 的人来说是毫无意义的）。

```
x = x + 1   # 递增 x
```

但是，由于本书是入门书，所以经常会使用这样的注释。

- **如果要在二元运算表达式中间进行换行，应当在运算符之前换行。**

```
○x = (number              × x = (number +
     + point                    point -
     - (x * y))                 (x * y))
```

- **常量在模块一级（函数定义外）进行定义。常量一般使用大写字母。如果常量的名称由多个单词构成，则使用下划线分隔这些单词。**

▶ 表示常量的变量名是 `TOTAL` 或 `MAX_OVERFLOW` 这种形式。另外，第 9 章和第 10 章将分别对函数和模块进行讲解。

- **关于表达式和语句中的空白字符**
  - **应当避免过多使用空格。以下位置请不要插入空格。**

在使用圆括号、中括号和大括号时，在开括号后和闭括号前不要插入空格。

```
○ spam(ham[1], {eggs: 2})  × spam( ham[ 1 ], { eggs: 2 } )
```

末尾的逗号和之后闭括号之间的位置

```
○ foo = (0,)               × foo = (0, )
```

紧靠逗号、分号和冒号之前的位置

```
○ if x == 4: print(x, y); x, y = y, x
× if x == 4 : print(x, y) ; x , y = y , x
```

用于指定分片的冒号前后。不过，在复杂的情况下可以在该位置插入相同数量的空格。

```
○ sl[1:9], sl[1:9:3], sl[:9:3], sl[1::3], sl[1:9:]
× sl[1: 9], sl[1 :9], sl[1:9 :3]
○ sl[lower:upper], sl[lower:upper:], sl[lower::step]
× sl[lower : : upper]
○ sl[lower+offset : upper+offset]
○ sl[lower + offset : upper + offset]
× sl[lower + offset:upper + offset]
○ sl[: upper_fn(x) : step_fn(x)], sl[:: step_fn(x)]
× sl[ : upper]
× print (x)
```

▶ 分片将在第 6 章、第 7 章和第 8 章进行讲解。

- **在二元运算符前后各插入 1 个空格。**
- **当不同优先级的运算符混用时，可以在优先级最低的运算符的两侧插入空格。**
- **由 `if` 语句、`while` 语句和 `for` 语句控制的代码组与头部放在不同代码行。**

▶ 比如代码清单 3-32 就没有遵循编码规范。

*

本书在介绍函数、模块和类等内容时，会结合编码规范进行讲解。

▶ pycodestyle 可以检查脚本程序是否遵循了 PEP 8 规范，autopep8 可以按照 PEP 8 规范对脚本程序进行修正。

总结

- “变量”“字面量”“用运算符结合变量和字面量后的项”都是表达式。程序在执行时会通过求值获取表达式的类型和值。

- 逻辑型（bool 型）变量的值是逻辑值。如果逻辑为假，则逻辑值为 `False`，如果逻辑为真，则逻辑值为 `True`。程序内部逻辑值分别用 0 和 1 表示。将逻辑值转换为字符串后会得到 `'False'` 和 `'True'`。另外，空值和 0 视为假，其他值视为真。

- 进行逻辑运算的 `and` 运算符、`or` 运算符和 `not` 运算符统称为逻辑运算符。`and` 运算符和 `or` 运算符生成的是最后表达式的值，该值不仅限于逻辑值。在使用这两个运算符进行短路求值时，可以跳过右操作数的求值过程。

逻辑与（运算符 and）

x	y	x and y
真	真	y
真	假	y
假	真	x
假	假	x

二者都为真则为真

逻辑或（运算符 or）

x	y	x or y
真	真	x
真	假	x
假	真	y
假	假	y

其中一方为真则为真

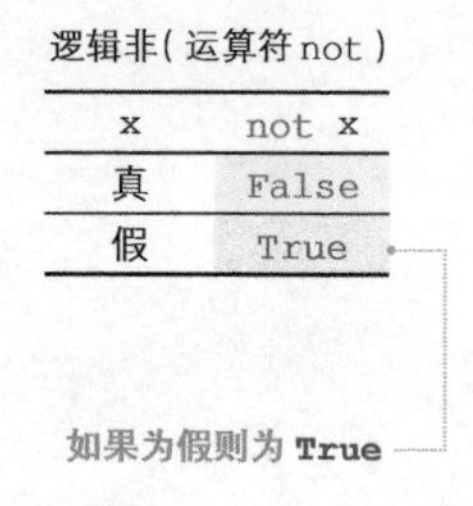

逻辑非（运算符 not）

x	not x
真	False
假	True

如果为假则为 **True**

- 比较运算符（<、<=、>、>=、==、!=）可以判断值的大小和等价关系。表达式如果使用了比较运算符，求值后会得到逻辑值的 `True` 或 `False`。另外，比较运算符可以连续使用，此时的效果与使用 `and` 进行结合的效果相同。

- 直接作为语句使用的表达式称为表达式语句。表达式语句和赋值语句又称为简单语句。

- 在语法结构上必须有语句的位置，如果不需要进行任何操作，则放置 `pass` 语句。

- 在使用 `if` 语句的情况下，我们可以根据条件是否成立来选择相应的程序流程分支进行处理。

- `if` 语句的各代码块（`if` 代码块、`elif` 代码块和 `else` 代码块）由头部及其控制的代码组构成。

if 代码块	if 表达式：代码组
elif 代码块	elif 表达式：代码组
else 代码块	else：代码组

- 代码组原则上要在头部的下一行编写，并且要增加缩进级别。缩进时至少使用 1 个空格，但其实标准缩进使用的是 4 个空格。

- 如果复合语句以 `if` 语句开始，并且复合语句控制的代码组仅由简单语句构成，那么代码组可以不换行直接放在头部的冒号后面。另外，在有多个语句的情况下，各语句用“;”隔开。

- 由 ()、[] 或 {} 包围的地方可以编写多行代码，因此很难用一行代码编写的复杂表达式可以用 () 包围，通过多行代码编写。
- 三元运算符 if～ else～称为条件运算符，使用条件运算符可以将 if 语句的操作凝练至单一的条件表达式中。根据两个操作数的求值结果，对第一个或第三个操作数进行求值。
- 可以使用内置的 min 函数和 max 函数计算多个数中的最小值和最大值。
- 通过 a,b = b,a 可以交换 a 和 b 的值。
- 对多个数按照升序或降序进行排列称为排序。我们可以使用内置的 sorted 函数进行排序。
- 程序的构成要素包括关键字、标识符、运算符、分隔符和字面量等。
- 在并列使用多个运算符时，优先级高的运算符优先执行。在连续使用相同优先级的运算符时，程序会根据结合规则按从左往右的顺序或从右往左的顺序执行运算。大多数运算符是左结合的。
- Python 有两种错误类型，分别是语法错误和异常。语法错误是包含缩进在内的拼写失误。
- 在编写程序时，应遵循 PEP 8 “Style Guide for Python Code”。
- 流程图是一种用图表示程序流程的方法。

chap03/gist.py

```
# 第 3 章 总结

a = int(input('整数a:'))
b = int(input('整数b:'))
c = int(input('整数c:'))
d = int(input('整数d:'))

if     a: print('a不等于0。')              # 如果不为 0 则为真
if not b: print('b等于0。')                # 如果不为 0 则为真取非后的值

# 若 a、b 和 c 均为 0，则将 d 赋给 x
x = a or b or c or d
print('x =', x)

if d % c:                                  # d 除以 c 的余数不为 0
    print('c不是d的约数。')
else:
    print('c是d的约数。')

print('c是' + ('奇数' if c % 2 else '偶数') + '。' )

print('分数d是否及格:', end='')
if d < 0 or d > 100:      # 0 ~ 100 以外
    print('不正确的值')
elif d >= 60:             # 60 ~ 100
    print('及格')
else:                     # 0 ~ 59
    print('不及格')
```

运行示例

```
整数a: 0⏎
整数b: 0⏎
整数c: 6⏎
整数d: 72⏎
b等于0。
x = 6
c是d的约数。
c是偶数。
分数d是否及格: 及格
```

第 4 章

程序流程之循环

本章，我将围绕用于控制程序循环结构的 while 语句和 for 语句进行介绍。

- 循环
- 先判断后循环与先循环后判断
- 判断表达式和循环体
- while 语句
- for 语句和 range 函数
- 增量赋值运算符
- 递增计数
- 递减计数
- 计算 1 到 n 的和
- break 语句和 else 代码块
- continue 语句
- 无限循环
- 多重循环
- 使用 import 语句导入模块
- 使程序暂停运行（time.sleep 函数）
- 生成随机数（random.randint 函数）
- 猜数字游戏 / 猜拳游戏
- 自带电池
- 使用循环语句遍历

4-1 while 语句

程序流程中的循环结构应用了上一章介绍的分支结构。本节，我们会学习用于实现循环的 while 语句。

关于 while 语句

循环结构可以实现以下功能。

- 重复执行相同或相似的处理操作。
- 变更条件的同时重复执行处理。
- 重复执行处理直到某个条件成立。

本章最先实现的程序如代码清单 4-1 所示。该程序会读取两个整数的值，并以递增的方式输出这两个整数之间的所有整数的值（包括这两个整数）。

代码清单 4-1　chap04/list0401.py

```
# 整数的递增计数（排序后从a到b）

a = int(input('整数a: '))
b = int(input('整数b: '))

a, b = sorted([a, b])        # 按照升序排列

counter = a
while counter <= b:
    print(counter, end=' ')
    counter = counter + 1    # counter加1
print()
```


上面代码中读取整数并按升序对整数排列的部分与代码清单 3-33 相同。

▶ 如运行示例所示，从键盘读取 a 和 b 的值时，不论先读取 8 还是先读取 3，排序之后 a 都等于 3，b 都等于 8。

排序后，将 a 赋给 counter（运行示例中将 3 赋给了 counter）。

蓝色底纹部分称为 while 语句，是一个只在**表达式**求值为**真**时重复执行**代码组**的循环语句。

另外，在本书中，判断循环是否继续的**表达式**称为判断表达式，重复执行的**代码组**称为循环体。

判断表达式

```
while 表达式:
    代码组
```

循环体

▶ 循环（loop）就是重复的意思。

大家不要忘记上一章学过的，当执行的代码组由多行代码构成时，各代码行必须对齐缩进。此外，也可以像下面这样将代码全部写在一行中，不过我并不推荐这种写法。

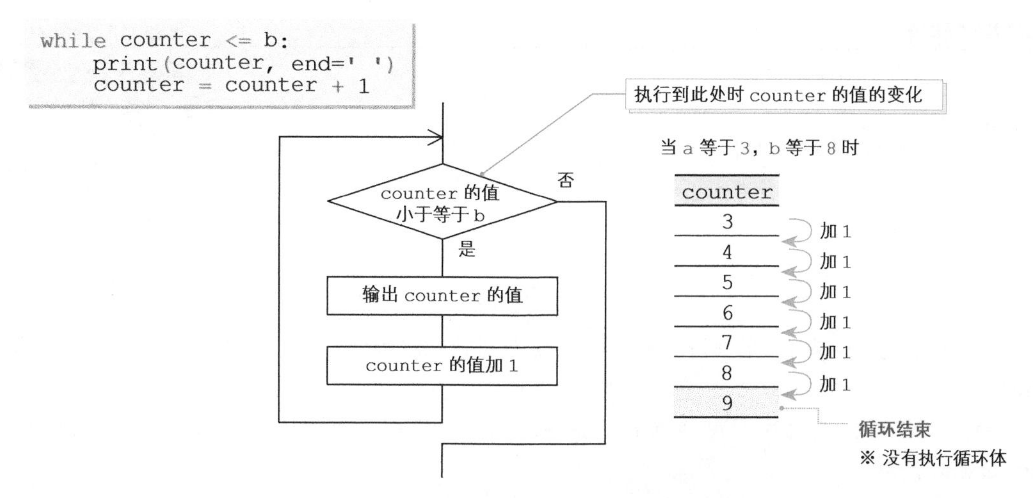

图 4-1 代码清单 4-1 中的 while 语句的流程图

这个程序中 while 语句的流程图如图 4-1 所示。while 语句在 counter 的值小于等于 b 时重复执行循环体内的两个处理操作。

- 打印输出 counter 的值（和空格）。
- 计算 counter + 1 的运算结果并将值赋给 counter，counter 的值仅增加 1。

程序流程进入 while 语句时，counter 的值是 3，所以屏幕输出了 3（和空格），随后 counter 的值更新为 4。

程序流程再次回到 while 语句的开头，判断是否继续循环。因为 counter 的值 4 小于 b，所以程序再次执行循环体。

程序就是这样不断重复相同操作的。

当 counter 的值显示为 8，然后又增加到 9 时，counter <= b 不再成立，while 语句结束。

虽然程序最终输出的数字是 8，但 while 语句结束时，counter 的值是 9。

在调用程序最后的 print 函数时，使用以下方式改写 print()，可以方便我们确认结果（**chap04/list0401a.py**）。

```
print('\ncounter的值是', counter, '。')
```

换行

```
counter的值是 9 。
```

接下来计数时每隔一个数加 1。counter 的值的更新部分改写为以下形式（**chap04/list0401b.py**）。

```
counter = counter + 2    # counter加2
```

```
3 5 7
```

递减计数

下面，我们来编写一个读取整数，并对整数递减计数到 0 的程序。具体如代码清单 4-2 所示。

代码清单 4-2　chap04/list0402.py

```
# 从一个正整数开始递减计数到0

print('递减计数。')
n = int(input('正整数：'))

while n >= 0:
    print(n, end=' ')
    n -= 1              # n减1
print()
```


注释内容为“n 减 1”的那行“n -= 1”，与进行减法运算后赋值的“n = n - 1”（基本）相同。

另外，变量的值每次只减少 1 称为**递减**（decrement），变量的值每次只增加 1 称为**递增**（increment）。

▶ 其他编程语言提供了递增运算符 ++ 和递减运算符 --，但 Python 没有这些运算符。
另外，increment 和 decrement 原本的含义分别是“增加”和“减少”，但在计算机领域，它们常用于表示“加 1”和“减 1”。

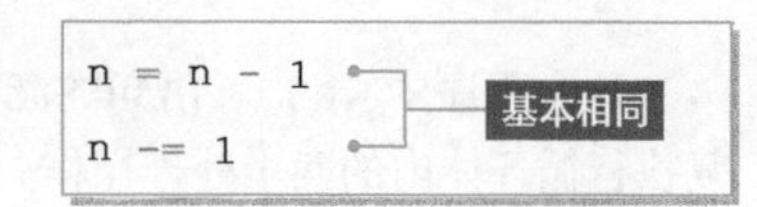

在二元运算符 +、-、*、@、/、//、%、**、>>、<<、&、^、| 后放置 = 所构成的分隔符称为**增量赋值运算符**（augmented assignment operator）（表 4-1）。

当运算符是★时，将★的运算结果赋给 a 的“a = a ★ b”与增量赋值“a ★= b”（基本）相同。在编程时利用增量赋值有以下好处。

▪ 更简洁地表示运算

“n 减 1”不仅比“将 n 减 1 的值赋给 n”更简洁，而且这种形式对我们来说也更容易理解。

▪ 等号左边的变量名只需要写一次

在变量名较长或表达式较为复杂时，比如使用了后面介绍的“列表”或“类”等情况下，出现拼写错误的可能性较小，代码也更容易阅读。

▪ 等号左边只进行一次求值操作

使用增量赋值的一个好处就是**等号左边只进行一次求值操作**。

▶ 本节之所以多次使用“基本”这个词，是因为两种表达式其实仍然存在求值次数不同的区别，以及其他的不同点（7-1 节）。

表 4-1　增量赋值运算符（注意：增量赋值运算符在语法上不是运算符）

+=	-=	*=	@=	/=	//=	%=	**=	>>=	<<=	&=	^=	|=

▶ 赋值运算符并不是真正意义上的运算符（1-2 节），与此相同，**增量赋值运算符也不是运算符**。另外，不可以在增量赋值运算符中间插入空白符号，比如 + = 和 >> = 之类的形式。

了解了增量赋值以后，我们从整体上来看一下代码清单 4-2。

该程序的 `while` 语句对变量 n 的值执行递减操作直至该值为 0。下面，我们一边看图 4-2，一边思考运行示例①的情况。

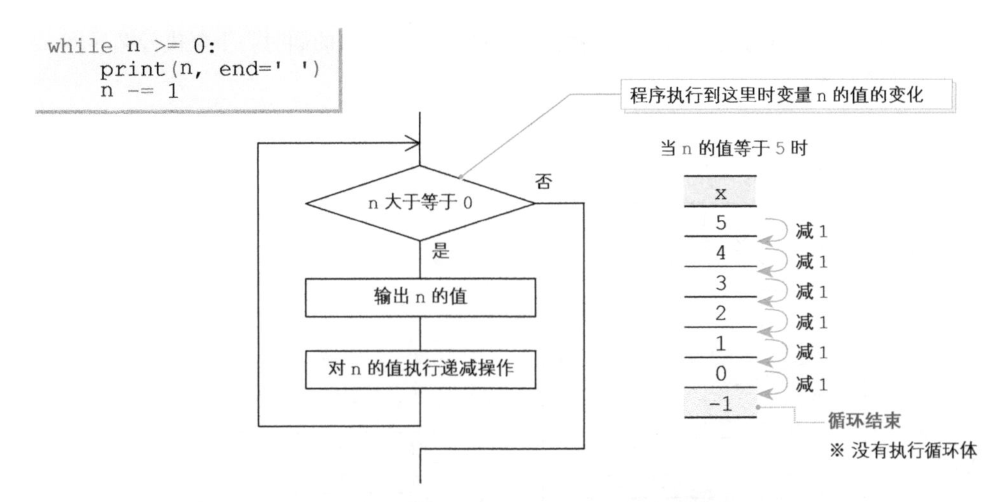

图 4-2　代码清单 4-2 中 while 语句的流程图

最开始在调用 `print` 函数时，程序打印输出了从键盘读取的值 5（和空格），随后 n 的值递减为 4。程序流程再次回到 `while` 语句的开头，判断是否继续循环。

因为变量 n 的值为 4，大于 0，所以在执行循环体后，程序会输出相应的内容并进行递减操作。

程序继续循环，直到打印输出 0 后 n 递减为 -1，`while` 语句的循环就此结束。

虽然程序最后输出的数字是 0，但是 `while` 语句结束时，n 的值是 -1。

另外，像运行示例②那样，如果读取的 n 不为正数，**程序就会略过 while 语句（while 语句的循环体一次也没有执行），只输出换行符**。

▶ n 原本应该只为正整数。改进后的程序如代码清单 4-4 所示。

计算 1 到 n 的和

代码清单 4-3 是使用了增量赋值运算符的程序示例，该程序计算了 1 到 n 的和。

例如，读取的整数 n 如果为 5，则程序会计算 1 + 2 + 3 + 4 + 5 的值，最终结果为 15。

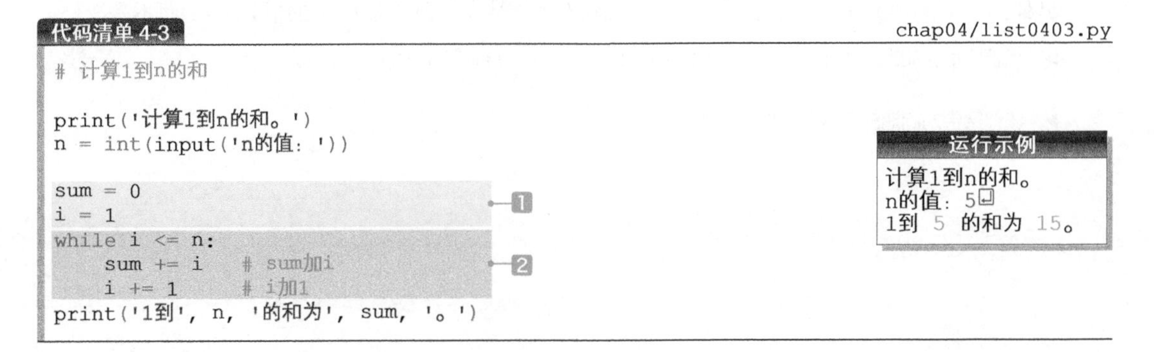

代码清单 4-3　chap04/list0403.py

```
# 计算1到n的和

print('计算1到n的和。')
n = int(input('n的值：'))

sum = 0                  ―1
i = 1
while i <= n:
    sum += i    # sum加i  ―2
    i += 1      # i加1
print('1到', n, '的和为', sum, '。')
```

运行示例

```
计算1到n的和。
n的值：5⏎
1到 5 的和为 15。
```

1和2的流程图如图 4-3 所示，我们来看看这部分代码的行为。先来看一下程序概要。

1 该部分是求和前的准备工作。用于存储求和结果的变量 sum 的值为 0，用于控制循环的变量 i 的值为 1。

2 变量 i 的值只要小于等于 n，程序就会在不断递增 i 的值的同时，重复执行循环体。程序总共重复了 n 次。

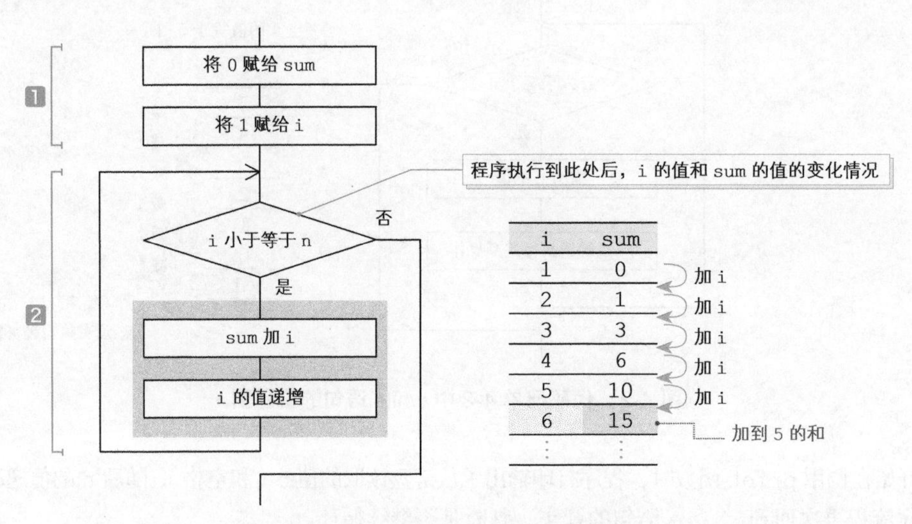

图 4-3 计算 1 到 n 的和的流程图

图 4-3 中右侧的表格汇总了在执行 while 语句中的判断表达式 i <= n（即流程图中 ◇ 的部分）时，变量 i 和变量 sum 的值的变化情况。我们可以一边对照这个表格，一边学习程序。

第一次执行判断表达式 i <= n 时，变量 i 的值和 sum 的值是1中设定好的值。此后，每进行一次循环，变量 i 的值就会递增，每次加 1。

因此，在执行判断表达式时，两个变量的值如下所示。

- 变量 sum … 在执行判断表达式时已经求得的和
- 变量 i … 下一次增加的值

比如，当 i 等于 5 时，变量 sum 的值为 10。这是 1 到 4 的和，是加 5 之前得到的值。

另外，当 i 的值大于 n 时，while 语句的循环才会结束，所以最后 i 的值是 n+1 而不是 n。

▶ 如表所示，如果 n 等于 5，while 语句结束时 i 等于 6，sum 等于 15。

▶ 该程序更为简洁的实现方法将在第 7 章讲解。

专栏 4-1 可以使程序暂停运行一段时间的 sleep 函数

代码清单 4-2 所示的程序进行了递减计数。对该程序进行修改后得到的代码清单 4C-1，会每隔1 秒打印输出一次递减计数的结果。

代码清单4C-1 chap04/list04c01.py

```
# 每隔1秒对正整数递减一次，直至值为0

import time

print('递减计数。')
n = int(input('正整数：'))

while n >= 0:
    print(n, end=' ')
    n -= 1              # n减1
    time.sleep(1)       # 暂停1秒
print()
```

运行示例

```
递减计数。
正整数：5↵
5 4 3 2 1 0
```

每隔 1 秒输出一次

这里使用的 time.sleep 函数是 time 模块内的函数，该函数根据 () 内指定的秒数暂停程序。

另外，开头的 import 声明和函数调用的形式是“名字 . 名字 ()”而不是“名字 ()”的原因，将在第 96 页进行粗略介绍，在第 10 章进行详细讲解。

else 代码块和使用 break 语句中断循环

在之前的例子中，不论是进行递减的程序还是计算 1 到 n 之和的程序，如果读取的值不为正数，程序就会输出奇怪的结果。

代码清单 4-4 修改了代码清单 4-3 的前半部分，使程序只从键盘读取正整数。

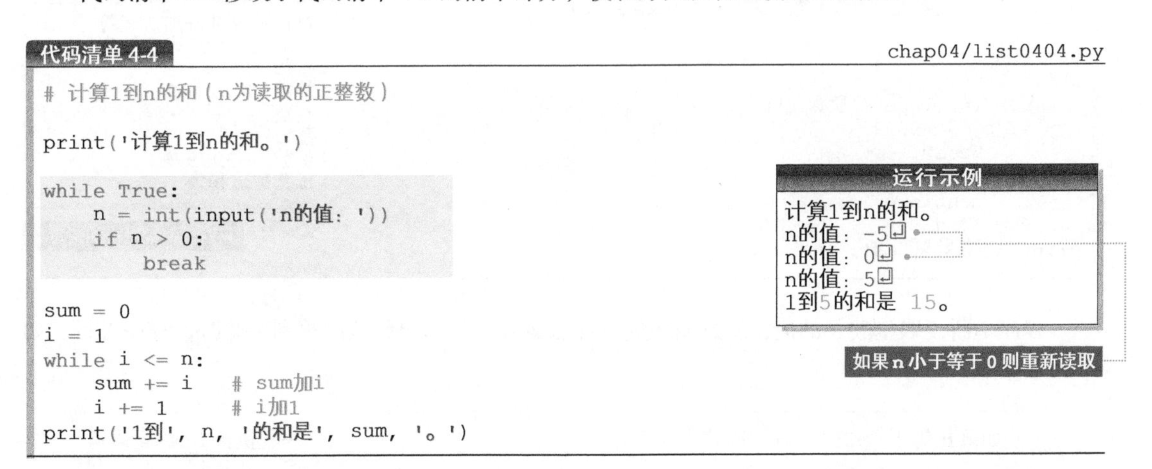

代码清单 4-4 chap04/list0404.py

```
# 计算1到n的和（n为读取的正整数）

print('计算1到n的和。')

while True:
    n = int(input('n的值：'))
    if n > 0:
        break

sum = 0
i = 1
while i <= n:
    sum += i     # sum加i
    i += 1       # i加1
print('1到', n, '的和是', sum, '。')
```

运行示例

```
计算1到n的和。
n的值：-5↵
n的值：0↵
n的值：5↵
1到5的和是 15。
```

如果 n 小于等于 0 则重新读取

将读取的值赋给 n 的语句插入到了蓝色底纹部分的 while 语句中。该 while 语句的判断表达式就是单纯的 True。由于该判断表达式的结果为真，所以 while 语句会一直进行循环。这种循环称为无限循环。

break 语句

程序从键盘读取整数后，通过 if 语句判断 n 是否为正数。判断成立时执行的语句是前面我们没有见过的 break 语句（break statement）。

如图 4-4 所示，循环语句中的 break 语句一旦被执行，程序就会强行结束循环语句，进而跳出无限循环。

▶ 在 4-3 节讲解的“多重循环”中，如果执行 break 语句，该 break 语句所在的循环语句就会终止执行。

另外，如果读取的整数 n 小于等于 0，则 break 语句不会被执行，程序会再次开始循环执行 while 语句（提示输入“n 的值：”后读取相应数字）。

else 代码块

在图 4-4 中，while 语句的末尾添加了 else 代码块。只有在 while 语句的循环没有因 break 语句强行结束时，else 代码块内的代码组才会被执行。

▶ 我们通过代码清单 4-6 来学习一下带有 else 代码块的 while 语句的示例。

使用 continue 语句跳过循环内的处理操作

continue 语句（continue statement）和 break 语句相对应。如图 4-4 所示，程序执行循环语句中的 continue 语句后，跳过了循环体中后续代码的处理，程序流程回到判断表达式。

代码清单 4-5 是使用了 continue 语句的程序示例。

代码清单 4-5　　chap04/list0405.py

```python
# 不断读取整数并对正整数进行加法运算

print('对正整数进行加法运算（输入-9999表示结束）。')

sum = 0
while True:
    n = int(input('整数：'))
    if n == -9999:
        break
    if n <= 0:
        continue
    sum += n
print('正整数总和为', sum, '。')
```

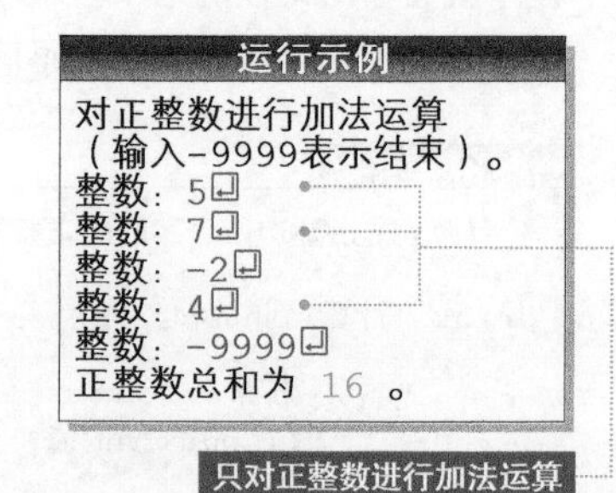

程序不断读取整数 n 的值，通过循环进行加法运算，计算出整数的总和。此时，程序进行了如下处理操作。

- 如果 n 等于 -9999，则程序停止读取。 … 执行 break 语句
- 如果 n 小于等于 0，则不进行加法运算（只对正整数进行加法运算）。 … 执行 continue 语句

由于在 n 小于等于 0 时程序执行了 continue 语句，所以程序跳过了增量赋值 sum += n 的处理（于是，负数没有与 sum 进行加法运算）。

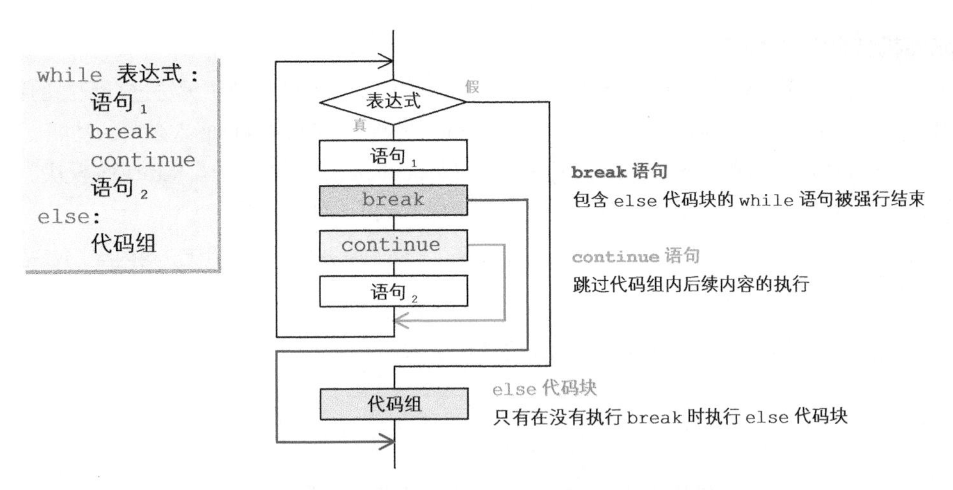

图 4-4　while 语句、break 语句和 continue 语句

编写猜数字游戏（生成随机数和模块）

现在，我们来实践一下——编写一个猜数字的游戏。

数字范围是 1~1000，必须在 10 次以内猜中。错误输入小于 1 或大于 1000 的数字时，程序不会将其计入猜测的次数。

代码清单 4-6 为完成后的程序。

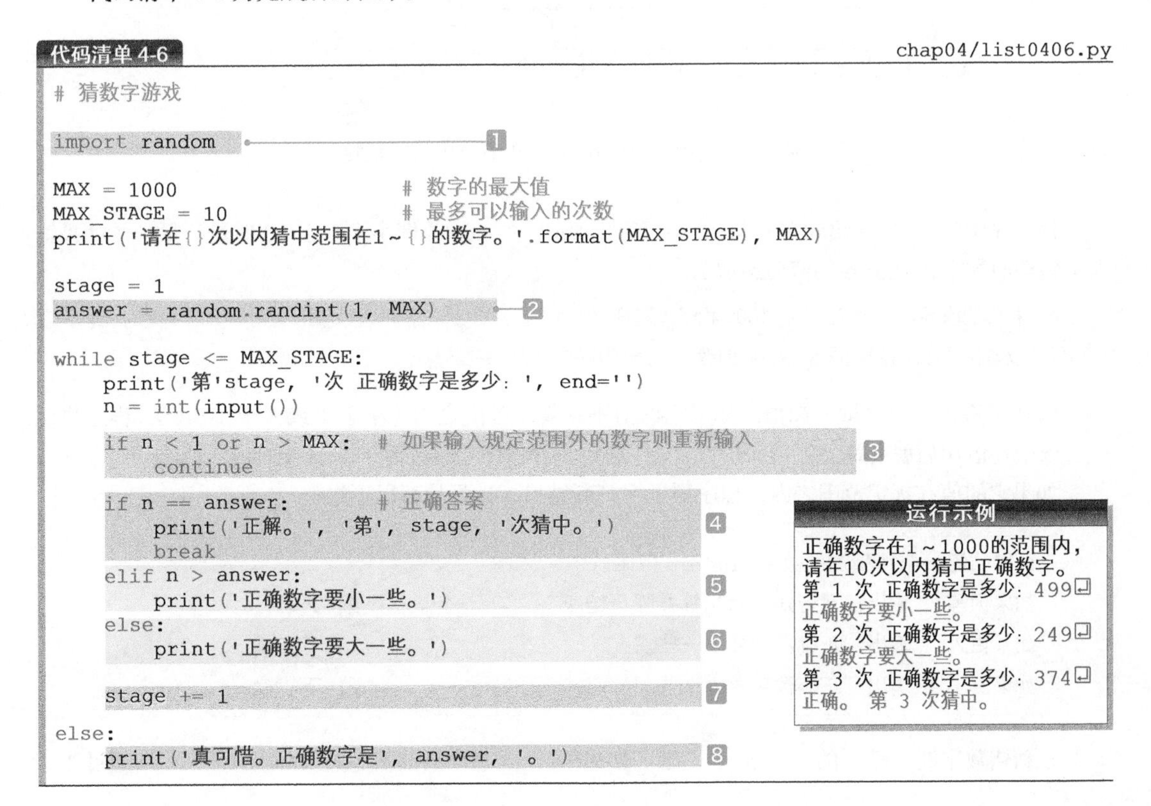

代码清单 4-6　　chap04/list0406.py

```
# 猜数字游戏

import random                                               1

MAX = 1000                              # 数字的最大值
MAX_STAGE = 10                          # 最多可以输入的次数
print('请在{}次以内猜中范围在1~{}的数字。'.format(MAX_STAGE), MAX)

stage = 1
answer = random.randint(1, MAX)                             2

while stage <= MAX_STAGE:
    print('第'stage, '次 正确数字是多少: ', end='')
    n = int(input())
    if n < 1 or n > MAX:  # 如果输入规定范围外的数字则重新输入    3
        continue

    if n == answer:          # 正确答案                          4
        print('正解。', '第', stage, '次猜中。')
        break
    elif n > answer:                                            5
        print('正确数字要小一些。')
    else:                                                       6
        print('正确数字要大一些。')

    stage += 1                                                  7
else:
    print('真可惜。正确数字是', answer, '。')                     8
```

运行示例

```
正确数字在1~1000的范围内，
请在10次以内猜中正确数字。
第 1 次 正确数字是多少: 499⏎
正确数字要小一些。
第 2 次 正确数字是多少: 249⏎
正确数字要大一些。
第 3 次 正确数字是多少: 374⏎
正确。 第 3 次猜中。
```

生成随机数和导入模块

如果正确答案每次都一样，就不能叫游戏了，所以我们要用到随机数（无法进行预测的数）。

程序一般不会内置生成随机数的功能，好在 Python 允许我们随时自行嵌入必要的功能。

嵌入功能时使用的是1的 `import` 语句（import statement）。这里导入了 `random` 模块。

第 2 章提到函数是程序的零件，而模块则汇集了以函数为首的各种零件。

▶ 这里，我只简单地提了一下模块。关于模块、`import` 方法和模块内函数的调用方法等内容，我会在第 10 章详细介绍。

嵌入模块后，我们可以通过以下形式调用模块中的函数。

```
模块名 . 函数名 ( 并列的实参 )
```

该程序使用了 `random` 模块中的 `randint` 函数。如图 4-5 所示，`random.randint(a, b)` 生成并返回一个范围在 a~b 的随机数（从 a~b 中任意选取的一个整数）。

因此，2中将 `1`～`MAX`，即 `1`～`1000` 中的任意数字赋给变量 `answer`（程序每次运行得到的值都不同）。

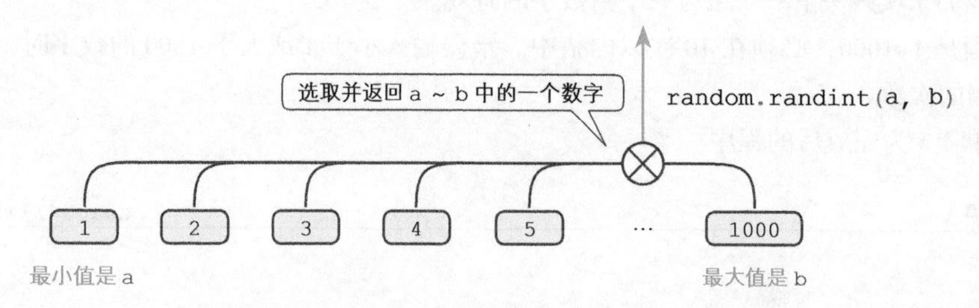

图 4-5　使用 random.randint 函数生成随机数

该程序中的 `while` 语句在 `stage` 小于等于 `MAX_STAGE`，即小于等于 `10` 时进行循环（如果输入了错误的数字，`stage` 的值会递增）。

▶ 程序把待猜测数字的最大值 1000 和最大猜测次数 10 赋给变量，而且这些变量的名字使用了大写字母。这样就避免了在代码中插入幻数，同时数值的修改也变得更加容易。

3用于检查赋给变量 `n` 的值。如果它的值不在规定范围之内（小于 `1` 或大于 `1000`），程序执行 `continue` 语句后就会跳过4~7的代码（特别要注意程序会跳过7中 `stage` 的递增操作）。

如果它的值在规定范围之内，程序则根据判断结果，选择执行以下操作。

```
读取的值 n 与待猜测的数字 answer 相比
如果相等 : 输出信息告知二者相等并强行结束 while 语句。 … 4 正确
如果更大 : 输出“正确数字要小一些。”                   … 5 不正确
如果更小 : 输出“正确数字要大一些。”                   … 6 不正确
```

在猜错数字时，7中的 `stage` 会递增。如果 `stage` 递增后的值超过 `MAX_STAGE`，即超过 `10`，

可输入的次数达到上限，while 语句结束循环。

如果是在没有执行 break 语句的情况下结束 while 语句，程序就会执行 else 代码块。由于此时输入次数达到上限，所以程序会提示猜测数字失败并显示正确答案（8）。

编写猜拳游戏

学习了随机数的生成方法后，我们再试着编写另一个游戏。代码清单 4-7 是一个猜拳游戏的程序。

代码清单 4-7 chap04/list0407.py

```
# 猜拳游戏

import random

print('猜拳游戏')

# 胜利次数、失败次数、平局次数
win_no = lose_no = draw_no = 0

while True:
    comp = random.randint(0, 2)

    while True:
        human = int(input('石头剪刀布(0：石头/1：剪刀/2:布)：'))
        if 0 <= human <= 2:
            break

    print('我出的是', end='')
    if comp == 0:
        print('石头', end='')
    elif comp == 1:
        print('剪刀', end='')
    else:
        print('布', end='')
    print('。')

    # 判断胜负
    judge = (human - comp + 3) % 3

    if judge == 0:
        print('平局。')
        draw_no += 1
    elif judge == 1:
        print('你输了。')
        lose_no += 1
    else:
        print('你赢了。')
        win_no += 1

    retry = int(input('再玩一局(0：是/1：否)：'))
    if retry == 1:
        break

print('成绩：', win_no, '次胜利', lose_no, '次失败', draw_no, '次平局。')
```

1 该循环用于读取数字 0~2

运行示例

```
猜拳游戏
石头剪刀布(0：石头/1：剪刀/2:布)：1
我出的是石头。
你输了。
再玩一局(0：是/1：否)：0
石头剪刀布(0：石头/1：剪刀/2:布)：2
我出的是布。
平局。
再玩一局(0：是/1：否)：1
成绩： 0 次胜利 1 次失败 1 次平局。
```

该程序使用 0、1 和 2 分别表示石头、剪刀和布。计算机的出拳由随机数生成，玩家的出拳通过键盘读取。

如图 4-6 所示，计算机和玩家的出拳组合共有 9 种。针对这些组合，2 使用了单一的表达式来计算胜负。

▶ 本节程序在循环语句中使用了循环语句（4.3 节介绍的多重循环结构）。

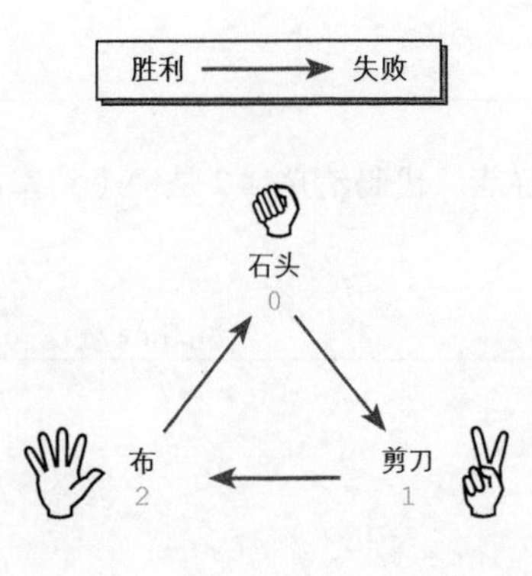

a 平局

human	comp	human - comp	(human - comp + 3) % 3
0	0	0	0
1	1	0	0
2	2	0	0

b 玩家失败

human	comp	human - comp	(human - comp + 3) % 3
0	2	-2	1
1	0	1	1
2	1	1	1

c 玩家胜利

human	comp	human - comp	(human - comp + 3) % 3
0	1	-1	2
1	2	-1	2
2	0	2	2

图 4-6 出拳组合和胜负判定

自带电池

自带电池（batteries included）是 Python 的特性之一。这个词组原本是指顾客在购买家用电器或电子产品时，产品会附赠电池（但电池并未内置在产品中）。

Python 中有许多零件。`print` 函数等内置函数一开始就被内置在了 Python 中，而 `random.randint` 这样的函数在导入后也能随时内置到程序中（图 4-7）。

由各种企业和组织提供的非标准功能在必要时也可以引入程序中。这就好像游戏中的角色一样，可以随时升级，装备上喜欢的道具。

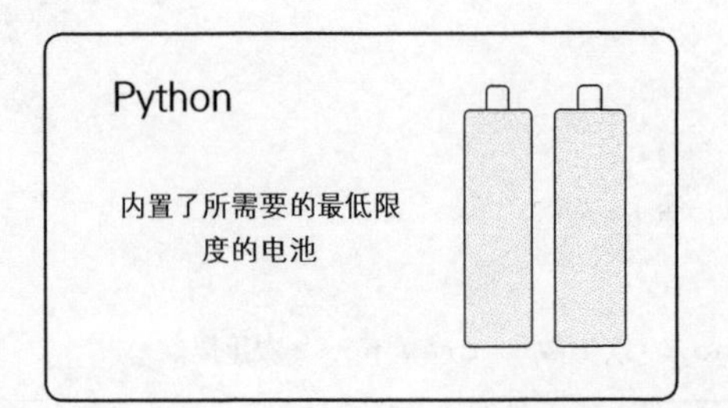

图 4-7 自带电池

4-2 for 语句

与上一节讲解的 while 语句相同，for 语句（for statement）用于控制程序流程中的循环结构。本节，我们将学习 for 语句的基础知识。

关于 for 语句

用于控制循环的语句除了 while 语句，还有 for 语句。代码清单 4-8 是一个使用 for 语句按照指定的次数打招呼的程序。

代码清单 4-8　　chap04/list0408.py

```
# 按读取次数打招呼（从0开始计数）

n = int(input('打招呼的次数：'))

for i in range(n):
    print('No.', i, '：你好。')
```

运行示例

```
打招呼的次数：3⏎
No. 0 ：你好。
No. 1 ：你好。
No. 2 ：你好。
```

首先来看 range(n)。该函数生成了 0，1，2，…，n-1 这种数字序列，即数字的“排列式”。range(n) 表示的内容如下。

range(n)	大于等于 0 且小于 n 的整数按顺序排列后生成的数字序列

请注意，排列式的最后一个数字不是 n，而是 n-1。

▶ range 有范围、界限和排列等含义。

下面，我们来看 for 语句的行为。具体如下所示。

“for 变量 in 排列式：代码组”用于不断取出排列式中的值作为变量值，然后执行代码组，直到排列式中的所有数字被取出。

在运行示例中，n 等于 3，range(3) 生成了数字序列 0，1，2。程序流程如下所示。

- 程序执行 range(3) 后生成了数字序列 0，1，2（只在开始时执行 1 次）。
- 变量 i 取值为 0，执行代码组（调用 print 函数的语句）。
- 变量 i 取值为 1，执行代码组（调用 print 函数的语句）。
- 变量 i 取值为 2，执行代码组（调用 print 函数的语句）。

像变量 i 这种用于控制循环的变量，称为计数变量。

*

在计算机的世界中，一般从 0 开始计数，而我们人一般是从 1 开始计数的。代码清单 4-9 对程序进行了修改，使循环计数从 1 开始，循环 n 次。

代码清单 4-9 chap04/list0409.py

```
# 按读取次数打招呼（从1开始计数：其一）

n = int(input('打招呼的次数：'))

for i in range(n):
    print('No.', i + 1 , '：你好。')
```

运行示例

```
打招呼的次数：3
No. 1 ：你好。
No. 2 ：你好。
No. 3 ：你好。
```

程序输出的 No 值从“i”修改为了“i+1”。

*

传给 range 函数两个实参后，range 函数变为 range(a, b) 的形式。调用该函数会生成以下排列式。

range(a, b)	大于等于 a 且小于 b 的整数按顺序排列后生成的数字序列

请注意，排列式的最后一个数字不是 b，而是 b-1。

代码清单 4-10 使用该形式对程序进行了修改。

代码清单 4-10 chap04/list0410.py

```
# 按读取次数打招呼（从1开始计数：其二）

n = int(input('打招呼的次数：'))

for i in range(1, n + 1):
    print('No.', i , '：你好。')
```

运行示例

```
打招呼的次数：3
No. 1 ：你好。
No. 2 ：你好。
No. 3 ：你好。
```

在运行示例中，n 等于 3，程序执行 range(1, 4) 后生成了数字序列 1，2，3。

*

本章最开始的程序，即代码清单 4-1，使用了 while 语句列举大于等于 a 且小于等于 b 的整数。

代码清单 4-11 组合使用了 for 语句和 range 函数对代码清单 4-1 进行了修改。

代码清单 4-11 chap04/list0411.py

```
# 使用for语句对整数进行递增计数（排序后从a到b）

a = int(input('整数a：'))
b = int(input('整数b：'))

a, b = sorted([a, b])          # 升序排列

for counter in range(a, b + 1):
    print(counter, end=' ')
print()
```

```
# 代码清单 4-1
while counter <= b:
    print(counter, end=' ')
    counter = counter + 1
```

运行示例

```
① 整数a：8
   整数b：3
   3 4 5 6 7 8
② 整数a：3
   整数b：8
   3 4 5 6 7 8
```

与使用 while 语句的程序相比，修改后的程序更加简洁。

► 在其他编程语言中，for 语句内用于计数的变量（本节程序中的 counter）仅可以在 for 语句中使用，而 Python 则不同，用于计数的变量在循环语句执行后仍然可以使用。

range 函数

本书已经讲解了 range 函数的两种调用方法，实际上还有一种。传给 range 函数 3 个实参后，range 函数变为 range(a, b, step) 的形式，调用该函数会生成以下数字序列。

range(a, b, step)	在大于等于 a 且小于 b 的整数中，每隔 step 个取出一个数字所形成的数字序列

请看代码清单 4-12 所示程序。

代码清单 4-12 chap04/list0412.py

```
# 整数的递增计数

start = int(input('开始: '))
end   = int(input('结束: '))
step  = int(input('步进: '))

for count in range(start, end, step):
    print(count, end=' ')
print()
```

运行示例

```
① 开始: 3↵
  结束: 8↵
  步进: 2↵
  3 5 7

② 开始: 8↵
  结束: 3↵
  步进: -2↵
  8 6 4
```

像运行示例②那样，如果 step 是负数，程序就会生成从大到小排列的数字序列。

range(n)	大于等于0且小于n的整数按顺序排列后生成的数字序列
range(a, b)	大于等于a且小于b的整数按顺序排列后生成的数字序列
range(a, b, step)	在大于等于a且小于b的整数中，每隔step个取出一个数字所形成的数字序列

图 4-8 range 函数

► 理解 for 语句需要用到后面章节的知识，这里我简单讲解一下。以下内容可以在学完第 8 章之后再来阅读。本章使用数字序列（排列式）来代表可迭代对象（iterable object）。在 for 语句中，（在数字序列的位置）除了可以使用 range() 表达式，还可以使用任意的序列类型（sequence type），比如字符串等。
range(n) 生成的是一个可迭代对象，它存储了数字序列 0～n-1。

专栏 4-2　为什么用于计数的变量，其名称是 i 或 j

许多程序在控制 for 语句等循环语句时使用变量 i 或 j。

这种用法最早可追溯到用于科学计算的编程语言 FORTRAN 的早期。在这种编程语言中，变量原则上是实数。但程序唯独会自动将变量名的开头字符是 i， j， …， n 的变量视为整数。因此，使用 i、j 等作为控制循环的变量是最简单的方法。

我们现在使用 for 语句编写几个程序。

▪ 列举奇数

代码清单 4-13 是一个读取整数后，输出小于等于该整数的正奇数（1、3 等）的程序。变量 i 的值从 1 开始每次增加 2。

代码清单 4-13　chap04/list0413.py

```
# 读取整数后列举小于等于该数的奇数

n = int(input('整数: '))

for i in range(1, n + 1, 2):
    print(i, end=' ')
print()
```

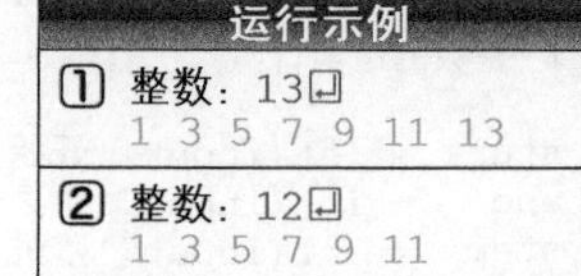

▪ 列举约数

代码清单 4-14 是一个读取整数后输出该整数所有约数的程序。

代码清单 4-14　chap04/list0414.py

```
# 读取整数后列举该数的全部约数

n = int(input('整数: '))

for i in range(1, n + 1):
    if n % i == 0:
        print(i, end=' ')
print()
```

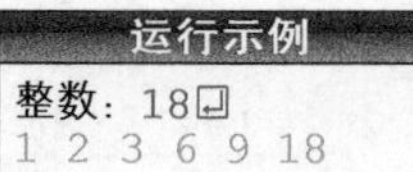

在 for 语句中，变量 i 的值从 1 递增到 n。如果 n 除以 i 的余数为 0（n 能被 i 整除），则 i 是 n 的约数，程序输出 i 的值。

▪ 连续输出符号

代码清单 4-15 是一个读取整数后，按整数表示次数连续输出符号 * 的程序。

代码清单 4-15 chap04/list0415.py

```
# 读取整数后按整数表示次数连续输出符号*

n = int(input('整数: '))

for _ in range(n):
    print('*', end='')
print()
```

运行示例

```
整数: 15
***************
```

用于循环计数的变量，其名称使用了 _。变量名 _ 可以明确告知读程序的人该变量的值不在循环体中使用。

▶ 变量 _ 的值可以在循环体中被读取和使用。

else 代码块

与 while 语句相同，for 语句也可以在末尾添加 else 代码块。

使用 else 代码块的 for 语句只有在循环正常结束时（循环没有被 break 语句强行结束）才会执行 else 代码块中的代码组。

代码清单 4-16 为使用了 else 代码块的 for 语句的程序示例。

代码清单 4-16 chap04/list0416.py

```
# 生成n个10～99的随机数

import random

n = int(input('生成的随机数的个数: '))

for _ in range(n):
    r = random.randint(10, 99)
    if (r == 13):
        print('\n根据条件终止循环。')
        break
    print(r, end=' ')
else:
    print('\n随机数生成结束。')
```

运行示例

```
①生成的随机数的个数: 5
87 82 48 83 62
随机数生成结束。
```

```
②生成的随机数的个数: 5
39 72 86
根据条件终止循环。
```

生成了随机数 13

循环执行 for 语句，可以生成 n 个范围在 10 ~ 99 的随机数。

在程序运行过程中如果生成了 13，程序就会输出“根据条件终止循环。”，for 语句的循环会被 break 语句强行终止（程序没有输出 13）。因此，else 代码块没有被执行。

另外，如果程序从未生成 13，循环结束后程序就会执行 else 代码块，输出“随机数生成结束。”。

for 语句和遍历

本章讲解的 for 语句只进行了 n 次循环。

实际上大多数程序将 for 语句用于遍历，按顺序取出字符串或列表等数据集中的元素。后面的章节会介绍具体的程序示例。

- 第 6 章 … 遍历字符串的方法
- 第 7 章 … 遍历列表的方法
- 第 8 章 … 遍历元组、字典和集合的方法

▶ 第 6 章将对遍历这一术语进行讲解。

先判断后循环

while 语句和 for 语句在循环开始时会先判断是否继续循环（在执行循环体之前），所以有时会跳过循环体的执行（4-1 节）。这就是先判断后循环。

许多编程语言支持 do～while 语句和 repeat～until 语句等，这些语句会先循环后判断（执行循环体后判断是否继续循环），但 Python 不支持这类语句。

专栏 4-3 跳过循环和使用多个 range 进行遍历

在 for 语句的循环过程中，有时仅在特定条件下不需要进行处理操作。比如这种情况——对整数 1~12 进行循环但跳过 8。

代码清单 4C-2 是使用 continue 语句实现的程序。

代码清单 4C-2 chap04/list04c02.py

```
# 对整数1~12进行循环但跳过8（其一）
for i in range(1, 13):
    if i == 8:
        continue
    print(i, end=' ')
print()
```

运行结果

```
1 2 3 4 5 6 7 9 10 11 12
```

其实上述程序并不是一种理想的实现方式。这是因为判断是否跳过循环是有成本的。如果在进行一万次循环的情况下只需要跳过一次循环，为了跳过这一次循环就需要进行一万次判断。

当然，如果 for 语句循环中的处理操作在实际运行时会确定应该跳过的数字（比如从键盘读取或通过随机数确定）或应该跳过的数字会发生变化，此时就必须使用基于 if 语句和 continue 语句的方法了。

*

假设事先确定了应该跳过的数字，具体程序如代码清单 4C-3 所示。

代码清单 4C-3 chap04/list04c03.py

```
# 对整数1~12进行循环但跳过8（其二）
for i in list(range(1, 8)) + list(range(9, 13)):
    print(i, end=' ')
print()
```

运行结果

```
1 2 3 4 5 6 7 9 10 11 12
```

该程序使用了第 7 章讲解的列表。程序在循环开始前生成了由数字序列 1 ~ 7 和数字序列 9 ~ 12 拼接后形成的列表 [1, 2, 3, 4, 5, 6, 7, 9, 10, 11, 12]。

随后，程序进行循环并一个一个取出数字。因此，循环体内没有进行无效的判断。

4-3 多重循环

如果在循环语句的循环体中使用循环语句，就可以进行二重循环或三重循环。这种循环称为多重循环。本节，我们会学习多重循环的相关内容。

九九乘法表

前面编写的程序都只进行了循环。其实在循环内也可以进行循环，这类循环根据嵌套的深度分为二重循环、三重循环等。当然，这些循环统称为多重循环。

代码清单 4-17 利用二重循环打印输出了九九乘法表。

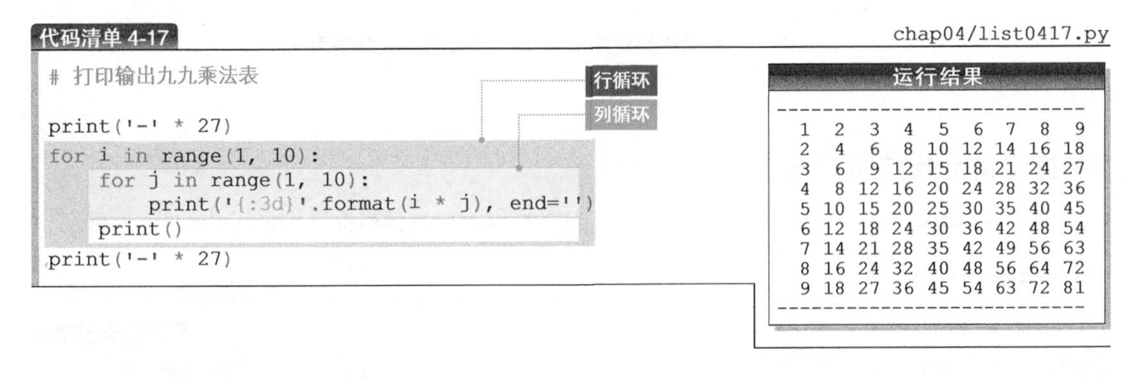


```
# 打印输出九九乘法表

print('-' * 27)
for i in range(1, 10):
    for j in range(1, 10):
        print('{:3d}'.format(i * j), end='')
    print()
print('-' * 27)
```

```
---------------------------
  1  2  3  4  5  6  7  8  9
  2  4  6  8 10 12 14 16 18
  3  6  9 12 15 18 21 24 27
  4  8 12 16 20 24 28 32 36
  5 10 15 20 25 30 35 40 45
  6 12 18 24 30 36 42 48 54
  7 14 21 28 35 42 49 56 63
  8 16 24 32 40 48 56 64 72
  9 18 27 36 45 54 63 72 81
---------------------------
```

程序中的橘色底纹部分打印输出了九九乘法表，该部分的流程图如图 4-9 所示。另外，该图右侧展现了变量 i 和变量 j 的变化情况。

在外层的 for 语句（行循环）中，i 的值从 1 递增到 9。该循环对应于九九乘法表的第一行～第九行，即纵向循环。

在各行执行的内层 for 语句（列循环）中，j 的值从 1 递增到 9。这是各行的横向循环。

在行循环中，变量 i 的值从 1 递增到 9，循环了 9 次。在每一次循环中，变量 j 的值从 1 递增到 9，进行了 9 次列循环。列循环结束后程序输出换行符，准备进入下一行输出。

因此，该二重循环进行了以下处理操作。

- 当 i 等于 1 时：j 从 1 递增到 9 的同时以占 3 位的格式输出 1 * j 并换行
- 当 i 等于 2 时：j 从 1 递增到 9 的同时以占 3 位的格式输出 2 * j 并换行
- 当 i 等于 3 时：j 从 1 递增到 9 的同时以占 3 位的格式输出 3 * j 并换行

  ……
- 当 i 等于 9 时：j 从 1 递增到 9 的同时以占 3 位的格式输出 9 * j 并换行

▶ 字符串中的 {:3d} 表示以占 3 位的格式表示十进制数（6-3 节将对此进行详细说明）。

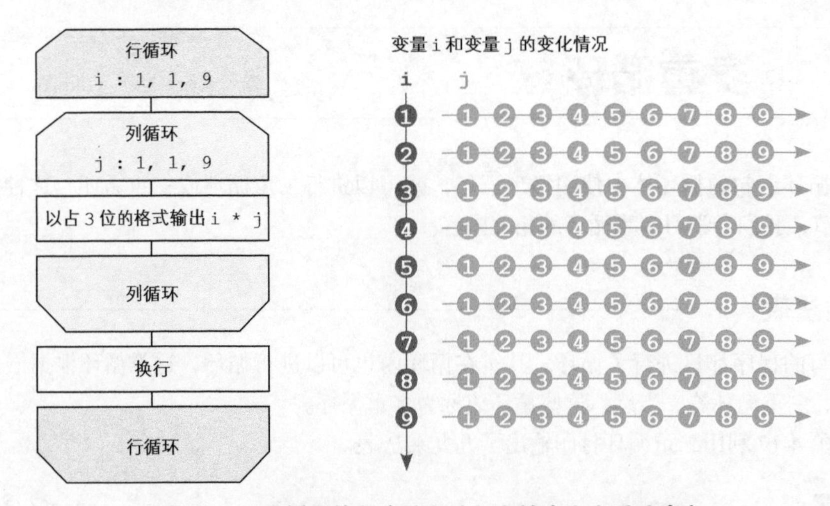

图 4-9　二重循环的程序流程（打印输出九九乘法表）

打印输出长方形

现在我们使用二重循环来打印输出图形。代码清单 4-18 通过排列符号 * 来打印输出长方形。

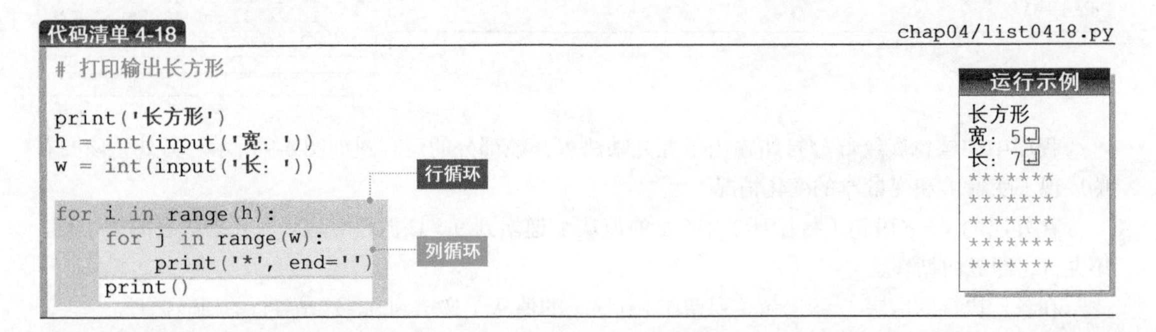

代码清单 4-18　　chap04/list0418.py

```
# 打印输出长方形

print('长方形')
h = int(input('宽：'))
w = int(input('长：'))

for i in range(h):
    for j in range(w):
        print('*', end='')
    print()
```


虽然行数、列数和输出内容都不同，但是该程序与输出九九乘法表的程序在结构上相同。该程序的二重循环进行了如下处理操作。

- 当 i 等于 0 时　：j 从 0 递增到 w-1 的同时打印输出 '*' 并换行
- 当 i 等于 1 时　：j 从 0 递增到 w-1 的同时打印输出 '*' 并换行
- 当 i 等于 2 时　：j 从 0 递增到 w-1 的同时打印输出 '*' 并换行

  ……

- 当 i 等于 h-1 时　：j 从 0 递增到 w-1 的同时打印输出 '*' 并换行

打印输出直角三角形

下面打印输出三角形。代码清单 4-19 通过排列符号 * 来打印输出直角在左下角的等腰直角三角形。

代码清单 4-19　　chap04/list0419.py

```
# 打印输出直角在左下角的等腰直角三角形

print('直角在左下角的等腰直角三角形')
n = int(input('腰长: '))

for i in range(n):
    for j in range(i + 1):
        print('*', end='')
    print()
```

行循环

列循环

运行示例

```
直角在左下角的等腰直角三角形
腰长: 5↵
*
**
***
****
*****
```

程序中的橘色底纹部分打印输出了直角三角形，该部分的流程图如图 4-10 所示。另外，该图右侧展现了变量 i 和变量 j 的变化情况。

现在我们来看程序在 n 的值为运行示例中的 5 时是如何运行的。

在外层的 for 语句（行循环）中，变量 i 的值从 0 递增到 n-1，即递增到 4。该循环是对应于三角形各行的纵向循环。

在各行执行的内层 for 语句（列循环）中，变量 j 的值从 0 递增到 i 的同时进行了输出。这是各行的横向循环。

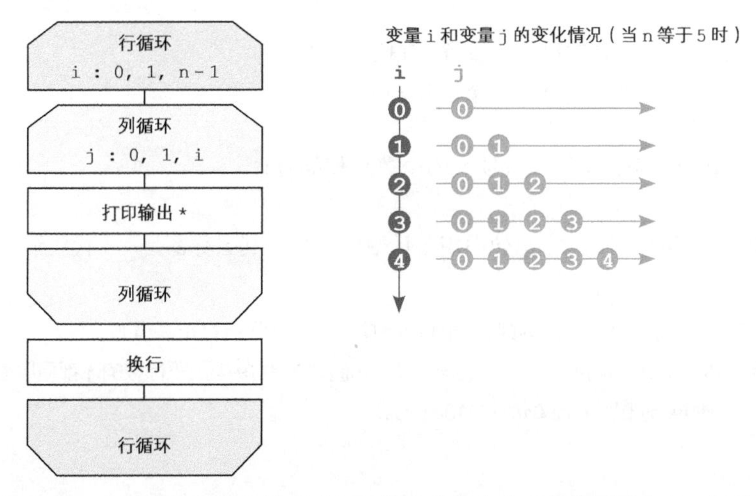

图 4-10　二重循环的程序流程（打印输出直角在左下角的等腰直角三角形）

所以，该程序的二重循环进行了如下处理操作。

- 当 i 等于 0 时：j 从 0 递增到 0 的同时打印输出 '*' 并换行　　*
- 当 i 等于 1 时：j 从 0 递增到 1 的同时打印输出 '*' 并换行　　**
- 当 i 等于 2 时：j 从 0 递增到 2 的同时打印输出 '*' 并换行　　***
- 当 i 等于 3 时：j 从 0 递增到 3 的同时打印输出 '*' 并换行　　****
- 当 i 等于 4 时：j 从 0 递增到 4 的同时打印输出 '*' 并换行　　*****

程序输出的三角形按从上到下的顺序为第 0 行～第 n-1 行，所以第 i 行输出了 i+1 个 '*'，最后的第 n 行输出了 n+1 个 '*'。

*

下面我们来编写一个打印输出直角在右下角的等腰直角三角形的程序，具体如代码清单 4-20 所示。

代码清单 4-20　　chap04/list0420.py

```
# 打印输出直角在右下角的等腰直角三角形

print('直角在右下角的等腰直角三角形')
n = int(input('腰长：'))

for i in range(n):
    for _ in range(n - i - 1):
        print(' ', end='')
    for _ in range(i + 1):
        print('*', end='')
    print()
```

运行示例

```
直角在右下角的等腰直角三角形
腰长：5
    *
   **
  ***
 ****
*****
```

该程序比先前的程序更加复杂，因为要在 * 之前打印输出适当数量的空格。所以，for 语句中插入了两个 for 语句。

- 第 1 个 for 语句：打印输出 n-i-1 个空白字符 ' '
- 第 2 个 for 语句：打印输出 i+1 个符号 '*'

不论在哪一行输出，空白字符和符号 * 的个数总和都为 n。

*

在该程序中，内层的两个 for 语句中用于计数的变量，其名称都是 _（代码清单 4-15 讲解过此编码规范）。

▶ 因为变量名使用了下划线，所以能明显看出循环体中没有使用用于计数的变量值。
另外，代码清单 4-18 中用于计数的 i 和 j，以及代码清单 4-19 中用于计数的 j 都可以使用 _ 作为变量名（chap04/list0418a.py 以及 chap04/list0419a.py）。

总结

- 循环语句中有 while 语句和 for 语句，它们用于重复程序流程。因为这两个语句会先判断后循环，即事先判断是否进行处理，所以循环体可能一次也没有执行。

- Python 不支持先循环后判断（执行循环体后判断是否继续循环）的语句。

- range 函数可以根据给定的范围生成整数的数字序列（排列式），该数字序列是一个可迭代对象。

- 如果 for 语句遍历的对象是 range 函数生成的排列式，程序可以进行一定次数的循环。

- 用于控制循环的变量称为计数变量。如果循环体不使用计数变量的值，则可以使用 _ 作为计数变量的变量名。

- 多重循环指在循环语句中进行循环。

- 在循环语句中执行 break 语句会强行终止循环。另外，循环正常结束时进行的处理一般放在 else 代码块中执行。

- 在循环语句运行时，如果执行了 continue 语句，循环体后续的代码就不会被执行。

- 数值逐次增加 1 称为递增，数值逐次减少 1 称为递减。

- 如果使用增量赋值运算符（+=、-=、*=、@=、/=、//=、%=、**=、>>=、<<=、&=、^=、|=），运算和赋值操作就可以合并为单一的表达式。使用增量赋值运算符有很多好处，比如只需要记述一次用于赋值的变量名、只进行一次求值操作等。

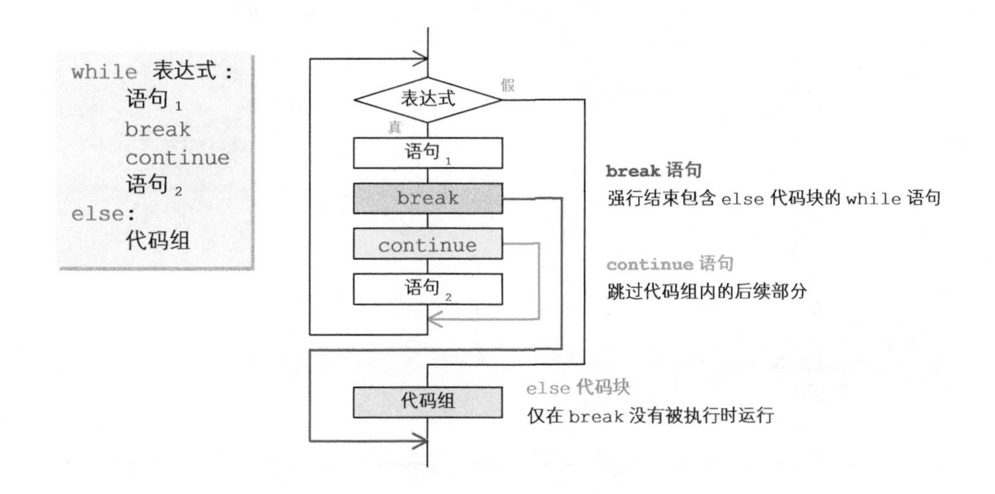

- 自带电池是 Python 的特性之一。
- 没有内置在 Python 中的功能可以使用 `import` 语句导入模块来实现。
- 使用 `time.sleep(s)` 调用 `time` 模块中的 `sleep` 函数，可以使程序暂停运行 s 秒。
- 使用 `random.randint(a, b)` 调用 `random` 模块中的 `randint` 函数，可以得到 a~b 之间的随机数。

chap04/gist.py

```
# 第4章 总结

while True:
    n = int(input('0~100的整数：'))
    if 0 <= n <= 100:
        break
c = n

# 打印输出c个'*'
while n > 0:
    print('*', end='')
    n -= 1
print()

# 循环输出'1234567890'(总共c个字符)
for i in range(1, c + 1):
    print(i % 10, end='')
print('\n')

# 列举面积为s且长和宽都是整数的长方形边长
s = int(input('面积:'))
print('面积为{}且长和宽都是整数的'
      '长方形边长'.format(s))
for i in range(1, s + 1):
    if i * i > s: break
    if s % i: continue
    print('{}×{}'.format(i, s // i))
print()

# 每输出w个'*'换一次行，总共输出n个'*'
n = int(input('一共输出多少个:'))
w = int(input('每输出多少个换一次行:'))
for i in range(1, n + 1):
    print('*', end='')
    if i % w == 0:
        print()
if n % w != 1:
    print()
print()

# 数字长方形
h = int(input('宽:'))
w = int(input('长:'))
for i in range(1, h + 1):
    for j in range(1, w + 1):
        print((i + j - 1) % 10, end='')
    print()
```

运行示例

```
0~100的整数：25⏎
*************************
1234567890123456789012345

面积：32⏎
面积为32且长和宽都是整数的
长方形边长
1×32
2×16
4×8

一共输出多少个：17⏎
每输出多少个换一次行：6⏎
******
******
*****

宽：7⏎
长：13⏎
1234567890123
2345678901234
3456789012345
4567890123456
5678901234567
6789012345678
7890123456789
```

第 5 章

对象和类型

在 Python 中，一切皆为对象。为了更好地学习后面的内容，我们先来了解一下对象的本质。

- 对象和变量
- 类型和值
- 引用和绑定
- 标识值
- id 函数
- 存储空间
- 赋值语句
- del 语句
- 可变类型
- 不可变类型
- 身份运算符（is 运算符和 is not 运算符）
- None 和 NoneType 类型
- 引用计数
- 浮点型（float 型）的特性和精度
- 算术转换
- 用于算术运算的内置函数
- 按位逻辑运算符（运算符 &、运算符 |、运算符 ^ 和运算符 ~）
- 位移运算符（运算符 << 和运算符 >>）
- 1 的补码和 2 的补码

5-1 对象

前面我们使用了各种类型的变量。Python将一切皆作为对象来处理，所以我们不妨将Python中的一切视为对象，而非变量。

什么是对象

前面，本书曾将变量解释为“类似于存储值的箱子”。实际上，这是不正确的。在进入下一章的学习之前，我们有必要准确理解变量的概念。

首先来看以下对变量的基本说明。

要点 变量是对象的引用，它只是关联到对象的一个名字。

这种说法有点让人难以理解。我们通过交互式shell来进行确认（例5-1）。

例5-1 对象的标识值

```
>>> n = 17⏎
>>> id(17)⏎
140711199888704        ← 17 的标识值
>>> id(n)⏎
140711199888704        ← n 的标识值（与 17 的标识值相同）
```

▶ 注意：打印输出的值受程序运行环境等因素的影响。下文亦然。

把17赋给变量n后，程序调用了两次id函数这一内置函数。id函数用于返回对象的固有值，即标识值（identity）。

▶ 不同对象的标识值一定不同。

Python的赋值操作并不是像图5-1ⓐ那样对值进行复制。

如图5-1ⓑ所示，首先有一个值17的int型对象。为了引用该对象，程序要使用名称n进行绑定（bind）。

这就是整数字面量17的标识值和变量n的标识值相同的原因。

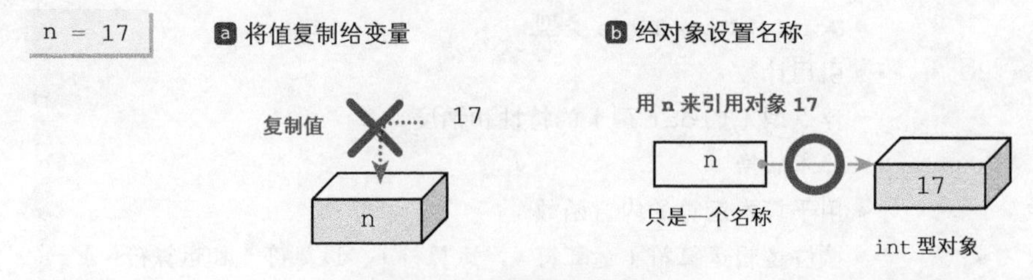

图5-1 对变量进行赋值

第1章讲过，给变量赋的值，其类型可以与存储在该变量中的值的类型不同。我们通过例5-2

来确认变量的这种特性。

例 5-2 给变量赋不同类型的值

```
>>> n = 5↵
>>> id(n)↵
140711199888732
>>> n = 'ABC'↵
>>> id(n)↵
140711199888764      ← 标识值发生变化
```

图 5-2 赋值后引用了新的对象

赋值为字符串后，n 的标识值发生了变化。

如图 5-2 所示，变量 n 的引用对象从 int 型的 5 变为了 str 型的 'ABC'。

当然，int 型对象 5 的类型和值都没有发生变化。

要点 在对变量进行赋值操作时，不会复制对象的值，只会引用对象。

下面我们来交换两个值（3-2 节）（例 5-3）。

例 5-3 交换两个变量的值

```
>>> a = 5↵
>>> b = 7↵
>>> id(a), id(b)↵
(140711199888544, 140711199888608)
>>> a, b = b, a↵              ⬅ 交换 a 和 b
>>> id(a), id(b)↵
(140711199888608, 140711199888544)
```

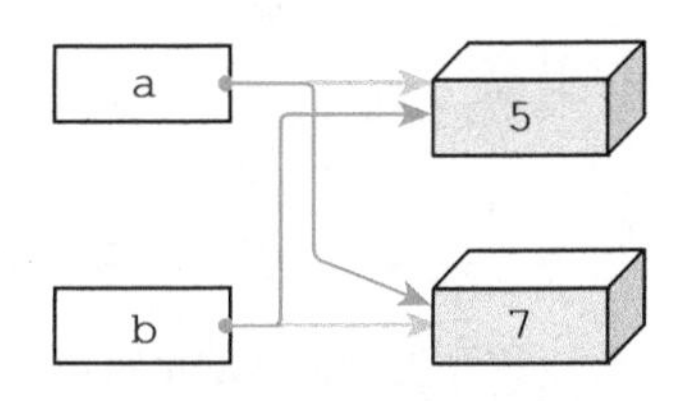

图 5-3 赋值后交换引用对象

变量 a 的标识值和变量 b 的标识值进行了交换。如图 5-3 所示，交换的是变量的引用对象而不是变量的值。

*

现在，大家应该慢慢理解了 Python 中“没有变量，只有对象”的含义了吧。

各个对象会占一定的存储空间（storage），也就是内存（memory）。因此，标识值一般用存储空间上的地址表示。

要点 在 Python 中，一切皆为对象。对象占一定存储空间，并拥有标识值、类型和值等属性。

▶ 不同的对象拥有不同的标识值，对象能通过标识值来区分。
id 函数用于查看对象的标识值。第 1 章介绍的 type 函数可以查看对象的类型。

可变类型和不可变类型

前面的例子只进行了赋值操作并打印输出标识值。下面对变量进行运算，并确认变量值的变化情况。首先是整数（例 5-4）。

例 5-4　对变量的值进行递增

```
>>> n = 12
>>> id(n)
140711199888768
>>> n += 1
>>> id(n)
140711199888800    ← 标识值发生变化
```

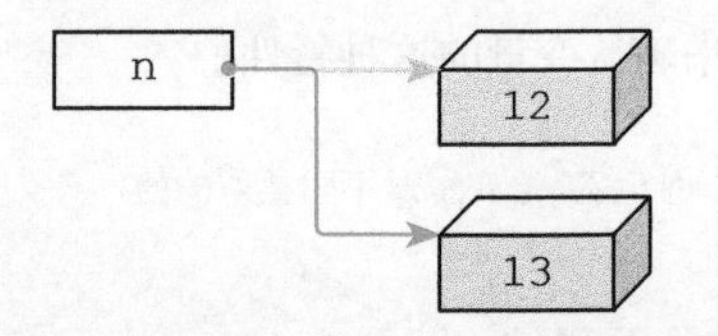

图 5-4　更新整数值（更新引用对象）

使用增量赋值运算符 += 对 n 的值进行递增后，n 的标识值发生了变化。

如图 5-4 所示，n 的引用对象从 int 型对象 12 变为 int 型对象 13。

数字和字符串是不可变类型，一旦赋值就不可以改变。

有人可能会反驳说变量 n 的值可以改变，但其实并非如此。正因为整数对象 12 的值不可以改变，所以我们才对 n（的引用对象）进行更新，以引用另一个整数对象 13。

▶ immutable 的意思是“不可变的”，下文提到的 mutable 的意思是“可变的”。

字符串也是如此。我们可以通过例 5-5 进行确认。

例 5-5　对字符串进行加法运算

```
>>> s = 'ABC'
>>> id(s)
140711199888768
>>> s += 'DEF'
>>> id(s)
140711199888800    ← 标识值发生变化
```

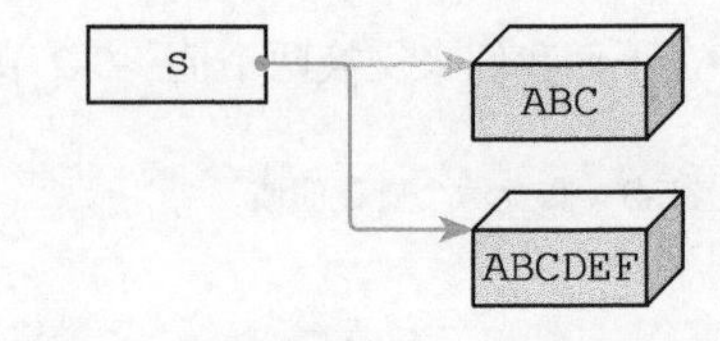

图 5-5　更新字符串（更新引用对象）

程序生成了新的字符串，在字符串拼接后，s 的标识值发生了变化（图 5-5）。

*

Python 有两种类型，分别是不可变类型和可变类型。其中，可变类型的值在给定后可以发生改变。

> **要点** Python 的类型根据值是否可变分为两类。
>
> - 可变类型：列表、字典、集合等　　※ 值可以改变。
> - 不可变类型：数字、字符串、元组等　　※ 值不可以改变。

另外，可变类型对象和不可变类型对象都不能更改类型本身。

身份运算符（is 运算符和 is not 运算符）

第 3 章讲解的比较运算符 == 和 !=，正如其名字表达的含义一样，是判断对象的值是否相等的运算符。因此，即使 x 和 y 是不同的对象，只要它们的值相等或者不相等，相应的运算符判断就能成立。

表 5-1 的身份运算符与比较运算符相似却不同。is 运算符和 is not 运算符用于判断对象本身是否相同，即对象本身是否具有同一性，不用于判断对象的值是否相等。

▶ 具体来说，身份运算符用于判断等号两边对象的标识值是否相等。像 a is b is c 这样连续使用该运算符的效果，与用 and 进行结合的效果相同。

表 5-1 身份运算符

`x is y`	如果 x 和 y 是同一个对象则生成 `True`，否则生成 `False`
`x is not y`	如果 x 和 y 不是同一个对象则生成 `True`，否则生成 `False`

代码清单 5-1 是判断两个变量同一性的示例程序。

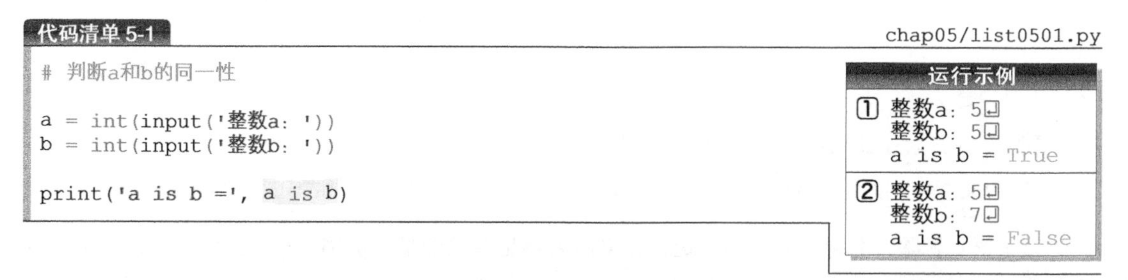

代码清单 5-1　　chap05/list0501.py

```
# 判断a和b的同一性

a = int(input('整数a：'))
b = int(input('整数b：'))

print('a is b =', a is b)
```

运行示例

```
① 整数a：5⏎
  整数b：5⏎
  a is b = True
② 整数a：5⏎
  整数b：7⏎
  a is b = False
```

程序读取变量 a 的值和变量 b 的值后判断它们是否相同。

图 5-6 显示了两个运行结果中变量和对象的情况。

在读取相同值的例子中，因为两个变量引用了相同的对象，所以 `a is b` 求值后为 `True`。

这里，程序使用了不可变的 `int` 型，而实际中程序一般会使用 `is` 运算符和 `is not` 运算符比较可变对象，或将可变对象与 `None` 进行比较。

▶ 存在值相同但标识值不同的情况（后面的章节会介绍）。

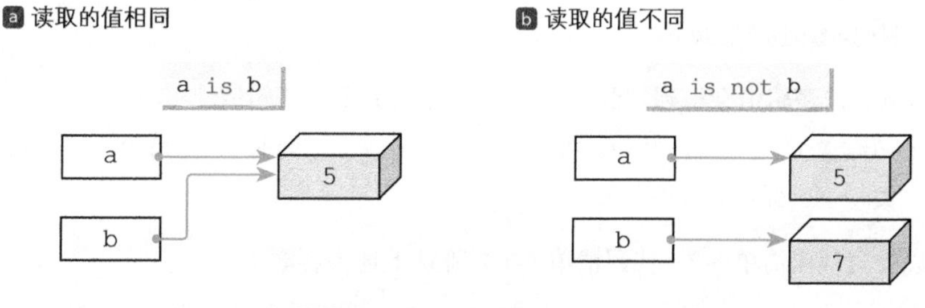

图 5-6 变量的同一性（is 运算符和 is not 运算符）

赋值语句

第 1 章介绍过，用于赋值的分隔符 = 不是运算符，而且赋值语句的内涵非常丰富。学到这里，相信大家对赋值语句已经有了一定的理解，现在我们来做一下总结。

在使用赋值语句时：

① 等号右边的值没有复制到等号左边。

② 等号左边的变量名绑定到等号右边的对象（使变量可以引用对象）。

③ 等号左边的变量名如果是第一次使用，则新生成一个变量。

▶ ③的内容和作用域相关，所以规则比较复杂，第 9 章我将对此进行详细介绍。

del 语句

与赋值语句相对的是 del 语句（del statement）。del 语句用于删除只作为名字的变量。我们通过例 5-6 来进行确认。

例 5-6 使用 del 语句删除变量

```
>>> x = 5
>>> print(x)
5
>>> del x
```

```
>>> print(x)
Traceback (most recent call last):
  File "<stdin>", line 1, in <module>
NameError: name 'x' is not defined
```

删除变量 x 后，如果输出 x 的值就会产生错误。

▶ 例 5-6 是有意设计的示例。在实际的程序中，我们可以使用 del 语句删除列表中的元素。

del 语句解除了名称与对象的绑定。如果该名称是对象的唯一引用，程序就能释放该对象的内存（第 117 页的专栏 5-1）。

▶ 使用 del 语句释放对象后，该对象的标识值可以被之后生成的其他对象使用。

None

NoneType 类型（NoneType type）的 None 可以识别任何对象。None 是一种特殊的值，用于区分“空值”和“不存在的值”。

▶ None 是拥有 NoneType 类型的值的唯一对象。另外，None 的标识值可以通过 id(None) 查看。None 的标识值与其他对象的标识值都不同。

如果对 None 求逻辑值会得到“假”。但 None 本身并不是逻辑值 False。

▶ 整数 0、浮点数 0.0、空字符串 ''、空列表 []、空元组 ()、空字典 {}、空集合 set() 等都被程序视为假（第 52 页），而且都与 None 不相等。

我们可以通过代码清单 5-2 ~ 代码清单 5-5 来确认上述内容。

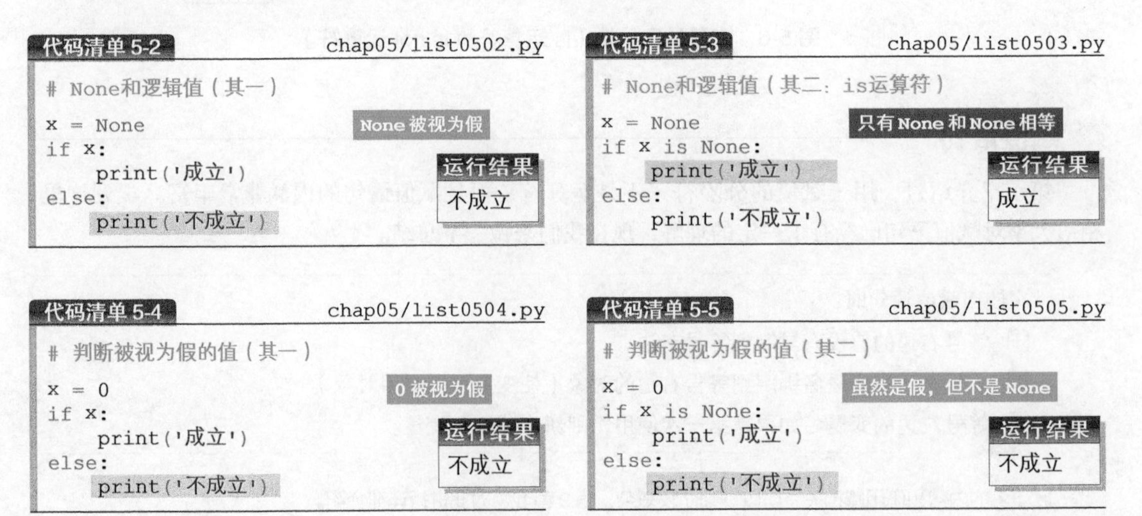

代码清单 5-2 chap05/list0502.py

```
# None和逻辑值（其一）
x = None
if x:
    print('成立')
else:
    print('不成立')
```

None 被视为假

运行结果

```
不成立
```

代码清单 5-3 chap05/list0503.py

```
# None和逻辑值（其二：is运算符）
x = None
if x is None:
    print('成立')
else:
    print('不成立')
```

只有 None 和 None 相等

运行结果

```
成立
```

代码清单 5-4 chap05/list0504.py

```
# 判断被视为假的值（其一）
x = 0
if x:
    print('成立')
else:
    print('不成立')
```

0 被视为假

运行结果

```
不成立
```

代码清单 5-5 chap05/list0505.py

```
# 判断被视为假的值（其二）
x = 0
if x is None:
    print('成立')
else:
    print('不成立')
```

虽然是假，但不是 None

运行结果

```
不成立
```

另外，使用 str 函数转换 None 会得到字符串 'None'。

可使用 x or '' 的情况有：在变量 x 引用了字符串的情况下，想得到该字符串本身；在变量 x 为 None 的情况下，想得到空字符串。现在我们通过例 5-7 来进行确认。

例 5-7 逻辑表达式 x or ''

None or '' 得空字符串

```
>>> x = None
>>> s = x or ''
>>> s
''
```

空字符串还是空字符串

```
>>> x = ''
>>> s = x or ''
>>> s
''
```

除此之外的字符串保持原样

```
>>> x = 'ABC'
>>> s = x or ''
>>> s
'ABC'
```

▶ 这里利用了 or 表达式的特性，即“x or y”求值后的值是 x 或 y（第 56 页、第 58 页）。

专栏 5-1 不再使用的对象会去哪里

本节提到过变量只用于引用对象，如果不可变类型的变量值更新，标识值也会更新，以引用其他对象。

那么，不再被引用（不再使用）的对象会去哪里呢？如果它们就这样闲置，会占用存储空间。

答案是，Python 使用了引用计数对此进行管理，让程序保存了各个对象被多少个变量所引用（如果某个对象被变量 a 和变量 b 引用，引用计数就为 2）。

如果对象的引用计数为 0，程序则认为不再需要该对象，并释放该对象占有的存储空间（该存储空间可以被再次使用）。注意，该操作并非立即进行。

在 C 语言中有多种存储空间的管理方式，包括程序从开始到结束始终保持存储空间的静态存储期（静态存储生命周期）、只在代码块中保持存储空间的自动存储期等。Python 对存储空间的管理方式与之完全不同。

5-2 类型和运算

我们已经知道，Python 中“只有对象”，变量只不过是名字而已。本节，我会讲解对象的类型和运算。

对象和内置类型

我们已经学习了许多类型。表 5-2 是 Python 主要内置类型（built-in type）的一览表（可变类型使用红字标记）。

表 5-2　主要的内置类型

NoneType 类型			
数值型	整数型	整数型	int 型
		逻辑型	bool 型
	浮点型		float 型
	复数型		complex 型
序列型	不可变序列型	字符串型	str 型
		元组型	tuple 型
		字节序列型	bytes 型
	可变序列型	列表型	list 型
		字节数组型	bytearray 型
集合型		集合型	set 型
		冰冻集合型	frozenset 型
映射型		字典型	dict 型

▶ 序列型、集合型、映射型将分别在第 6 章、第 7 章和第 8 章进行讲解。
这张表展示的就是数据类型。函数（第 9 章）、模块（第 10 章）、类（第 11 章）等也是对象，都有各自的类型。因为在 Python 中一切皆为对象，所以类型本身也是一种对象。

逻辑型

第 3 章介绍了用于表示真假的逻辑型（bool 型）。现在我们通过例 5-8 确认一下 `True` 的值和 `False` 的值。

例 5-8　确认 True 的值和 False 的值

```
>>> True == 1
True
```

```
>>> False == 0
True
```

▶ Python 中有一个 `True` 对象和一个 `False` 对象。因此程序会反复使用这些已有的对象，而不是调用

bool(7) 或 bool(0) 来生成新的对象。

浮点型和实数的运算

第 1 章演示过在 Python 程序中 7 除以 3 得到的商存在误差（第 8 页）。

```
>>> 7 / 3⏎        ← 除法运算
2.3333333333333335
```

结果的小数部分本应该是 3 无限循环下去，但实际结果的第 16 位变成了 5。这是因为浮点型（float 型）表示的值在大小和精度方面存在限制。

我们通过假设来对此进行理解。

> 假设最大可以表示 12 位数字，精度为 6 位有效数字。

以 1234567890 为例。该数字有 10 位，在最大的数字范围 12 位以内。但是，由于该数字的精度不超过 6 位，所以对左数第 7 位进行四舍五入后得到 1234570000。图 5-7 是该数字在数学上的表示方法。

图中的 1.23457 称为尾数，9 称为指数。尾数的位数相当于精度，指数的值相当于大小。

这里使用了十进制数，而实际上尾数部分和指数部分在 Python 内部都用二进制数表示。因此，在大小为 12 位、精度为 6 位的上述示例中，用十进制整数无法准确表示结果。

尾数
指数
1.23457 × 10 9

图 5-7 尾数和指数

*

表示浮点数的 float 型，其属性与运行环境有关。因此，Python 提供了 sys.float_info 来查看 float 型的属性。具体请看例 5-9。

例 5-9 输出 float 型的属性

```
>>> import sys⏎
>>> sys.float_info⏎
sys.float_info(max=1.7976931348623157e+308, max_exp=1024, max_10_exp=308,
min=2.2250738585072014e-308, min_exp=-1021, min_10_exp=-307, dig=15, mant_
dig=53, epsilon=2.220446049250313e-16, radix=2, rounds=1)
```

► 不同运行环境下输出的值不同。

max, min	可以表示的最大值 / 最小值
max_exp	可以表示的最大整数
dig	可以正确表示的最大十进制浮点数的位数
epsilon	1 和程序可以表示的最临近的 float 值之间的差（即机器精度）

这里就不说明其他值的含义了，请读者自行查阅各类文档。

因为浮点数的精度有限，所以在财务计算等对准确度要求较高的情况下，我们需要使用定义在 decimal 模块中的 Decimal 型（请自行查阅相关内容）。

另外，chap05/float_info.py 是与例 5-9 的输出内容相同的脚本程序。

算术转换

例 1-6 进行了整数和浮点数的运算。在对 7（或 7.0）和 3（或 3.0）进行加法运算时，只有 3 + 7 的结果是 int 型的整数，除此之外都是 float 型的浮点数。

这是因为算术运算遵循以下规则。

- 如果其中一个操作数为复数，则另一个操作数转换为复数。
- 如果操作数都不是复数且其中一个操作数是浮点数，则另一个操作数转换为浮点数。
- 如果操作数既不是复数，也不是浮点数，则双方的参数必须为整数，此时不需要转换。

算术运算使用的内置函数

Python 提供了许多内置函数来进行四则运算以外的算术运算。表 5-3 为这些内置函数的一览表。代码清单 5-6 使用了该表格内的部分函数。

表 5-3 算术运算使用的内置函数

abs(x)	返回数 x 的绝对值
bool(x)	返回 x 的逻辑值（True 或 False）※ 规则见第 52 页
comp(real, imag)	返回一个值等于 real + imag * 1j 的复数或在将字符串与数字转换为复数后返回该复数。如果 imag 省略则视为 imag 等于 0。如果 real 和 imag 都省略则返回 0j
divmod(a, b)	数 a 除以 b 得到的商和余数构成元组后返回该元组
float(x)	字符串或数字 x 转换为浮点数后返回该浮点数。省略参数时返回 0.0
hex(x)	将整数 x 转换为十六进制数。将该十六进制数转换为以 0x 开头的字符串后返回该字符串
int(x, base)	x 转换为 int 型整数后返回该整数。base 的取值范围为 0 ~ 36，base 在省略的情况下取值为 10
max(args)	返回参数中的最大值
min(args)	返回参数中的最小值
oct(x)	将整数 x 转换为八进制数。将该八进制数转换为以 0o 开头的字符串后返回该字符串
pow(x, y, z)	返回 x 的 y 次幂（即 x ** y）。如果指定参数 z，则返回 x 的 y 次幂除以 z 的余数。该函数比 pow(x, y) % z 的运算效率更高
round(n, ndigits)	返回保留了 ndigits 位小数的 n
sum(x, start)	按顺序取出 x 中的元素进行求和，然后返回该总和加上 start 后的值。start 的默认值为 0

代码清单 5-6　chap05/list0506.py

```
# 用于算术运算的内置函数的应用示例

x = float(input('实数x:'))
y = float(input('实数y:'))
z = float(input('实数z:'))

print('abs(x)         = ', abs(x))
print('bool(x)        = ', bool(x))
print('divmod(x, y) = ', divmod(x, y))
print('max(x, y)     = ', max(x, y))
print('min(x, y)     = ', min(x, y))
print('pow(x, y)     = ', pow(x, y))
print('round(x, 2)  = ', round(x, 2))
print('round(x, 3)  = ', round(x, 3))
print('sum(x, y, z) = ', sum((x, y, z)))
```

运行示例

```
实数x: 5.762↵
实数y: 2.815↵
实数z: 3.423↵
abs(x)         = 5.762
bool(x)        = True
divmod(x, y) = (2.0, 0.13199999999999967)
max(x, y)     = 5.762
min(x, y)     = 2.815
pow(x, y)     = 138.36100562288362
round(x, 2)  = 5.76
round(x, 3)  = 5.762
sum(x, y, z) = 12.0
```

在蓝色底纹部分中，传递给 sum 函数的实参是用 () 包围的 (x, y, z)，而不是 x, y, z。多个值用 () 包围后就变成了一个值（元组）。

▶ 元组的相关内容会在第 8 章进行讲解。

另外，float 函数、hex 函数、int 函数、oct 函数和 sum 函数均已介绍。

在给 pow 函数指定第 3 个参数 z 时，z 不能是负数。同时，x 和 y 必须是整数。

复数型

复数型（complex type）又称 complex 型，通过两个浮点数来表示值。实数部分和虚数部分不为 0 的复数用类似于 3.2 + 5.7j 的形式表示。5.7j 的部分称为虚数字面量。这些内容我们在第 3 章已经学习过了。

在 Python 中可以调用 z.real 和 z.imag 取出复数 z 的实数部分和虚数部分。下面是生成一个复数后取出其实数部分和虚数部分的示例。

```
>>> z = 3.2 + 5.7j↵
>>> z.real↵
3.2
>>> z.imag↵
5.7
```

▶ 本书作为入门书，对复数型的讲解到此为止。

处理位的运算符

在计算机内部，数值表现为位的 OFF/ON，而与之对应的是二进制数。大多数编程语言提供了处理位的方法。

Python 提供了专门用于处理整数位的运算符，我们来学习一下这些运算符。

按位逻辑运算符

首先来看对位进行逻辑运算的 4 种运算符。

& … 按位与运算符（bitwise and operator）

| … 按位或运算符（bitwise inclusive or operator）

^ … 按位异或运算符（bitwise exclusive or operator）

~ … 按位取反运算符（bitwise invert operator）

前 3 个运算符是二元运算符，只有运算符 ~ 是一元运算符。这些运算符的大致情况如表 5-4 所示。

表 5-4 按位逻辑运算符

`x & y`	x 和 y 按位取与
`x | y`	x 和 y 按位取或
`x ^ y`	x 和 y 按位取异或
`~x`	生成 x 的所有位反转后的值，即 `-(x + 1)`

▶ 操作数必须是整数。优先级从高到低依次为 ~、&、^ 和 |。另外，关于运算符 ~ 生成的值，我们会在第 125 页的专栏 5-2 中学习。

图 5-8 汇总了各个逻辑运算的真值表。

▶ a、b 和 d 与第 3 章讲解的逻辑运算符类似（第 57 页表 3-2）。

a 逻辑与

x	y	x & y
0	0	0
0	1	0
1	0	0
1	1	1

操作数都为 1，则结果为 1

b 逻辑或

x	y	x | y
0	0	0
0	1	1
1	0	1
1	1	1

只要有一个操作数为 1，结果就为 1

c 逻辑异或

x	y	x ^ y
0	0	0
0	1	1
1	0	1
1	1	0

只有一个操作数为 1，则结果为 1

d 取反

x	~x
0	1
1	0

操作数为 0，则结果为 1
操作数为 1，则结果为 0

图 5-8 位的逻辑运算

代码清单 5-7 对这些运算符进行了演示。程序读取两个整数，并打印输出各种逻辑运算的结果。

▶ 该程序在进行屏幕输出时使用了一些技巧。

变量 f 的值为用于格式化的字符串（6-3 节将对此进行详细讲解）。像运行示例那样，如果 w 等于 8，f 则变为 `'{:08b}'`。这是因为 `'{{'` 会变为 `'{'`，`'}}'` 会变为 `'}'`，`'{}'` 会变为 w（十进制数 w 变成了字符串）。

代码清单 5-7 chap05/list0507.py

```
# 打印输出位的逻辑与运算的结果、逻辑或运算的结果、逻辑异或运算的结果以及取反的结果

a = int(input('正整数a：'))
b = int(input('正整数b：'))
w = int(input('表示位数：'))

f = '{{:0{}b}}'.format(w)
m = 2 ** w - 1          # w位都相当于二进制数的1

print('a     = ' + f.format(a))
print('b     = ' + f.format(b))
print('a & b = ' + f.format(a & b))
print('a | b = ' + f.format(a | b))
print('a ^ b = ' + f.format(a ^ b))
print('~a    = ' + f.format(~a & m))
print('~b    = ' + f.format(~b & m))
```

运行示例

```
正整数a：3
正整数b：5
表示位数：8
a     = 00000011
b     = 00000101
a & b = 00000001
a | b = 00000111
a ^ b = 00000110
~a    = 11111100
~b    = 11111010
```

变量 m 的值为 2ʷ-1。该值是一个有 w 位的二进制数，而且每一位都为 1。像运行示例那样，如果 w 等于 8，则 m 变成二进制数 0b11111111。

~x 表示对 x 的位取反后的值。在 Python 的语言实现中，~x 即 -(x + 1)（专栏 5-2）。

▶ 因为 ~a 和 ~b 变成负值，所以该程序输出了它们与 m 求逻辑与之后的值。

a 逻辑与

```
a      0011
b      0101
a & b  0001
```

操作数都为 1，则结果为 1

b 逻辑或

```
a      0011
b      0101
a | b  0111
```

只要有一个操作数为 1，结果就为 1

c 逻辑异或

```
a      0011
b      0101
a ^ b  0110
```

只有一个操作数为 1，结果就为 1

逻辑运算的应用

逻辑与、逻辑或和逻辑异或的运算符有以下用途。

- 逻辑与　：清除任意位（位变为 0）。
- 逻辑或　：设置任意位（位变为 1）。
- 逻辑异或：反转任意位。

代码清单 5-8 对此进行了演示。程序针对整数 a 的**后 4 位**执行清除、设置和反转操作并输出相应的结果。

代码清单 5-8 chap05/list0508.py

```
# 针对后4位执行清除、设置和反转操作

a = int(input('0～255：'))

print('该数 = {:08b}'.format(a))
print('清除 = {:08b}'.format(a & 0b11110000))
print('设置 = {:08b}'.format(a | 0b00001111))
print('反转 = {:08b}'.format(a ^ 0b00001111))
```

运行示例

```
0～255：169
该数 = 10101001
清除 = 10100000
设置 = 10101111
反转 = 10100110
```

▶ 仅针对后 4 位执行清除、设置和反转操作，其他位保持原样。

位移运算符

<< 运算符（<< operator）和 >> 运算符（>> operator）可将整数中所有的位向左或向右移动（错位），并生成相应的值。

这两个运算符统称为位移运算符（bitwise shift operator），如表 5-5 所示。

表 5-5　位移运算符

`x << y`	将 x 的所有的位左移 y 位，生成相应的值
`x >> y`	将 x 的所有的位右移 y 位，生成相应的值

▶ 操作数必须是整数。

代码清单 5-9 从键盘读取整数后，对整数进行左移和右移，并输出相应结果。

代码清单 5-9　　chap05/list0509.py

```
# 将整数左移或右移后用二进制数表示

x = int(input('整数: '))
n = int(input('移动位数: '))

print('x      = {:b}'.format(x))
print('x << n = {:b}'.format(x << n))
print('x >> n = {:b}'.format(x >> n))
```

运行示例

```
整数: 1193⏎
移动位数: 4⏎
x      = 10010101001
x << n = 100101010010000
x >> n = 1001010
```

▶ 在显示的字符串中，{:b} 表示以二进制数的格式输出字符串（6-3 节将对此进行讲解）。

现在我们运行该程序，来看一下两个运算符的作用。

▪ 使用运算符 << 进行左移

表达式 x<<n 表示 x 的所有的位左移 n 位。此时，右侧新产生的位填 0（图 5-9ⓐ）。左移后的结果为 $x \times 2^n$。

▶ 因为二进制数每一位的权重是 2 的多次幂，所以如果左移 1 位，值就会变为原来的 2 倍。这和十进制数左移 1 位，值就会变为原来的 10 倍（例如，196 左移 1 位变成 1960）的原因相同。

▪ 使用运算符 >> 进行右移

x>>n 表示 x 的所有的位右移 n 位。右侧的 n 位被移出。右移后的结果为 $x \div 2^n$（图 5-9ⓑ）。

▶ 二进制数右移 1 位，值就会变为原来的一半。这和十进制数右移 1 位，值就会变为原来的十分之一（例如，196 右移 1 位变成 19）的原因相同。

另外，如果不需要生成位移后的值，只对变量值本身进行位移，则可以使用增量赋值运算符 <<= 和 >>=。

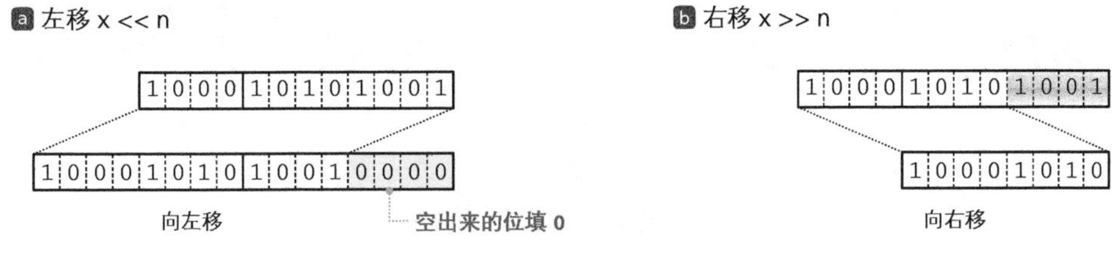

图 5-9 对整数进行位移运算

整数左移 n 位和右移 n 位的结果分别与整数乘以 2^n 和除以 2^n 的结果相同。我们来通过代码清单 5-10 进行确认。

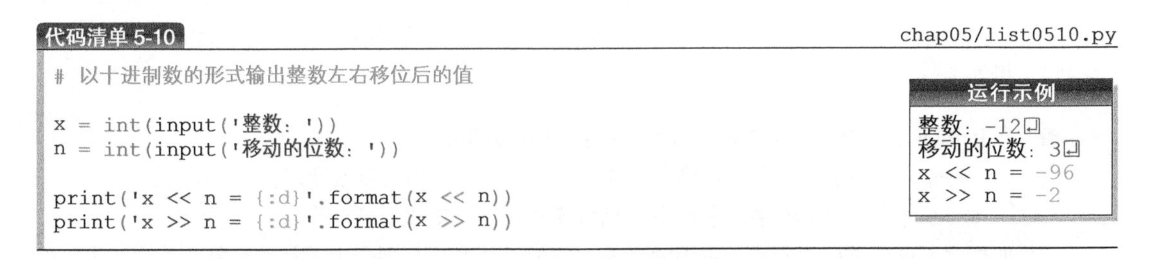

代码清单 5-10　chap05/list0510.py

```
# 以十进制数的形式输出整数左右移位后的值

x = int(input('整数：'))
n = int(input('移动的位数：'))

print('x << n = {:d}'.format(x << n))
print('x >> n = {:d}'.format(x >> n))
```

运行示例

```
整数：-12
移动的位数：3
x << n = -96
x >> n = -2
```

这里的运行示例输出的位移运算结果是负数。不论 x 是正数还是负数，程序都会按预想的情况进行位移运算。

专栏 5-2 补码和按位取反运算符

C 语言等编程语言一般只能表示 16 位或 32 位的有限位整数，并且符号也含在其中。

在这些编程语言中，负整数在内部的典型表示方式是 1 的补码（one's complement）或 2 的补码（two's complement）。

图 5C-1 为求 1 的补码和 2 的补码的步骤（以整数 5 为例）。

- 1 的补码通过反转所有位得到。
- 2 的补码通过对 1 的补码加 1 得到。

5　0 0 … 0 0 0 1 0 1
反转所有位
1 的补码　1 1 … 1 1 1 0 1 0
加 1
2 的补码　1 1 … 1 1 1 0 1 1

图 5C-1 求出补码的步骤

在 Python 内部，负整数并不使用 1 的补码或 2 的补码表示（因为没有必要）。

按位取反运算符 ~ 其实没有反转位。~x 的运算结果通过模仿补码的表示方式计算 -(x + 1) 得到。

另外，连续使用两次运算符 ~ 会得到原来的值。假设 x 等于 5，~x 就等于 -6。对 -6 使用运算符 ~ 会得到 5，即 ~~x 等于 x。

总结

- 在 Python 中，变量、函数、类和模块皆为对象。

- 对象会占一定的存储空间（内存），并且拥有标识值（用于判断是否为同一个对象）、类型和值等属性。可以使用 id 函数获取标识值，使用 type 函数获取类型。

- 变量只是一个和对象绑定（引用对象）的名字。

- is 运算符和 is not 运算符是身份运算符，用于判断对象是否为同一个（标识值是否相等）。

- 在 Python 中，根据值是否可以改变，类型可分为两类。
  - 可变类型： 列表、字典、集合等 ※ 值可以改变。
  - 不可变类型：数字、字符串、元组等 ※ 值不可以改变。

  如果对不可变类型的变量（引用的对象）的值进行变更，则会生成新的对象，然后变量重新引用新的对象。

- 赋值语句复制的是对象的引用而不是值。另外，赋值的对象，即等号左边的变量名如果是首次使用，程序则生成新的变量并与等号右边的对象进行绑定。

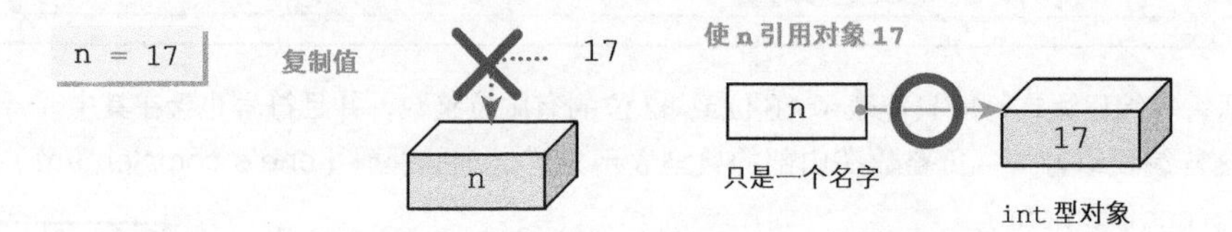

- 与赋值语句相对应的是 del 语句，它用于删除作为名字的变量名。

- None 与任何对象都不同，是 NoneType 类型的特殊值。

- 其他编程语言使用存储期（存储空间生命周期）对变量和对象进行管理。Python 与之不同，它使用引用计数，即引用对象的变量的个数，对变量和对象进行管理。

- 内置类型包括数值型（int 型、bool 型、float 型和 complex 型）、序列型（str 型、list 型和 tuple 型等）、集合型（set 型、frozenset 型）和映射型（dict 型）。

- 浮点型（float 型）可以表示的值在大小和精度方面存在限制。使用 sys.float_info 可以查看浮点型的属性。

- 在进行算术运算时，程序会根据操作数的类型进行算术转换。

- 复数型是用表示实数部分和虚数部分的两个浮点数来表示值的类型。例如 3.2 + 5.7j。其中，5.7j 称为虚数字面量。

- 因为在计算机内部，数值用位的 ON/OFF 来表示，所以 Python 可以轻易地表示二进制数。

- Python 提供了求逻辑与的运算符 &、求逻辑或的运算符 |、求逻辑异或的运算符 ^ 和生成取反后的值的运算符 ~ 等按位逻辑运算符。

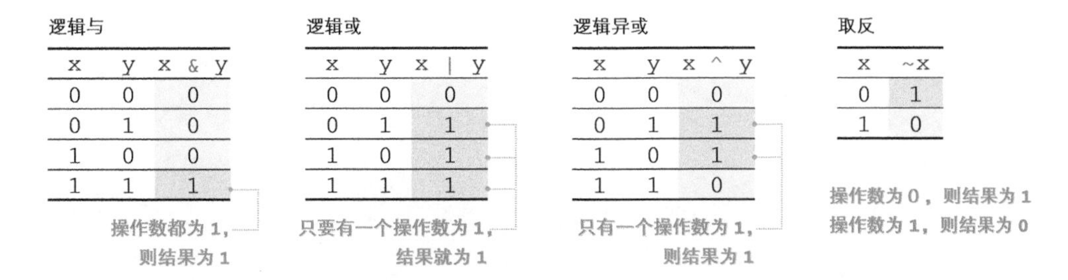

逻辑与

x	y	x & y
0	0	0
0	1	0
1	0	0
1	1	1

操作数都为 1，则结果为 1

逻辑或

x	y	x | y
0	0	0
0	1	1
1	0	1
1	1	1

只要有一个操作数为 1，结果就为 1

逻辑异或

x	y	x ^ y
0	0	0
0	1	1
1	0	1
1	1	0

只有一个操作数为 1，则结果为 1

取反

x	~x
0	1
1	0

操作数为 0，则结果为 1
操作数为 1，则结果为 0

- 位移运算符 << 和 >> 将整数中的所有的位向左或向右移动后生成相应的值。

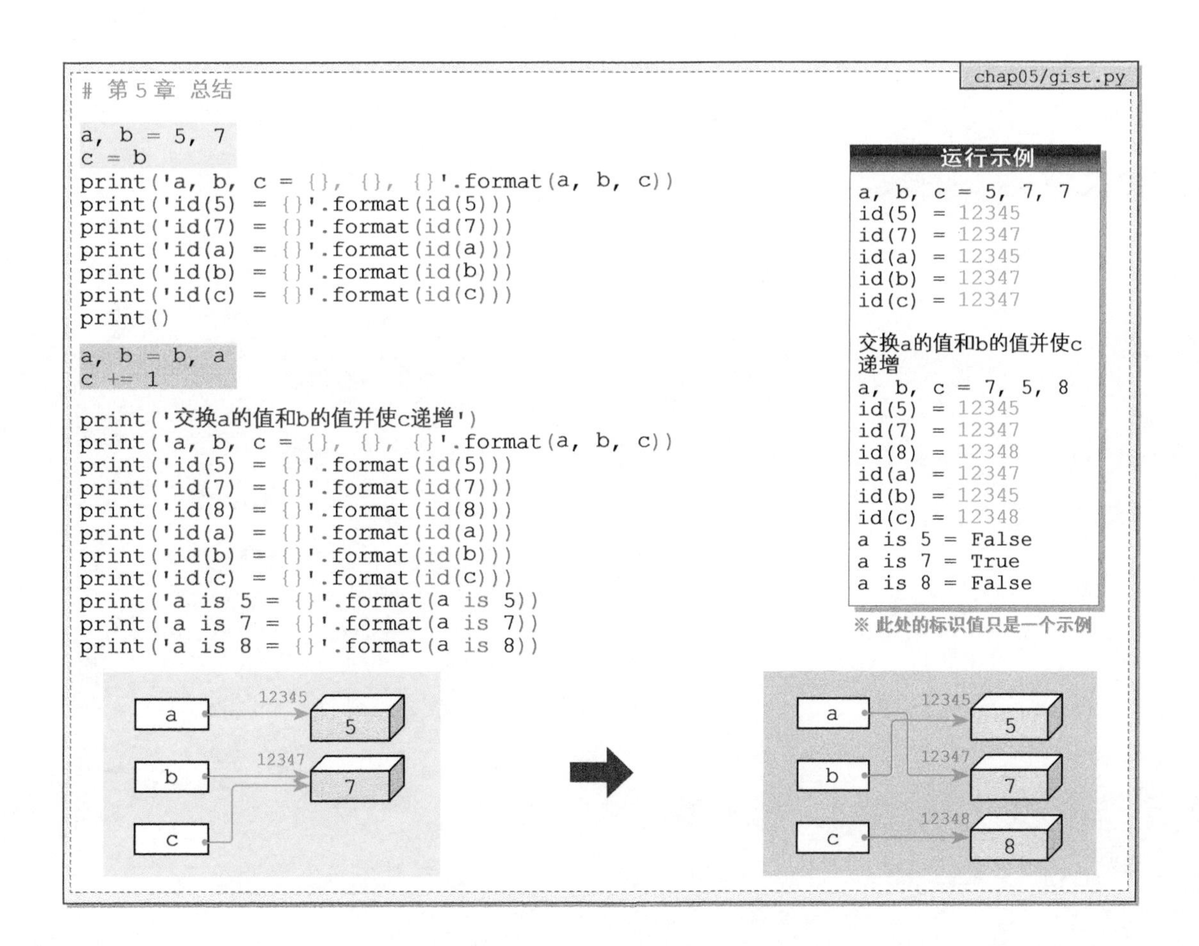

chap05/gist.py

```
# 第5章 总结

a, b = 5, 7
c = b
print('a, b, c = {}, {}, {}'.format(a, b, c))
print('id(5) = {}'.format(id(5)))
print('id(7) = {}'.format(id(7)))
print('id(a) = {}'.format(id(a)))
print('id(b) = {}'.format(id(b)))
print('id(c) = {}'.format(id(c)))
print()

a, b = b, a
c += 1

print('交换a的值和b的值并使c递增')
print('a, b, c = {}, {}, {}'.format(a, b, c))
print('id(5) = {}'.format(id(5)))
print('id(7) = {}'.format(id(7)))
print('id(8) = {}'.format(id(8)))
print('id(a) = {}'.format(id(a)))
print('id(b) = {}'.format(id(b)))
print('id(c) = {}'.format(id(c)))
print('a is 5 = {}'.format(a is 5))
print('a is 7 = {}'.format(a is 7))
print('a is 8 = {}'.format(a is 8))
```

运行示例

```
a, b, c = 5, 7, 7
id(5) = 12345
id(7) = 12347
id(a) = 12345
id(b) = 12347
id(c) = 12347

交换a的值和b的值并使c
递增
a, b, c = 7, 5, 8
id(5) = 12345
id(7) = 12347
id(8) = 12348
id(a) = 12347
id(b) = 12345
id(c) = 12348
a is 5 = False
a is 7 = True
a is 8 = False
```

※ 此处的标识值只是一个示例

第 6 章

字符串

从第 1 章开始我们就一直在使用 str 型的字符串。本章，我们将继续学习字符串，以熟练掌握其用法。

- 字符串和 str 型
- 字符串的元素
- 索引运算符 [] 和索引表达式
- 分片运算符 [:] 和分片表达式
- 使用 len 函数获取字符串的长度（元素总数）
- 遍历字符串
- 可迭代对象
- enumerate 函数
- 线性搜索字符串中的字符
- 判断字符串的大小关系和等价性
- 判断字符串是否相同
- 成员运算符（运算符 in 和运算符 not in）
- find 方法和 rfind 方法
- index 方法和 rindex 方法
- 拼接字符串和分割字符串
- join 方法
- 替换字符串和删除字符串
- 字符串的格式化（运算符 %、format 方法和 f 字符串）

6-1 字符串的基础知识

从第1章开始我们就使用了字符串和字符串字面量。现在我们继续学习字符串，熟练掌握其用法。

字符串

关于字符串，我们学习了以下内容。

- 字符串的类型是 str 型。
- 字符串由一系列字符组成，字符串字面量用于表示字符序列。
- 如何使用加法运算符 + 拼接字符串，以及如何使用乘法运算符 * 重复字符串。
- 如何在屏幕上输出字符串，以及如何从键盘读取字符串。
- 如何将字符串转换为整数和实数，以及如何将整数和实数转换为字符串。
- 如何在字符串中插入格式化的整数或实数。
- 没有字符的空字符串，其逻辑值为 False。
- 字符串的值不能改变，即字符串是不可变类型。

▶ 许多编程语言会将单一字符作为字符，将任意数量的字符排列在一起所形成的内容作为字符串进行区分。Python 则没有区分字符和字符串，单一字符会被当作只有1个字符的字符串处理。

元素和索引

本节，我们将继续学习字符串，熟练掌握其用法。

首先，思考字符串 'ABCDEFG'。因为字符串由一系列字符组成，所以如图 6-1 所示，7个字符会按顺序连续排列。其中的一个个字符称为元素（element）。

图中所示的小字整数是字符串的索引（index）。使用索引可以方便地取出字符串中的各个字符（元素）。字符串有以下两种索引。

▪ 非负数索引

从头开始按顺序排列为 0, 1, 2, …,（元素总数 -1）。

其索引值表示距第一个元素的偏移（offset），即位于第一个元素后的第几个元素。

▪ 负数索引

从末尾开始按顺序排列为 -1,-2,-3, …,（- 元素总数）。

负数索引值是非负数索引值减去元素总数（本例中为 7）得到的值。另外，我们也可以把该值理解为 -（从末尾开始的第几个元素）。

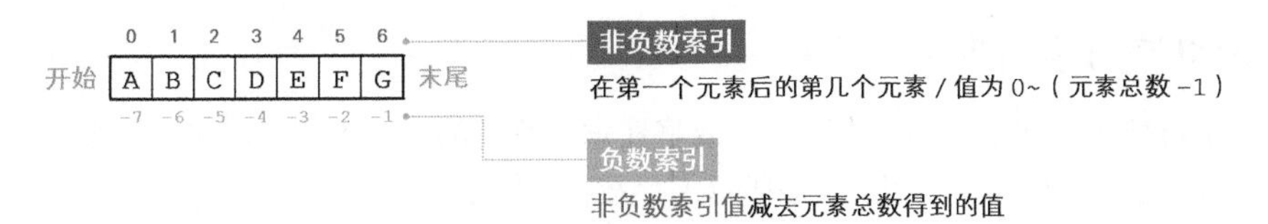

图 6-1　字符串和两种索引

不论哪一种索引值，都要插入索引运算符（index operator）“[]”中使用。索引表达式（subscription）的形式如下。

变量名 [索引]　　索引表达式

图 6-2 为索引表达式的一个示例。从头开始的第 3 个字符 'C' 可以通过索引表达式 s[2] 或 s[-5] 进行访问（读写）。

现在我们使用索引运算符打印输出字符串内的所有字符。

- 代码清单 6-1 … 该程序使用非负数索引 0 ～ 6 打印输出字符串内的所有字符。
- 代码清单 6-2 … 该程序使用负数索引 -7 ～ -1 打印输出字符串内的所有字符。

仔细阅读上述程序后，我们就能大致理解索引运算符的使用方法了。

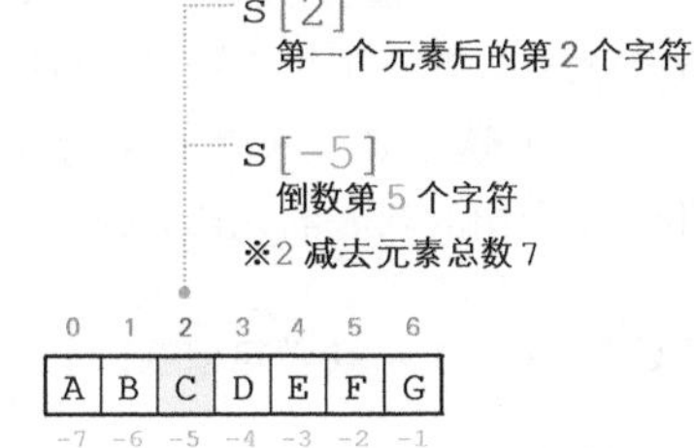

图 6-2　索引运算符

另外，指定了不合适的索引值（本例中为小于等于 -8 或大于等于 7 的数）会导致错误产生。

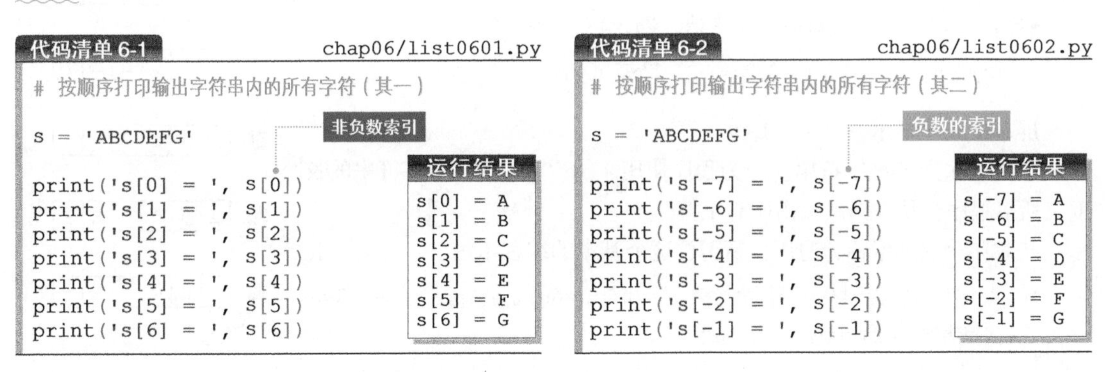

代码清单 6-1　chap06/list0601.py

```
# 按顺序打印输出字符串内的所有字符（其一）

s = 'ABCDEFG'

print('s[0] = ', s[0])
print('s[1] = ', s[1])
print('s[2] = ', s[2])
print('s[3] = ', s[3])
print('s[4] = ', s[4])
print('s[5] = ', s[5])
print('s[6] = ', s[6])
```


运行结果

```
s[0] = A
s[1] = B
s[2] = C
s[3] = D
s[4] = E
s[5] = F
s[6] = G
```

代码清单 6-2　chap06/list0602.py

```
# 按顺序打印输出字符串内的所有字符（其二）

s = 'ABCDEFG'

print('s[-7] = ', s[-7])
print('s[-6] = ', s[-6])
print('s[-5] = ', s[-5])
print('s[-4] = ', s[-4])
print('s[-3] = ', s[-3])
print('s[-2] = ', s[-2])
print('s[-1] = ', s[-1])
```


运行结果

```
s[-7] = A
s[-6] = B
s[-5] = C
s[-4] = D
s[-3] = E
s[-2] = F
s[-1] = G
```

▶ 执行以下程序后，程序会发生错误（产生了 IndexError 异常，程序终止执行）。我们来通过以下程序进行确认。

- chap06/list0601x.py … 该程序在代码清单 6-1 的基础上添加了打印输出 s[7] 的代码。
- chap06/list0602x.py … 该程序在代码清单 6-2 的基础上添加了打印输出 s[-8] 的代码。

使用索引遍历字符串

如果将字符数较多的字符串作为对象，或将任意字符数的字符串作为对象，那么针对所有元素逐一指定索引的方式（如前面介绍的程序所示）存在很大缺陷。

代码清单 6-3 通过 for 语句循环对程序进行了优化，并修改程序使其从键盘读取字符串。

代码清单 6-3　　chap06/list0603.py

```
# 读取字符串后，使用for语句遍历其中所有字符并输出

s = input('字符串：')

for i in range(len(s)):
    print('s[{}] = {}'.format(i, s[i]))
```

运行示例

```
字符串：ABCDEF⏎
s[0] = A
s[1] = B
#-- 以下省略 --#
```

首先来看蓝色底纹部分的 len(s)。len 函数是内置函数，传入字符串参数后，函数返回字符串的元素总数（字符总数）。具体如图 6-3 所示。

len 这个名字来源于 **length**，表示长度。该函数不仅可以获取字符串的元素总数，还可以获取下一章介绍的列表的元素总数。

要点 使用 len 函数可以获取字符串（列表等）的元素总数。

在运行示例中，len(s) 等于 6。因此，for 语句中 i 的值会从 0 递增到 5，同时，程序输出“i 的值”和“s[i] 的值”。

索引 i 的值会从 0 递增到 5，即图中用蓝色圆底的数字⓿、❶等表示的值。

然后，s[i] 为索引对应的元素值，即 'A'、'B' 等。

▶ 也就是说，现在获取的字符是 s[i]，其索引是 i。

屏幕按顺序显示 0 和 A，1 和 B 等。

请试着输入各种字符串。因为程序使用 len(s) 获取了字符串的长度，所以程序会从头到尾输出所有字符。

按顺序获取元素称为遍历。请记住这个基本的编程术语。

▶ 有多种方法可以让程序遍历字符串并打印输出字符串。请通过代码清单 6-8~代码清单 6-12 所示程序进行学习。

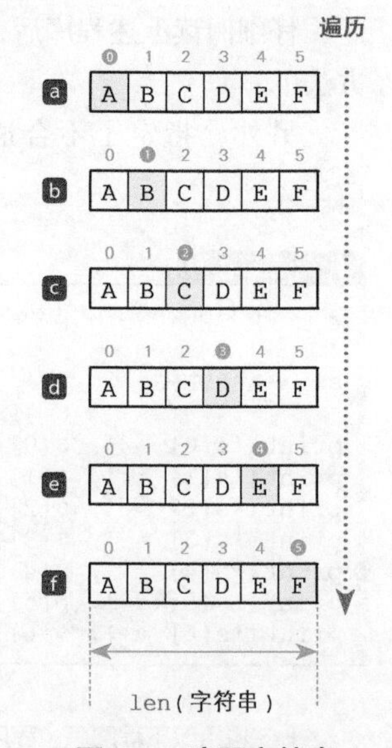

图 6-3　遍历字符串

搜索字符串内的字符

代码清单 6-4 是一个通过遍历字符串，搜索其中有无特定字符，并在有特定字符的情况下输出字符位置的程序。

代码清单 6-4 chap06/list0604.py

```
# 从读取的字符串中搜索字符

s = input('字符串s：')
c = input('查找的字符c：')

print('字符{}'.format(c), end='')

for i in range(len(s)):
    if s[i] == c:
        print('在s[{}]中。'.format(i))
        break
else:
    print('不存在。')
```

运行示例

```
① 字符串s：ABCDEF↵
  查找的字符c：D↵
  字符D在s[3]中。
② 字符串s：ABCDEF↵
  查找的字符c：Z↵
  字符Z不存在。
```

与前面相同，在此运行示例中，'ABCDEF' 读取到 s 中，所以 len(s) 的值等于 6。程序执行 for 语句后，i 的值从 0 递增到 5，同时，程序对字符串进行遍历。

▪ 搜索成功

在按顺序从头遍历字符串时，如果读取的字符 s[i] 与要查找的字符 c 相等，则搜索成功。

在运行示例①中，遍历过程如图 6-3 所示，从 a 遍历到 d 时，d 中的 s[i] 与变量 c（即 'D'）相等。搜索成功后，程序输出相应信息，然后执行 break 语句，强制结束 for 语句的运行。

▪ 搜索失败

如果 for 语句（程序没有执行 break 语句来强制结束）执行循环一直到最后，即遍历到 f 也没有查找到字符，就说明字符串 s 中没有要查找的字符 c。此时搜索失败，程序会输出相应的信息（运行示例②）。

▶ 注意，程序末尾的 else 代码块属于 for 语句而不是 if 语句。

像该程序那样，以排列的元素为对象，从头开始按顺序逐个读取元素进行搜索的算法称为线性搜索（linear search）。大家也要牢记这个基础术语。

▶ 这里，我们学习了搜索方法。实际程序一般会使用运算符 in（第 136 页）和 find 方法（第 140 页）。

分片

学习完索引，现在开始学习分片。分片指从字符串中取出连续的一部分字符或按一定周期取出一部分字符，生成新的字符串。分片有两种形式。

分片表达式

s[i:j] … 从 s[i] 到 s[j-1] 排列的字符

s[i:j:k] … 从 s[i] 到 s[j-1] 每隔 k 个取出字符进行排列

使用了分片运算符的分片表达式（slicing）在 [] 中需要插入一个或两个冒号。在分片表达式中指定的值含义如下。

开始 i　　… 相当于取出范围内的第一个元素的索引

结束 j　　… 相当于取出范围内的最后一个元素的下一个元素的索引

步进 k　　… 取字符的间隔

分片时取出的最后一个元素不是 s[j]，而是 s[j] 之前的元素（专栏 6-1）。

另外，如果 k 为负数，分片时则反向取出字符。

现在我们通过示例进行确认。字母表的 26 个大写字母排列成字符串 s，程序分片取出 s 的字符。请参照右图进行学习。

例 6-1　字符串和分片表达式

```
>>> s = 'ABCDEFGHIJKLMNOPQRSTUVWXYZ'
>>> s[0:6]
'ABCDEF'
>>> s[0:10:2]
'ACEGI'
>>> s[5:20:3]
'FILOR'
>>> s[12:5:-1]
'MLKJIHG'
```

```
01234567890123456789012345
ABCDEFGHIJKLMNOPQRSTUVWXYZ
ABCDEFGHIJKLMNOPQRSTUVWXYZ
ABCDEFGHIJKLMNOPQRSTUVWXYZ
ABCDEFGHIJKLMNOPQRSTUVWXYZ
```

在指定 i、j 和 k 时，需要遵循以下规则。

- i 和 j 如果大于 len(s)，则程序认为 i 和 j 等于 len(s)。
  与索引不同，即使指定正常范围以外的值，程序也不会产生错误。
- i 省略或为 None 时，程序认为 i 等于 0。
- j 省略或为 None 时，程序认为 j 等于 len(s)。

以上规则稍显复杂，但实际上，正因为有了这些规则，我们才可以轻松指定分片中的数字。我们来看几个例子。

所有元素

在取出所有元素时，使用分片表达式指定 i 为 0，j 为 len(s)，即 s[0:26]。但是，分片表达式也可以使用只省略 j 的 s[0:] 表示，还可以使用 i 和 j 都省略的 s[:] 表示。

从某个元素开始到末尾

在取出从索引 i 的元素开始到末尾的元素时，需要使用省略了 j 的分片表达式 s[i:]。

最后 *n* 个元素

使用 s[-n:] 取出末尾的 *n* 个元素。

*

在省略 i、j 和 k 中的一个或多个的情况下，分片表达式的使用方法总结如下。

s[:]	所有字符	s[:]	'ABCDEFGHIJKLMNOPQRSTUVWXYZ'
s[:n]	开头的 n 个元素	s[:5]	'ABCDE'

s[i:]	从 s[i] 开始到字符串末尾	s[5:]	'FGHIJKLMNOPQRSTUVWXYZ'
s[-n:]	最后 n 个元素	s[-5:]	'VWXYZ'
s[::k]	每隔 k - 1 个元素取出一个元素	s[::3]	'ADGJMPSVY'
s[::-1]	反向取出所有元素	s[::-1]	'ZYXWVUTSRQPONMLKJIHGFEDCBA'

▶ 当 *n* 大于元素总数时，取出所有元素。

从下一章开始讲解的列表和元组也可以使用索引表达式和分片表达式。

字符串是不可变类型，它的值不能改变。因此，赋值时如果索引表达式或分片表达式在等号左边，程序就会产生错误（例 6-2）。

例 6-2 生成将 'ABCDEF…XYZ' 中的 'F' 改为 'X' 后的字符串

错误

```
>>> s = 'ABCDEFGHIJKLMNOPQRSTUVWXYZ'
>>> s[5] = 'X'                          ← 索引表达式不能放在等号左边
Traceback (most recent call last):
  File "<stdin>", line 1, in <module>
TypeError: 'str' object does not support item assignment
```

正确

```
>>> s = s[:5] + 'X' + s[6:]             ← 索引表达式可以放在等号右边
>>> s                                   ← s 引用了新生成的字符串
'ABCDEXGHIJKLMNOPQRSTUVWXYZ'
```

生成的字符串仅修改了 s[5] 的字符
ABCDEXGHIJKLMNOPQRSTUVWXYZ

如果为了把 'F' 修改为 'X' 而对 s[5] 进行赋值，程序就会产生错误。

'X'、到 'E' 为止的分片，以及 'F' 之后的分片可以正常进行拼接。

专栏 6-1 关于 range 和分片表达式中指定的值

第 4 章介绍的 range(n) 和 range(a, b) 所生成的排列式的最后一个值分别为 n-1 和 b-1，不包括实参指定的值 n 或 b 本身（即指定值的前一个值）。这里讲解的分片表达式 s[:n] 和 s[a:b] 同样如此。

这种用法的好处如下所示。

- n 和 b-a 能直接表示长度（元素总数）。
- 执行 range(a, b) 和 range(b, c)，或者 s[:n] 和 s[n:]，可以没有重复、连续地列出元素。

使用比较运算符判断值的大小关系和等价性

第 3 章介绍了比较运算符，它用来判断两个值的大小关系和等价性。<、<=、>、>=、== 和 != 这 6 个比较运算符都可用于字符串。

我们来看代码清单 6-5。

代码清单 6-5

chap06/list0605.py

```
# 判断字符串s1和s2的大小关系和等价性

s1 = input('字符串s1：')
s2 = input('字符串s2：')

print('s1 <  s2 =', str(s1 <  s2))
print('s1 <= s2 =', str(s1 <= s2))
print('s1 >  s2 =', str(s1 >  s2))
print('s1 >= s2 =', str(s1 >= s2))
print('s1 == s2 =', str(s1 == s2))
print('s1 != s2 =', str(s1 != s2))
```

运行示例

```
字符串s1：ABC↵
字符串s2：XYZ↵
s1 <  s2 = True
s1 <= s2 = True
s1 >  s2 = False
s1 >= s2 = False
s1 == s2 = False
s1 != s2 = True
```

程序根据字符串中各个字符的字符编码来判断字符串的大小关系（专栏 6-2）。

另外，比较运算符可以连续使用，所以 `'AAA' <= s <= 'ZZZ'` 或 `s1 == s2 == 'ABC'` 也能用来进行判断。

要点 使用比较运算符 `<`、`<=`、`>`、`>=`、`==` 和 `!=` 判断字符串的大小关系和等价性。

分别生成的字符串是不同的对象。因此，即使字符串中的所有字符都相同，在使用 `is` 运算符的情况下，判断结果也为假。

我们来看代码清单 6-6。

代码清单 6-6

chap06/list0606.py

```
# 判断字符串s1和字符串s2的等价性

s1 = input('字符串s1：')
s2 = input('字符串s2：')

print('s1 is     s2 =', str(s1 is s2))
print('s1 is not s2 =', str(s1 is not s2))
```

运行示例

```
字符串s1：ABC↵
字符串s2：ABC↵
s1 is     s2 = False
s1 is not s2 = True
```

像运行示例那样，即使 `s1` 和 `s2` 读入相同的字符串 `'ABC'`，`s1` 和 `s2` 也不会被程序视为相同的字符串（此时 `s1` 的标识值和 `s2` 的标识值不同）。

要点 分别生成的字符串，即使所有字符都相同，也是拥有不同标识值的对象。

成员运算符 in

我们可以调用表 6-1 中的成员运算符（**membership test operator**），即运算符 `in` 和运算符 `not in` 来查看某个字符串是否包含其他字符串。

表 6-1 成员运算符

`x in y`	如果 `x` 是 `y` 的元素，则生成 `True`，否则生成 `False`
`x not in y`	如果 `x` 不是 `y` 的元素，则生成 `True`，否则生成 `False`

▶ 如果 x 是空字符串，x in y 的结果一定是 True。另外，运算符 in 也能以 x in y in z 这种形式连续使用。比如，'A' in 'AB' in 'ABC' 的结果是 True。

代码清单 6-7 利用上述运算符，判断某个字符串中是否包含其他字符串并输出判断结果。

代码清单 6-7　chap06/list0607.py

```
# 字符串txt是否包含字符串ptn

txt = input('字符串txt: ')
ptn = input('字符串ptn: ')

if ptn in txt:
    print('ptn包含于txt。')
else:
    print('ptn不包含txt。')
```

运行示例

```
① 字符串txt: ABCDEFG⏎
  字符串ptn: CDE⏎
  ptn包含于txt。

② 字符串txt: ABCDEFG⏎
  字符串ptn: XYZ⏎
  ptn不包含txt。
```

利用运算符 in 可以判断字符串 txt 是否包含字符串 ptn。如果利用运算符 not in，则可以反过来进行判断（'chap06/list0607a.py'）。

▶ 在 3-1 节中，我介绍了判断季节的示例程序，该程序对集合使用了运算符 in。
运算符 in 是 Python 中一个重要的运算符，它可用于字符串、列表和集合。

```
if month in {3, 4, 5}:
    print('该月份属于春天。')
elif month in {6, 7, 8}:
    print('该月份属于夏天。')
# … 以下省略 … #
```

专栏 6-2　判断字符串的大小关系和等价性

在判断字符串的大小关系时，程序从第一个字符开始按顺序比较字符编码（第 195 页），如果编码值相同则比较下一个字符，如此循环。当然，如果某个字符编码更大，程序则会判断包含该字符的字符串更大。

以比较 'ABCD' 和 'ABCE' 为例，当比较到第 4 个字符时，程序会判断后一个字符串更大。另外，像 'ABC' 和 'ABCD' 这样，前 3 个字符相同，但其中一个字符串的字符数更多时，程序会判断字符数更多的字符串大。

运算符 == 和运算符 != 会针对所有字符判断等价性。

使用 enumerate 函数遍历字符串

Python 提供了 enumerate 函数对排列的元素进行遍历并获取索引的值和元素的值。代码清单 6-8 是代码清单 6-3 修改后的程序。

代码清单 6-8　chap06/list0608.py

```
# 使用enumerate函数遍历并输出字符串内的所有字符

s = input('字符串: ')

for i, ch in enumerate(s):
    print('s[{}] = {}'.format(i, ch))
```

运行示例

```
字符串: ABCDEFG⏎
s[0] = A
s[1] = B
# 以下省略 #
```

在本书中第一次出现的 enumerate 函数是一个内置函数，它可以成对获取索引和元素。enumerate 函数不仅适用于字符串，还可用于下一章讲解的列表。

在运行示例中，程序执行 for 语句后，会按照以下方式取出索引和元素。

- 第 1 次 … (0, 'A') 被成对地取出并赋给 (i, ch)
- 第 2 次 … (1, 'B') 被成对地取出并赋给 (i, ch)

……

代码清单 6-3 所示程序通过 len 函数获取元素总数，而当前程序不需要使用 len 函数。

▶ 这里的"成对"对应于第 8 章讲解的元组。在 Python 中有许多情况会（显式或隐式地）用到元组。我会在第 8 章再次对该程序进行详细讲解。

*

计算机从 0 开始计数，而我们人在计数时一般从 1 开始。enumerate 函数可以指定第 2 个参数为计数的初始值，利用此特性从 1 开始计数的程序如代码清单 6-9 所示。

代码清单 6-9 chap06/list0609.py

```
# 使用enumerate函数遍历并输出字符串内的所有字符（从1开始计数）

s = input('字符串：')

for i, ch in enumerate(s, 1):
    print('第{}个字符：{}'.format(i, ch))
```

运行示例

```
字符串：ABCDEFG⏎
第1个字符：A
第2个字符：B
# 以下省略 #
```

在运行示例中，程序从头开始按顺序取出字符，即 (1, 'A'), (2, 'B'), …

*

现在运行代码清单 6-10 反向进行遍历。

代码清单 6-10 chap06/list0610.py

```
# 使用enumerate函数反向遍历并输出字符串内的所有字符

s = input('字符串：')

for i, ch in enumerate(reversed(s), 1):
    print('倒数第{}个字符：{}'.format(i, ch))
```

运行示例

```
字符串：ABCDEFG⏎
倒数第1个字符：G
倒数第2个字符：F
# 以下省略 #
```

reversed 函数是内置函数，它用于生成并返回给定序列的反向序列。reversed 函数不仅适用于字符串，还可用于下一章讲解的列表。

▶ Python 从 2.4 版本开始引入 reversed 函数。在 reversed(s) 被引入以前，程序使用 s[::-1] 生成反向序列（代码清单 6-12）。

不使用索引值遍历字符串

在遍历字符串时，如果不使用索引值，程序就会变得更加简洁。具体如代码清单 6-11 和代码清单 6-12 所示。

代码清单 6-11 chap06/list0611.py

```
# 遍历并输出字符串内的所有字符

s = input('字符串：')

for ch in s:
    print(ch, end='')
print()
```

运行示例

```
字符串：ABCDEFG⏎
ABCDEFG
```

代码清单 6-12 chap06/list0612.py

```
# 反向遍历并输出字符串内的所有字符

s = input('字符串：')

for ch in s[::-1]:
    print(ch, end='')
print()
```

运行示例

```
字符串：ABCDEFG⏎
GFEDCBA
```

第 4 章关于 for 语句介绍了以下内容。

> “for 变量 in 排列式 ： 代码组”指在循环结束前的每一次循环过程中，取出排列式中的数字并将其赋给变量，然后执行代码组。

排列式的标准说法是可迭代对象（**iterable object**）。该对象可以从头开始按顺序逐一取出元素（第 232 页将对此进行详细讲解）。

因为字符串是可迭代对象，所以可以放在 for 语句的 in 之后。

在运行示例中，字符串 'ABCDEFG' 是一个从 'A' 排列到 'G' 的可迭代对象。程序在执行循环时，每次都会从该可迭代对象中取出一个字符并将其赋给 ch。

*

在代码清单 6-12 中，程序将反向获取所有元素的分片表达式 s[::-1] 作为遍历对象。在运行示例中，程序从字符串 'GFEDCBA' 中逐一取出字符输出。

当然，像代码清单 6-10 那样使用 reversed(s) 会得到相同的运行结果（**chap06/list0612a.py**）。

6-2 操作字符串

上一节的程序只是单纯使用了字符串字面量和赋给变量的字符串。现在我们继续学习字符串，熟练掌握字符串的使用方法。

搜索

Python 提供了许多方法来判断某个字符串是否包含了其他字符串。

▶ 注意：如果没有用过其他编程语言，可以先跳过本节。在学习完第 7 章的列表、第 8 章的元组、第 9 章的函数和第 11 章的类之后再回来学习本节的内容。

使用成员运算符 in 和 not in 进行判断

上一节介绍了使用运算符 `in` 和运算符 `not in` 判断某个字符串是否包含了其他字符串的方法。

使用 find 系列的方法进行判断

在使用运算符 `in` 的情况下，虽然可以判断出字符串是否被包含，但我们无法得知被包含的字符串的位置。Python 提供了 `find` 方法、`rfind` 方法、`index` 方法和 `rindex` 方法来帮助我们查看被包含的字符串的位置。

```
str.find(sub[, start[, end]])
```

查看包含的第 1 个 sub 字符串位置

如果字符串 `str` 在 `[start:end]` 的范围内包含 `sub`，则返回其中最小的索引值，否则返回 `-1`（参数 `start` 和参数 `end` 可以省略且与分片的指定方式相同）。

> 包围参数的标记 [ ] 用于说明其中的参数可以省略。
>
> 在本方法中，接收的参数有 3 个，分别是 `sub`、`start` 和 `end`。在调用方法时，可以只省略第 3 个参数 `end`，也可以同时省略第 2 个参数 `start` 和第 3 个参数 `end`（第 1 个参数 `sub` 不能省略）。

```
str.rfind(sub[, start[, end]])
```

查看包含的最后一个 sub 字符串的位置

如果字符串 `str` 在 `[start:end]` 的范围内包含 `sub`，则返回其中最大的索引值，否则返回 `-1`（参数 `start` 和参数 `end` 可以省略且与分片的指定方式相同）。

```
str.index(sub[, start[, end]]
```

查看包含的第 1 个 sub 字符串位置

该方法与 `find()` 相同。但是，如果没有找到 `sub`，程序就会抛出 `ValueError` 异常。

```
str.rindex(sub[, start[, end]])
```

查看包含的最后一个 sub 字符串的位置

该方法与 `rfind()` 相同。但是，如果没有找到 `sub`，程序就会抛出 `ValueError` 异常。

▶ 当字符串包含多个 `sub` 时，`r` 系列方法会返回被包含的字符串最后一次出现的位置。
另外，我会在第 12 章对 `index` 和 `rindex` 抛出的异常进行介绍。

方法（method）是属于特定类型（类）的函数，我们可以使用以下形式对方法进行调用。

变量名 . 方法名 (实参的序列)

这里的 () 是第 2 章介绍的调用运算符。

比如，在查看字符串 s1 中是否包含 'ABC' 时需要调用 find 方法，这时用到的调用表达式为 s1.find('ABC')。

我们可以把方法的调用理解为以下内容（图 6-4）。

字符串 s1，你的字符串中包含 'ABC' 吗？　如果包含，请告诉我它首个字符出现的位置吧！

另外，向对象发送请求就是向对象**发送消息**。

▶ 关于发送消息，具体如下。
- 对象 s1 是字符串型（str 型），它拥有 find 方法。
- 向 s1 发送消息以执行 find 方法。
- 此时传递的实参 'ABC' 起到辅助指示的作用。

我将在第 11 章对方法进行详细介绍。

代码清单 6-13 是使用 index 方法进行搜索的示例程序。

代码清单 6-13　chap06/list0613.py

```
# 搜索字符串中包含的字符串

txt = input('字符串txt：')
ptn = input('字符串ptn：')

try:
    print('ptn包含于txt[{}]。'.format(txt.index(ptn)))
except ValueError:
    print('ptn不在txt内。')
```

运行示例

```
①字符串txt：XABCABD⏎
  字符串ptn：ABC⏎
  ptn包含于txt[1]。
②字符串txt：XABCABD⏎
  字符串ptn：XYZ⏎
  ptn不在txt内。
```

▶ 该程序使用了异常处理，大家可以在学完第 12 章后再来回顾该程序的内容。

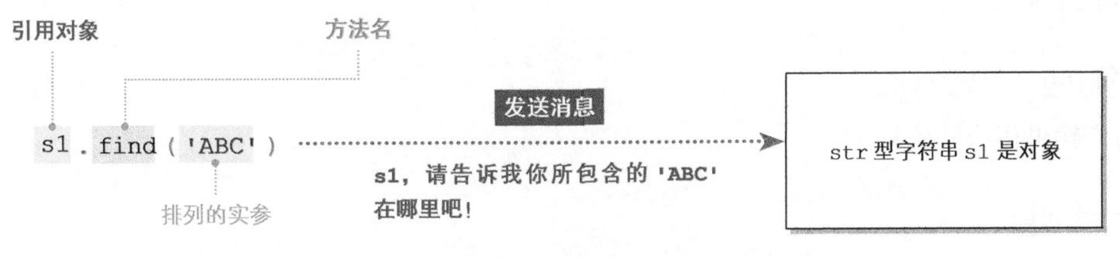

图 6-4　调用方法

其他方法

除了 find 系列的方法，Python 还提供了其他 3 种方法。

```
str.count(sub[, start[, end]])
```

字符串包含了几个 sub？

返回 sub 在字符串 str 的 [start:end] 这一范围内，不重叠出现的次数（参数 start 和参数 end 可以省略且与分片的指定方式相同）。

```
str.startswith(prefix[, start[, end]])
```

字符串是否以 prefix 开始?

如果字符串以 prefix 开头则返回 True，否则返回 False。prefix 也可以使用元组，此时该方法用于判断字符串 str 是否以 preifx 元组中的某个字符串开头。如果指定 start，则从 start 的位置开始判断。如果指定 end，则比较到 end 的位置结束。start 和 end 都可以省略。

```
str.endswith(suffix[, start[, end]])
```

字符串是否以 suffix 结束?

如果字符串以 suffix 结束则返回 True，否则返回 False。suffix 也可以使用元组，此时该方法用于判断字符串 str 是否以 suffix 元组中的某个字符串结束。如果指定 start，则从 start 的位置开始判断。如果指定 end，则比较到 end 的位置结束。start 和 end 都可以省略。

*

代码清单 6-14 调用了前面介绍的多个方法。

代码清单 6-14　chap06/list0614.py

```
# 搜索字符串中包含的字符串

txt = input('字符串txt: ')
ptn = input('字符串ptn: ')

c = txt.count(ptn)

if c == 0:
    print('txt不包含ptn。')
elif c == 1:                                          # 只包含一个
    print('txt包含的ptn索引为: ', txt.find(ptn))
else:                                                 # 包含多个
    print('txt包含的第一个ptn索引为: ', txt.find(ptn))
    print('txt包含的最后一个ptn索引为: ', txt.rfind(ptn))
```

运行示例

```
①
字符串txt: XABCYABCD↵
字符串ptn: ABCY↵
txt包含的第一个ptn索引为: 1

②
字符串txt: XABCYABCD↵
字符串ptn: ABC↵
txt包含的第一个ptn索引为: 1
txt包含的最后一个ptn索引为: 5
```

首先查看 txt 中包含的 ptn 的个数（赋值给变量 c）。程序根据 ptn 的个数进行了不同处理，具体如下所示。

▪ 不包含 ptn

打印输出相应的信息。

▪ 包含一个 ptn

使用 find 方法，打印输出 ptn 的位置。

▪ 包含多个 ptn

使用 find 方法和 rfind 方法查看并输出 ptn 首次和最后一次被包含的位置。

专栏 6-3 string 模块提供的字符串

string 模块定义了以下字符串。

string.ascii_letters	ascii_lowercase 和 ascii_uppercase 拼接后的字符串
string.ascii_lowercase	小写字母 'abcdefghijklmnopqrstuvwxyz'
string.ascii_uppercase	大写字母 'ABCDEFGHIJKLMNOPQRSTUVWXYZ'
string.digits	十进制数 '0123456789'
string.hexdigits	十六进制数 '0123456789abcdefABCDEF'
string.octdigits	八进制数 '01234567'
string.punctuation	ASCII 中的各种符号 '!"#$%&\'()*+,-./:;<=>?@[\\]^_`{|}~'
string.printable	可以打印输出的 ASCII 字符。 ※ 拼接 digits、ascii_letters、punctuation、whitespace 的字符串
string.whitespace	所有被当成空白处理的 ASCII 字符。大多数系统中包括空格、制表符、换行符、回车符、换页符和垂直制表符

比如，Python 用变量名 string.digits（string 是模块名，digits 是变量名）表示字符串 '0123456789'。

如果不了解 string 模块提供的这些字符串，编程时就需要自己定义类似的变量（应当避免如此）。

*

代码清单 6C-1 是一个使用了 string.ascii_lowercase 和 string.ascii_uppercase 的示例程序。该程序在读取一个字符后会查看该字符在字母表中的位置。

代码清单 6C-1 chap06/list06c01.py

```
# 读取的字符是字母表的第几个字母

from string import *
c = input('字母:')

idx = ascii_lowercase.find(c)
if idx != -1:
    print('第{}个小写字母。'.format(idx + 1))
else:
    idx = ascii_uppercase.find(c)
    if idx != -1:
        print('第{}个大写字母。'.format(idx + 1))
    else:
        print('错误字符。')
```

运行示例

```
① 字母: f
   第6个小写字母。
② 字母: C
   第3个大写字母。
③ 字母: 5
   错误字符。
```

使用 import 声明指定 * 后，程序可以只用 ascii_lowercase 和 ascii_uppercase 来代替 string.ascii_lowercase 和 string.ascii_uppercase 访问相应的字符串（具体内容会在第 10 章介绍）。

如果 ascii_lowercase 包含输入的字符 c，则程序输出 c 在 ascii_lowercase 中的位置。如果不包含，则程序查看 ascii_uppercase 中是否包含 c，并在包含 c 的情况下输出 c 在 ascii_uppercase 中的位置。

*

第 13 章的代码清单 13-10（第 366 页）也应用了上述字符串。

拼接字符串

Python 提供了许多方法来拼接和分割字符串。因为字符串是不可变类型，所以不论使用什么样的方法，程序都只能生成新的字符串而无法修改字符串本身。

要根据各个方法的优缺点和适用场景灵活运用各种方法。

通过增量赋值拼接字符串和重复字符串

第 1 章介绍过使用加法运算符 + 可以拼接字符串，使用乘法运算符 * 可以重复字符串。

+= 和 *= 可以用来对字符串进行增量赋值。我们来看例 6-3。

例 6-3 通过增量赋值拼接字符串和重复字符串

```
>>> s1 = 'ABC'⏎
>>> s1 += 'DEF'⏎
>>> s1⏎
'ABCDEF'
```

```
>>> s2 = 'ABC'⏎
>>> s2 *= 3⏎
>>> s2⏎
'ABCABCABC'
```

▶ 第 1 章介绍了在字符串字面量之间插入空格、制表符和换行符等空白字符进行拼接的方法（例如，'ABC' 'DEF' 表示 'ABCDEF'）。这是字符串字面量在字符上的拼接，并不是运算，所以该方法不适用于变量。

```
s1 = 'ABC'
s2 = 'XYZ'
s1 s2                # 无法拼接s1和s2
```

使用 join 方法拼接字符串

多个字符串构成可迭代对象后，join 方法可以基于该对象中的字符串进行拼接并生成新的字符串。

```
str.join(iterable)
```

以 str 为分隔符，iterable 包含的字符串从头开始按顺序拼接后，join 方法返回拼接后的字符串。另外，如果 iterable 中存在非字符串的元素，程序则会抛出 TypeError 异常。

join 的使用形式如下。

```
分隔用字符串 .join( 存储待拼接字符串的可迭代对象 )
```

我们通过例 6-4 来进行确认。

例 6-4 使用 join 方法拼接字符串 第 8 章会介绍元组

```
>>> s = ('spring', 'summer', 'autumn', 'winter')⏎
>>> ''.join(s)⏎                      ⬅ 字符串间没有分隔
'springsummerautumnwinter'
>>> ' '.join(s)⏎                     ⬅ 字符串间以空格 ' ' 分隔
'spring summer autumn winter'
>>> ','.join(s)⏎                     ⬅ 字符串间以逗号 ',' 分隔
'spring,summer,autumn,winter'
>>> ' -> '.join(s)⏎                  ⬅ 字符串间以 4 个字符 ' -> ' 分隔
'spring -> summer -> autumn -> winter'
```

在本例中，程序对元组中的字符串进行了拼接。当然，也可以对列表内的字符串进行拼接。

*

前面说过，字符串本身也是可迭代对象，因此我们也可以把字符串当作 join 方法的拼接对象（例 6-5）。

例 6-5 使用 join 方法拼接字符串内的所有字符

```
>>> s = 'ABC'
>>> ''.join(s)                ← 字符串间没有分隔
'ABC'
>>> ' '.join(s)               ← 字符串间以空格' '分隔
'A B C'
>>> ','.join(s)               ← 字符串间以逗号','分隔
'A,B,C'
>>> ' -> '.join(s)            ← 字符串间以 4 个字符' -> '分隔
'A -> B -> C'
```

在本例中，程序逐一取出字符串中的各个字符进行拼接。join 方法可以用来在字符串的各个字符之间插入其他字符或字符串。

一般来说，使用 join 方法比使用运算符 + 或运算符 += 的拼接速度更快。

*

如果要对数字等非字符串构成的可迭代对象进行拼接，可以使用 7.2 节介绍的解析式。我们试着对列表进行拼接（例 6-6）。

例 6-6 非字符串构成的可迭代对象作为字符串进行拼接 　**第 7 章会介绍列表**

```
>>> lst = [11, 22, 33, 44]
>>> ''.join([str(_) for _ in lst])         ← 字符串间没有分隔
'11223344'
>>> ' '.join([str(_) for _ in lst])        ← 字符串间以空格' '分隔
'11 22 33 44'
>>> ','.join([str(_) for _ in lst])        ← 字符串间以逗号','分隔
'11,22,33,44'
>>> ' -> '.join([str(_) for _ in lst])     ← 字符串间以 4 个字符' -> '分隔
'11 -> 22 -> 33 -> 44'
```

程序使用 str 函数将各个元素转换为字符串后对其进行拼接。

专栏 6-4 使用 f 字符串拼接字符串

下一节会介绍 f 字符串。f 字符串不仅可以用来拼接字符串，还可以轻松实现字符串与（数字等）非字符串之间的拼接（插入字符串）。代码清单 6C-2 是使用 f 字符串进行拼接的程序示例。

代码清单 6C-2 　chap06/list06c02.py

```
# 使用 f 字符串拼接字符串

s1 = input('字符串s1:')
s2 = input('字符串s2:')
no = int(input('整数no:'))

print(f'{s1}{s2}')          # 字符串 + 字符串
print(f'{s1}{no}{s2}')      # 字符串 + 整数 + 字符串
```

运行示例

```
字符串s1: ABC
字符串s2: XYZ
整数no: 64
ABCXYZ
ABC64XYZ
```

分割字符串

使用 split 方法分割字符串

与 join 方法相反，split 方法用于分割字符串并生成列表。

```
str.split(sep=None, maxsplit=-1)
```

通过分隔用字符串 sep 分割字符串后，程序返回由分割后的字符串构成的列表。如果传递了参数 maxsplit，程序的最大分割次数就会被设定为 maxsplit（即生成的列表最多有 maxsplit+1 个元素）。如果没有传递参数 maxsplit，或者 maxsplit 设定为 -1，则程序不限制分割次数。

sep 可以设定为多个字符。另外，如果对象字符串包含连续的分隔符，程序就会在连续的分隔符位置分割出空字符串。此外，程序对空字符串进行分割时会返回 ['']。

如果没有设定 sep，或者当 sep 为 None 时，程序会将连续的空白字符作为分隔符。另外，即使字符串的开头和末尾有空白字符，列表的首个元素和最后一个元素也不会是空字符串。因此，如果用 None 对空字符串或仅由空白字符构成的字符串进行分割，程序就会返回 []。

我们使用 split 方法来分割字符串（例 6-7）。

例 6-7　使用 split 方法分割字符串

```
>>> 'ABC,XX,DEFG'.split(',')⏎                    ← 以逗号为分隔符分割字符串
['ABC', 'XX', 'DEFG']
>>> 'ABC,XX,DEFG'.split(',', maxsplit=1)⏎        ← 分割次数最多为 1 次
['ABC', 'XX,DEFG']
>>> 'ABC,XX,,DEFG'.split(',')⏎                   ← 分割连续的逗号
['ABC', 'XX', '', 'DEFG']
>>> 'ABC     XX  DEFG'.split()⏎                  ← 以空格为分隔符分割字符串
['ABC', 'XX', 'DEFG']
>>> '   ABC    XX  DEFG'.split()⏎                ← 开头的空格被删除
['ABC', 'XX', 'DEFG']
```

代码清单 6-15 是使用 split 方法的程序。该程序会读取键盘输入并以逗号区分两个字符串。

代码清单 6-15　chap06/list0615.py

```
# 一次性读取两个字符串（以逗号区分字符串）

a, b = input('字符串a,b：').split(',')

print('a =', a)
print('b =', b)
```

运行示例

```
字符串a,b：Fukuoka,Nagasaki⏎
a = Fukuoka
b = Nagasaki
```

在运行示例中，程序以逗号 ',' 为分隔符对读取的（input 函数返回的）字符串 'Fukuoka,Nagasaki' 进行分割，结果得到包含两个元素的列表 ['Fukuoka', 'Nagasaki']。

列表中的元素 'Fukuoka' 和 'Nagasaki' 按顺序赋给了 a 和 b。

▶ 除此以外，Python 还提供了以下几个分割字符串的方法。

partition 方法 … 将字符串分割为分隔符左边的字符串、分隔符本身和分隔符右边的字符串这 3 部分。

splitlines 方法 … 以换行符为分隔符对字符串进行分割。

替换字符串

replace 方法用于将字符串中包含的特定字符串替换为其他的字符串。

```
str.replace(old, new[, count])
```

复制字符串并将字符串 old 全部替换为 new，然后返回新的字符串。如果指定 count 参数，程序就会从前往后替换 count 次 old。count 参数也可以省略。

我们来试着替换字符串（例 6-8）。

例 6-8 使用 replace 方法替换字符串

```
>>> '---ABC---ABC---ABC---'.replace('ABC', 'XYZ')⏎      ← 全部替换
'---XYZ---XYZ---XYZ---'
>>> '---ABC---ABC---ABC---'.replace('ABC', 'XYZ', 2)⏎ ← 最多替换 2 次
'---XYZ---XYZ---ABC---'
```

删除字符串

strip 方法可用于删除从文件读取的字符串末尾的换行符。

```
str.strip([chars])
```

从字符串的头尾删除 chars 指定的字符并返回新字符串。如果 chars 省略或为 None，则删除字符串中的空格。

我们来使用 strip 方法删除字符串中的字符（例 6-9）。

例 6-9 从字符串的头尾删除特定字符

```
>>> '  ABC DEF  '.strip()⏎              ← 删除空格
'ABC DEF'
>>> 'acbABC DEFcba'.strip('abc')⏎       ← 删除 'a''b' 和 'c'
'ABC DEF'
```

► 除此之外，Python 还提供了 lstrip 方法和 rstrip 方法。

专栏 6-5 调试和注释代码

程序的缺陷和错误称为 bug，寻找 bug 并分析其成因的过程称为调试（debug）。

在调试程序时，编程人员会对程序进行各种测试和修正。这时，如果删除了程序正确的部分，程序就很难恢复原样了。

在这种情况下比较常用的是注释代码的方法，即在程序代码（而非注释）部分的开头插入 #。

但是，程序读者无法分辨注释的目的，不知道注释的部分已经没有用了还是要用于测试，这就容易造成误解。

注释代码说到底只能作为一种临时方法使用。

其他方法

除了上文介绍的方法，Python 还提供了其他处理字符串的方法。我们来尝试使用一下其中的几个方法。

大写字母和小写字母之间的转换

对字符串进行大写字母和小写字母的转换。

```
str.capitalize()
```

将字符串的首字符转换为大写字母，其余字符转换为小写字母，然后复制并返回新的字符串。

```
str.lower()
```

将字符串中存在大小写区别的字母全部转换为小写字母，然后复制并返回新的字符串。

```
str.swapcase()
```

将字符串中的大写字母转换为小写字母，小写字母转换为大写字母，然后复制并返回新的字符串。

```
str.title()
```

将字符串中的首字母转换为大写字母，其余存在大小写区别的字母转换为小写字母，然后复制并返回新的字符串。

```
str.upper()
```

将字符串中存在大小写区别的字母全部转换为大写字母，然后复制并返回新的字符串。

我们来使用这些方法对字符串进行转换（例 6-10）。

例 6-10 转换字符串的大写字母和小写字母

```
>>> s = 'This is a PEN.'⏎
>>> s⏎
'This is a PEN.'
>>> s.capitalize()⏎
'This is a pen.'
>>> s.lower()⏎
'this is a pen.'
>>> s.swapcase()⏎
'tHIS IS A pen.'
>>> s.title()⏎
'This Is A Pen.'
>>> s.upper()⏎
'THIS IS A PEN.'
```

判断字符类别

表 6-2 所示方法用于对字符串中的所有字符进行判别，如果字符串属于特定的类别则返回 True，否则返回 False（例 6-11）。

例 6-11 判断字符串的字符类别

```
>>> 'AB123'.isalnum()⏎
True
>>> 'AB123'.isalpha()⏎
False
>>> 'AB123#$'.isascii()⏎
True
>>> 'ABxyz'.isascii()⏎
True
>>> '_xyz'.isidentifier()⏎
True
>>> '123'.isdigit()⏎
True
>>> '１２３'.isnumeric()⏎
True
```

```
>>> 'ABC123'.isprintable()
True
>>> 'ABC'.islower()
False
>>> 'ABC'.isupper()
True
>>> 'This is a pen'.istitle()
False
>>> 'This Is A Pen'.istitle()
True
```

表 6-2 判断字符类别的方法

str.isalnum()	是否为 isalpha、isdecimal、isdigit、isnumeric 中的一种
str.isalpha()	是否为英语字符
str.isascii()	是否为 ASCII 字符
str.isdecimal()	是否为十进制数
str.isdigit()	是否为数字
str.isidentifier()	能否作为有效的标识符
str.islower()	是否为小写字符
str.isnumeric()	是否为数字
str.isprintable()	是否为可打印的字符
str.isspace()	是否为空白字符
str.istitle()	首字母是否大写
str.isupper()	是否为大写字母

▪ 对齐字符串

根据指定长度分别生成原字符串左对齐、居中、右对齐的字符串。

```
str.center(width[, fillchar])
```

返回一个居中且使用 fillchar（省略时用空格）填充至长度 width 的新字符串。当 width 小于等于 len(s) 时返回原字符串。

```
str.ljust(width[, fillchar])
```

返回一个左对齐且使用 fillchar（省略时用空格）填充至长度 width 的新字符串。当 width 小于等于 len(s) 时返回原字符串。

```
str.rjust(width[, fillchar])
```

返回一个右对齐且使用 fillchar（省略时用空格）填充至长度 width 的新字符串。当 width 小于等于 len(s) 时返回原字符串。

我们可以通过例 6-12 确认以上 3 个方法的运行过程。

例 6-12 对齐字符串

```
>>> 'ABC'.center(20)
'        ABC         '
>>> 'ABC'.ljust(20)
'ABC                 '
>>> 'ABC'.rjust(20)
'                 ABC'
>>> 'ABC'.center(20, '-')
'--------ABC---------'
>>> 'ABC'.ljust(20, '-')
'ABC-----------------'
>>> 'ABC'.rjust(20, '-')
'-----------------ABC'
```

在示例程序中，'ABC' 始终被填入到长 20 个字符的字符串中。

▶ Python 提供了内置函数（而非方法）对字符和字符编码进行转换。

- chr 函数

chr(i) 返回一个字符串，该字符串由整数 i 对应的 Unicode 码字符构成。比如 chr(97) 返回字符串 'a'。

- ord 函数

该函数以单个 Unicode 字符构成的字符串作为实参。函数被调用后返回一个整数，该整数表示实参中字符的 Unicode 编码。比如 ord('a') 会返回整数 97。

6-3 格式化

在往屏幕上或文件中输出数字或字符串时，必须进行格式化处理，指定基数或位数。我们来学习格式化的方法。

使用格式化运算符 %

格式化操作的原则是生成一个新的字符串，该字符串在原字符串的基础上（根据需要指定基数和位数）插入了其他字符串或数字。

首先介绍使用格式化运算符（formatting operator）% 实现格式化操作的方法。**该方法功能较少且使用范围有限，现已不被推荐使用了**。不过由于许多既有程序仍用到了该方法，所以我们还是要加以学习，以便理解程序。

代码清单 6-16 所示程序使用该方法生成并输出格式化的字符串。

代码清单 6-16　chap06/list0616.py

```
# 使用格式化运算符%进行格式化操作

a, b, n = 12, 35, 163
f1, f2 = 3.14, 1.23456789
s1, s2 = 'ABC', 'XYZ'

print('n用十进制表示=%d。' % n)
print('n用十六进制表示=%x。' % n)
print('%d用八进制表示为%o用十六进制表示为%x。' % (n, n, n))

print('n为%5df1为%9.5ff2为%9.5f。' % (n, f1, f2))

print('"%s"+"%s"等于"%s"。' % (s1, s2, s1 + s2))

print('%d与%d的和为%d。' % (a, b, a + b))    ←1

print('%(no1)d+%(no2)d和%(no2)d+%(no1)d都等于%(sum)d。' %
                 {'no1': a, 'no2': b, 'sum': a + b})    ←2
```

运行结果

```
n用十进制表示=163。
n用十六进制表示=a3。
163用八进制表示为243用十六进制表示为a3。
n为  163f1为  3.14000f2为  1.23457。
"ABC"+"XYZ"等于"ABCXYZ"。
12与35的和为47。
12+35和35+12都等于47。
```

▶ 程序 chap06/list0616a.py 将上面的程序修改为从键盘读取各变量的值。

用于生成字符串的表达式如下所示。

字符串 % 值的序列　　　※ 字符串中包含了格式说明。

▶ 当运算符 % 的左操作数是字符串时，程序将运算符 % 作为格式化运算符使用而不进行除法运算。
我们可以针对不同类型（类）的运算对象定义不同的运算符行为（第 333 页）。

表 6-3 的转换说明（conversion specification）在左操作数字符串中的字符 % 后。表中橘色部分为标志位，蓝色部分为转换类型。

一般要在右操作数中放置与转换说明个数相同的值。在有多个值时使用 () 包围用逗号隔开的多个值。

表 6-3 主要的转换说明(格式化运算符)

'#'	在将对应变量的值转换为八进制数 / 十六进制数时在开头添加 0/0x(或 0X)
'0'	使用 0 作为填充字符
'-'	转换后的值左对齐(与 '0' 同时使用时覆盖 '0')
' '	在转换带符号的正数时,在数字前留出一个空格
'+'	转换时(覆盖空格标志位)在开头添加符号字符('+' 或 '-')
'i' 'd'	十进制整数(decimal)
'o'	八进制整数(octal)
'x' 'X'	十六进制整数(hexadecimal)
'e' 'E'	以指数形式表示浮点数
'f' 'F'	十进制浮点数(floating point)
'g' 'G'	浮点数。指数部分大于等于 -4 或小于精度时使用小写字母的指数表示,除此之外使用十进制表示
'c'	字符(整数或仅由一个字符构成的字符串)
'%'	字符 %(不转换参数)

图 6-5 演示了 1 的转换过程。a、b 和 a + b 的值按照 %d 转换为十进制数插入字符串后,生成了新的字符串 '12 与 35 的和为 47。'。

另外,2 明确指示了转换说明和值的对应情况,值通过以下形式传递。

{'名字 1': 值 1, '名字 2': 值 2, … }

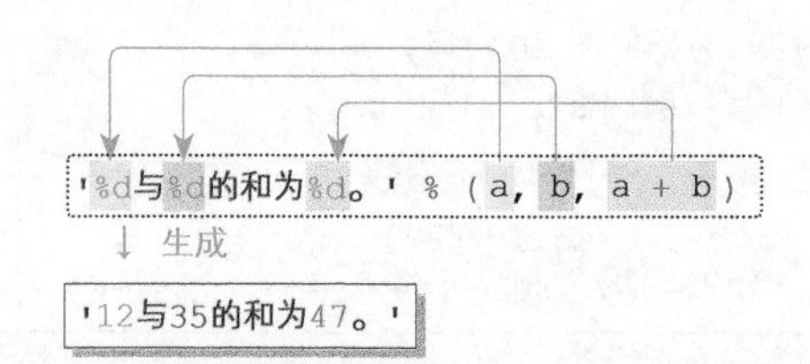

图 6-5 使用格式化运算符 % 进行格式化操作

在转换说明中,名字以(名字)的形式放在 % 后。

▶ 排列的值用 () 包围后是元组,用 {} 包围后是字典(元组和字典将在第 8 章进行讲解)。

在转换说明中,以下内容按顺序排列(% 和转换类型之外的内容可以省略)。

% (名字) 标志位 最低字符数 精度 转换类型

最低字符数表示转换后至少有多少位(如果待转换的数字或字符串超过指定的位数,则输出数字的所有位数或整个字符串)。

精度表示浮点数的小数位数(默认为 6)。

我们来看一个示例(chap06/printf.py)。

```
print('%3d' % 12345)
print('%5d' % 12345)
print('%7d' % 12345)
print()
print('%d / %d = %d' %  (5, 3, 5 / 3))
print('%d %% %d = %d' % (5, 3, 5 % 3))
print()
print('%d %o %x' % (12345, 12345, 12345))
print('%e %f %g' % (1.234, 1.234, 1.234))
```

```
12345
12345
  12345

5 / 3 = 1
5 % 3 = 2

12345 30071 3039
1.234000e+00 1.234000 1.234
```

使用 format 方法

Python 从版本 2.6 开始针对 `str` 型引入了 `format` 方法。代码清单 2-14 演示了 `format` 方法的基础用法。

`format` 方法针对的是 `{…}` 形式的字符串，该字符串中包含了格式说明。

以下为转换多个值时的格式示例。

`{} {} {}`	各个值按顺序进行转换。
`{1} {2} {0}`	指定值的位置（从前往后依次为 0，1，…）。
`{kwd1} {kwd2} {kwd0}`	指定值的关键字（名字）。

各格式的使用示例如下（chap06/format01.py）。

```
a, b, c = 1, 2, 3
print('a = {}, b = {}, c = {}'.format(a, b, c))
print('b = {1}, c = {2}, a = {0}'.format(a, b, c))
print('b = {kb}, c = {kc}, a = {ka}'.format(ka=a, kb=b, kc=c))
```

```
a = 1, b = 2, c = 3
b = 2, c = 3, a = 1
b = 2, c = 3, a = 1
```

▶ 此外，我们可以使用 `[]` 指定位置，使用“.”指定属性。

表 6-4 总结了主要的格式说明。其基本用法是 {: 格式说明 }，但是如果加上位置或关键字，用法就会变为 { 位置 : 格式说明 } 或 { 关键字 : 格式说明 }。

填充字符和对齐的格式说明

在填充字符（fill character）后指定的是表 6-4 中橘色底纹部分的对齐（align）。另外，如果省略填充字符的格式说明，则填充字符默认为空格。

以下为位数（位数会在后面讲解）等于 12 的示例（chap06/format02.py）。

```
print('{:<12}'.format(77))       # 左对齐
print('{:>12}'.format(77))       # 右对齐
print('{:^12}'.format(77))       # 居中
print('{:=12}'.format(-77))      # 符号 填充字符 数字
print('{:*<12}'.format(77))      # 在此之后使用 '*' 作为填充字符
print('{:*>12}'.format(77))
print('{:*^12}'.format(77))
print('{:*=12}'.format(-77))
```

```
77
          77
     77
-         77
77**********
**********77
*****77*****
-*********77
```

符号的格式说明

表 6-4 中绿色底纹部分是符号（sign）的格式说明（**chap06/format03.py**）。

```
print('{:+} {:-} {: }'.format(77, 77, 77))
print('{:+} {:-} {: }'.format(-77, -77, -77))
```

```
+77 77  77
-77 -77 -77
```

替代形式、位数、位分隔符和精度的格式说明

在二进制数、八进制数或十六进制数前添加 0 的形式，以及没有小数部分的浮点数仍输出小数点的形式称为替代形式。替代形式要使用 # 进行指定。位数和精度的格式说明与运算符 % 基本相同。

另外，如果指定使用位分隔符“,”，则每 3 位数字会插入一个分隔符“,”。

表 6-4 主要的格式说明（format 方法）

'<'		强制左对齐
'>'		强制右对齐
'='		如果有符号，则在符号后插入填充字符
'^'		强制居中
'+'		在开头加上符号（'+' 或 '-'）
'-'		仅在负数前添加 '-'
' '		在正数前添加空格 ''，在负数前添加负号 '-'
'b'		二进制整数（binaly）
'c'		字符。根据数值转换为相应的 Unicode 字符
'd'		十进制整数（decimal）
'o'		八进制整数（octal）
'x'	'X'	十六进制整数。使用小写字母 'a' ~ 'f' 或大写字母 'A' ~ 'F'
'e'	'E'	以指数形式表示（默认精度为 6）
'f'	'F'	以固定小数点的形式表示（默认精度为 6）
'g'	'G'	如果可以转换为指定的精度则使用固定小数点的形式表示，否则以指数形式表示
's'		字符串
'%'		以百分比的形式表示

转换类型的格式说明

表 6-4 中的蓝色底纹部分为转换类型的格式说明。我们来指定整数型的基数或浮点型的输出形式。示例如下（**chap06/format04.py**）。

```
print('{:5d}'.format(1234567))
print('{:7d}'.format(1234567))
print('{:9d}'.format(1234567))
print('{:,}'.format(1234567))
print()
print('{:b}'.format(1234567))
print('{0:o} {0:#o}'.format(1234567))
```

```
print('{0:x} {0:#X}'.format(1234567))
print()
print('{:%}'.format(35 / 100))
print()
print('{:e}'.format(3.14))
print('{:f}'.format(3.14))
print('{:g}'.format(3.14))
print()
print('{:.7f}'.format(3.14))
print('{:12f}'.format(3.14))
print('{:12.7f}'.format(3.14))
print()
print('{:.0f}'.format(3.0))
print('{:#.0f}'.format(3.0))
```

```
1234567
1234567
  1234567
1,234,567

100101101011010000111
4553207 0o4553207
12d687 0X12D687

35.000000%

3.140000e+00
3.140000
3.14

3.1400000
    3.140000
   3.1400000

3
3.
```

格式运算符 %、format 方法和 f 字符串的详细内容需要占用几十页的篇幅才能讲完，所以我这里只针对重要且基本的内容进行讲解。

大家可以通过 Python 的官方文档来学习各方法的详细用法。

使用格式化字符串字面量（f 字符串）

与格式化字符串 % 相比，使用 format 方法进行格式化在功能方面更加多样，但缺点是代码过长。因此，Python 3.6 中引入了使用格式化字符串字面量，简称 f 字符串的格式化方法。

在使用该格式化方法时，要在字符串字面量前添加 f 或 F，以 f'…' 或 F'…' 的形式使用 f 字符串字面量。

该方法的最大优点是可以直接在 f 字符串中插入表达式。表达式的插入操作在 {} 中进行。在 f 字符串中，直接以 { 表达式 } 的形式编写待转换（待格式化）的表达式即可。

具体示例如下（chap06/fstring01.py）。

```
a, b, c = 1, 2, 3
print(f'a = {a}, b = {b}, c = {c}')
print(f'{a} + {b} + {c} = {a + b + c}')
```

```
a = 1, b = 2, c = 3
1 + 2 + 3 = 6
```

我们可以使用简洁而直观的方式编写代码。

▶ 花括号“{”和“}”可分别写为“{{”和“}}”。

另外，在 {} 中的表达式后可以添加冒号 : 和格式说明。f 字符串和 format 方法在格式说明的用法上基本相同。

代码清单 6-17 在使用 f 字符串进行各种格式化操作后生成并打印字符串。

格式化方法的选择

上文讲解了 3 种格式化方法。如果在编程时不需要考虑与旧版本的兼容性，则应使用 f 字符串的方法。

▶ 为了让大家熟悉各种方法，这 3 种方法本书都使用了。

代码清单 6-17 chap06/list0617.py

```
# 使用f字符串进行格式化（打印输出生成的字符串）

a = int(input('整数a: '))
b = int(input('整数b: '))
c = int(input('整数c: '))
n = int(input('整数n: '))
f1 = float(input('实数f1: '))
f2 = float(input('实数f2: '))
s = input('字符串s: ')
print()
print(f'a / b = {a / b}')
print(f'a % b = {a % b}')
print(f'a // b = {a // b}')
print(f'b是a的{a / b:%}')          # 百分率
print()
print(f'     a    b    c')           # 正 负
print(f'[+]{a:+5}{b:+5}{c:+5}')  # '+' '-'
print(f'[-]{a:-5}{b:-5}{c:-5}')  #     '-'
print(f'[ ]{a: 5}{b: 5}{c: 5}')  # ' ' '-'
print()
print(f'{c:<12}')           # 左对齐
print(f'{c:>12}')           # 右对齐
print(f'{c:^12}')           # 居中
print(f'{c:=12}')           # 在符号后填充字符
print()
print(f'n = {n:4}')         # 至少4位
print(f'n = {n:6}')         # 至少6位
print(f'n = {n:8}')         # 至少8位
print(f'n = {n:,}')         # 每3位插入一个,
print()
print(f'n = ({n:b})2')      # 二进制数
print(f'n = ({n:o})8')      # 八进制数
print(f'n = ({n})10')       # 十进制数
print(f'n = ({n:x})16')     # 十六进制数（小写字母）
print(f'n = ({n:X})16')     # 十六进制数（大写字母）
print()
print(f'f1 = {f1:e}')       # 指数形式
print(f'f1 = {f1:f}')       # 固定小数点形式
print(f'f1 = {f1:g}')       # 自动判断格式
print()
print(f'f1 = {f1:.7f}')      # 精度为7
print(f'f1 = {f1:12f}')      # 总位数为12
print(f'f1 = {f1:12.7f}')    # 总位数为12且精度为7
print()
print(f'f2 = {f2:.0f}')      # 如果没有小数部分则省略
print(f'f2 = {f2:#.0f}')     # 即使没有小数部分也保留小数点
print()
print(f'{s:*<12}')          # 左对齐
print(f'{s:*>12}')          # 右对齐
print(f'{s:*^12}')          # 居中
print()
for i in range(65, 91):     # 65～90个字符
    print(f'{i:c}', end='')
print()
```

运行示例

```
整数a: 3↵
整数b: 5↵
整数c: -6↵
整数n: 123456↵
实数f1: 3.14↵
实数f2: 7.0↵
字符串s: ABC↵

a / b = 0.6
a % b = 3
a // b = 0
b是a的60.000000%

     a    b    c
[+]   +3   +5   -6
[-]    3    5   -6
[ ]    3    5   -6

-6
          -6
    -6
-          6

n = 123456
n = 123456
n =   123456
n = 123,456

n = (11110001001000000)2
n = (361100)8
n = (123456)10
n = (1e240)16
n = (1E240)16

f1 = 3.140000e+00
f1 = 3.140000
f1 = 3.14

f1 = 3.1400000
f1 =     3.140000
f1 =    3.1400000

f2 = 7
f2 = 7.

ABC*********
*********ABC
****ABC*****

ABCDEFGHIJKLMNOPQRSTUVWXYZ
```

专栏 6-6 字符串的驻留机制

我们知道内容相同的字符串如果不是一起生成的，就是不同的实体。sys.intern 函数可以开启字符串驻留机制，这样内容相同的字符串都会引用同一字符串实体。

代码清单 6-6 所示程序对字符串的同一性进行判断，如果在该程序中开启字符串驻留机制，则程序中内容相同的字符串都会引用同一字符串实体（chap06/intern.py）。

总结

- 字符串是 str 型的对象，其中每个字符都是字符串的元素。

- 字符串中的各个元素可以通过使用了索引运算符 [] 的索引表达式访问。在 [] 中指定索引值的方法如下图所示。

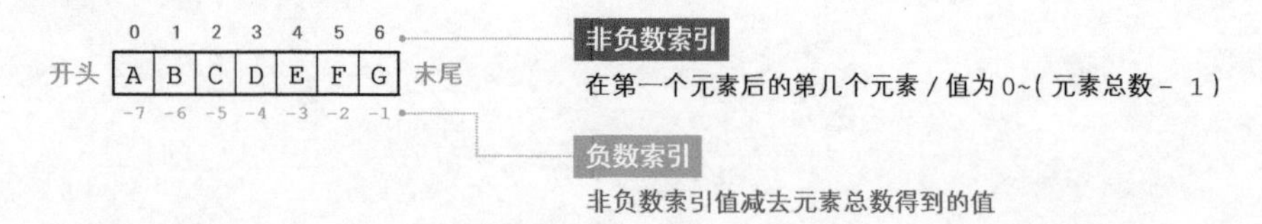

- 使用基于分片运算符 [:] 的分片表达式可以连续或按一定周期取出字符串的一部分作为新字符串。

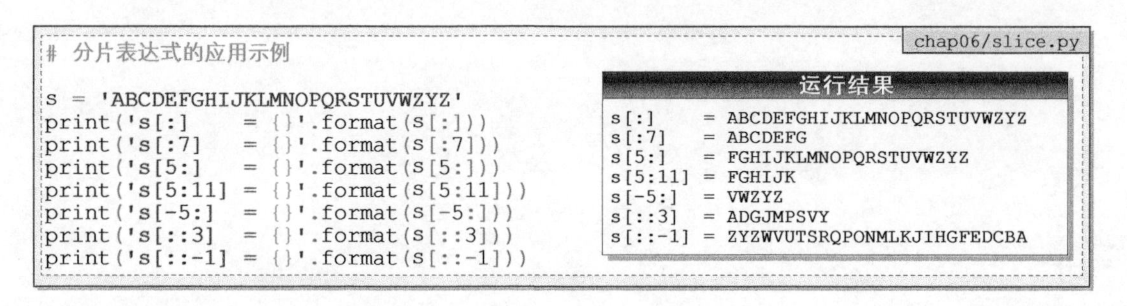

chap06/slice.py

```
# 分片表达式的应用示例

s = 'ABCDEFGHIJKLMNOPQRSTUVWZYZ'
print('s[:]     = {}'.format(s[:]))
print('s[:7]    = {}'.format(s[:7]))
print('s[5:]    = {}'.format(s[5:]))
print('s[5:11]  = {}'.format(s[5:11]))
print('s[-5:]   = {}'.format(s[-5:]))
print('s[::3]   = {}'.format(s[::3]))
print('s[::-1]  = {}'.format(s[::-1]))
```

运行结果

```
s[:]    = ABCDEFGHIJKLMNOPQRSTUVWZYZ
s[:7]   = ABCDEFG
s[5:]   = FGHIJKLMNOPQRSTUVWZYZ
s[5:11] = FGHIJK
s[-5:]  = VWZYZ
s[::3]  = ADGJMPSVY
s[::-1] = ZYZWVUTSRQPONMLKJIHGFEDCBA
```

- 字符串的元素总数（长度）可以通过 len 函数获得。

- 比较运算符可以判断字符串的大小关系和等价性。比较运算符以字符串内的字符编码（而非标识值）作为判断标准。

- 线性搜索是一种通过遍历字符串，从前往后按顺序逐一判断元素来查找目标值的算法。

- 用于判断归属性的运算符 in 和运算符 not in 可以用来查看字符串中是否包含了其他字符串。

- 使用 enumerate 函数可以在取出索引和元素（的元组）的同时遍历字符串。

- 字符串是可迭代对象，可以作为 for 语句中 in 的遍历对象。

- 方法是属于特定类型（类）的函数，以变量名 . 方法名 (...) 的形式调用。调用方法其实就是向对象发送消息。

- 使用 find 系列方法（find、rfind、index 和 rindex）可以查看字符串中是否包含其他字符串。
- 使用运算符 += 或 join 方法可以拼接字符串。
- 使用 split 方法可以分割字符串。
- 使用 replace 方法可以将字符串中的一部分内容替换为其他字符串。
- 使用 strip 方法可以从字符串中删除其他字符串中含有的字符。
- string 模块定义了数字和字母等各种字符串。
- Python 提供了多种格式化方法，包括格式化运算符 %、format 方法和格式化字符串字面量（f 字符串）。不论何种方法，都不会对字符串本身进行格式化，而是生成格式化后的新字符串。
- 注释程序的一部分代码是调试时使用的一个方法。

chap06/gist.py

```
# 第6章 总结

s1 = input('字符串s1: ')
s2 = input('字符串s2: ')

idx = s1.find(s2)
if idx == -1:
    print('s1中不包含s2。')
else:
    print(s1)
    # 输出idx个空格后输出s2
    print(' ' * idx, end='')
    print(s2)

    # 把s1中包含的s2全部反转
    s1 = s1.replace(s2, s2[::-1])
    print()
    print('反转对应部分。')
    print(s1)

    # 删除s1中包含的s2[::-1]
    s1 = s1.replace(s2[::-1], '')
    print()
    print('删除对应部分。')
    print(s1)
print()

# format方法的应用示例
x = float(input('实数: '))
w = int(input('显示的全部位数: '))
p = int(input('小数部分的位数: '))

print('{{:{}.{}f}}'.format(w, p).format(x))
```

运行示例

```
字符串s1: ABCDEFGHIJKEFGXYZ⏎
字符串s2: EFG⏎
ABCDEFGHIJKEFGXYZ
    EFG

反转对应部分。
ABCDGFEHIJKGFEXYZ

删除对应部分。
ABCDHIJKXYZ

实数值: 1234567890.123456
显示的全部位数: 18
小数部分的位数: 3
    1234567890.123
```

第 7 章

列表

列表是表示数据集合的数据结构，是 Python 中不可或缺的重要概念。

- 列表
- 元素和构成元素
- 运算符 []
- list 函数
- 解包列表
- 索引运算符 [] 和索引表达式
- 分片运算符 [:] 和分片表达式
- 列表的赋值
- 复制列表
- 浅复制与深复制
- 搜索列表
- 扩展列表和插入、删除元素
- 遍历列表
- 反转列表
- 使用列表实现矩阵
- 列表解析式
- 扁平序列和容器序列
- 数组 array
- 字节序列 bytes

7-1 列表

归拢分散的多个变量更易于程序处理，为此 Python 引入了列表。本节，我将介绍列表的基础知识。

列表的必要性

我们来思考如何统计学生的考试分数。代码清单 7-1 是一个读取了 5 个人的分数，然后计算总分和平均分的程序。

代码清单 7-1 chap07/list0701.py

```
# 读取5个人的分数并输出总分以及平均分

print('计算5个人的总分以及平均分。')

tensu1 = int(input('第1名分数：'))
tensu2 = int(input('第2名分数：'))
tensu3 = int(input('第3名分数：'))
tensu4 = int(input('第4名分数：'))
tensu5 = int(input('第5名分数：'))

total = 0
total += tensu1
total += tensu2
total += tensu3
total += tensu4
total += tensu5

print('总分是{}分。'.format(total))
print('平均分是{}分。'.format(total / 5))
```

运行示例

```
计算5个人的总分以及
平均分。
第1名分数：32↵
第2名分数：68↵
第3名分数：72↵
第4名分数：54↵
第5名分数：92↵
总分是318分。
平均分是63.6分。
```

如图 7-1ⓐ所示，程序给每个学生的分数都分配了一个变量，分别为 tensu1、tensu2 等，因此，程序的两处涂色部分分别重复了 5 行几乎相同的代码。

现在我们考虑对该程序做出以下修改。

① 使人数可变

本程序中人数固定为 5 人。修改程序后，程序在运行时会从键盘读取人数，并计算总分和平均分。

② 查看或修改某个学生的分数

添加查看或修改某个学生分数的功能。

③ 计算最低分和最高分

添加计算最低分和最高分的功能（当然，按照①的方式改变人数后也能计算）。

④ 对分数进行排序

按照升序或降序排列分数。

*

实际上，扩充代码清单 7-1 并做出前述修改是不可能的事情，我们必须从根本上改变程序的实现方法。

首先，要将各个学生的分数归拢至一处进行处理。这可以通过图b中名为列表的数据结构实现。

列表是对象的“储藏室”，存储的各个变量称为元素。每个元素都有一个索引，从前往后依次为 0，1，2，…。这一点与上一章介绍的字符串相同。

▶ 与字符串一样，列表也可以使用负数索引，也可以通过分片表达式取出部分元素。我们会在后面学习这些内容。

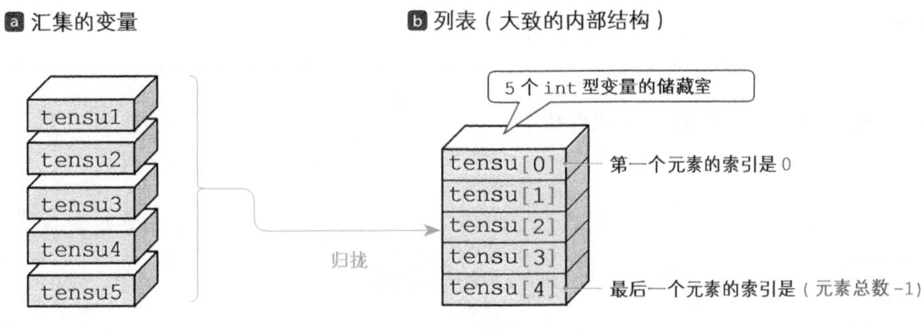

图 7-1 变量与列表

因为生成列表时可以任意指定元素个数，所以①可以轻易实现。而且，列表生成后也能轻易增加或减少元素个数。

因为第 3 个元素 tensu[2] 和第 4 个元素 tensu[3] 可以使用基于索引运算符的索引表达式访问（读写），所以②也可以轻易实现。

像这样，使用索引表达式可以自由访问各个元素，所以③和④也能轻易实现。

*

在处理数据集合时，可以说一定会用到列表。

列表的元素可以是 int 型或 float 型等任意类型。不仅如此，列表中也可能存在不同类型的元素，列表元素本身也可以是列表（甚至下一章介绍的元组和字典也可以是列表元素）。

列表虽然用起来很方便，但不容易让人理解。本章我们会逐步学习列表的相关内容。

理解列表的内部结构

大家可能现在就想使用列表来编写程序，请少安勿躁。我们先来学习一下列表的内部结构。

在其他编程语言中，数组是“单纯的变量集合”。在 Python 中，列表对数组进行了“升级”，它是“高性能的数据容器（储藏室）”。

下页展示了列表的部分特性。

① 列表是“高性能的数据储藏室”，是可变的 list 型对象。
② 存储的元素是对象的引用，所以元素（引用的对象）可以是任意类型，即所有元素的类型没有必要相同，元素本身也可以是列表。
③ 列表中的元素是有顺序的。
④ 使用索引表达式可以访问任意元素（对值进行读写）。
⑤ 使用分片表达式可以连续或按照一定周期取出特定范围内的元素。
⑥ 可以轻易遍历列表中的元素。
⑦ 元素的数量没有限制。列表生成后可以随意扩展和缩减。
⑧ 列表中也可以没有元素，这种列表称为空列表。空列表的逻辑值是 False。
⑨ 列表提供了排序和反转等许多方便的功能。

图 7-2 展示了列表 x 和列表 y 的内部机制。

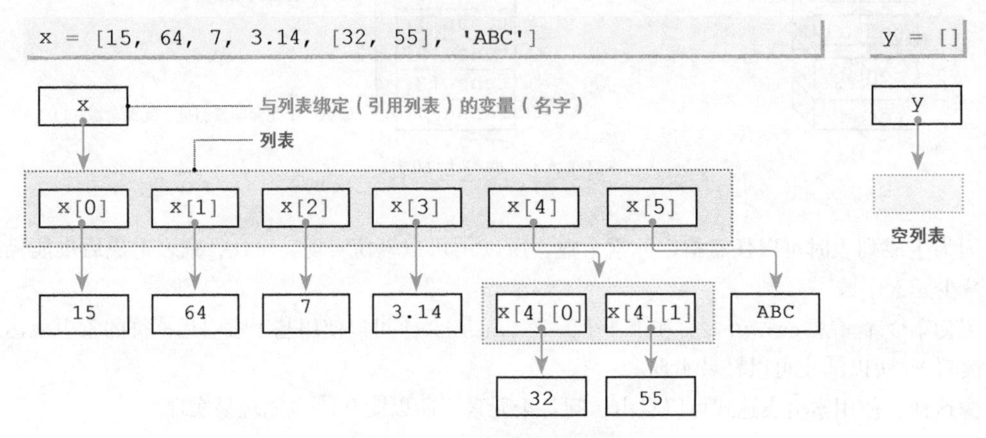

图 7-2　列表的内部机制

我们观察此图来加深对列表的理解。

① 红色点线和蓝色点线包围的部分是列表（list 型的对象）。x 和 y 是分别绑定了对应列表（引用列表）的变量（名字）。
② x 中元素（引用的对象）的类型按从前（左侧）往后的顺序分别为 int 型、int 型、int 型、float 型、列表型和字符串型。
③ 元素之间是有顺序的。在该图中，左侧是开头，右侧是末尾。
④ x 的各个元素可以按从前往后的顺序分别用索引表达式 x[0]、x[1]、x[2]、x[3]、x[4] 和 x[5] 访问。
⑤ x[1]~x[3] 这一连串元素可以通过分片表达式 x[1:4] 取出（作为新的列表）。
⑥ 通过从左至右访问元素，程序可以轻易地从前往后逐一遍历列表中的元素。
⑦ 各种运算符和方法可以用来增加或减少列表的元素总数。这些运算符和方法简化了列表的各种处理，包括在列表末尾添加元素、在列表的任意位置插入元素和删除列表中的任意元素等。

⑧ y 是空列表。即使没有元素，y 也是一个列表（与空字符串也是一个字符串相同）。

⑨ 列表提供了获取元素总数的便利功能。与字符串一样，程序可以通过 len(x) 和 len(y) 获取元素总数（分别是 6 和 0）。除此以外，列表还提供了排序、搜索、反转等功能。

下面我们通过例 7-1 体验一下上面讲解的内容（现阶段不理解上述所讲内容也没关系）。

例 7-1　确认图 7-2 的列表

```
>>> x = [15, 64, 7, 3.14, [32, 55], 'ABC']⏎         ← 列表
>>> y = []⏎                                          ← 列表（空列表）
>>> x⏎                                               ← 打印输出 x
[15, 64, 7, 3.14, [32, 55], 'ABC']
>>> len(x)⏎          ← x 的元素总数
6
>>> type(x)⏎         ← 列表的类型是 list 型
<class 'list'>
>>> x[3]⏎            ← 第 1 个元素后的第 3 个元素 x[3] 是 float 型的单一值
3.14
>>> x[4]⏎            ← 第 1 个元素后的第 4 个元素 x[4] 是 list 型的列表
[32, 55]
>>> x[4][0]⏎         ← 列表 x[4] 的第 1 个元素（二重索引运算符）
32
>>> x[4][1]⏎         ← 列表 x[4] 的第 2 个元素（二重索引运算符）
55
>>> y⏎               ← 打印输出 y
[]
>>> len(y)⏎          ← y 的元素总数
0
>>> type(y)⏎         ← 列表的类型是 list
<class 'list'>
```

现在我们继续学习列表的内容。

生成列表

使用列表前必须先生成列表。现在我们来学习列表的生成方法。

■ 使用运算符 [] 生成列表

在运算符 [] 中以逗号隔开各个元素会生成包含这些元素的新列表。另外，如果 [] 中没有元素就会生成空列表。

我们通过示例程序来进行确认。

```
list01 = []                        # []
list02 = [1, 2, 3]                 # [1, 2, 3]
list03 = ['A', 'B', 'C', ]         # ['A', 'B', 'C']
```

► 右侧的注释是生成的列表的内容。程序 chap07/list_construct.py 生成并输出了从 list01~list13 的列表。

像 list03 和 list04 这样，在最后一个元素后面放置逗号“,”有以下好处。

- 纵向排列的元素在外观上更平衡。
- 便于在末尾添加和删除元素。

```
# 季节名称的列表
list04 = [
    'spring',
    'summer',
    'autumn',
    'winter',
]
```

▶ 代码在 ()、[] 和 {} 中可以自由地换行（3-3 节），list04 利用了这一特性。

▪ 使用 list 函数生成列表

使用内置函数 list 可以生成包含各种类型对象（字符串和元组等）的列表。

另外，在不传递实参的情况下调用 list() 会生成空列表。

```
list05 = list()              # []                空列表
list06 = list('ABC')         # ['A', 'B', 'C']   由字符串的各个字符生成
list07 = list([1, 2, 3])     # [1, 2, 3]         由列表生成
list08 = list((1, 2, 3))     # [1, 2, 3]         由元组生成   ┐
list09 = list({1, 2, 3})     # [1, 2, 3]         由集合生成   ┘ 在下一章介绍
```

使用 list 函数转换 range 函数生成的数列（可迭代对象），由此生成由特定范围的整数值构成的列表。

```
list10 = list(range(7))              # [0, 1, 2, 3, 4, 5, 6]
list11 = list(range(3, 8))           # [3, 4, 5, 6, 7]
list12 = list(range(3, 13, 2))       # [3, 5, 7, 9, 11]
```

▪ 指定元素总数生成列表

可以通过关键语句 [None] 生成“元素总数确定，但元素的值不确定”的列表。

列表 [None] 只有一个元素 None，重复 *n* 次 [None] 后可以生成一个元素总数为 *n* 且所有元素都是 None 的列表。元素总数为 5 时生成的列表如下。

```
# 生成一个元素总数为 5 且元素都为空的列表
list13 = [None] * 5                  # [None, None, None, None, None]
```

与字符串相同，列表可以使用乘法运算符 * 进行重复。

▶ 除此之外，使用 str.split 方法也可以分割字符串并生成列表（6-2 节）。这一点在前面的章节中介绍过。

■ 分别生成的列表之间是否具有同一性

即使所有元素的值都相等，如果列表是分别生成的，它们的实体也各不相同（图 7-3）。

例 7-2 确认分别生成的列表是否具有同一性

```
>>> lst1 = [1, 2, 3, 4, 5]⏎
>>> lst2 = [1, 2, 3, 4, 5]⏎
>>> lst1 is lst2⏎
False
```

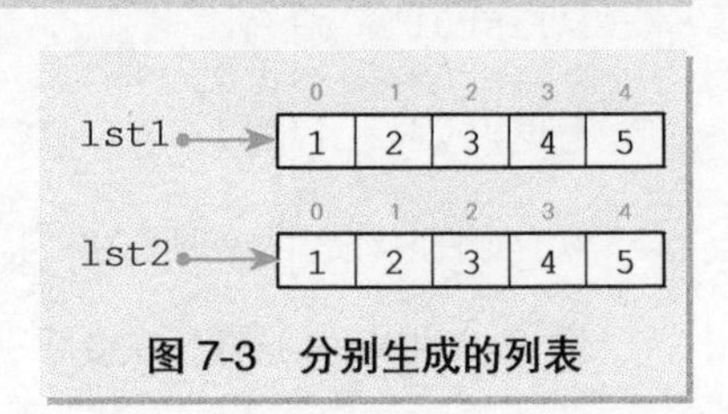

图 7-3 分别生成的列表

例 7-2 通过运算符 is 来判断 lst1 和 lst2 是否具有同一性（标识值是否相等）。当然，结果为 False。

▶ [1, 2, 3, 4, 5] 是使用运算符 [] 生成新列表的表达式，并不是所谓的“字面量”。

另外，虽然列表的元素是对象的引用，但在图 7-3 中，引用对象的值作为元素使用。后面的内容也会用到这样的简化图。

列表的赋值

即使使用列表（引用列表的变量）进行赋值操作（例 7-3），列表的元素也不会被复制。这是因为在赋值时，复制的是引用而不是值本身，这一点在第 5 章介绍过。

例 7-3　列表（引用对象）的赋值（不同的变量绑定到同一列表）

```
>>> lst1 = [1, 2, 3, 4, 5]⏎
>>> lst2 = lst1⏎
>>> lst1 is lst2⏎
True
>>> lst1[2] = 9⏎
>>> lst1⏎
[1, 2, 9, 4, 5]
>>> lst2⏎
[1, 2, 9, 4, 5]
```

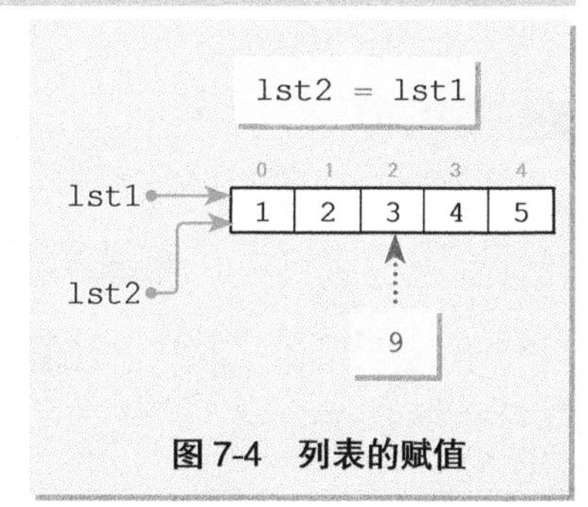

图 7-4　列表的赋值

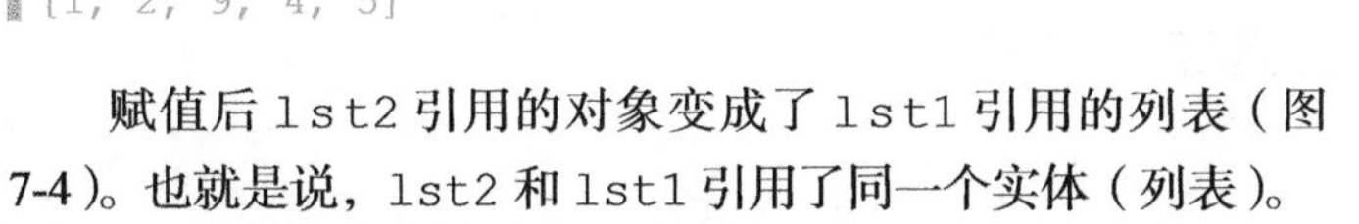

赋值后 lst2 引用的对象变成了 lst1 引用的列表（图 7-4）。也就是说，lst2 和 lst1 引用了同一个实体（列表）。

因此，如果通过 lst1 使用索引表达式（或分片表达式）修改元素的值，lst2 获取的元素值也会被修改。

▶　使用索引表达式和分片表达式修改元素值的相关内容会从第 169 页开始讲解。

列表的运算

与字符串相同，我们可以针对列表使用多种运算符。

使用加法运算符 + 合并列表，使用乘法运算符 * 重复列表

我们可以使用加算运算符 + 合并列表。左操作数的列表与右操作数的列表合并后生成新的列表（例 7-4）。

例 7-4　使用加法运算符 + 合并列表

```
>>> x = [1, 2, 3] + [4, 5]⏎
>>> x⏎
[1, 2, 3, 4, 5]
```

我们可以使用乘法运算符 * 重复列表（前述内容也用到了 *）（例 7-5）。

例 7-5　使用乘法运算符 * 重复列表

```
>>> x = [1, 2, 3] * 2⏎
>>> x⏎
[1, 2, 3, 1, 2, 3]
```

使用比较运算符进行比较

比较运算符可以用来判断列表之间的大小关系和等价性。以下示例的判断结果均为真。

```
[1, 2, 3]     == [1, 2, 3]
[1, 2, 3]     <  [1, 2, 4]
[1, 2, 3, 4]  <= [1, 2, 3, 4]
[1, 2, 3]     <  [1, 2, 3, 5]
[1, 2, 3]     <  [1, 2, 3, 5]  <  [1, 2, 3, 5, 6]    # 视为用 and 结合
```

▶ 从第一个元素开始按顺序比较，如果元素的值相等，则比较下一个元素。

如果某个列表的元素较大，程序则判定该列表较大。另外，像最后两个示例那样，开头的 [1, 2, 3] 相同，其中一方的元素总数较大时，程序会判定元素总数较大的列表更大。

在使用比较运算符 == 和 != 进行判断时，程序会对所有元素的等价性进行判断。这种判断方式与前面提到的运算符 is 不同。我们通过代码清单 7-2 进行确认。

代码清单 7-2 chap07/list0702.py

```
# 判断两个列表的等价性和同一性

lst1 = [1, 2, 3]
lst2 = [1, 2, 3]

print('lst1 :', lst1)
print('lst2 :', lst2)
print('lst1 == lst2 :', lst1 == lst2)
print('lst1 is lst2 :', lst1 is lst2)
```

标识值不同

打印输出列表内容

运行结果

```
lst1 : [1, 2, 3]
lst2 : [1, 2, 3]
lst1 == lst2 : True
lst1 is lst2 : False
```

如果使用 print 函数输出列表，程序就会打印输出用 [] 包围的元素，元素间用逗号隔开。

使用 len 函数获取元素总数

列表的元素总数（长度）可以通过 len 函数获取（与字符串相同）（例 7-6）。

例 7-6 获取列表的元素总数（长度）

```
>>> x = [15, 64, 7, 3.14, [32, 55], 'ABC']⏎
>>> len(x)⏎
6
```

如果元素本身就是列表（或者元组、集合），则该元素计数为 1。此时，元素中包含的元素不计入总数（即 x 中包含的 [32, 55] 计为一个元素）。

使用 min 函数和 max 函数获取最小值和最大值

第 3 章介绍的内置函数 min 和 max 也可应用于列表。使用这些函数可以轻松获取列表中元素的最大值和最小值。

▶ 请通过代码清单 7-14 进行学习。

判断空列表

没有元素的空列表，其逻辑值为假（第 52 页），因此，程序如果可以根据 x 是否为空列表进行不同的处理，就能实现以下功能。

```
if x:
    # x 不为空列表时执行的代码组
else:
    # x 为空列表时执行的代码组
```

当然，我们也可使用 not x 作为判断表达式。

▶ 此时，两个代码组的顺序颠倒。

解包列表

在使用赋值语句时，如果在等号左边放置多个变量，在等号右边放置列表，则可以统一取出列表中的元素，然后将它们分别赋给变量（例 7-7）。

例 7-7　从列表中统一取出元素

```
>>> x = [1, 2, 3]⏎
>>> a, b, c = x⏎          ⬅ 解包列表
>>> a, b, c⏎
(1, 2, 3)
```

在本例中，列表 x 的元素被取出至 a、b 和 c 中。

像这样从单一的列表（或元组等）中取出多个元素的值并将其拆散的过程称为解包（unpack）。

▶ 下一章将对解包进行讲解。

使用索引表达式访问元素

我在上一章讲解字符串时提到了索引，它是访问列表中各个元素的关键。如图 7-5 所示，在列表中，索引在使用方法上与字符串一致。

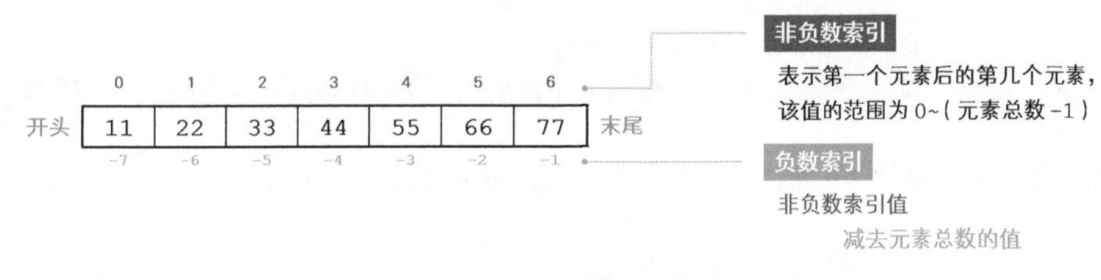

图 7-5　列表和索引

索引表达式

我们在使用列表时，可以在索引运算符 [] 中指定整数索引（例 7-8），这一点与字符串相同。请通过图 7-5 所示列表进行确认。

例 7-8　列表和索引表达式

```
>>> x = [11, 22, 33, 44, 55, 66, 77]⏎
>>> x[2]
33
>>> x[-3]
55
>>> x[-4] = 3.14          替换元素
>>> x
[11, 22, 33, 3.14, 55, 66, 77]
>>> x[7]                  无法取出索引不存在的值
Traceback (most recent call last):
  File "<stdin>", line 1, in <module>
```

```
IndexError: list index out of range
>>> x[7] = 3.14
Traceback (most recent call last):
  File "<stdin>", line 1, in <module>
IndexError: list assignment out of range
```

无法通过对不存在的索引进行赋值这一方式来添加元素

想必大家能理解示例前半部分取出 x[2] 和 x[-3] 的值并执行打印输出操作的程序代码。

现在请看之后对 x[-4] 进行赋值的代码。**与字符串不同，在对列表赋值时，索引表达式可以放在等号的左边**。赋值后，原本值为 int 型的 x[-4] 变成了 float 型，即该元素的值从整数 44 变成了浮点数 3.14。

当然，因为赋值时复制的是**引用**而不是**值**，所以 x[-4] 的引用对象从 int 型对象 44 变为 float 型对象 3.14。

之后，程序指示打印输出 x[7]，但由于 7 不是正确的索引，所以程序产生了错误。另外，对 x[7] 进行赋值也产生了错误。**在等号左边使用索引表达式访问不存在的元素时，程序无法添加新的元素。**

使用分片表达式访问元素

我在上一章介绍字符串时提到了分片。在列表中也可以通过分片连续或按一定周期取出列表中的元素，组成新的列表。

使用分片表达式取出元素

在列表中使用分片表达式的形式与字符串中的相同。

s[i:j] … 从 s[i] 到 s[j-1] 的元素序列
s[i:j:k] … 从 s[i] 到 s[j-1] 每隔 k 个取出一个元素所形成的序列 **分片表达式**

首先，我们来通过例 7-9 确认一下分片表达式的基本使用方法（这也是对前面介绍的字符串相关内容的复习）。

例 7-9 列表和分片表达式

```
>>> x = [11, 22, 33, 44, 55, 66, 77]
>>> x[0:6]
[11, 22, 33, 44, 55, 66]
>>> x[0:7]
[11, 22, 33, 44, 55, 66, 77]
>>> x[0:7:2]
[11, 33, 55, 77]
>>> x[-4:-2]
[44, 55]
>>> x[3:1]
[]
```

在列表中指定 i、j 和 k 的规则与字符串中的指定规则相同。

- 如果 i 和 j 大于 len(s)，则程序认为 i 和 j 等于 len(s)。
  与索引不同，即使分片指定了正确范围以外的值，程序也不会产生错误。
- 如果 i 省略或为 None，则程序认为 i 等于 0。
- 如果 j 省略或为 None，则程序认为 j 等于 len(s)。

当然，在省略 i、j、k 中的多个时，使用规则也与字符串的相同。规则总结如下。

s[:]	所有元素	s[:]	[11, 22, 33, 44, 55, 66, 77]
s[:n]	前 n 个元素	s[:3]	[11, 22, 33]
s[i:]	从 s[i] 到末尾的元素	s[3:]	[44, 55, 66, 77]
s[-n:]	后 n 个元素	s[-3:]	[55, 66, 77]
s[::k]	每隔 k-1 个取出一个元素	s[::2]	[11, 33, 55, 77]
s[::-1]	反向输出所有元素	s[::-1]	[77, 66, 55, 44, 33, 22, 11]

▶ 当 *n* 大于元素总数时，取出所有元素。

通过对分片表达式赋值来替换元素

在列表中使用分片表达式的方法与字符串中的相同。不过，**与字符串不同的是，列表的分片表达式可以放在等号左边进行赋值。**利用该特性可以轻松替换列表的一部分元素。

请通过例 7-10 进行确认。

例 7-10　替换分片（替换前后的元素总数相同）

```
>>> x = [11, 22, 33, 44, 55, 66, 77]
>>> x[1:3] = [99, 99]
>>> x
[11, 99, 99, 44, 55, 66, 77]
```

```
[11, 22, 33, 44, 55, 66, 77]
↓
[11, 99, 99, 44, 55, 66, 77]
```

另外，当替换对象的元素总数不同时，列表的元素总数会发生变化。请通过例 7-11 进行确认。

例 7-11　替换分片（替换前后的元素总数不同）

```
>>> x = [11, 22, 33, 44, 55, 66, 77]
>>> x[1:3] = [99, 99, 99]
>>> x
[11, 99, 99, 99, 44, 55, 66, 77]
```

```
[11, 22, 33, 44, 55, 66, 77]
↓
[11, 99, 99, 99, 44, 55, 66, 77]
```

列表 x 的元素总数从 7 变成了 8。

搜索列表

Python 提供了许多搜索列表的方法。

使用运算符 in 和运算符 not in 进行判断

上一章介绍了成员运算符 in 和 not in，这些运算符用来判断某个字符串中是否包含了其他字符串（表 6-1）。

这些运算符也适用于列表。因为它们是比较运算符（表 3-5）的一种，所以可以连续使用。请通过例 7-12 进行确认。

例 7-12　列表和成员运算符

```
>>> a = 1
>>> b = [1, 2]
>>> c = [[1, 2], [3, 4]]
```

```
>>> d = [[1, 2, 3], [4, 5]]
>>> a in b in c                ← 1 in [1, 2] in [[1, 2], [3, 4]]
True
>>> a in b in d                ← 1 in [1, 2] in [[1, 2, 3], [4, 5]]
False
```

归属判断表达式 `a in b in c` 被程序解释为 `a in b and b in c`。

► 请注意 `[1, 2]` 是 c 所包含的元素，但并不是 d 所包含的元素。这是因为 d 的第一个元素是 `[1, 2, 3]`，而不是 `[1, 2]`。

该运算符不仅可用于列表，还可用于下一章介绍的元组。

使用 index 方法进行判断

使用 index 方法进行判断的调用方式与字符串的相同。

```
list.index(x[, i[, j]])
```
查看 x 最初被包含的位置

如果列表 `list[i:j]` 包含 x，则程序返回包含的 x 中最小的索引。

参数 i 和参数 j 可以省略，其表示的含义与分片中使用的索引相同。但是，与 `list[i:j].index(x)` 不同，`list.index(x, i, j)` 没有复制数据，而且其返回的值是相对于整个序列的索引，而不是相对于分片的索引。

另外，如果在 list 中未发现 x，程序就会抛出 ValueError 异常。

使用 count 方法统计出现次数

使用 count 方法进行判断的调用方式与字符串的相同。

```
list.count(x)
```
包含多少个 x？

返回列表 list 中 x 的出现次数。

请通过例 7-13 确认上述两个方法的运行过程。

例 7-13 列表和成员运算符

```
>>> x = [11, 22, 33, 44, 33, 33, 22]
>>> x.count(33)             ← 包含了多少个 33
3
>>> x.index(33)             ← 第一个 33 的索引
2
>>> x.index(33, 3)          ← 在 x[3] 之后第一个 33 的索引
4
>>> x.index(33, 5, 7)       ← 在 x[5] 和 x[6] 之间第一个 33 的索引
5
```

专栏 7-1 列表的内部机制

不同编程语言提供了不同形式的链表，链表通过指针或引用串起所有元素（图 7C-1 所示为链表的内部机制）。链表的优点是可以快速在任意位置插入元素或删除元素，缺点是比（所有元素在存储空间上连续存储的）数组占用更多的存储空间且执行速度慢。

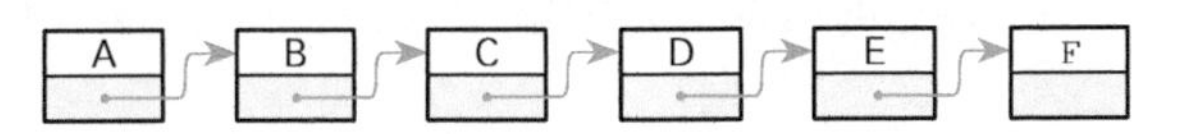

图 7C-1 链表的内部机制（不是 Python 的列表）

Python 的列表不是链表。在内部实现上，列表以数组的形式将所有元素连续存储在存储空间上。因此，它的执行速度并不是很慢。

另外，即使逐一添加或插入元素，程序内部也不会每次都申请或释放存储空间，因为程序事先获取了比实际所需的最少存储空间更多的存储空间。

扩展列表

我们可以轻易在列表中增加或减少元素。现在我来介绍扩展列表的方法。

添加元素（append 方法）

如例 7-14 所示，`x.append(v)` 用于在列表 x 后添加一个元素 v（图 7-6）。

例 7-14 使用 append 添加元素

```
>>> x = [11, 22, 33, 44, 55, 66, 77]
>>> x.append(99)
>>> x
[11, 22, 33, 44, 55, 66, 77, 99]
```

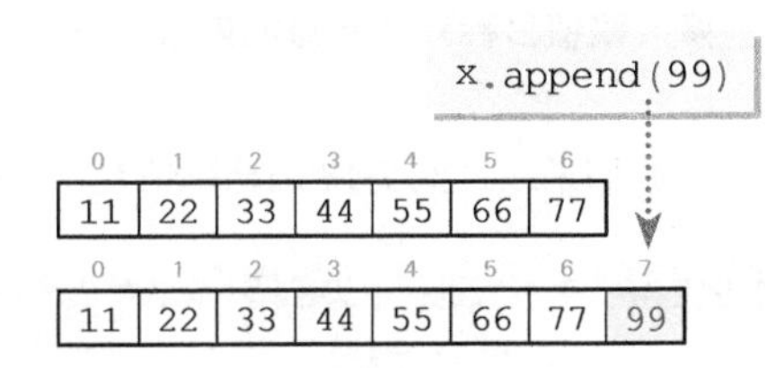

图 7-6 添加元素

另外，如果指定 v 为列表，程序就会将列表作为一个元素添加到原列表中（例 7-15）（请注意本例与使用 `extend` 方法的示例间的不同）。

例 7-15 使用 append 给列表添加元素

```
>>> x = [11, 22, 33, 44, 55]
>>> x.append([64, 76, 38])       ← 将 [64, 76, 38] 作为一个元素添加进去
>>> x
[11, 22, 33, 44, 55, [64, 76, 38]]
```

添加列表（增量赋值 += 和 extend 方法）

我们可以使用增量赋值 `x += y` 或 `x.extend(y)` 在列表 x 后添加列表 y（图 7-7）。

在使用增量赋值的情况下，代码编写起来更简洁（例 7-16）。

例 7-16 使用增量赋值 += 添加列表

```
>>> x = [11, 22, 33, 44, 55]
>>> y = [64, 76, 38]
>>> x += y
>>> x
[11, 22, 33, 44, 55, 64, 76, 38]
```

x += y　x.extend(y)

0 1 2 3 4　11 22 33 44 55　0 1 2　64 76 38

0 1 2 3 4 5 6 7　11 22 33 44 55 64 76 38

图 7-7 添加列表

重复列表（乘法运算符 * 和增量赋值 *=）

执行字符串和整数相乘的表达式 `'Python' * 3` 可得到 `'PythonPythonPython'`。与此相同，列表和整数相乘后会得到重复的列表（图 7-8）。

执行增量赋值 *= 后，等号左边的列表更新为执行重复后得到的列表（例 7-17）。

例 7-17 重复列表

```
>>> x = [11, 22, 33] * 3
>>> x
[11, 22, 33, 11, 22, 33, 11, 22, 33]
>>> y = [11, 22, 33]
>>> y *= 3
>>> y
[11, 22, 33, 11, 22, 33, 11, 22, 33]
```

y *= 3

0	1	2
11	22	33

0	1	2	3	4	5	6	7	8
11	22	33	11	22	33	11	22	33

图 7-8 重复列表和执行增量运算

赋值和增量赋值的不同

增量赋值 += 用于在列表自身后添加列表，增量赋值 *= 用于更新原列表为不断重复自身后得到的列表。

一般来说，赋值“x = x ★ y”和增量赋值“x ★= y”的不同点是在赋值的情况下，等号左边 x 的求值次数是两次，而增量赋值是一次。这一点在第 4 章提到过。

还有一个较大的不同点是，**在增量赋值的情况下，可以进行就地（in-place）运算。**

列表的增量赋值可以实现就地运算。因此，程序在赋值时不会生成新的对象并进行赋值，而是会**修改赋值目标对象本身的内容。**

*

我们来通过例 7-18 确认赋值与增量赋值的不同（图 7-9）。

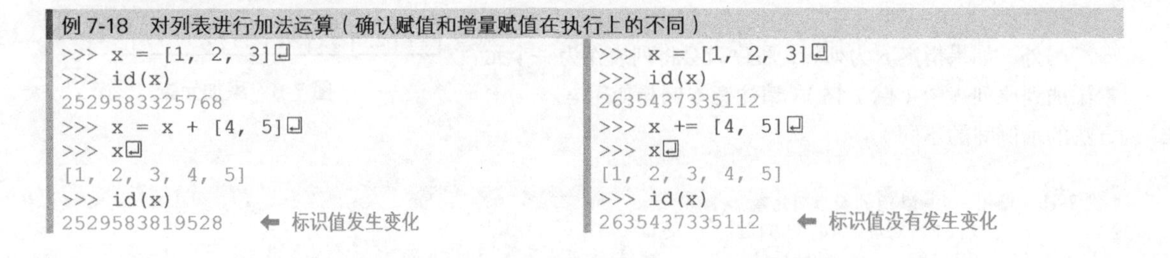
例 7-18 对列表进行加法运算（确认赋值和增量赋值在执行上的不同）

```
>>> x = [1, 2, 3]
>>> id(x)
2529583325768
>>> x = x + [4, 5]
>>> x
[1, 2, 3, 4, 5]
>>> id(x)
2529583819528      ← 标识值发生变化
```

```
>>> x = [1, 2, 3]
>>> id(x)
2635437335112
>>> x += [4, 5]
>>> x
[1, 2, 3, 4, 5]
>>> id(x)
2635437335112      ← 标识值没有发生变化
```

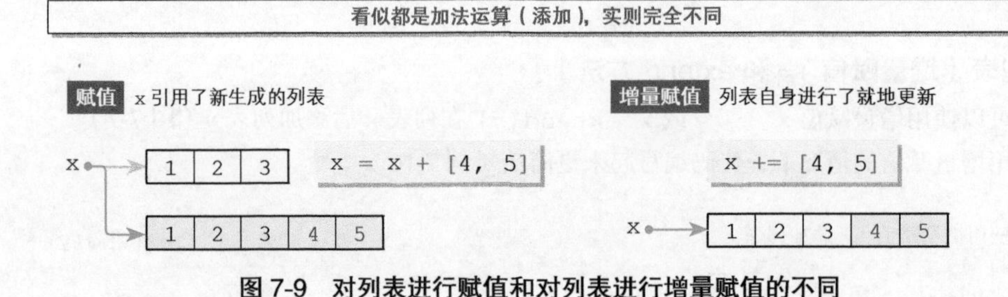

图 7-9 对列表进行赋值和对列表进行增量赋值的不同

因为在直接进行赋值时生成了新的列表，所以赋值前后 x 的标识值不同。

另一方面，增量赋值进行了就地运算。因为列表自身进行了更新，所以赋值前后 x 的标识值没有发生变化。

要点 不能使用 x = x + y 对列表 x 和列表 y 进行就地合并，要使用 x.extend(y) 或 x += y。

▶ 讲解这些细节的目的是帮助大家理解可变对象的本质，而非让大家拘泥于细节。
另外，在学习第 252 页的内容时需要用到该知识点。

插入元素和删除元素

现在我们来学习如何在列表中插入元素和删除元素。

▶ 删除表示从列表中删除已有元素。

插入元素（insert 方法和分片操作）

如例 7-19 所示，`x.insert(i, v)` 表示将 `v` 赋给 `x[i]` 且之后的元素往后移（图 7-10）。另外，如果 `i` 不是正常范围的数值，元素就会插入列表末尾。

例 7-19　插入元素

```
>>> x = [11, 22, 33, 44, 55, 66, 77]
>>> x.insert(4, 99)
>>> x
[11, 22, 33, 44, 99, 55, 66, 77]
```

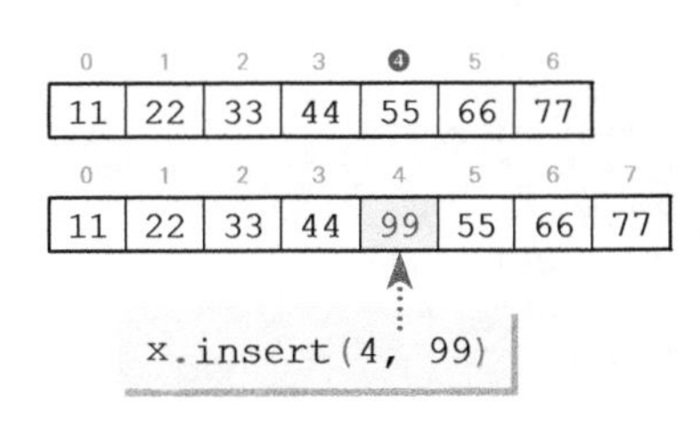

图 7-10　插入元素

分片也可以实现插入操作。

▶ 只有在插入的元素 `v` 是不可变对象时，才可以使用 `x[i:i] = [v]` 插入元素。

删除任意值的元素（remove 方法）

如例 7-20 所示，`x.remove(v)` 从列表 `x` 中删除值为 `v`（如果有多个则删除第一个）的元素，并前移之后的所有元素（图 7-11）。

例 7-20　删除任意值的元素

```
>>> x = [11, 22, 33, 44, 33, 66, 77]
>>> x.remove(33)
>>> x
[11, 22, 44, 33, 66, 77]
```

当列表中不存在删除对象时，程序会产生 `ValueError` 异常。为了避免程序出现错误，我们有必要进行以下处理。

- 提前使用运算符 `in` 检查对象是否存在。
- 进行异常处理（第 12 章）。

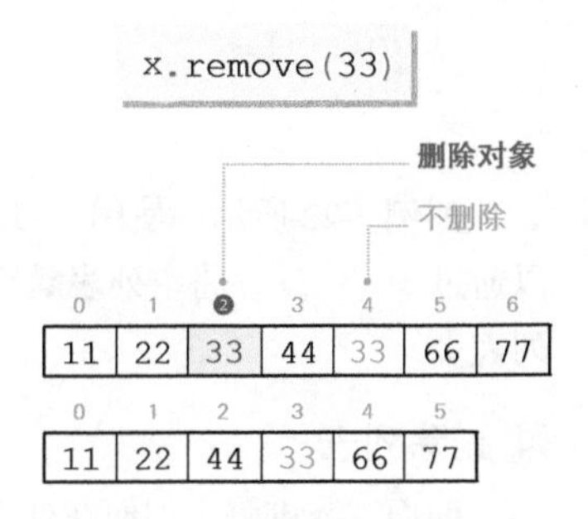

图 7-11　删除特定值的元素

删除指定元素（pop 方法）

如例 7-21 所示，`x.pop(i)` 在删除元素 `x[i]` 的同时会返回该元素的值（图 7-12）。

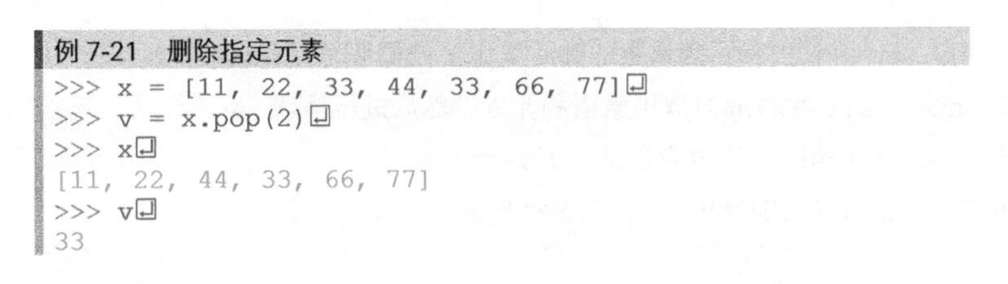

例 7-21　删除指定元素

```
>>> x = [11, 22, 33, 44, 33, 66, 77]
>>> v = x.pop(2)
>>> x
[11, 22, 44, 33, 66, 77]
>>> v
33
```

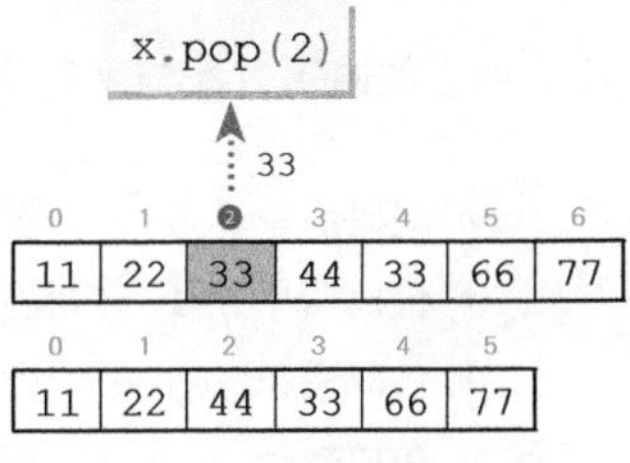

图 7-12　删除指定元素

另外，如果不给 pop 传递参数，程序会认为参数为 -1。

于是，程序就从列表 x 中删除了**最后一个元素** x[-1]（图 7-13）。

如果用不到要删除的元素值，则使用后文讲解的 del 语句，而不是 pop 方法。

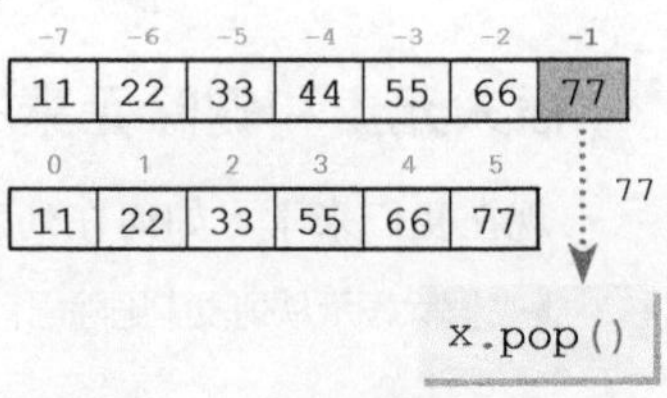

图 7-13 删除最后一个元素

使用 del 语句删除任意元素或元素群

第 5 章讲解了与赋值相对应的 del 语句。del 语句可以用来从列表中删除特定元素或分片（例 7-22）。

例 7-22 使用 del 语句删除元素或分片

```
>>> x = [11, 22, 33, 44, 55, 66, 77]
>>> del x[2]
>>> x
[11, 22, 44, 55, 66, 77]
>>> del x[2:4]
>>> x
[11, 22, 66, 77]
>>> del x[:]
>>> x
[]
```

```
[11, 22, 33, 44, 55, 66, 77]
↓
[11, 22, 44, 55, 66, 77]
↓
[11, 22, 66, 77]
↓
[]
```

最开始的 del 语句使用索引表达式 x[2] 删除了一个元素，第二个 del 语句使用分片表达式 x[2:4] 删除了两个元素。最后一个 del 语句使用分片表达式 x[:] 删除了所有元素。

删除所有元素（clear 方法）

如例 7-23 所示，x.clear() 用于删除列表的所有元素，使 x 成为空列表（图 7-14）。

例 7-23 删除所有元素

```
>>> x = [11, 22, 33, 44, 55, 66, 77]
>>> x.clear()
>>> x
[]
```

0	1	2	3	4	5	6
11	22	33	44	55	66	77

x.clear()

图 7-14 删除所有元素

如例 7-22 所示，使用 del x[:] 可以删除所有元素。我们也可以通过 x = []，将空列表赋给 x 来清空 x（x 的引用对象更新为空列表）。

删除列表

前面，我讲解了如何在列表中插入元素或删除元素。如果要删除列表 x 本身，则使用 del x。

可迭代对象和遍历列表

列表的遍历方法与字符串的遍历方法相同。现在我们来编写程序对列表进行遍历。

- 代码清单 7-3 … 提前通过 len 函数获取元素总数，然后从 0 开始循环至元素总数 -1
- 代码清单 7-4 … 使用 enumerate 函数成对取出索引和元素，然后进行循环
- 代码清单 7-5 … 与代码清单 7-4 相同，不过它是从 1 开始计数的
- 代码清单 7-6 … 如果不需要索引值，则使用 in 按从前往后的顺序取出元素

以上程序分别对应于用于遍历字符串的代码清单 6-3、代码清单 6-8、代码清单 6-9 和代码清单 6-11。

代码清单 7-3 chap07/list0703.py

```
# 遍历列表的所有元素（提前获取元素总数）

x = ['John', 'George', 'Paul', 'Ringo']

for i in range(len(x)):
    print('x[{}] = {}'.format(i, x[i]))
```

运行结果

```
x[0] = John
x[1] = George
x[2] = Paul
x[3] = Ringo
```

代码清单 7-4 chap07/list0704.py

```
# 使用enumerate函数遍历列表的所有元素

x = ['John', 'George', 'Paul', 'Ringo']

for i, name in enumerate(x):
    print('x[{}] = {}'.format(i, name))
```

运行结果

```
x[0] = John
x[1] = George
x[2] = Paul
x[3] = Ringo
```

代码清单 7-5 chap07/list0705.py

```
# 使用enumerate函数遍历列表的所有元素（从1开始计数）

x = ['John', 'George', 'Paul', 'Ringo']

for i, name in enumerate(x, 1):
    print('第{}个元素 = {}'.format(i, name))
```

运行结果

```
第1个元素 = John
第2个元素 = George
第3个元素 = Paul
第4个元素 = Ringo
```

代码清单 7-6 chap07/list0706.py

```
# 遍历列表的所有元素（不使用索引值）

x = ['John', 'George', 'Paul', 'Ringo']

for i in x:
    print(i)
```

运行结果

```
John
George
Paul
Ringo
```

因为列表是可迭代对象，所以最后一个程序可以从列表 x 中逐一取出元素到 i 中。可迭代是一种支持从前往后逐一取出元素的结构（8-3 节）。

▶ range 函数生成的数列也是可迭代对象。

逆序进行遍历

像上一章讲解的那样，如果按从后往前的顺序进行遍历，程序会使用 reversed(x) 或 x[::-1] 作为遍历对象，而不是 x。

遍历元组和遍历集合

按下面的方式修改前面程序中给 x 赋值的代码，于是，程序变为对元组进行遍历。

```
x = ('John', 'George', 'Paul', 'Ringo')
```

下一章介绍

▶ 本书可供下载的代码清单文件中包含上述修改后的程序文件。

chap07/tuple01.py、chap07/tuple02.py、chap07/tuple03.py、chap07/tuple04.py

另外，按下面的方式修改代码清单 7-6 中给 x 赋值的代码，于是，程序变为对集合进行遍历（chap07/set01.py）。

```
x = {'John', 'George', 'Paul', 'Ringo'}
```

反转列表

reverse 方法可以就地反转列表中元素的排列顺序（例 7-24）。

例 7-24 使用 reverse 方法反转列表中元素的排列顺序

```
>>> x = [11, 22, 33, 44, 55, 66, 77]
>>> x.reverse()                          ← 反转 x 中元素的排列顺序
>>> x
[77, 66, 55, 44, 33, 22, 11]
```

生成反转的列表

上一章讲解的 reversed(x) 生成了反转 x 的元素排列顺序的可迭代对象。具体来说就是下面这样。

- 列表 x 本身没有发生变化，程序生成了新的对象。
- 生成的对象不是列表，而是可迭代对象。

如果要获得某个列表的元素排列顺序反转后所形成的列表，可以将 reversed 函数生成的可迭代对象作为参数传递给 list 函数，生成新的列表（转换为列表）。具体如例 7-25 所示。

例 7-25 生成元素的排列顺序反转后的列表

```
>>> x = [11, 22, 33, 44, 55, 66, 77]
>>> y = list(reversed(x))                ← 反转 x 的元素排列顺序并生成新的列表
>>> y
[77, 66, 55, 44, 33, 22, 11]
```

使用列表处理成绩

本章开头以代码清单 7-1 为例进行了讲解，分析了程序使用多个单一的变量表示学生分数的局限性，进而指出使用列表的必要性。

代码清单 7-7 基于列表对代码清单 7-1 进行了修改。另外，人数并没有固定为 5，程序可以通过读取键盘输入来增加人数。

代码清单 7-7 chap07/list0707.py

```
# 读取分数后输出总分和平均分（其一）

print('计算总分和平均分。')
number = int(input('学生人数：'))

tensu = [None] * number                                          ←1

for i in range(number):                                          ←2
    tensu[i] = int(input('第{}名的分数：'.format(i + 1)))

total = 0                                                        ←3
for i in range(number):
    total += tensu[i]

print('总分为{}分。'.format(total))
print('平均分为{}分。'.format(total / number))
```

运行示例

```
计算总分和平均分。
学生人数：5⏎
第1名的分数：32⏎
第2名的分数：68⏎
第3名的分数：72⏎
第4名的分数：54⏎
第5名的分数：92⏎
总分为318分。
平均分为63.6分。
```

首先，程序读取学生人数到变量 number 中。

代码1生成了元素总数为 number 且所有元素都为 None 的列表（第 166 页）。

代码2一边将用于计数的变量 i 的值从 0 递增到 number-1，一边读取分数到 tensu[i]。

▶ 在提示输入时，程序输出的是 i + 1 的值而不是 i 的值，比如 i 等于 0 时会输出“第 1 名的分数：”。

代码3用于计算总分。首先将 total 初始化为 0。然后，将用于计数的变量 i 的值从 0 递增到 number-1，同时将 tensu[i] 的值添加到 total 中。

由于人数可变，程序可以通过索引访问每个学生的分数，所以程序的灵活性大幅提升。修改后的程序代码也更加精练。

*

代码清单 7-8 使用 enumerate 函数改写了代码2中用于读取分数的 for 语句。执行该程序后，改写后的代码2正常运行，而代码3在运行时程序产生错误。

代码清单 7-8 chap07/list0708.py

```
# 读取分数后输出总分和平均分（其二：错误）

for i, point in enumerate(tensu):
    point = int(input('第{}名的分数：'.format(i + 1)))
```

程序产生错误的原因是 i 和 point 的数据来源（i, point）是从列表中取出的重新生成的数据对。由于 point 复制于 tensu[0] 和 tensu[1]，所以即使在 point 中写入值，原本的 tensu[0] 和 tensu[1] 还是 None。

因此，后面的代码3把从 tensu[0] 中取出的 None 与整数 total 相加。这就是程序产生错误的原因。

▶ 如果不能很好地理解上述内容，不妨在学习完第 207 页的知识点后再返回来看这部分内容。

*

另一方面，计算总分的代码3只读取了列表中元素的值，并没有将值放在等号左边。因此，我们可以使用 enumerate 函数实现该 for 语句。具体如代码清单 7-9 所示。

代码清单 7-9 chap07/list0709.py

```
# 读取分数后输出总分和平均分（其三：使用enumerate遍历后计算总分）

total = 0
for i, point in enumerate(tensu):
    total += point                          # 不需要i的值
```

即使没有索引值，也可以计算元素总和。因此，这里我们不使用 enumerate 函数，只使用 in。代码清单 7-10 是修改后的程序。

代码清单 7-10 chap07/list0710.py

```
# 读取分数后输出总分和平均分（其四：使用in遍历后计算总分）

total = 0
for point in tensu:
    total += point
```

修改后的代码更加清晰，但仍有改进空间。如果给内置函数 sum 传递列表（或元组等）作为参数，就能计算出所有元素值的总和。

使用 sum 函数的程序如代码清单 7-11 所示。

代码清单 7-11 chap07/list0711.py

```
# 读取分数后输出总分和平均分（其五：使用sum函数计算总分）

total = sum(tensu)
```

► sum 函数接收的参数是（包含列表在内的各种）可迭代对象，该函数可以计算可迭代对象内元素的总和。代码清单 4-3 介绍了如何使用 while 语句计算 1 到 n 的总和，现在我们可以使用下面的表达式调用函数进行计算。

```
sum(range(1, n + 1))    # 计算 1 到 n 的总和
```

读取键盘输入和添加元素

因为前面的程序读取的是从键盘输入的学生人数（列表的元素总数），所以如果在输入具体分数时元素总数未知，则该程序无法使用。

现在修改代码使程序不断读取从键盘输入的分数，直至收到停止读取的信号（具体来说就是输入 'End'）。具体如代码清单 7-12 所示。

代码清单 7-12 chap07/list0712.py

```
# 读取人数和分数后输出总分和平均分

print('计算总分和平均分。')
print('注意：输入"End"后停止读取分数。')

number = 0
tensu = []                      # 空列表

while True:
    s = input('第{}名的分数：'.format(number + 1))
    if s == 'End':
        break
    tensu.append(int(s))        # 在末尾添加分数
    number += 1

total = sum(tensu)

print('总分为{}分。'.format(total))
print('平均分为{}分。'.format(total / number))
```

运行示例

```
计算总分和平均分。
注意：输入"End"后停止读取分数。
第1名的分数：32
第2名的分数：69
第3名的分数：73
第4名的分数：End
总分为174分。
平均分为58.0分。
```

首先，程序生成空列表 tensu。

程序中的 while 语句会无限循环，不断读取字符串。如果读取的字符串 s 是 'End'，则程序执行 break 语句后会强行结束 while 语句。

当读取的字符串 s 不是 'End' 时，程序会通过 int 函数将 s 转换为整数值，并将其添加到列表 tensu 的末尾。

▶ 变量 number 被初始化为 0。程序每次读取整数值后 number 都会递增，所以读取的分数个数（与列表 tensu 的元素总数一致）始终正确。

列表元素的最大值和最小值

下面讲解如何计算最低分和最高分。不过对读者来说，直接思考如何计算列表元素的最大值和最小值可能难度较大，所以我们先思考如何计算变量 a、b、c 等的最大值。如下所示。

```
maximum = a                        # 暂定最大值为a
if b > maximum: maximum = b        # 如果b大于maximum，则暂定最大值为b
if c > maximum: maximum = c        # 如果c大于maximum，则暂定最大值为c
if d > maximum: maximum = d        # 如果d大于maximum，则暂定最大值为d
#--- 以下相同 ---#
```

首先，将 a 的值赋给变量 maximum。然后，如果后继变量大于 maximum，则将该变量的值赋给 maximum。重复此步骤。

在上述步骤中，将变量 a、b、c 等分别替换为 tensu[0]、tensu[1]、tensu[2] 等后，代码会变成下面这样。

```
maximum = tensu[0]
if tensu[1] > maximum: maximum = tensu[1]
if tensu[2] > maximum: maximum = tensu[2]
if tensu[3] > maximum: maximum = tensu[3]
#--- 以下相同 ---#
```

我们可以看出，如果元素总数为 n，则需执行 n-1 次 if 语句。因此，我们可以用下面的方法计算（元素总数为 number 的）列表 tensu 的最大值。

```
maximum = tensu[0]
for i in range(1, number):
    if tensu[i] > maximum: maximum = tensu[i]
```

另外，比较运算符 > 被 < 替换后，程序可以计算最小值。代码清单 7-13 对代码清单 7-12 进行了修改，可以计算出最低分和最高分。

代码清单 7-13 chap07/list0713.py

```
# 读取人数和分数后输出最低分和最高分

print('计算最低分和最高分。')

minimum = maximum = tensu[0]
for i in range(1, number):
    if tensu[i] < minimum: minimum = tensu[i]
    if tensu[i] > maximum: maximum = tensu[i]

print('最低分为{}分。'.format(minimum))
print('最高分为{}分。'.format(maximum))
```

运行示例

```
计算最低分和最高分。
注意：输入"End"后停止读取分数。
第1名的分数：32
第2名的分数：69
第3名的分数：73
第4名的分数：End
最低分为32分。
最高分为73分。
```

为了熟练掌握列表的使用方法，我们必须能迅速编写出计算最小值和最大值的程序。

但在实际编程中，我们一般会调用内置函数 min 和 max 来计算最小值和最大值（代码清单 7-14）。

代码清单 7-14 chap07/list0714.py

```
# 读取人数和分数后输出最低分和最高分（其二：利用内置函数）

minimum = min(tensu)
maximum = max(tensu)
```

使用列表实现矩阵

本章前半部分提到列表的元素也可以是列表。利用该特性可以实现由行和列构成的列表。

▶ 这种结构在许多编程语言中称为二维数组。

我们以一个 2 行 3 列的**二维列表**为例进行思考。该列表的生成方式如下。

```
x = [[1, 2, 3], [4, 5, 6]]        # 2行3列的二维列表
```

虽然二维列表的生成方式很简单，但要深入理解其含义并不容易。

像第 5 章提到的那样，变量只是绑定到对象（引用对象）的名字。

如图 7-15 所示，该列表的内部结构非常复杂。

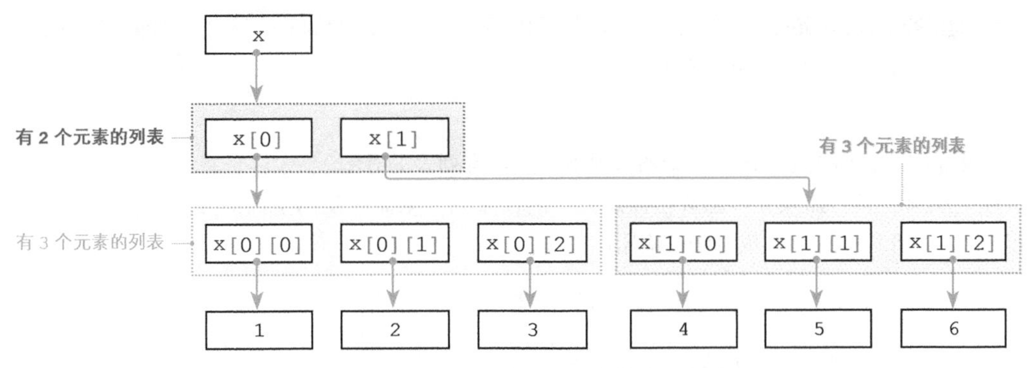

图 7-15　2 行 3 列的二维列表的内部结构

▶ 各变量和索引表达式的含义如下。

- x 是对列表的引用，该列表由 x[0] 和 x[1] 这 2 个元素构成。
- x[0] 是对列表的引用，该列表由 x[0][0]、x[0][1] 和 x[0][2] 这 3 个元素构成。
  - x[0][0] 是对单一的 int 型对象 1 的引用
  - x[0][1] 是对单一的 int 型对象 2 的引用
  - x[0][2] 是对单一的 int 型对象 3 的引用
- x[1] 是对列表的引用，该列表由 x[1][0]、x[1][1] 和 x[1][2] 这 3 个元素构成。
  - x[1][0] 是对单一的 int 型对象 4 的引用
  - x[1][1] 是对单一的 int 型对象 5 的引用
  - x[1][2] 是对单一的 int 型对象 6 的引用

另外，图中 x、x[0] 和 x[0][0] 等所在方框存放的是引用对象的地址。

如图所示，我们可以使用索引表达式 x[0] 和 x[1] 访问列表 x 中的两个元素。这两个元素各自引用了一个列表。两个列表的元素（的引用对象）分别是 1、2、3 和 4、5、6。它们是“元素的元素”（的引用对象）。为了便于理解，我们称呼“元素的元素”为构成元素。

索引表达式使用了两次索引运算符 [] 来表示（引用）构成元素。按从前往后的顺序依次并列显示索引表达式及其引用的值就是下面这样。

x[0][0]	x[0][1]	x[0][2]	x[1][0]	x[1][1]	x[1][2]
1	2	3	4	5	6

图 7-16 只汇总显示了两个索引的值和构成元素的值。

该图展示了 2 行 3 列的列表的逻辑结构。也就是说，当我们听到“2 行 3 列的列表”时，可以将其想象成图 7-16 那样。

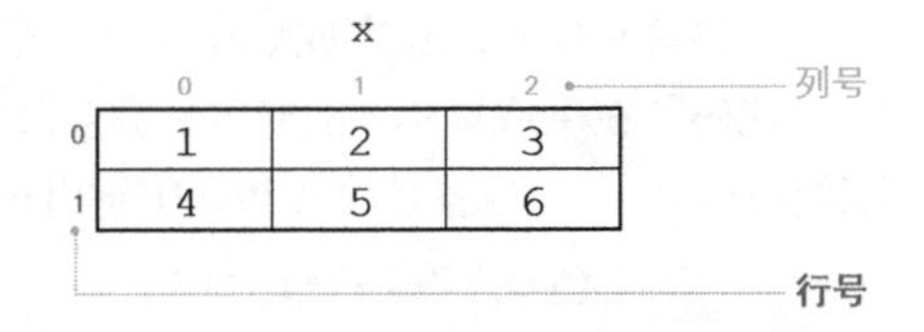

图 7-16　2 行 3 列的二维列表的逻辑结构

两个索引值分别表示以下含义。

- 靠前的索引 … 该值表示行号（0 和 1）
- 靠后的索引 … 该值表示列号（0、1 和 2）

▶ 这里考虑了所有行的列数相等的情况。如果各行的列数不相等，就会得到下面这种不规则的二维列表。

```
x = [[1, 2, 3], [4, 5], [6, 7, 8]]
```

*

上文介绍了在构成元素的值已知的情况下生成二维列表的方法。

在生成列表时，如果元素总数已知而具体的值未知，则需要使用下面的方法生成列表（第 165 页和第 166 页介绍的列表生成方法的应用示例）。

```
# 生成所有元素都为 None 的 2 行 3 列的列表
x = [None] * 2
for i in range(2):
    x[i] = [None] * 3
```

我们来创建一个读取行数和列数后，计算两个矩阵的和的程序。具体如代码清单 7-15 所示。

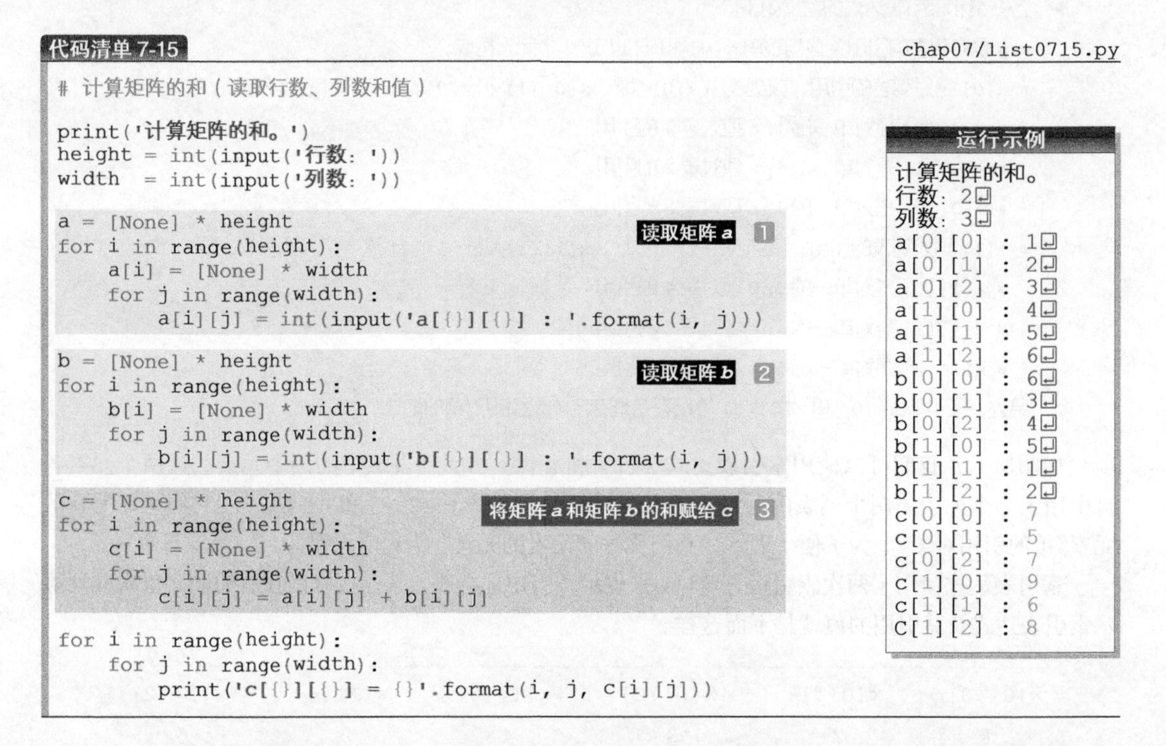

代码清单 7-15　chap07/list0715.py

```
# 计算矩阵的和（读取行数、列数和值）

print('计算矩阵的和。')
height = int(input('行数：'))
width  = int(input('列数：'))

a = [None] * height                                        读取矩阵 a  1
for i in range(height):
    a[i] = [None] * width
    for j in range(width):
        a[i][j] = int(input('a[{}][{}] : '.format(i, j)))

b = [None] * height                                        读取矩阵 b  2
for i in range(height):
    b[i] = [None] * width
    for j in range(width):
        b[i][j] = int(input('b[{}][{}] : '.format(i, j)))

c = [None] * height                       将矩阵 a 和矩阵 b 的和赋给 c  3
for i in range(height):
    c[i] = [None] * width
    for j in range(width):
        c[i][j] = a[i][j] + b[i][j]

for i in range(height):
    for j in range(width):
        print('c[{}][{}] = {}'.format(i, j, c[i][j]))
```

运行示例

```
计算矩阵的和。
行数：2↵
列数：3↵
a[0][0] : 1↵
a[0][1] : 2↵
a[0][2] : 3↵
a[1][0] : 4↵
a[1][1] : 5↵
a[1][2] : 6↵
b[0][0] : 6↵
b[0][1] : 3↵
b[0][2] : 4↵
b[1][0] : 5↵
b[1][1] : 1↵
b[1][2] : 2↵
c[0][0] : 7
c[0][1] : 5
c[0][2] : 7
c[1][0] : 9
c[1][1] : 6
c[1][2] : 8
```

a、***b*** 和 ***c*** 都是行数为 `height`、列数为 `width` 的矩阵。图 7-17 为运行示例中构成元素的值。

代码 1 和代码 2 在生成矩阵 ***a*** 和矩阵 ***b*** 的同时读取构成元素的值。

代码 3 在生成矩阵 ***c*** 的同时计算矩阵 ***a*** 与矩阵 ***b*** 的和。程序不断将 `a[i][j]` 与 `b[i][j]` 的和赋给 `c[i][j]`，也就是将 ***a*** 和 ***b*** 中索引相同的构成元素之和赋给 ***c*** 中同一索引的构成元素。

▶ 图中蓝色部分是将 `a[1][1]` 与 `b[1][1]` 之和赋给 `c[1][1]` 的过程。所有的构成元素都进行了同样的加法运算。

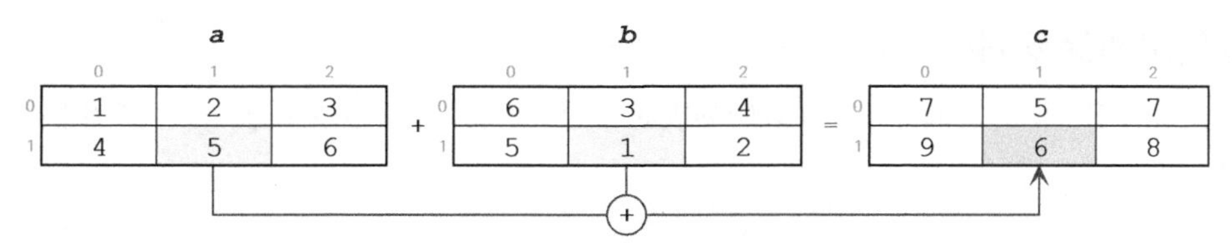

图 7-17 2 行 3 列的矩阵的加法运算

复制列表

本书第 167 页的例 7-3 提到了在使用 = 进行列表间的赋值时，等号右边的引用被复制到了左边（将左边的名字绑定到右边的列表）（图 7-18a）。

现在介绍**复制列表本身**的方法（图 7-18b）。

使用 copy 方法复制列表

copy 方法用于生成并返回新复制的列表（例 7-26）。

复制 lst1 为 lst2 的方法如下。

```
lst2 = lst1.copy()
```

例 7-26 copy 方法

```
>>> lst1 = [1, 2, 3, 4, 5]
>>> lst2 = lst1.copy()
>>> lst1[2] = 9
>>> lst1
[1, 2, 9, 4, 5]
>>> lst2
[1, 2, 3, 4, 5]
```

使用 list 函数复制列表

前面讲解的 list 函数用于将传递的参数转换为新的列表，并返回该列表（例 7-27）。

将列表传递给该函数后，函数会返回复制的列表。如下所示。

```
lst2 = list(lst1)
```

例 7-27 list 函数

```
>>> lst1 = [1, 2, 3, 4, 5]
>>> lst2 = list(lst1)
>>> lst1[2] = 9
>>> lst1
[1, 2, 9, 4, 5]
>>> lst2
[1, 2, 3, 4, 5]
```

使用索引表达式复制列表

使用索引表达式 [:] 可以取出所有元素，生成新的列表（例 7-28）。

因此，我们可以使用以下方式复制列表。

```
lst2 = lst1[:]
```

例 7-28 索引表达式

```
>>> lst1 = [1, 2, 3, 4, 5]
>>> lst2 = lst1[:]
>>> lst1[2] = 9
>>> lst1
[1, 2, 9, 4, 5]
>>> lst2
[1, 2, 3, 4, 5]
```

a 列表的赋值

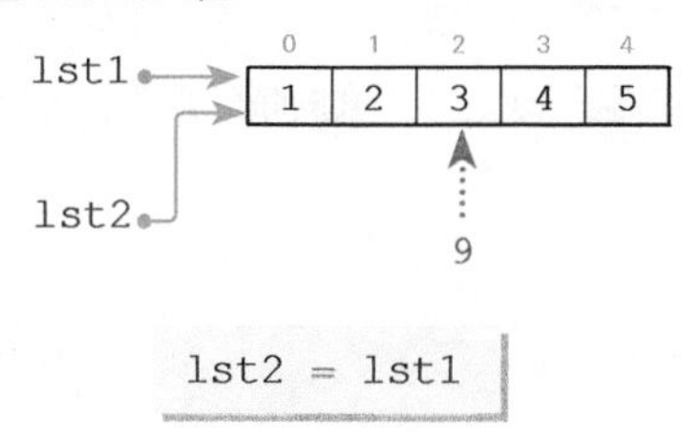

b 列表的复制

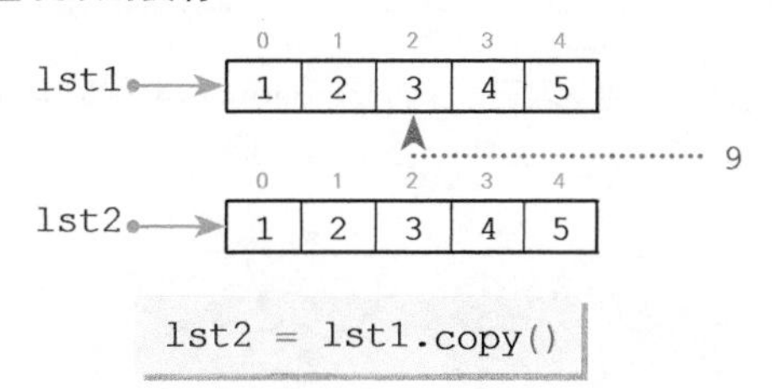

※ 也可以是 lst2 = list(lst1) 或 lst2 = lst1[:]

图 7-18 列表的赋值和列表的复制

浅复制和深复制

前面讲解了复制列表的方法。在复制列表时，如果列表的元素仍是列表，就会产生问题。我们来看例 7-29。

例 7-29 二维列表的浅复制

```
>>> x = [[1, 2, 3], [4, 5, 6]]
>>> y = x.copy()                      ← 浅复制 x 为 y
>>> x[0][1] = 9
>>> x
[[1, 9, 3], [4, 5, 6]]
>>> y
[[1, 9, 3], [4, 5, 6]]
```

执行复制操作后，如果 x[0][1] 的值变为 9，则 y[0][1] 的值也变为 9。这是因为程序以浅复制（shallow copy）的方式对列表进行了复制。

如图 7-19ⓐ所示，在浅复制的过程中，列表中的所有元素均被复制。此时，复制的元素为 x[0] 和 x[1]。

因为 x[0] 的引用对象和 y[0] 的引用对象相同，所以 x[0][1] 的引用对象和 y[0][1] 的引用对象也相同。

*

为了避免这样的问题出现，复制必须执行到构成元素这一级。这种复制称为深复制（deep copy）。

可以使用 copy 模块内的 deepcopy 函数进行深复制。我们来看例 7-30。

例 7-30 二维列表的深复制

```
>>> import copy
>>> x = [[1, 2, 3], [4, 5, 6]]
>>> y = copy.deepcopy(x)              ← 深复制 x 为 y
>>> x[0][1] = 9
>>> x
[[1, 9, 3], [4, 5, 6]]
>>> y
[[1, 2, 3], [4, 5, 6]]
```

运行结果与预想的一致。

如图ⓑ所示，列表的元素与构成元素均被复制。因此，x[0][1] 被赋值为 9（x[0][1] 的引用对象从 2 更新为 9）后，y[0][1] 的值没有发生变化（y[0][1] 的引用对象没有更新）。

要点 使用 copy.deepcopy 函数对列表进行深复制，可以复制多维列表的元素和构成元素。

► 上面的示例对二维列表进行了验证。deepcopy 函数也可以正确复制三维以上列表的构成元素。

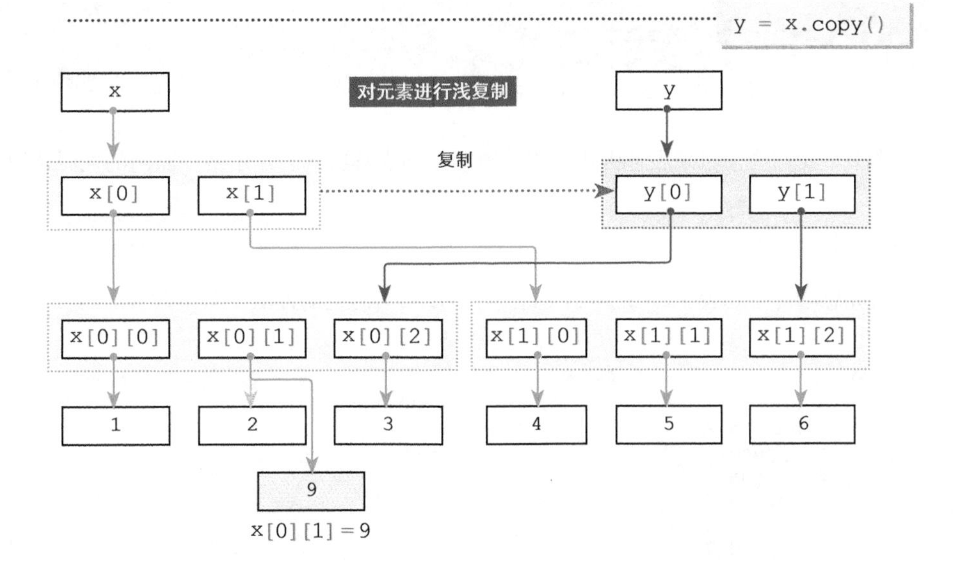

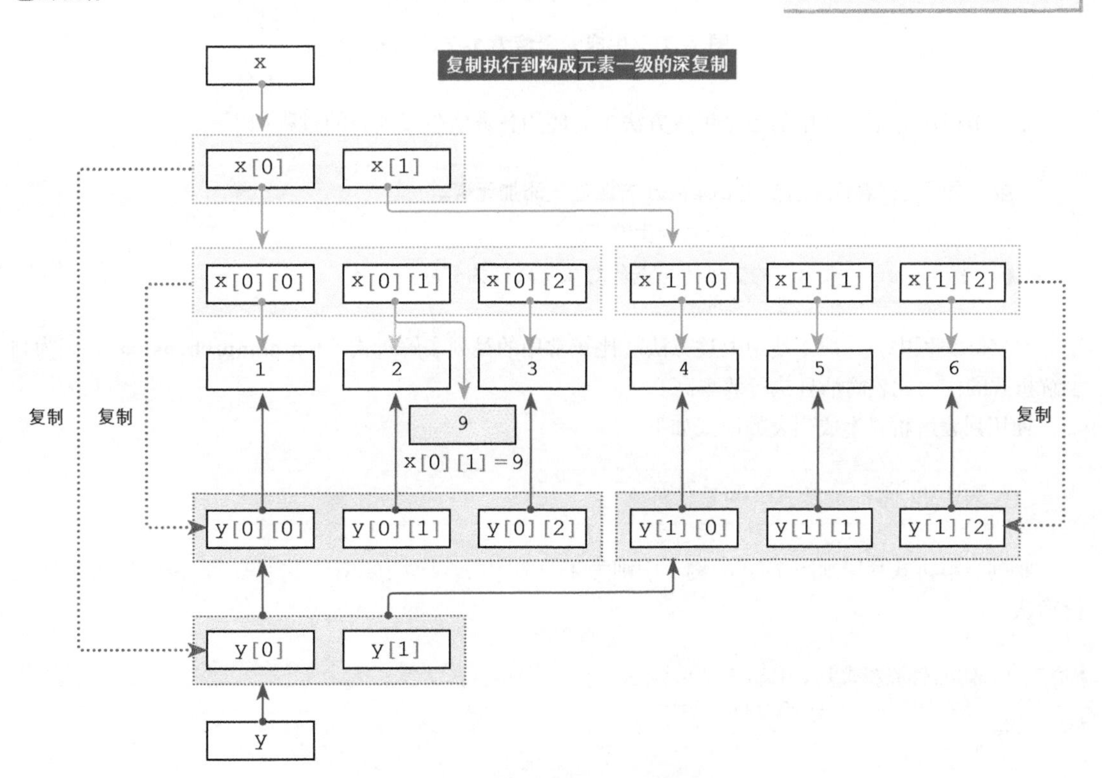

图 7-19 列表的浅复制和深复制

7-2 列表解析式

本节，我们会学习列表解析式的相关内容。列表解析式的作用是以简洁的代码快速生成列表。

列表解析式

首先思考一下列表 [1, 2, 3, 4, 5, 6, 7] 的生成方法。图 7-20 展示了 3 种方法。

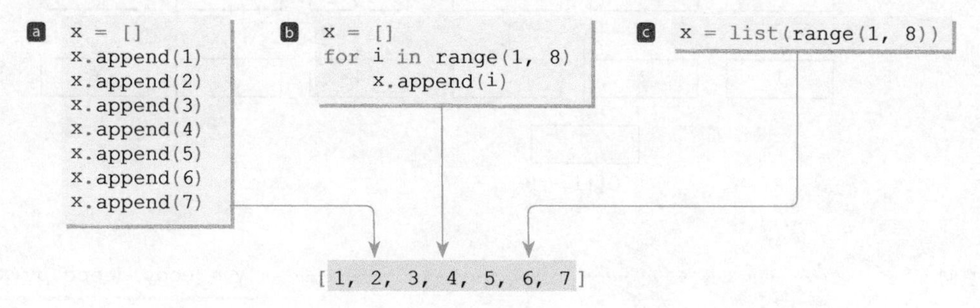

图 7-20 生成元素值为 1~7 的列表

上一节已经介绍过图中的各个生成方法了。使用各方法生成列表的过程如下。

- a：生成空列表，然后使用 append 方法逐一添加元素。
- b：使用 for 语句实现与 a 相同的步骤。
- c：将 range 函数返回的数列（可迭代对象）转换为列表。

在实际编程中，一般不使用上述方法。比较常用的是列表解析式（list comprehension），因为列表解析式的代码比较简洁且执行效率高。

使用列表解析式生成列表的形式如下。

```
[ 表达式 for 元素 in 可迭代对象 ]          # 列表解析式（形式 1）
```

将列表解析式套用到图 7-20 的例子中则为 [n for n in range(1, 8)]。请通过例 7-31 进行确认。

例 7-31 使用列表解析式生成列表（1~7）

```
>>> x = [n for n in range(1, 8)]
>>> x
[1, 2, 3, 4, 5, 6, 7]
```

使用列表解析式生成列表的过程如图 7-21 所示。

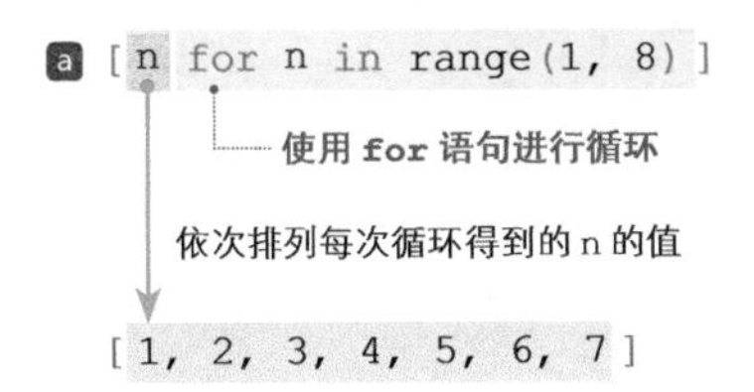

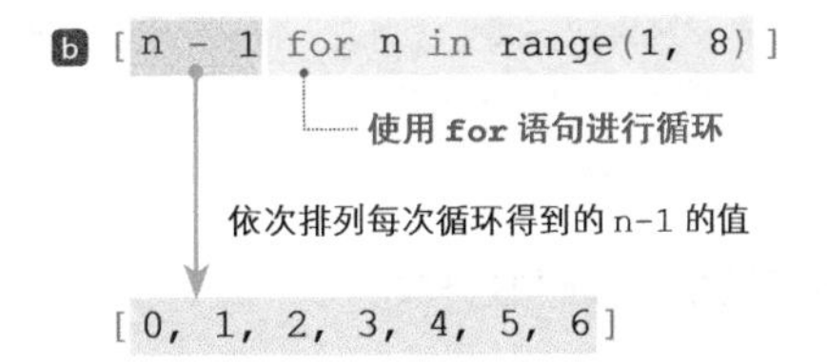

图 7-21 使用列表解析式生成列表

图a是列表 [1, 2, 3, 4, 5, 6, 7] 的生成过程，图b是列表 [0, 1, 2, 3, 4, 5, 6] 的生成过程。

图a和图b所示程序在执行 for 语句（蓝色底纹部分）的循环后，依次排列每次循环的表达式（n 或 n-1）（橘色底纹部分）的值，生成列表。

*

现在来编写应用示例。首先，生成元素值为 1~7 各数的平方的列表。我们来看例 7-32。

例 7-32 使用列表解析式生成列表（1~7 各数的平方）

```
>>> x = [n * n for n in range(1, 8)]↵
>>> x↵
[1, 4, 9, 16, 25, 36, 49]
```

下面生成一个字符串列表，该列表的元素是奇数与“+”拼接和偶数与“-”拼接的字符串，如 '1+'、'2-'、'3+'、'4-' 等。例 7-33 是使用 f 字符串生成列表的示例。

例 7-33 使用列表解析式生成列表（1~7 的 '奇数 +' 和 '偶数 -'）

```
>>> x = [f'{n}{"+" if n % 2 == 1 else "-"}' for n in range(1, 8)]↵
>>> x↵
['1+', '2-', '3+', '4-', '5+', '6-', '7+']
```

专栏 7-2 解析式

在数学上，集合有外延和内涵两种解析方法。比如，元素为 1、2、3、4、5、6、7 的集合可以用以下方法进行解析。

- 外延解析：{1, 2, 3, 4, 5, 6, 7}
- 内涵解析：{x | x 是小于 8 的正整数 }

Python 的解析式是内涵解析，它包括本章讲解的列表解析式，以及下一章讲解的字典解析式和集合解析式。

生成列表时使用的列表解析式还有更加复杂的形式。比如下面这样。

```
[ 表达式 for 元素 in 可迭代对象 if 判断表达式 ]          # 列表解析式（形式 2）
```

调用这种形式的列表解析式后，程序仅在 for 语句循环中的判断表达式成立时取出元素。例 7-34 生成了仅由 1~7 中的偶数构成的列表。我们来看一下列表的生成过程（图 7-22）。

例 7-34 使用列表解析式生成列表（1 ~ 7 中的偶数）

```
>>> x = [n for n in range(1, 8) if n % 2 == 0]
>>> x
[2, 4, 6]
```

运行结果与预想的一致。

```
[n for n in range(1, 8) if n % 2 == 0]
    └─使用 for 语句循环
  依次排列 if 的判断表达式成立时的 n 的值
[2, 4, 6]
```

图 7-22 使用列表解析式生成列表（使用 if 语句）

嵌套的解析式

for 语句一般可以嵌套。同样，解析式的 for 语句也可以嵌套。

请看例 7-35。

例 7-35 使用列表解析式生成列表（嵌套的 for）

```
>>> x = [i * 10 + j for i in range(1, 3) for j in range(1, 4)]
>>> x
[11, 12, 13, 21, 22, 23]
```

图 7-23a展示了例 7-35 生成列表的过程。在外层（前侧）的 for 语句中，变量 i 的值从 1 递增到 2，在内层（后侧）的 for 语句中，j 的值从 1 递增到了 3。在此过程中，程序列出 i * 10 + j 的值并生成相应列表。

上例仅仅使用了二重循环，下面我们试着编写一个程序来生成一个列表元素仍是列表的二维列表（例 7-36）。

例 7-36 使用嵌套的列表解析式生成二维列表

```
>>> table = [[i * 10 + j for i in range(1, 3)] for j in range(1, 4)]
>>> table
[[11, 21], [12, 22], [13, 23]]
```

在解析式中插入解析式，构成了二重解析式。

► 在图a中，单个解析式中插入了二重 for 语句。

仔细阅读代码我们就能发现内层的 [] 由后侧的 for j in range(1, 4) 语句控制。图b是例 7-36 生成列表的过程。

在例 7-36 的二重解析式结构中，外侧（后方）for 语句在变量 j 从 1 递增到 3 的同时循环执行内层代码，内层（前方）的代码 [i * 10 + j for i in range(1, 3)] 执行后生成列表。

这意味着，内层代码 [i * 10 + j for i in range(1, 3)] 生成列表后，该列表被外层 for 语句当作元素生成了列表，因此程序生成了二重列表。

a
```
[i * 10 + j for i in range(1, 3) for j in range(1, 4)]
```

```
[i * 10 + j for i in range(1, 3)
            for j in range(1, 4) ]
```

使用二重 `for` 语句进行循环

依次排列每次循环得到的 `i * 10 + j` 值

```
[11, 12, 13, 21, 22, 23]
```

生成了元素为整数的列表

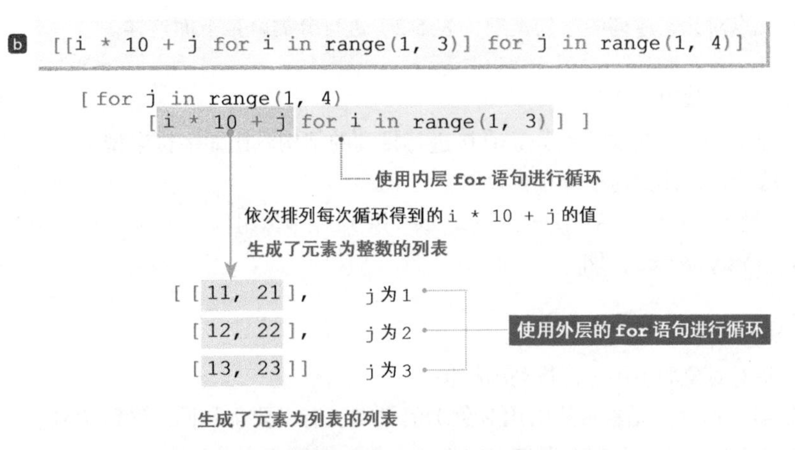

图 7-23　使用列表解析式生成列表（嵌套）

理解上述内容后，应该就能编写程序生成 *n* 行 *n* 列的单位矩阵（行号和列号相等的构成元素的值为 `1`，其余元素为 `0`）了。该程序如例 7-37 所示。

例 7-37　使用嵌套的列表解析式生成单位矩阵

```
>>> n = 4
>>> im = [[1 if i == j else 0 for i in range(n)] for j in range(n)]
>>> im
[[1, 0, 0, 0], [0, 1, 0, 0], [0, 0, 1, 0], [0, 0, 0, 1]]
```

例 7-37 的程序生成了 4 行 4 列的单位矩阵。

7-3　扁平序列

字符串和列表之类的数据序列分为扁平序列和容器序列。本节对扁平序列进行介绍。

扁平序列和容器序列

上一章讲解的字符串和本章讲解的列表有许多相似点，也有许多不同点。元素是否为对象本身是区分二者的关键点。

按照这种观点对元素序列的序列类型（表 5-2）进行分类就是下面这样。

▪ 扁平序列（flat sequence）

扁平序列是对同一内置类型的元素直接进行排列的结构。比如字符串型（`str` 型）的元素是字符，如图 7-24ⓐ所示，元素连续分布在存储空间上。

例　字符串型（`str` 型）、字节序列型（`bytes` 型）、字节数组型（`bytearray` 型）、`memoryview` 型和 `array.array` 型。

▪ 容器序列（container sequence）

容器序列是对对象的引用进行排列的结构。

在使用容器序列时，元素（的引用对象）的类型没有必要都相同。图ⓑ为列表型的示例，各元素，即各对象的引用，连续分布在存储空间上。

► 在图 7-24ⓑ中，1、2、3、'abc'、5.7 和 6 等引用对象看似排列在一起，实则分散存储在各处。

例　列表型（`list` 型）、元组型（`tuple` 型）和 `collections.deque` 型。

扁平序列的结构很简单，占用的存储空间也比较少，处理速度较快。本节会简单介绍一下扁平序列。

► 本节之后的内容可以先跳过。但是，第 13 章的内容会用到这里的知识点，届时大家仍需回顾本节内容。

ⓐ 字符串（扁平序列）

相同类型的元素对象排列在一起的结构

0 1 2 3 4 5 6

A B C D E F G

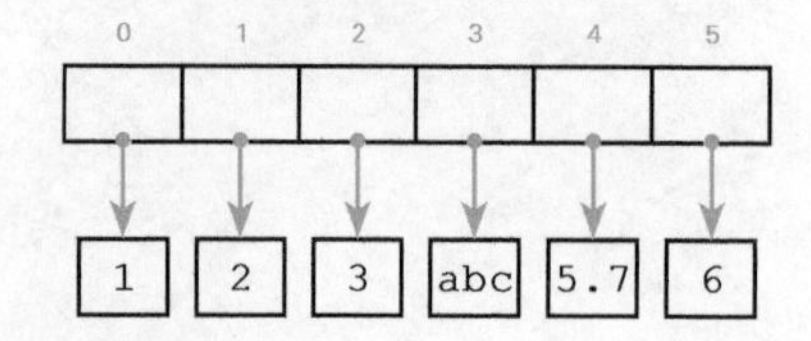

图 7-24　扁平序列和容器序列

数组型（array 型）

array 模块提供的数组 array 是可变的扁平序列，序列中的所有元素均由相同类型的数值构成。元素的类型由表 7-1 中的类型代码指定。

表 7-1 数组 array 的类型代码

类型代码	C 语言的类型	Python 的类型	最小字节数
'b'	signed char	int	1
'B'	unsigned char	int	1
'u'	Py_UNICODE	Unicode 字符（unicode 型）	2
'h'	signed short	int	2
'H'	unsigned short	int	2
'i'	signed int	int	2
'I'	unsigned int	int	2
'l'	signed long	int	4
'L'	unsigned long	int	4
'q'	signed long long	int	8
'Q'	unsigned long long	int	8
'f'	float	浮点数	4
'd'	double	浮点数	8

这些元素类型与 C 语言（以及其他许多编程语言）的数据类型兼容。修饰整数型的 signed 表示“有符号的”，unsigned 表示“无符号的”。

比如，当数据占 2 字节时，各类型可以表示的值的范围如下所示。

- 有符号整数（signed int）：-32 768 ~ 32 767
- 无符号整数（unsigned int）：0 ~ 65 535

数组型虽然表示的数值范围有限，但它也有很多优点，包括占用的存储空间较少、运算速度快、与其他语言的兼容性较好等。

除了元素对象的类型有限制，数组型和列表型在操作方面（大致）相同。请通过例 7-38 中元素类型为 signed int 的数组进行确认。

例 7-38 数组 array 的应用示例

```
>>> import array↵
>>> ary = array.array('i', [1, 3, -5, 7])↵        ← 带符号的整数型
>>> ary↵
array('i', [1, 3, -5, 7])
>>> len(ary)↵
4
>>> ary.index(3)↵
1
```

▶ 如果要编写程序进行科学计算，我推荐使用名为 NumPy 的程序库，而不是上文介绍的 array。

字节序列型（bytes 型）

计算机中的数据使用 0 和 1 的序列进行表示。所谓的文本数据可以解释为字符，非文本数据一般称为二进制数据。

字节序列（bytes）以每 8 位为一组表示二进制数据。字节序列对象的类型是 bytes 型，它的每个元素都是 1 字节（十进制数的 0 到 255）的不可变扁平序列。

字节序列字面量

字符串可以用字面量表示。同样，字节序列也可以用字面量表示。

字节序列字面量（bytes literal）用单引号“'”或双引号“"”包围字符序列并以字符 b 或 B 作为前缀。如下所示。

```
b'ABC'      # 字节序列字面量
b"XYZ"      # 字节序列字面量
```

因为每个元素是 1 字节，所以包括 ASCII 码在内，可使用的字符编码为 0~255（专栏 7-3）。当然，中文字符不能使用。

▶ 与字符串字面量相同，我们可以使用 ''' 和 """ 包围字节序列字面量。另外，如果前缀是 br 而不是 b，表示的就是原始字节序列（raw bytes）。与原始字符串（第 15 页）相同，在使用 br 时，转义序列解释为字面量本身的字符。

字节序列的操作

Python 提供了各种用于处理字节序列的方法，这些方法与字符串的方法类似。请看下面的示例。

```
x = b'ABC'
y = x.replace(b'B', b'X')      # x中包含的 'B' 替换为 'X' 后生成相应的字节序列
```

执行上述代码后，y 赋值为 b'AXC'。

另外，与字符串相同，索引和分片表达式也可用于字节序列。

字节序列和字符串相互转换

bytes 函数用于显式生成字节序列。

```
bytes([source[, encoding[, errors]]])
```

以对象 source 为基础生成字节序列。如果 source 省略，函数则生成空字节序列。另外，encoding 参数用于指定编码，该参数可以省略（省略时，encoding 默认为 **'utf-8'**）。参数 errors 用于指定存在不可转换的字符时的操作，该参数可以省略。

▶ 专栏 13-1 将对编码和 **'utf-8'** 进行讲解。

比如，对字符串 **'汉字'** 来说，如果编码不同，其在程序内部（存储空间上的值）的表示方式也不同。

以下示例将字符串 **'汉字'** 转换为字节序列（以字符串为基础生成字节序列）。

```
x = bytes('汉字', 'utf-8')      # 从字符串生成字节序列
```

请通过例 7-39 确认转换后字节序列的内容（每个字节以十六进制的转义序列表示）。

例 7-39 字符串转换为字节序列

```
>>> x = bytes('汉字', 'utf-8')⏎
>>> x⏎
b'\xe6\xbc\xa2\xe5\xad\x97'
```

使用 decode 方法可以进行逆转换，也就是将字节序列转换为字符串。请看以下逆转换（以字节序列为基础生成字符串）的示例。

```
y = x.decode('utf-8')          # 从字节序列生成字符串
```

在上例中，y 引用了字符串 '汉字'。

字节数组型（bytearray 型）

bytearray 型的字节数组可以称得上字节序列的可变版本。bytearray 型的字节数组与字节序列在操作方式上相同，只是 bytearray 型的字节数组可变。

专栏 7-3 字符编码和 ASCII 码

我们人根据外形和发音分辨字符，而计算机根据每个字符被赋予的字符编码进行识别。

字符有多种编码赋予方式。在各种字符编码中，最基本的编码是 1963 年在美国制定的 ASCII 码。

表 7C-1 是 ASCII 码的编码表。空栏表示该编码无对应字符。此外，表中行与列的 0 ~ F 是用十六进制数表示的各位的值。

比如：

- 字符 'R' 的编码是十六进制数 52
- 字符 'g' 的编码是十六进制数 67

也就是说，该表中的字符编码是 2 位的十六进制数且范围是 00 ~ 7F（在十进制数的情况下为 0 ~ 127）。

数字字符 '1' 的字符编码是十六进制数 31（也就是十进制数 49），而不是 1。

请不要混淆数字字符和数值。

ASCII 码可表示的字符数较少，无法表示中文字符。在表示中文字符时，一般使用的字符编码是 UTF-8（专栏 13-1）。

表 7C-1 ASCII 码的编码表

	0	1	2	3	4	5	6	7
0				0	@	P	`	p
1			!	1	A	Q	a	q
2			"	2	B	R	b	r
3			#	3	C	S	c	s
4			$	4	D	T	d	t
5			%	5	E	U	e	u
6			&	6	F	V	f	v
7	\a		'	7	G	W	g	x
8	\b		(	8	H	X	h	x
9	\t		)	9	I	Y	i	y
A	\n		*	:	J	Z	j	z
B	\v		+	;	K	[	k	{
C	\f		,	<	L	¥	l	|
D	\r		-	=	M	]	m	}
E			.	>	N	^	n	^
F			/	?	O	_	o	

总结

- 容器序列的元素是对象的引用。容器序列有多种类型，包括列表型和元组型等。
- 列表是可变的 list 型可迭代对象。列表的元素是对象的引用，元素以直线结构排列。
- 空列表没有元素，其逻辑值为假，非空列表的逻辑值为真。
- 调用运算符 [] 和 list 函数可以生成列表。
- 列表中的各个元素可以使用由索引运算符 [] 构成的索引表达式访问。
- 列表的元素总数（长度）可以通过 len 函数获得。
- 分片表达式由分片运算符 [:] 构成，使用分片表达式可以连续或按一定周期取出列表元素并生成相应列表。
- 使用比较运算符可以判断列表元素值的大小关系和等价性。
- 元素总数为 *n* 但元素值不确定的列表可以通过调用 [None] * n 生成，元素值（元素的引用对象）可以在列表生成之后确定。
- 可以使用运算符 in、运算符 not in、index 方法和 count 方法搜索列表。
- 使用 append 方法可以给列表添加单个元素，使用运算符 += 和 extend 方法可以在列表后添加列表，使用运算符 * 可以重复列表。
- 可以就地对列表进行增量赋值。

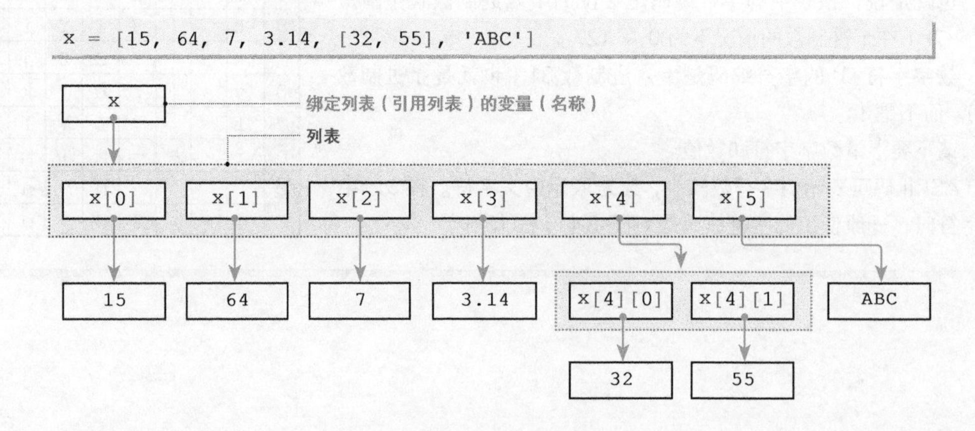

- 可以使用 `insert` 方法在列表中插入元素，使用 `remove` 方法和 `pop` 方法删除列表中的元素，使用 `clear` 方法删除列表中的所有元素。
- 使用 `reverse` 方法可以就地反转列表元素的排列顺序。
- 二维数组可以实现所有元素都是列表的列表。
- 使用 `copy` 方法、`list` 函数和分片表达式 `[:]` 可以实现对列表的浅复制。
- 如果复制多重列表时要复制列表中元素的引用对象，则可以使用 `copy.deepcopy` 函数进行深复制。
- 使用列表解析式生成列表比通过循环（和条件判断的组合）的方式生成列表更加简洁，效率更高。列表解析式可以嵌套。
- 扁平序列的元素是对象本身而不是对象的引用。扁平序列的类型包括字符串型（`str` 型）、数组型（`array.array` 型）、字节序列型（`bytes` 型）和字节数组型（`bytearray` 型）等。
- 字节序列字面量用 `b'…'` 的形式表示。

chap07/gist.py

```python
# 第7章 总结

import random

MAX = 10
print('生成0～{}的随机数。'.format(MAX))
number = int(input('生成个数：'))

# 生成元素总数为number且所有元素为None的列表
v = [None] * number

# 将0～MAX的随机数赋给所有元素
for i in range(number):
    v[i] = random.randint(0, MAX)

# 打印输出列表
print(v)

# 使用'*'打印输出纵向的柱状图
for i in range(MAX, 0, -1):
    for j in range(0, number):
        if v[j] >= i:
            print('*', end='')
        else:
            print(' ', end='')
    print()

print('-' * number)
for i in range(number):
    print(i % 10, end='')
```

运行示例

```
生成0～10的随机数。
生成个数：13↵
[3, 2, 9, 4, 0, 0, 8, 9, 10, 7, 6, 9, 10]
        *   *
  *    **  **
  *   ***  **
  *   **** **
  *   *******
  *   *******
  **  *******
* **  *******
****  *******
****  *******
-------------
0123456789012
```

第 8 章

元组、字典和集合

继上一章介绍列表后，我将在本章继续介绍元组、字典和集合等数据集类型。

- 元组和 tuple 型
- 表达式结合运算符 ()
- tuple 函数
- 打包和解包
- 使用 enumerate 函数遍历元组
- 元组构成的列表
- 使用 zip 函数进行合并
- 字典和 dict 型
- 字典的键和值
- 字典标记运算符 {}
- dict 函数
- 序列型和映射型
- get 方法、setdefault 方法和 update 方法
- 字典和视图
- 字典解析式
- 集合和 set 型
- 集合标记运算符 {}
- set 函数
- 集合解析式

8-1 元组

与上一章介绍的列表一样，本章介绍的元组、字典和集合都是对象的集合。现在我们从元组开始学习。

什么是元组

元组是元素按顺序组合后的产物，元组对象的类型是 tuple 型。

▶ 此外，含有两个元素的元组称为数据对。

元组可以包含任意数量和任意类型的元素，其元素总数可以为 0、1、2 等，并且元素的先后顺序是有意义的。另外，元组中的元素类型没有必要一致，可以多种类型组合在一起。

*

上述关于元组的描述可能让大家觉得它与列表一样。但是，**元组是不可变类型，这一点与列表完全不同。**

另外，与列表使用的 [] 不同，我们使用 () 生成元组。比如下面这个例子。

```
(2012, '福冈太郎')          # 元组：出生年份(int型)和姓名(str型)的组合
```

如图 8-1 所示，元组不仅仅是对多个数据进行（简单）排列后的产物，它还可以作为单个数据由程序进行处理。

▶ 图 8-1 是简略图。与列表一样，元组中各个元素的值是对象的引用。

在 Python 中，元组经常被显式地或隐式地使用。

比如，第 1 章介绍了如何对变量进行汇总赋值，而程序在执行汇总赋值的内部过程中使用了元组。另外，第 6 章和第 7 章介绍的使用 enumerate 函数遍历字符串和列表也用到了元组。

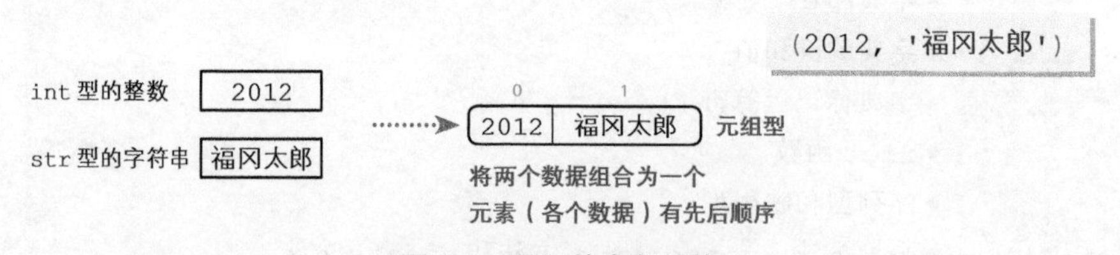

图 8-1 元组的内部结构

元组是不可变类型，它具有以下特性。

- 与列表相比，元组占用的空间更少，执行效率更高。
- 使用元组可以避免意外修改元素的值。
- 元组可以作为字典的键使用（下一节讲解）。

上一章详细讲解了列表，如果大家能掌握列表和元组的共同点和差异，就能顺利地继续学习。表 8-1 对列表和元组进行了比较。

表 8-1 比较列表和元组

特性 / 功能	列表	元组	
mutable 类型（可变类型）	○	×	immutable 类型（不可变类型）
可作为字典的键使用	×	○	
可迭代对象	○	○	
成员运算符 in 和 not in	○	○	
使用加法运算符 + 进行合并	○	○	
使用乘法运算符 * 进行重复	○	○	
使用增量运算符 += 合并后赋值	○	△	不可就地执行
使用增量运算符 *= 重复后赋值	○	△	不可就地执行
索引表达式	○	△	不能放在等号左边
分片表达式	○	△	不能放在等号左边
可以使用 len 函数获取元素总数	○	○	
使用 min 函数和 max 函数分别获得最小值和最大值	○	○	
使用 sum 函数计算总和	○	○	
使用 index 方法查找元素	○	○	
使用 count 方法查看出现次数	○	○	
使用 del 语句删除元素	○	×	
使用 append 方法添加元素	○	×	
使用 clear 方法删除所有元素	○	×	
使用 copy 方法进行复制	○	×	
使用 extend 方法进行扩充	○	×	
使用 insert 方法插入元素	○	×	
使用 pop 方法取出元素	○	×	
使用 remove 方法删除指定值	○	×	
使用 reverse 方法进行就地反转	○	×	
使用解析式实现生成操作	○	×	

列表常用于排列特性相同或相似的元素。与之相对，元组常用于组合不同特性的元素。

► 这只是一般的使用习惯而非强制规定，我们在实际使用时应具体问题具体分析。

生成元组

元组的生成方法与列表的生成方法类似，但在许多细节方面有所不同。现在我来讲解二者的共同点和差异。

▪ 使用 () 生成元组

以“,”作为分隔符排列元素后，可以通过表达式结合运算符 () 包围元素序列生成元组。与列表一样，元组的最后一个元素后可以放置“,”。**如果不会产生歧义，() 也可以省略。这一点和列表完全不同。**

另外，使用中空的 () 可以生成空元组。

请看以下示例。

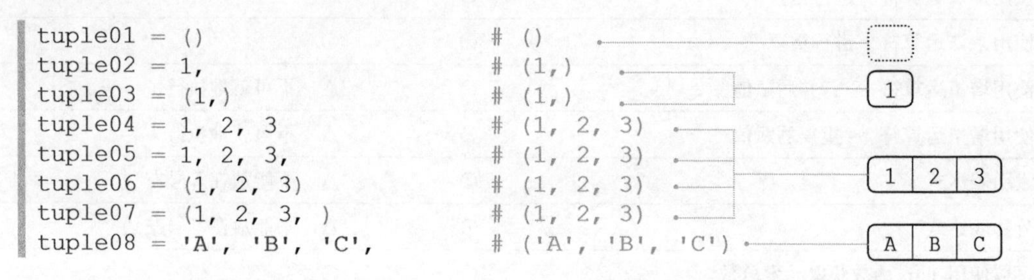

```
tuple01 = ()                        # ()
tuple02 = 1,                        # (1,)
tuple03 = (1,)                      # (1,)
tuple04 = 1, 2, 3                   # (1, 2, 3)
tuple05 = 1, 2, 3,                  # (1, 2, 3)
tuple06 = (1, 2, 3)                 # (1, 2, 3)
tuple07 = (1, 2, 3, )               # (1, 2, 3)
tuple08 = 'A', 'B', 'C',            # ('A', 'B', 'C')
```


▶ 右侧的注释是生成的元组内容。程序 chap08/tuple_construct.py 生成了从 tuple01 到 tuple16 的元组。

像 tuple02 和 tuple03 那样，如果元组只有一个元素，元素末尾的“,”就是必不可少的。 这是因为如果省略“,”，程序会认为该变量是单一的值而不是元组。

```
# 以下变量都是单一的值而不是元组
v01 = 1                             # 1    ※ 该变量是单一的 int 型变量，不是元组
v02 = (1)                           # 1    ※ 该变量是单一的 int 型变量，不是元组
```

用 () 包围的用于执行加法运算的表达式 (5+2) 变成了单一的整数值 7。同样，(7) 也变成了单一的整数值 7。为了与整数值区分，元组必须使用“,”。

▪ 使用 tuple 函数生成元组

tuple 函数是内置函数，它基于字符串和列表等各类对象来生成元组。

另外，在不传递实参的情况下调用 tuple() 会返回空元组。

```
tuple09 = tuple()                # ()                空元组
tuple10 = tuple('ABC')           # ('A', 'B', 'C')   通过字符串的各个字符生成元组
tuple11 = tuple([1, 2, 3])       # (1, 2, 3)         从列表生成元组
tuple12 = tuple({1, 2, 3})       # (1, 2, 3)         从集合生成元组
```

▶ list 函数和 tuple 函数分别用于生成列表和元组，两个函数存在巨大差异。专栏 8-1 将对此进行详细介绍。

使用 range 函数生成数列（可迭代对象）后，通过 tuple 函数转换该数列可以轻易生成以特定范围数值为元素的元组。

```
tuple13 = tuple(range(7))            # (0, 1, 2, 3, 4, 5, 6)
tuple14 = tuple(range(3, 8))         # (3, 4, 5, 6, 7)
tuple15 = tuple(range(3, 13, 2))     # (3, 5, 7, 9, 11)
```

▪ **使用 divmod 函数生成元组**

divmod 函数是内置函数，它会生成并返回一个元组，该元组的元素是函数的第 1 个参数除以第 2 个参数后得到的商和余数（表 5-3）。

```
tuple16 = divmod(13, 3)            # (4, 1)  商为4,余数为1
```

▶ 如果使用上一章介绍的解包，我们就可以将商和余数分别放到不同变量中。

```
div, mod = divmod(13, 3)           # 将 4 赋给 div，将 1 赋给 mod
```

元组与列表的共同点

因为列表的元素与元组的元素都有顺序，所以它们有许多共同点。

如果没有元素则逻辑值为假

没有元素的空列表会被程序按照逻辑值为假进行处理。同样，没有元素的空元组的逻辑值也为假。

成员运算符 in 和 not in、加法运算符 + 和乘法运算符 * 可用于元组

成员运算符 in 和 not in、加法运算符 + 和乘法运算符 * 可用于列表，也可用于元组。

使用内置函数 len、max、min 和 sum 可以分别获取元组的元素总数、最大值、最小值和元素总和

内置函数 len、max、min 和 sum 可用于元组，因为这些运算符和函数不会修改作为参数传递的元组。

使用 count 方法和 index 方法进行查询

count 方法和 index 方法也可用于元组。

可以使用多种方法遍历所有元素

上一章提到了遍历列表所有元素的方法也可以直接用于元组。之后我会对此进行详细讲解。

元组与列表的不同点

列表是可变类型而元组是不可变类型，这是二者的根本差异。

索引表达式和分片表达式

本书在讲解字符串和列表时介绍了索引表达式和分片表达式，它们同样可用于元组，其基本的指定方法与字符串和列表的相同。

但是，因为元组是不可变类型，所以索引表达式和分片表达式不能放在等号的左边。这一点与字符串相同，但与列表不同（例 8-1）。

例 8-1 索引表达式在执行上的差异（列表对比元组）

可以对列表进行赋值

```
>>> lst = [1, 2, 3, 4, 5]⏎
>>> lst[2] = 99⏎
>>> lst⏎
[1, 2, 99, 4, 5]
```

不能对元组进行赋值

```
>>> tpl = (1, 2, 3, 4, 5)⏎
>>> tpl[2] = 99⏎
Traceback (most recent call last):
  File "<stdin>", line 1, in <module>
TypeError: 'tuple' object does not
  support item assignment
```

增量赋值运算符 += 和 *= 的执行

因为元组是不可变类型，所以增量赋值 += 和 *= 看起来不能用于元组。但是其实元组是可以使用增量赋值的。

不过，与列表不同，元组不能执行就地运算。我们来看例 8-2。

例 8-2 在执行增量赋值上的不同（列表对比元组）

```
>>> lst = [1, 2, 3]⏎
>>> id(lst)
2529583325768
>>> lst += [4, 5]⏎
>>> lst⏎
[1, 2, 3, 4, 5]
>>> id(lst)
2529583325768        ← 标识值没有发生变化
```

```
>>> tpl = (1, 2, 3)⏎
>>> id(tpl)
2635437335112
>>> tpl += (4, 5)⏎
>>> tpl⏎
(1, 2, 3, 4, 5)
>>> id(tpl)
2635437335164        ← 标识值发生变化
```

执行就地运算的列表在增量赋值后，其标识值没有发生变化，但元组的标识值发生了变化（图 8-2）。由此可知，增量赋值后生成了新元组。

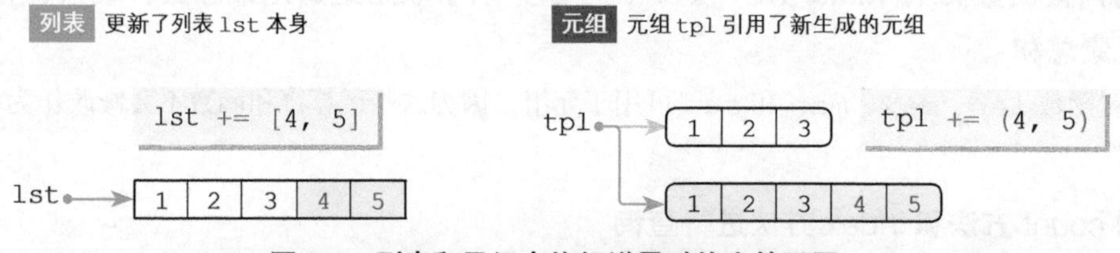

图 8-2 列表和元组在执行增量赋值上的不同

添加元素和删除元素

因为元组是不可变类型，所以不能对元素进行添加和删除。因此，如表 8-1 所示，Python 没有为元组提供 `insert` 和 `append` 等各种方法。当然，元组也不能通过解析式生成。

排序

元组是不可变类型，自然无法进行排序。如果要对元组进行排序，我们就得按以下两个步骤操作。

① 使用 `sorted` 函数生成列表。
② 将生成的列表转换为元组。

我们来对元组进行排序（例 8-3）。

例 8-3 对元组排序

```
>>> x = (1, 3, 2)⏎          ⬅ 元组
>>> x = tuple(sorted(x))⏎   ⬅ 将排序后的列表转换为元组
>>> x⏎
(1, 2, 3)
```

▶ sorted 函数可接受任意的可迭代对象作为参数，它返回的是列表。

专栏 8-1 list 函数和 tuple 函数的不同点

list 函数用于生成列表，tuple 函数用于生成元组。这两个函数之间最根本的不同点是接收同类型参数时的行为不同。

▪ list 函数接收列表作为参数，它生成并返回拥有相同元素的列表。

请看以下示例代码。

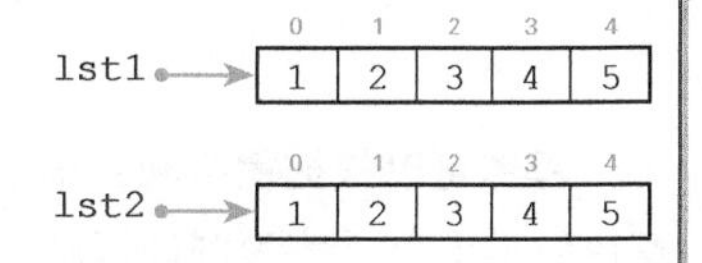


```
lst1 = [1, 2, 3, 4, 5]
lst2 = list(lst1)
```

在通过上述方式生成列表时，两个变量分别引用了不同的实体。

列表是可变类型，其元素可以进行更新。两个列表是不同的实体，这样可以避免修改 lst1[3] 的值（比如 9）而意外导致 lst2[3] 的值被修改（为 9）的情况发生。

▪ tuple 函数的返回值是接收的元组本身。

请看以下代码。

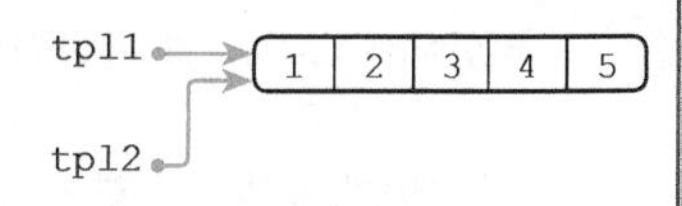


```
tpl1 = (1, 2, 3, 4, 5)
tpl2 = tuple(tpl1)
```

通过上述方式生成元组时，两个变量引用了相同的实体。也就是说，两个变量可以任意使用相同实体（由于元组是不可变类型，元素不能更新，所以元组被任意使用也不会产生问题）。

打包和解包

请看通过下列方式生成的元组。

```
tuple4 = 1, 2, 3, 4           # (1, 2, 3, 4)
```

在上述方法中，int 型的 1、2、3、4 变为了元组 (1, 2, 3, 4)。像这样，将多个（在上例中为 4 个）值组合为一个元组的处理过程称为打包（图 8-3）。

与此相反，从一个元组取出多个值的过程称为解包。对 tuple4 进行解包的过程如下所示。

```
a, b, c, d = tuple4           # 将1、2、3、4分别放到a、b、c、d中
```

因为 tuple4 的元素总数为 4，所以等号左边必须有 4 个变量。

如果只关注特定值（比如第 1 个值和第 3 个值），则其他值的变量名可以设为 _。

```
a, _, c, _ = tuple4             # 将1和3分别放到a和c中
```

▶ 变量 _ 先被赋值为 2，又被赋值为 4，所以最后变量 _ 的值为 4（变量名设为 _ 表明赋给该变量的值不会被使用）。

另外，用于赋值的 tuple4 即使是列表而不是元组也可以正常解包。

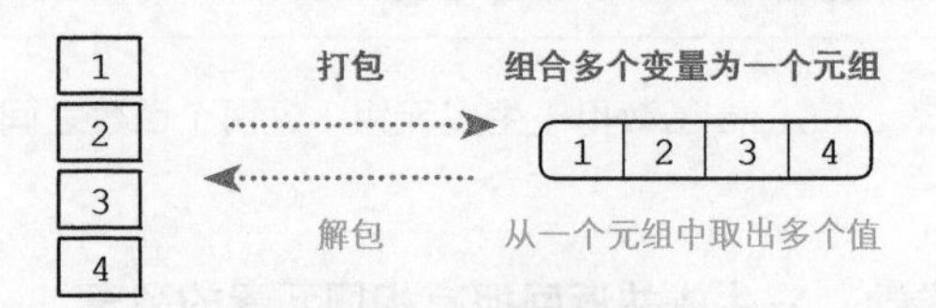

图 8-3 打包和解包

程序可以根据需要隐式地进行打包和解包。本书从第 1 章开始就不断利用了该特性。我们以第 1 章讲解的汇总赋值为例进行思考。

```
x, y, z = 1, 2, 3               # x、y和z分别赋值为1、2和3
```

上述代码的赋值过程如下所示。

- 对等号右边的 1、2、3 进行打包，生成元组 (1, 2, 3)。
- 元组 (1, 2, 3) 被解包为 1、2、3 并分别赋给了等号左边的 x、y、z。

等号右边的表达式先被打包为元组，然后在赋值时被解包。

第 3 章介绍的二值交换也用到了元组。

```
a, b = b, a                     # 交换a和b的值
```

在执行上述代码时，程序首先依次对表达式 b 和表达式 a 进行求值，然后根据求值结果生成元组，最后将生成的元组解包，并将取出的值依次赋给 a 和 b。

解包过程中的列表化

解包的目标变量的类型可以是单个值，也可以是列表。下面我以先前的元组为例进行讲解。

```
tuple4 = 1, 2, 3, 4             # (1, 2, 3, 4)
```

比如，下面的代码将 tuple4 中的前两个值以单一值的形式取出，将剩下的值以列表的形式取出。

```
a, b, *c = tuple4               # a和b分别赋值为1和2,c赋值为[3, 4]
```

像这样，以列表的形式取出的值只能赋给等号前添加 * 的变量名，并且一次最多只能使用一个 *。另外，如果没有以列表的形式取出的元素，程序就会得到空列表。

请看以下示例。

```
a, *b, c = tuple4            # a 赋值为 1，b 赋值为 [2, 3]，c 赋值为 4
*a, b, c = tuple4            # a 赋值为 [1, 2]，b 和 c 分别赋值为 3 和 4
a, b, c, d, *e = tuple4      # a、b、c、d 分别赋值为 1、2、3、4，e 赋值为 []
a, b, c, *d, e = tuple4      # a、b、c、e 分别赋值为 1、2、3、4，d 赋值为 []
```

对嵌套的元组进行解包

在对嵌套的元组进行解包时，元组中的元组会作为单个元组被取出。

```
tuple5 = (1, 2, (3, 4))
a, b, c = tuple5         # a 和 b 赋值为 1 和 2，c 赋值为 (3, 4)
```

另外，对嵌套的列表进行解包的过程与上述过程一致，列表中的列表会作为单个列表被取出。

```
list5 = [1, 2, [3, 4]]
a, b, c = list5              # a 和 b 赋值为 1 和 2，c 赋值为 [3, 4]
```

使用 enumerate 函数进行遍历

第 6 章介绍了字符串的遍历，第 7 章介绍了列表的遍历。这里，我们重新思考一下代码清单 6-8 和代码清单 7-4。

▶ 代码清单 7-3~ 代码清单 7-6 的程序可用于遍历元组。这一点我们在上一章已经学习过了。

代码清单 6-8 chap06/list0608.py

```
# 使用enumerate函数遍历并打印输出字符串内的所有字符

s = input('字符串：')

for i, ch in enumerate(s):
    print('s[{}] = {}'.format(i, ch))
```

运行示例

```
字符串：ABCDEFG⏎
s[0] = A
s[1] = B
# 以下省略 #
```

代码清单 7-4 chap07/list0704.py

```
# 使用enumerate函数遍历列表的所有元素

x = ['John', 'George', 'Paul', 'Ringo']

for i, name in enumerate(x):
    print('x[{}] = {}'.format(i, name))
```

运行结果

```
x[0] = John
x[1] = George
x[2] = Paul
x[3] = Ringo
```

如图 8-4 所示，使用 enumerate 函数后，程序可以从字符串和列表等可迭代对象中成对地取出索引和元素并打包生成元组。

取出的元组被隐式地解包并赋给两个变量。

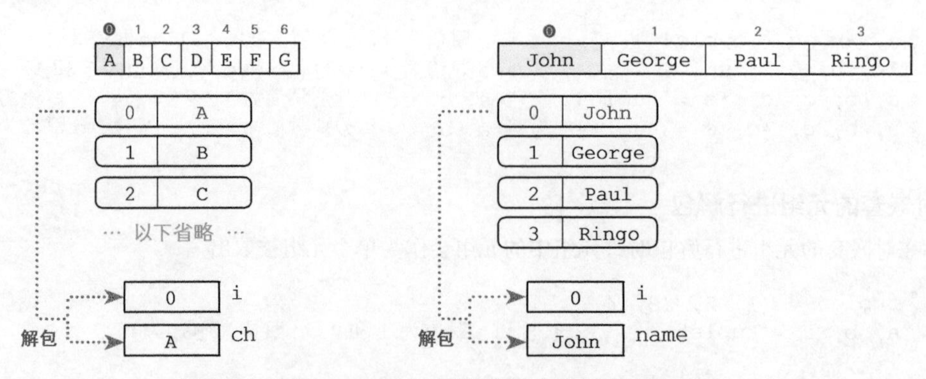

图 8-4　使用 enumerate 函数进行遍历和解包元组

▶ 该图演示了 for 语句循环第一次取出值的过程。
另外，我们通过代码清单 7-8 学习了取出的值只是复制的元素而不是元素本身（而且误用解包可能会导致错误产生）。从图 8-4 中我们也能清晰看出程序取出的是复制的元素。

元组的列表

上文大致讲解了元组和列表的共同点和不同点。现在请看本节最开始展示的元组。

```
(2012, '福冈太郎')            # 出生年份(int型)和姓名(str型)的组合
```

这是一个出生年份和姓名的数据对。这些数据对汇集起来后就构成了元组的列表，该列表中的元素都是元组。

代码清单 8-1 所示程序演示了元组的列表（所有元素都是元组的列表）。

代码清单 8-1　chap08/list0801.py

```
# 元组的列表（所有元素都是元组的列表）

students = [
    (2012, '福冈太郎'),
    (2013, '长崎龙一'),
    (2011, '熊本纹三'),
]

print('students =', students)
print('students[0]     =', students[0])
print('students[1]     =', students[1])
print('students[2]     =', students[2])
print('students[0][0] =', students[0][0])
print('students[0][1] =', students[0][1])
print('students[1][0] =', students[1][0])
print('students[1][1] =', students[1][1])
print('students[2][0] =', students[2][0])
print('students[2][1] =', students[2][1])
```

运行结果

```
students = [(2012, '福冈太郎'), (2013, '长崎龙一'), (2011, '熊本纹三')]
students[0]     = (2012, '福冈太郎')
students[1]     = (2013, '长崎龙一')
students[2]     = (2011, '熊本纹三')
students[0][0] = 2012
students[0][1] = 福冈太郎
students[1][0] = 2013
students[1][1] = 长崎龙一
students[2][0] = 2011
students[2][1] = 熊本纹三
```

图 8-5　元组的列表

变量 students 是元素总数为 3 的列表（引用）。因为每个元素都是元组，所以 students[0]、students[1] 和 students[2] 都是由出生年份和姓名构成的元组（引用）。

元组中的元素是 int 型的出生年份和 str 型的姓名。与上一章的二维列表一样，当使用索引表达式访问这些元素时，必须使用两次索引运算符 []。

*

除了元组的列表，元组的元组也是如此。请按以下方式修改 students（**chap08/list0801a.py**）。

```
students = ((2012, '福冈太郎'), (2013, '长崎龙一'), (2011, '熊本纹三'))
```

即使不修改其他代码，程序的运行结果也是相同的。

使用 zip 函数进行合并

下面我来介绍将存储在多个列表和元组中的数据汇总成一个对象的方法。

具体步骤是取出同一索引的元素构成元组，然后以元组为元素生成 zip 型的 zip 对象。这一过程一般称为 zip 化，可通过内置函数 zip 实现。

用语言说明不容易理解。我们可以通过对比例 8-4 和图 8-6 来理解 zip 函数。

例 8-4 使用 zip 函数合并列表

```
>>> p1 = [75, 56, 89]⏎                    ← 英语分数的列表
>>> p2 = [42, 85, 77]⏎                    ← 数学分数的列表
>>> name = ['渡边', '西田', '杉田']⏎       ← 名字的列表
>>> pl = list(zip(p1, p2))⏎               ← （英语，数学）的列表
>>> pl⏎
[(75, 42), (56, 85), (89, 77)]
>>> pt = tuple(zip(p1, p2, name))⏎        ← （英语，数学，名字）的元组
>>> pt⏎
((75, 42, '渡边'), (56, 85, '西田'), (89, 77, '杉田'))
```

最初生成的 p1、p2 和 name 都是元素总数为 3 的列表，其元素分别为 3 人的英语分数、数学分数和名字。

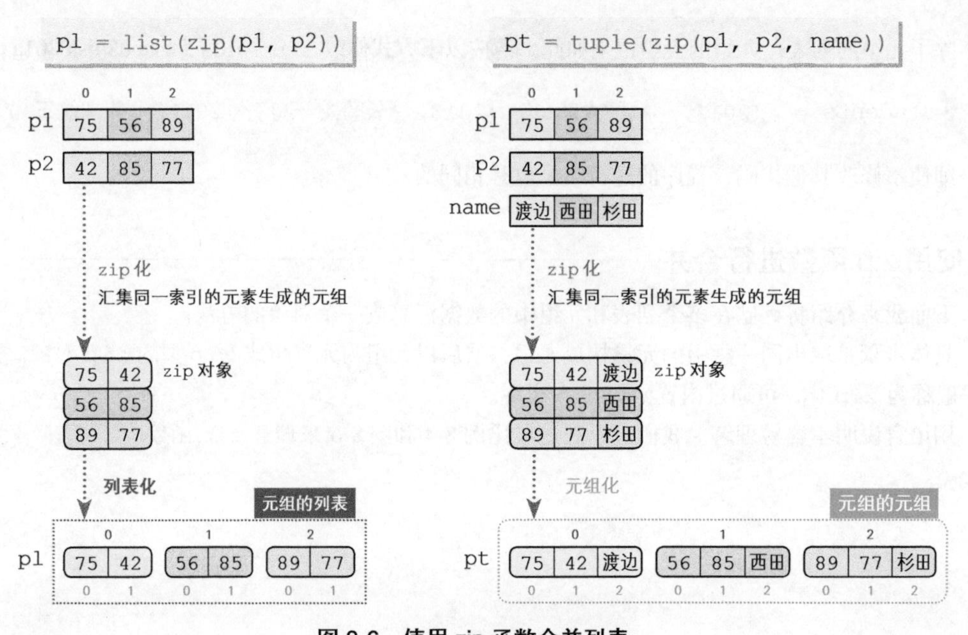

图 8-6 使用 zip 函数合并列表

图 8-6a 是 p1 和 p2 进行 zip 化（英语分数和数学分数汇总成元组）后生成的列表示例，而图 8-6b 是 p1、p2 和 name 进行 zip 化（英语分数、数学分数和名字汇总成元组）后生成的元组示例。

► 生成的列表或元组的元素总数都是 3。

*

在以上各例中，索引为 0、1 和 2 的元素被取出并进行了元组化。比如，在生成 zip 对象的过程中，索引为 0 的元素元组化后变成 (75, 42) 或 (75, 42, '渡边')。

存储在不同列表中的分数和名字按学生进行了汇总，分别生成了由渡边、西田和杉田的数据构成的元组。

zip 化指的是将元组化的数据汇总后生成 zip 对象的过程。

zip 化后得到的对象类型是 zip 对象类型，所以不能直接作为列表或元组使用。这时我们需要使用 list 函数或 tuple 函数对 zip 对象进行列表化操作或元组化操作。

a … zip 对象列表化后，生成了所有元素都是元组的列表。

b … zip 对象元组化后，生成了所有元素都是元组的元组。

我们通过例 8-5 查看列表 pl 和元组 pt 的元素及构成元素的值和类型。

例 8-5　通过 zip 函数合并产生的列表以及元组的元素和构成元素（例 8-4 的后续）

```
>>> pl[0]
(75, 42)
>>> type(pl[0])
<class 'tuple'>
>>> pl[0][1]
42
>>> type(pl[0][1])
<class 'int'>
```

```
>>> pt[1]
(56, 85, '西田')
>>> type(pt[1])
<class 'tuple'>
>>> pt[1][2]
'西田'
>>> type(pt[1][2])
<class 'str'>
```

列表 pl 的元素（比如 pl[0]）类型和元组 pt 的元素（比如 pt[1]）类型都是元组型（tuple 型）。

另外，因为列表 pl 的元素和元组 pt 的元素都是元组，所以访问构成元素的索引表达式必须使用两次索引运算符 []。

像前面介绍的那样，前侧的索引为 0、1、2，后侧的索引在列表 pl 的情况下为 0 和 1，在元组 pt 的情况下为 0、1 和 2。

*

在上述示例中，各个列表的元素总数在 zip 化之前是相同的。**在元素总数不同时，程序根据元素总数的最小值从前往后取出相应个数的元素进行 zip 化操作。**

► 比如，元素总数分别为 5、2 和 3 的列表在进行汇总时，程序只对最开始的两个元素进行 zip 化操作。
另外，如果使用 itertools 模块中的 zip_longest 函数，我们就可以根据元素总数的最大值进行 zip 化操作（不存在元素的位置填充为 None，我们也可以使用 fillvalue 指定填充的值）。

8-2 字典

本节会介绍字典。与列表和元组完全不同，字典的元素是键（key）和值（value）的数据对。

关于字典

本节介绍的字典（dictionary）是 dict 型，可拥有任意个元素。字典最突出的特征是其所有元素都是键和值的数据对。

大家可能对键和值还很陌生，我们可以来比较一下代码清单 8-2 的字典和代码清单 8-3 的列表。

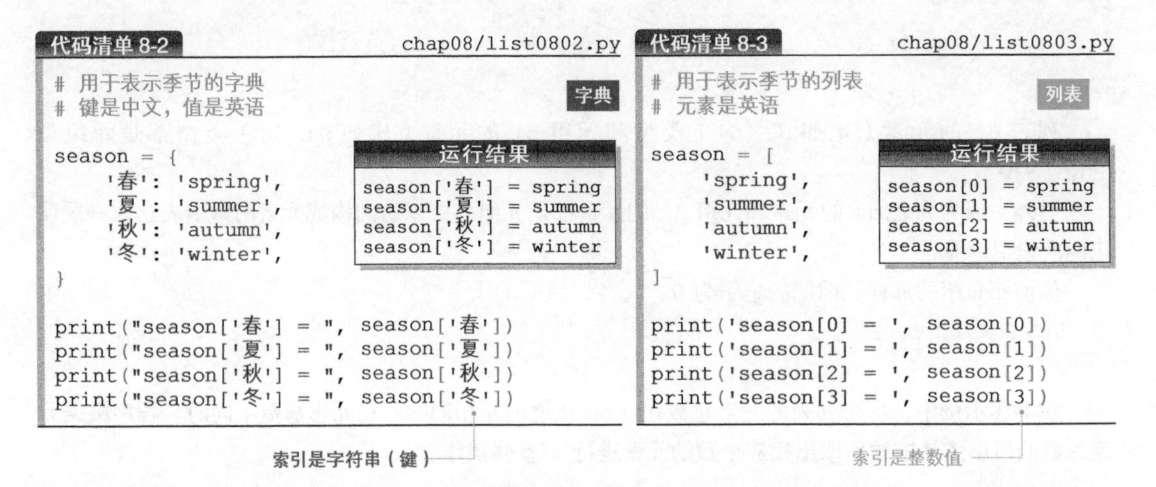

代码清单 8-2 chap08/list0802.py 字典

```
# 用于表示季节的字典
# 键是中文，值是英语

season = {
    '春': 'spring',
    '夏': 'summer',
    '秋': 'autumn',
    '冬': 'winter',
}

print("season['春'] = ", season['春'])
print("season['夏'] = ", season['夏'])
print("season['秋'] = ", season['秋'])
print("season['冬'] = ", season['冬'])
```

运行结果

```
season['春'] = spring
season['夏'] = summer
season['秋'] = autumn
season['冬'] = winter
```

索引是字符串（键）

代码清单 8-3 chap08/list0803.py 列表

```
# 用于表示季节的列表
# 元素是英语

season = [
    'spring',
    'summer',
    'autumn',
    'winter',
]

print('season[0] = ', season[0])
print('season[1] = ', season[1])
print('season[2] = ', season[2])
print('season[3] = ', season[3])
```

运行结果

```
season[0] = spring
season[1] = summer
season[2] = autumn
season[3] = winter
```

索引是整数值

首先介绍代码清单 8-3 中的列表。season 是包含 4 个元素的列表，各元素分别是表示季节的英语字符串 'spring'、'summer'、'autumn' 和 'winter'。

如图 8-7ⓑ所示，各元素可以通过索引表达式 season[i] 访问，索引 i 是 0～3 的整数值（当然也可以使用负数索引）。

*

下面介绍代码清单 8-2 中的字典。我们在字典标记运算符 {} 中插入元素（用“:”隔开键和值）。具体形式如下。

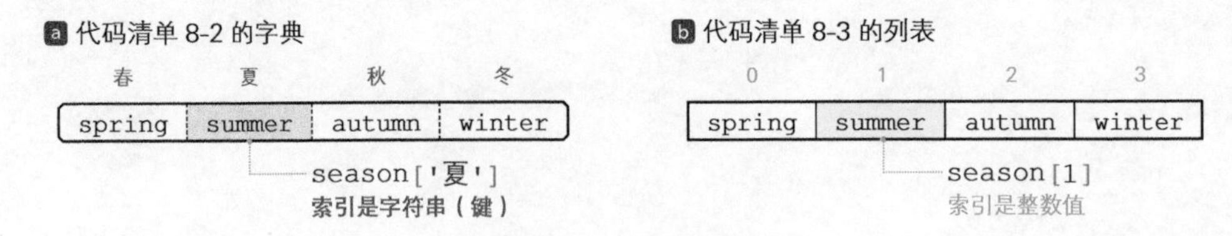

图 8-7 字典和列表

```
{ 键 1: 值 1, 键 2: 值 2, … }
```

如图 8-7a所示，中文的字符串是键（索引），英语的字符串是值。也就是说，字典 season 是以下数据对的集合（有 4 个单词的中英字典）。

- 键是 '春'，值是 'spring'
- 键是 '夏'，值是 'summer'
- 键是 '秋'，值是 'autumn'
- 键是 '冬'，值是 'winter'

因此，如果调用 print 函数并传递索引表达式 season['夏'] 作为参数，程序会输出表达式的值 'summer'。

字典中的索引可以是任意的类型和值。在字典这种结构中，将键指定为索引就能取出相应的值，并且程序内部会完成对字典键的快速搜索。

▶ Python 的字典相当于其他编程语言支持的关联数组（associative array）。
另外，字典在内部通过散列表[①]（hash table）实现对键的快速搜索。

如代码清单 8-4 所示，键也可以是整数。字典 retired_number 包含了部分职业棒球选手的永久空号，字典中的键是球服号，值是选手姓名。

代码清单 8-4 chap08/list0804.py

```
# 由职业棒球选手的永久空号构成的字典（键是整数值，值是字符串）

retired_number = {
    1: '王贞治',
    3: '长岛茂雄',
    14: '泽村荣治',
}

print('retired_number[1]  = ', retired_number[1])
print('retired_number[3]  = ', retired_number[3])
print('retired_number[14] = ', retired_number[14])
print('retired_number[99] = ', retired_number[99])
```

访问了不存在的键

运行结果

```
retired_number[1]  = 王贞治
retired_number[3]  = 长岛茂雄
retired_number[14] = 泽村荣治
```

```
Traceback (most recent call last):
  File "MeikaiPython\chap08\list0804.py", line 12, in <module>
    print("retired_number[99] = ", retired_number[99])
KeyError: 99
```

字典是可变类型，但键是不可变类型且键的值必须是唯一的（即不存在多个相同的键）。

▶ 不可变类型（逻辑值、整数、浮点数、元组和字符串等）的值都可以作为键使用，其中尤以字符串最常见，而可变的列表型不能作为键使用。

因为广岛东洋鲤鱼队的衣笠祥雄与长岛茂雄同为 3 号，所以衣笠祥雄无法添加到字典中。

另外，如果引用了不存在的键，程序会产生 KeyError 异常。因此，程序执行指定索引为 99 的代码时会停止运行。

生成字典

与列表和元组一样，字典也有许多生成方法。

① 又称哈希表，是根据键的值直接进行访问的数据结构。——译者注

▪ 使用 {} 生成字典

在上文中，输出季节的程序使用了这种形式的字典生成方法。“**键：值**”形式的元素之间用“,”隔开。另外，使用中空的 {} 会生成空字典。

```
dict01 = {}                                  # {}        空字典
dict02 = {'China': 156, 'Japan': 392, 'France': 250}
```

▶ 程序 chap08/dict_construct.py 生成了 dict01~dict05 的字典。其中，dict02 是 ISO 3166-1 标准下的 3 位数字国家或地区代码。

▪ 使用 dict 函数生成字典

使用内置函数 dict 可以生成各种类型对象的集合。在不传递实参的情况下调用 dict() 会生成空字典。

```
dict03 = dict()                              # {}        空字典
```

下面是一个从元组的列表生成字典的示例。元组的第 1 个元素被程序解释为键，第 2 个元素被程序解释为值（图 8-8ⓐ）。

```
lst = [('China', 156), ('Japan', 392), ('France', 250)]
dict04 = dict(lst)
```

下面请看从两个列表生成字典的示例。如图 8-8ⓑ所示，第 1 个列表是键的序列，第 2 个列表是其对应值的序列。程序通过 zip 函数汇总两个列表并将其转换为字典。

```
key = ['China', 'Japan', 'France']
value = [156, 392, 250]
dict05 = dict(zip(key, value))
```

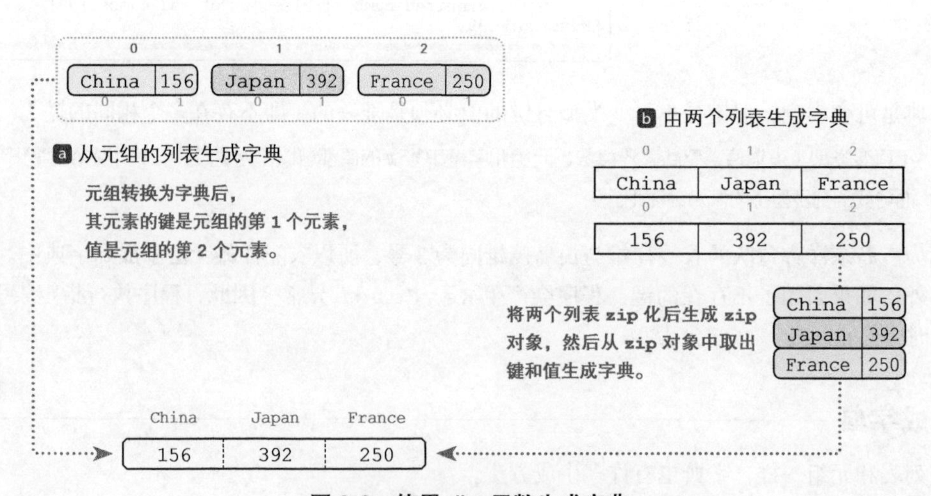

图 8-8　使用 dict 函数生成字典

元素的顺序和等价性的判断（序列型和映射型）

字符串、列表和元组是序列型，它们的元素是按顺序排列的。因此，可以用 0、1、2 这种连续的整数值的索引来访问元素。

与此相反，字典的元素用于表示键和值的对应，其顺序没有意义，所以字典类型也称为映射型。

在使用比较运算符 == 和 != 判断等价性时，序列型和映射型的判断结果会产生较大区别。请通过例 8-6 进行确认（图 8-9）。

例 8-6 列表的等价性 vs 字典的等价性

```
>>> list1 = ['China', 'Japan', 'France']
>>> list2 = ['China', 'France', 'Japan']
>>> list1 == list2
False
>>> dict1 = {'CHN': 'China', 'JPN': 'Japan', 'FRA': 'France'}
>>> dict2 = {'CHN': 'China', 'FRA': 'France', 'JPN': 'Japan'}
>>> dict1 == dict2
True
```

如果元素值均相等的列表（或元组）中元素顺序不同，则两个列表（或元组）不相等。

而元素（键和值的数据对）均相同的字典，即使元素顺序不同，也是相等的字典。

另外，由于元素没有顺序，所以我们不能对字典使用分片表达式。

*

下面请试着输出字典 dict1 和 dict2。

例 8-7 输出字典（接例 8-6）

```
>>> dict1
{'CHN': 'China', 'JPN': 'Japan', 'FRA': 'France'}
>>> dict2
{'CHN': 'China', 'FRA': 'France', 'JPN': 'Japan'}
```

两个字典都保持了生成字典时的元素序列。

▶ 从版本 3.7 开始，Python 在语言实现层面保证了插入到字典中的元素，其顺序保持不变。

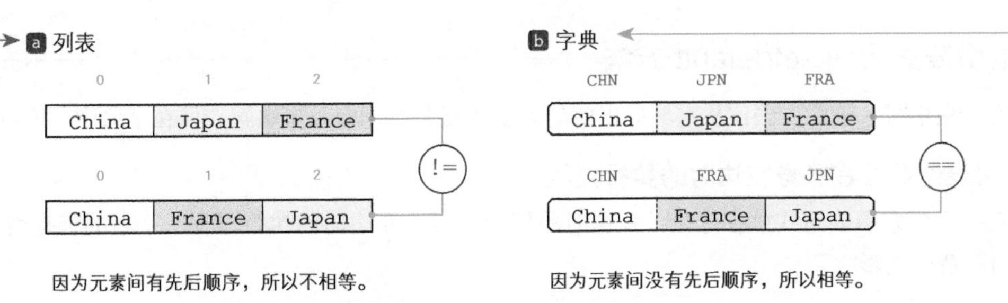

图 8-9 元素的顺序和等价性（字典和列表）

索引表达式和 get 方法

在上文内容中，代码清单 8-2 所示程序通过“索引［键］”这种形式的索引表达式取出键所对应的值，而代码清单 8-4 所示程序展示了指定字典中不存在的键后，程序会产生错误。

现在我们以下列字典为例，进一步学习索引和元素的关系。

```
color = {'red': '赤', 'green': '绿', 'blue': '蓝'}          1
```

首先是从字典中取值的方法。

使用索引表达式取值

程序对“索引[键]”这种形式的索引表达式求值后得到与键对应的值。如果指定了字典中不存在的键，程序就会产生 KeyError 异常。

▶ 使用运算符 in 提前确认键是否存在，可以避免使用索引表达式时程序产生错误。

使用 get 方法取值

调用 get 方法对字典进行取值，可以避免程序产生 KeyError 异常。

```
dict.get(key[, default=None])
```

如果字典中存在键 key，程序就会返回 key 对应的值，否则返回 default，但不会抛出 KeyError 异常。其中，default 的默认值是 None。

我们来通过例 8-8 确认两种取值方法的执行过程。

例 8-8 从字典取值（针对 1 中的 color）

使用索引表达式产生了错误

```
>>> color['red']
'赤'
>>> color['pink']
Traceback (most recent call last):
  File "<stdin>", line 1, in <module>
KeyError: 'pink'
```

使用 get 方法不会产生错误

```
>>> color.get('red')
'赤'
>>> print(color.get('pink'))
None
```

↑ 调用 print 函数来输出 None

索引表达式和 setdefault 方法

在字典中写入值的方法比从字典取出值的方法要复杂。下面我来讲解如何在字典中写入值。

索引表达式放在等号左边时的执行过程

首先介绍索引表达式放在等号（赋值时使用的等号）左边时的执行过程，字典的键是否存在会对执行过程产生影响。

▪ 当等号左边的索引表达式 [ ] 中的键在字典中存在时

➡ 根据等号右边的值更新对应的值。

在下面的示例中，键 'red' 对应的值由 '赤' 更新为 '红'。

```
color['red'] = '红'    # color['red']的值由'赤'更新为'红'          更新相应的值
```

■ 当等号左边的索引表达式 [ ] 中的键在字典中不存在时

➡ 在字典中插入指定的键和值作为新的元素。

在下面的示例中，插入键为 'yellow'、值为 ' 黄 ' 的元素（图 8-10）。

```
color['yellow'] = '黄'      # 插入了键为'yellow'且值为'黄'的元素
```

插入元素

可见，只要访问不存在的键，元素数就会加 1。

使用 setdefault 方法进行遍历（获取值或插入值）

虽然等号左边的索引表达式通过复杂的执行过程让字典使用起来更加方便，但我们在修改值或追加元素时，程序有可能会产生错误。因此，Python 提供了 setdefault 方法。

```
dict.setdefault(key[, value])
```

如果字典中存在键 key，则返回键 key 对应的值。否则，插入键为 key 且值为 value 的元素并返回 value。value 省略时插入的键的默认值为 None。

执行过程如下。

- 如果字典中存在键 key，则获取键 key 对应的元素值。
- 如果字典中不存在键 key，则插入键为 key 且值为 value 的元素。

我们来通过例 8-9 进行确认。

例 8-9 setdefault 方法的应用（针对 1 中的 color）

```
>>> v1 = color.setdefault('red', '红')
>>> v1
'赤'
>>> color
{'red': '赤', 'green': '绿', 'blue': '蓝'}
>>> v2 = color.setdefault('yellow', '黄')
>>> v2
'黄'
>>> color
{'red': '赤', 'green': '绿', 'blue': '蓝', 'yellow': '黄'}
```

获取元素值（不更新）

插入元素

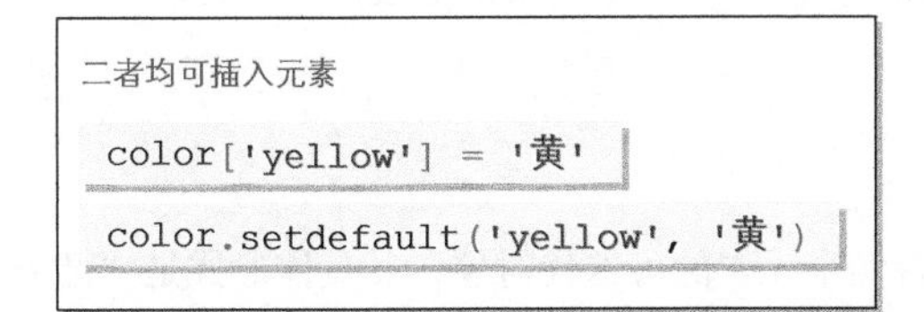

图 8-10 在字典中插入元素

使用 update 方法更新字典

下面我来介绍具有多种功能的 update 方法，其使用方法如下所示。

```
dict.update([other])
```

字典的内容更新为 other 中的键和值，此时如果键存在则覆盖其对应的值。update 方法的返回值为 None。other 既可以是其他的字典对象，也可以是由键与值的数据对构成的可迭代对象（元组或包含两个元素的可迭代对象）。如果指定了关键字参数，则程序以由键和值构成的数据对来更新字典。

虽然 update 方法的使用说明只有寥寥数行，但该方法的用途相当广泛。

合并字典

调用 a.update(b) 可以合并字典 a 与字典 b。

在代码清单 8-5 中，字典 cmy 的元素被原封不动地插入到了字典 rgb 中。

代码清单 8-5 chap08/list0805.py

```
# 使用update方法合并字典（没有重复的键）

rgb = {'red': '赤', 'green': '绿', 'blue': '蓝'}
cmy = {'cyan': '浅蓝', 'magenta': '紫红', 'yellow': '黄'}

# 合并字典rgb和字典cmy
rgb.update(cmy)
print(rgb)
```

运行结果

```
{'red': '赤',
'green': '绿',
'blue': '蓝',
'cyan': '浅蓝',
'magenta': '紫红',
'yellow': '黄'}
```

另外，当合并的字典中存在键相同的元素时，结果以 b 的值为准。当原始的英中字典 a 与新的英中字典 b 合并时，如果词汇的定义不同，即英中字典中的索引（键）所对应的解释（值）不同，则用新字典 b 中词汇的定义来更新字典 a。

在代码清单 8-6 中，词条（键）'red' 所对应的解释（值）由 '赤' 更新为了 '红'。

代码清单 8-6 chap08/list0806.py

```
# 使用update方法合并字典（有重复的键）

rgb = {'red': '赤', 'green': '绿', 'blue': '蓝'}
cry = {'cyan': '浅蓝', 'red': '红', 'yellow': '黄'}

# 合并字典rgb和字典cry
rgb.update(cry)
print(rgb)
```

运行结果

```
{'red': '红',
'green': '绿',
'blue': '蓝',
'cyan': '浅蓝',
'yellow': '黄'}
```

▶ 字典 rgb 中不存在的键 'cyan' 的对应元素和键 'yellow' 的对应元素被直接插入到了字典中。

更新字典中的元素

在以上示例中，update 方法的参数都是字典。

update 方法的参数也可以是元组或者包含两个元素的可迭代对象，其具体形式是“键 = 值”。在传递多个键值对时，我们一般使用以下形式。

```
d.update( 键 = 值 )
d.update( 键 1= 值 1, 键 2= 值 2, …以下省略… )
```

此时，程序会根据字典 d 中是否存在指定的键来采取不同的行为。

字典中不存在该键 ⇨ 插入定义（键和对应值）

字典中存在该键 ⇨ 更新定义（键和对应值）

上文讲解了如何使用索引表达式、get 方法和 setdefault 方法插入元素或更新元素。update 方法主要用于一次性插入多个元素或更新多个元素。

我们来看代码清单 8-7。

代码清单 8-7 chap08/list0807.py

```
# 使用update方法更新字典

rgb = {'red': '赤', 'green': '绿', 'blue': '蓝'}

rgb.update(red='红', blue='深蓝', yellow='黄')
print(rgb)
```

运行结果

```
{'red': '红',
'green': '绿',
'blue': '深蓝',
'yellow': '黄'}
```

上述程序在更新 'red' 的定义和 'blue' 的定义（对应的值）的同时，插入了键为 'yellow' 且值为 ' 黄 ' 的元素。

▶ update 方法不使用单引号“''”包围作为参数传递的键（即传递的是 red 而不是 'red'）。下一章我会对此进行讲解。

字典和运算符

与列表和元组不同，我们不能对字典使用 +、*、+= 和 *= 等运算符。

专栏 8-2 带有顺序的字典

前文提到在字典中元素的顺序是没有意义的。如果在保存元素的同时需要存入键的先后顺序，这时我们可以使用 collections.OrderdDict 型的字典。

删除元素

上文讲解了获取、更新和插入字典元素的方法。下面讲解如何删除字典中的元素。

▶ 现在我们以例 8-9 中的字典 color 为例，思考如何删除插入的元素 color['yellow']。

使用 pop 方法删除元素

如果调用 pop 方法并传递键作为参数，该键所对应的元素就会被删除。与列表一样，pop 方法会返回被删除的值。

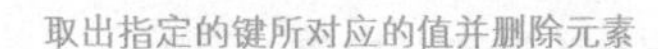
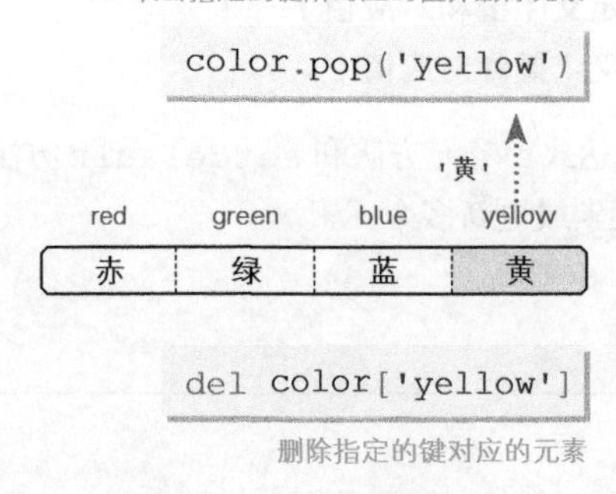

图 8-11 从字典删除元素

使用 del 语句删除元素

如果值已经没用，我们可以使用 del 语句在指定索引表达式后删除相应的键所对应的元素。

不论使用哪种方法，如果指定了不存在的键，程序就会产生 KeyError 异常。

使用 clear 方法删除所有元素

与列表一样，使用 clear 方法可以删除字典的所有元素，对现有字典执行空字典化操作。

```
color.clear()                    # 删除字典color中的所有元素
```

▶ 与列表一样，程序也可以使用赋值语句 color = {} 清空字典（让变量 color 引用空字典）。另外，如果要删除字典本身而不是其中的元素，我们需要使用 del color。

字典的基本操作

现在讲解字典的基本操作（应用在列表和元组的相关章节中所学的知识）。

使用成员运算符判断键是否存在

使用成员运算符 in 和 not in 可以查看字典中指定的键是否存在。

在访问元素前判断元素是否存在可以避免程序产生 KeyError 异常。

```
if 'purple' in color:               # 如果字典 color 中存在键 'purple'
    color['purple'] = '藤紫'         # 更新该键对应的值
```

请注意当成员运算符用于字符串、列表和元组时，值是否存在，以及当成员运算符用于字典时，键是否存在。

这说明了字典具有以键为中心的特性。

使用 len 函数获取元素总数

与字符串和列表一样，内置函数 len 可以用于获取字典的元素总数。

使用 copy 方法进行复制

针对字典型使用的 copy 方法可以用于复制字典。调用 b = a.copy() 可以将字典 b 复制为字典 a。

遍历字典

下面我来介绍如何遍历字典的所有元素。首先，请试着执行代码清单 8-8、代码清单 8-9 和代码清单 8-10。

代码清单 8-8　chap08/list0808.py

```
# 使用enumerate函数遍历字典的所有键
rgb = {'red': '赤', 'green': '绿', 'blue': '蓝'}
for i, key in enumerate(rgb):
    print('{} {}'.format(i, key))
```

运行结果

```
0 red
1 green
2 blue
```

代码清单 8-9　chap08/list0809.py

```
# 使用enumerate函数遍历字典的所有键（从1开始计数）
rgb = {'red': '赤', 'green': '绿', 'blue': '蓝'}
for i, key in enumerate(rgb, 1):
    print('{} {}'.format(i, key))
```

运行结果

```
1 red
2 green
3 blue
```

代码清单 8-10　chap08/list0810.py

```
# 遍历字典所有的键（不使用索引值）
rgb = {'red': '赤', 'green': '绿', 'blue': '蓝'}
for key in rgb:
    print('{}'.format(key))
```

运行结果

```
red
green
blue
```

以上各个程序相当于代码清单 7-4、代码清单 7-5 和代码清单 7-6（都在第 177 页）。通过对比程序和运行结果我们可以得知以下内容。

> 使用与列表相同的遍历方法可以取出所有元素的键（无法取出值）。

通过该例我们知道字典具有以键为中心的特性。此外，我们也可以得知以下内容。

> 字典不适用于代码清单 7-3 之类的程序。也就是说，我们不能事先获取字典的元素总数并根据索引 0、1、2 等取出对应的元素。

字典和视图

字典虽然便于使用，但处理起来比较困难。

比如，在记录职业棒球永久缺号的字典（代码清单 8-4）中，缺号键为 1、3 和 14，所以我们需要查看字典中存入了什么键。Python 为此提供了以下 3 种方法。

keys()	返回所有键的 dict_keys 型视图。
values()	返回所有值的 dict_values 型视图。
items()	返回所有元素（键和值的元组）的 dict_items 型视图。

这里提到的视图是用于按顺序查看字典元素的“假想数据表”，它也是集中了有序元素的可迭代对象。如果字典发生变化，作为“假想数据表”的视图也会自动更新。

代码清单 8-11 针对字典 rgb 应用了上述 3 种方法。

代码清单 8-11　　chap08/list0811.py

```
# 取出字典的所有键、所有值和所有元素
rgb = {'red': '赤', 'green': '绿', 'blue': '蓝'}
print('键：', list(rgb.keys()))          # 将键的视图转换为列表
print('值：', list(rgb.values()))        # 将值的视图转换为列表
print('元素：', list(rgb.items()))       # 将(键，值)的视图转换为列表
```

运行结果

```
键： ['red', 'green', 'blue']
值： ['赤', '绿', '蓝']
元素： [('red', '赤'), ('green', '绿'), ('blue', '蓝')]
```

该程序将用各种方法获得的 3 个视图转换为列表并对其进行打印输出。

用 keys 方法和 values 方法获得的视图是所有键或值的集合，用 items 方法获得的视图是键和值的元组集合。

如图 8-12 所示，该程序将作为假想数据表的视图转换为列表实体。

▶ 当然，我们也可以通过 tuple 函数将视图转换为元组（chap08/list0811a.py）。

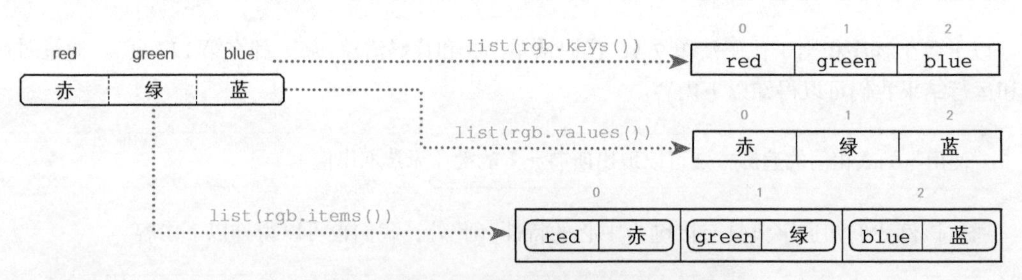

图 8-12　从字典中获取视图并将其转换为列表

获取的视图被转换为列表（元组）后，我们可以通过索引表达式访问其中的元素。请看代码清单 8-12。

代码清单 8-12　　chap08/list0812.py

```
# 获取的视图被转换为列表后，我们可使用整数型索引访问其中的元素
item = list({'red': '赤', 'green': '绿', 'blue': '蓝'}.items())

print('item[0]    = ', item[0])
print('item[1]    = ', item[1])
print('item[2]    = ', item[2])

print('item[0][0] = ', item[0][0])
print('item[0][1] = ', item[0][1])
print('item[1][0] = ', item[1][0])
print('item[1][1] = ', item[1][1])
print('item[2][0] = ', item[2][0])
print('item[2][1] = ', item[2][1])
```

运行结果

```
item[0]    =  ('red', '赤')
item[1]    =  ('green', '绿')
item[2]    =  ('blue', '蓝')
item[0][0] =  red
item[0][1] =  赤
item[1][0] =  green
item[1][1] =  绿
item[2][0] =  blue
item[2][1] =  蓝
```

该程序通过 items 方法获取视图后将其转换为列表 item，然后通过对 item 使用索引表达式来输出相应的值。item 是以元组为元素的列表，其构成元素是字符串。

▶ 我们可以对视图使用（下一节讲解的）各种集合运算。

因为视图是可迭代对象，所以（即使不转换为列表和元组）它也可以直接作为 for 语句的遍历对象使用。我们来看代码清单 8-13。

代码清单 8-13　　chap08/list0813.py

```
# 对从字典获取的视图进行遍历
rgb = {'red': '赤', 'green': '绿', 'blue': '蓝'}

# 对使用keys()获取的视图进行遍历
for key in rgb.keys():
    print(key)

# 对使用values()获取的视图进行遍历
for value in rgb.values():
    print(value)

# 对使用items()获取的视图进行遍历
for item in rgb.items():
    print(item)
```

运行结果

```
red
green
blue
赤
绿
蓝
('red', '赤')
('green', '绿')
('blue', '蓝')
```

3 个 for 语句分别取出了键、值和元素（键和值的元组）。

另外，如果按照代码清单 8-14 修改最后的 for 语句，我们就可以取出解包后的键和值。

代码清单 8-14　　chap08/list0814.py

```
# 对从字典获取的视图进行遍历（从items()分别取出键和值）

# 使用items()获取视图后进行遍历
for key, value in rgb.items():
    print(key, value)
```

```
red 赤
green 绿
blue 蓝
```

字典的应用

代码清单 8-15 是基于字典编写的程序，该程序读取通过键盘输入的字符串后，输出了各个字符的出现情况。

代码清单 8-15　　chap08/list0815.py

```
# 将字符串中字符的出现次数存储至字典（其一）

txt = input('字符串：')

count = {}                              ←1
for ch in txt:
    if ch not in count:
        count[ch] = 1    # 插入字典      ←2
    else:
        count[ch] += 1   # 更新元素的值  ←3

print('分布=', count)
```

运行示例

```
字符串：ABAXB⏎
分布={'A': 2, 'B': 2, 'X': 1}
```

代码1生成了空字典并将其赋给了 count。程序在字典中插入的元素键是字符，元素值是字符出现的次数。

程序读取通过键盘输入的字符串 txt 后，for 语句从头到尾遍历该字符串。在遍历过程中，程序进行了以下操作。

▪ 如果字典中仍然没有插入字符 ch

程序会将 1 赋给该字符对应的值（出现次数）（代码2），即在字典 count 中插入值为 1 的 count[ch] 作为新元素。

▪ 如果字典中已经插入字符 ch

程序会递增该字符对应的计数结果（代码3），即递增字典 count 中的元素 count[ch] 的值（图 8-13）。

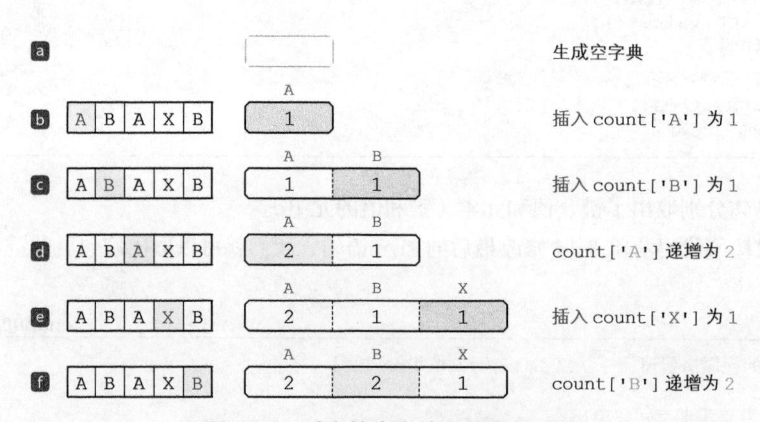

图 8-13　对字符串中的字符进行计数

字典解析式

上一章讲解了列表解析式，其基本形式如下所示。

```
[ 表达式 for 元素 in 可迭代对象 ]     # 列表解析式
```

我们也可以对字典使用解析式，但是字典解析式（dictionary comprehension）中表达式的部分是用“**键：值**”表示的，具体如下所示。

```
{ 表达式 : 表达式 for 元素 in 可迭代对象 }      # 字典解析式
  └键      └值
```

代码清单 8-16 利用字典解析式对前面的程序进行了改写。

代码清单 8-16 chap08/list0816.py

```python
# 将字符串中字符的出现次数存储至字典（其二：字典解析式）
txt = input('字符串：')
count = {ch: txt.count(ch) for ch in txt}
print('分布=', count)
```

运行示例

```
字符串：ABAXB⏎
分布={'A': 2, 'B': 2, 'X': 1}
```

for 语句从头到尾遍历了字符串 txt，并对键和值按如下方式进行设置。

键 ch ：当前遍历字符
值 txt.count(ch) ：txt 中字符 ch 的出现次数（count 是字符串型的方法）

▶ 这里介绍的方法效率较低。这是因为在遍历过程中，当字符串 txt 中出现同一字符时，程序会多次使用 count 方法计算并修改出现次数，如下所示。

① 当前遍历字符 ch 为 'A' ⇨ 将 'A': 2 插入字典。
② 当前遍历字符 ch 为 'B' ⇨ 将 'B': 2 插入字典。
③ 当前遍历字符 ch 为 'A' ⇨ 将字典中键 'A' 的值更新为 2（覆写为相同值）。
④ 当前遍历字符 ch 为 'X' ⇨ 将 'X': 1 插入字典。
⑤ 当前遍历字符 ch 为 'B' ⇨ 字典中键 'B' 的值更新为 2（覆写为相同值）。

（①与③：重复；②与⑤：重复）

在该例中，①使用 count 方法获取 'A' 的出现次数得到 2，③也使用 count 方法获取 'A' 的出现次数得到 2。如果有 100 个相同的字符，程序就会调用 100 次 count 方法，每次得到 100。为了避免这种重复的情况出现，我们要将作为遍历对象的字符串转换为集合（集合会在下一节中介绍），程序使用集合进行计数（chap08/list0816a.py）。

```python
count = {ch: txt.count(ch) for ch in set(txt)}
```

字符串 'ABXAX' 转换为集合后变为 {'A', B', 'X'}（但是，由于集合中的元素顺序没有意义，所以元素的顺序会发生改变）。

Python 可以轻松生成以现有列表或元组的元素为值、以 0、1、2 等数字为键的字典。请看以下示例（chap08/dict_comp.py）。

```python
s = ['春', '夏', '秋', '冬']
season = {k: v for k, v in enumerate(s)}   # {0:'春', 1:'夏', 2:'秋', 3:'冬'}
```

8-3 集合

在本章最后，我对集合进行讲解。集合也常见于数学领域，它的特性是不存在重复的元素。

关于集合

这里我要讲解的是 set 型的集合。与列表和元组一样，集合是对象汇集起来得到的结果。不过，集合与列表、元组之间也存在以下不同点。

集合没有顺序（集合中的元素顺序没有意义）。

比如，{1, 2, 3} 和 {3, 1, 2} 之间没有任何区别（无法区分）。另外，与数学中的标记方式一样，集合通过 {} 表示。

▶ 在数学领域的集合定义中，元素顺序也没有意义。

集合的生成方法和集合的性质

首先讲解集合的生成方法。

▪ 使用 {} 生成集合

以逗号“,”分隔和排列元素后，用集合标记运算符 {} 包围这些元素可以生成集合。

```
set01 = {1}                    # {1}
set02 = {1, 2, 3}              # {1, 2, 3}
set03 = {1, 2, 3,}             # {1, 2, 3}
set04 = {'A', 'B', 'C'}        # {'A', 'B', 'C'}
```

▶ 右侧的注释是生成的集合内容。程序 chap08/set_construct.py 生成并输出了从 set01 到 set09 的集合（这时，集合元素的顺序还不确定）。

另外，我们可以使用表达式 {} 生成空字典，但不能使用 {} 生成空集合。

▪ 使用 set 函数生成集合

内置函数 set 以字符串和列表等各种类型的对象为基础生成集合。
另外，在不传递实参的情况下调用 set() 会生成空集合。

```
set05 = set()                # set()             空集合
set06 = set('ABC')           # {'A', 'B', 'C'}   从字符串的各个字符生成集合
set07 = set([1, 2, 3])       # {1, 2, 3}         从列表生成集合
set08 = set([1, 2, 3, 2])    # {1, 2, 3}         从列表生成集合
set09 = set((1, 2, 3))       # {1, 2, 3}         从元组生成集合
```

set08 基于包含多个 2 的列表生成集合。由于集合不能存在相同元素，所以两个 2 合并为了一个。

应用该特性后，我们可以轻松删除列表（元组）中重复的元素。比如，通过“列表→集合→列表”这样的转换过程，列表中重复的元素就会被删除。

```
lst1 = [1, 2, 3, 2]
lst2 = list(set(lst1))          # [1, 2, 3]     删除 lst1 中的重复元素
```

由于集合中的元素没有顺序，所以我们不能对集合使用索引表达式和分片表达式。另外，在需要对集合的元素进行排序的情况下，我们可以使用 sorted 函数将集合转换为列表。

可变类型

集合是可变类型，所以我们可以对集合添加元素或删除元素。当然，集合不能作为字典的键使用。

▶ Python 提供了冻结集合型（frozenset 型）作为不可变的集合型。由于冻结集合不可变，所以它可以用作字典的键或其他集合的元素。

如果没有元素则逻辑值为假

没有元素的空集合，其逻辑值为假。

可以使用 copy、len、max、min 和 sum 等内置函数

内置函数中的 copy 函数、len 函数、max 函数、min 函数和 sum 函数均可用于集合，这是因为这些运算符和函数没有对集合进行修改。

等价性的判断

比较运算符 == 和 != 可用于判断集合的等价性。

由于集合中不存在多个相同的元素且元素的顺序没有意义，所以下列表达式的求值结果为 True。

```
{1, 2, 1} == {1, 1, 2} == {1 2}           # 求值结果为True
```

成员运算符 in 和 not in

我们通过第 3 章中用于判断季节的程序学习了成员运算符 in 可用于集合。

x in S	如果 x 是集合 S 的元素，则结果为 True	$x \in S$
x not in S	如果 x 不是集合 S 的元素，则结果为 True	$x \notin S$

不论使用哪个运算符，搜索 x 是否为 S 的元素的操作都在程序内部进行，并且程序搜索集合的速度比搜索列表的速度更快。

▶ 这些是使用了数学符号的表示方式。今后我们均使用这种表示方式。

集合的基本操作

前面介绍了比较运算符 == 和 != 以及成员运算符。除了前面提到的运算符，表 8-2 还汇总了可应用于集合的其他运算符和方法。

表 8-2 可应用于集合的运算符和方法

运算符	方法	概要
x in s		x 是集合 s 的元素吗
x not in s		x 不是集合 s 的元素吗
s1 == s2		s1 和 s2 相等吗
s1 != s2		s1 与 s2 不相等吗
	s1.isdisjoint(s2)	s1 和 s2 是不相交集合（没有共同的元素）吗
s1 <= s2	s1.issubset(s2)	s1 是 s2 的子集（s1 的所有元素都是 s2 的元素）吗
s1 < s2		s1 是 s2 的真子集（s1 <= s2 and s1 != s2）吗
s1 >= s2	s1.issuperset(s2)	s1 是 s2 的超集（s2 的所有元素都是 s1 的元素）吗
s1 > s2		s1 是 s2 的真超集（s1 >= s2 and s1 != s2）吗
s1 | s2	s1.union(s2)	计算 s1 和 s2 的并集
s1 & s2	s1.intersection(s2)	计算 s1 和 s2 的交集
s1 - s2	s1.difference(s2)	计算 s1 和 s2 的差集
s1 ^ s2	s1.synmetric_difference(s2)	计算 s1 和 s2 的对称差
	s.add(e)	在 s 中添加元素 e
	s.discard(e)	删除 s 中的元素 e
	s.remove(e)	删除 s 中的元素 e。如果 e 不存在，程序抛出 KeyError 异常
	s.pop()	删除 s 中的元素并返回该元素的值（不能指定删除的元素）
	s.clear()	删除 s 中的所有元素
s1 |= s2	s1.union_update(s2)	对 s1 添加 s2
s1 &= s2	s1.intersection_update(s2)	从 s1 删除 s2 中不包含的元素
s1 -= s2	s1.difference_update(s2)	从 s1 删除 s2 中包含的元素
s1 ^= s2	s1.synmetric_difference_update(s2)	从 s1 删除 s2 中包含的元素

▶ 在使用运算符时，运算对象 s2 必须是集合。在使用方法时，用户可以传递任意的可迭代对象给参数 s2。
前半部分蓝色底纹中的运算符和方法并没有更新作为运算对象的集合，因此可以应用于 set 型集合和 frozenset 型集合（frozenset 型是不可变的集合型，除了不能使用一部分方法，它与 set 型基本相同）。
后半部分橘色底纹中的运算符和方法更新了作为运算对象的集合 s 和 s1，因此只能应用于 set 型集合。

运算符和方法可以单独使用，也可以同时使用。下面开始讲解具体的使用方法。

添加元素（add 方法）

s.add(e) 对集合 s 添加了一个元素 e（例 8-10）（图 8-14）。

例 8-10 使用 add 添加元素

```
>>> s = {1, 2, 3, 4, 5, 6}
>>> s.add(9)
>>> s
{1, 2, 3, 4, 5, 6, 9}
```

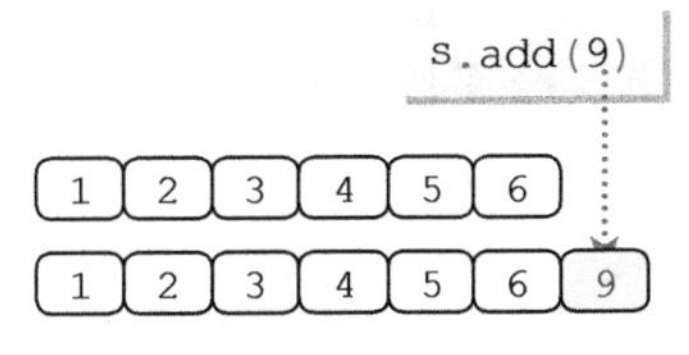

图 8-14 添加元素

但是，如果元素 e 已经存在，程序则不执行添加操作。

删除元素（discard 方法和 remove 方法）

s.discard(e) 和 s.remove(e) 用于从集合 s 删除元素 e。如果集合 s 中不存在元素 e，则 s.discard(e) 不执行任何操作，而在使用 s.remove(e) 的情况下，程序会产生 KeyError 异常（例 8-11）。

例 8-11 删除元素（discard 方法和 remove 方法）

```
>>> s = {1, 2, 3, 4, 5, 6}
>>> s.discard(3)
>>> s
{1, 2, 4, 5, 6}
>>> s.discard(7)
>>> s
{1, 2, 4, 5, 6}
```

```
>>> s = {1, 2, 3, 4, 5, 6}
>>> s.remove(3)
>>> s
{1, 2, 4, 5, 6}
>>> s.remove(7)
Traceback (most recent call last):
  File "<stdin>", line 1, in <module>
KeyError: 7
```

随机删除元素（pop 方法）

s.pop() 用于从集合 s 删除元素并返回该元素的值（例 8-12）。该方法不能指定删除的元素（删除随机选择的元素）。

例 8-12 使用 pop 随机删除元素

```
>>> s = {1, 2, 3, 4, 5, 6}
>>> e = s.pop()
>>> e
1                     ← 删除的值（由于删除的值是随机选择出来的，所以该值不一定是 1）
>>> s
{2, 3, 4, 5, 6}
```

删除所有元素（clear 方法）

s.clear() 用于删除集合 s 的所有元素（例 8-13）。

例 8-13 使用 clear 删除所有元素

```
>>> s = {1, 2, 3, 4, 5, 6}
>>> s.clear()
>>> s
set()                 ← 变成空集合
```

不相交集合的判断（isdisjoint 方法）

s1.isdisjoint() 用于判断集合 s1 和集合 s2 是否为不相交集合（不存在共同的元素），如果是则返回 True，否则返回 False。

是否为子集（运算符 <= 和 issubset 方法）

使用比较运算符 <= 和 issubset 方法可以判断集合 s1 是否为集合 s2 的子集（s1 的所有元素都是 s2 的元素）（图 8-15）。

```
s1 <= s2
s1.issubset(s2)
```

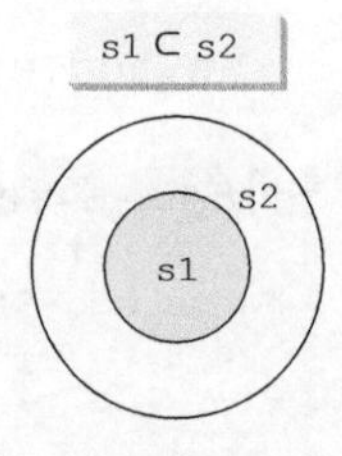

图 8-15 子集

是否为真子集（运算符 <）

使用比较运算符 < 可以判断集合 s1 是否为集合 s2 的真子集（s1 的所有元素都是 s2 的元素且 s1 与 s2 不相等）。

```
s1 < s2            # 等同于s1 <= s2 and s1 != s2
```

▶ 请注意不要混淆子集和真子集。

{1, 2, 3} 是 {1, 2, 3} 的子集，但不是真子集。

{1, 2, 3} 是 {1, 2, 3, 4} 的子集，也是真子集。

是否为超集（运算符 >= 和 issuperset 方法）

使用比较运算符 >= 和 issuperset 方法可以判断集合 s1 是否为集合 s2 的超集（s2 的所有元素都包含于 s1）。

```
s1 >= s2
s1.issuperset(s2)
```

▶ 另外，当 s1==s2 成立时，s1<=s2 和 s1>=s2 均成立。

是否为真超集（运算符 >）

使用比较运算符 > 可以判断集合 s1 是否为集合 s2 的真超集（s2 的所有元素都包含于 s1 且 s1 和 s2 不相等）。

```
s1 > s2            # 等同于s1 >= s2 and s1 != s2
```

并集（运算符 | 和 union 方法）

使用运算符 | 和 union 方法可以计算集合 s1 和集合 s2 的并集（由所有包含于任一集合的元素构成的集合）（图 8-16）。

```
s1 | s2                 生成并集
s1.union(s2)
```

此外，使用运算符 |= 和 union_update 方法可以更新 s1 为 s1 和 s2 的并集。

```
s1 |= s2                更新为并集
s1.union_update(s2)
```

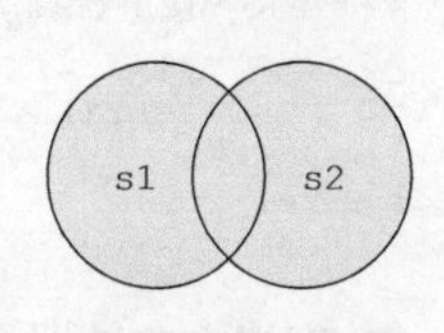

图 8-16 并集

交集（运算符 & 和 intersection 方法）

使用运算符 & 和 intersection 方法可以计算集合 s1 和集合 s2 的交集（两个集合共同的元素所构成的集合）（图 8-17）。

```
s1 & s2                          生成交集
s1.intersection(s2)
```

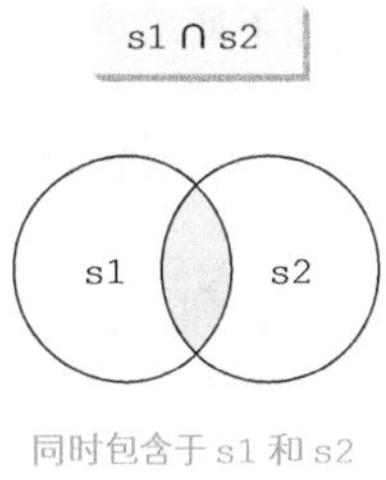

s1 ∩ s2

s1 s2

同时包含于 s1 和 s2

图 8-17 交集

此外，使用运算符 &= 和 intersection_update 方法可以更新 s1 为 s1 和 s2 的交集。

```
s1 &= s2                         更新为交集
s1.intersection_update(s2)
```

差集（运算符 - 和 difference 方法）

使用运算符 - 和 difference 方法可以计算集合 s1 和集合 s2 的差集（包含于 s1 但不包含于 s2 中的元素的集合）（图 8-18）。

```
s1 - s2                          生成差集
s1.difference(s2)
```

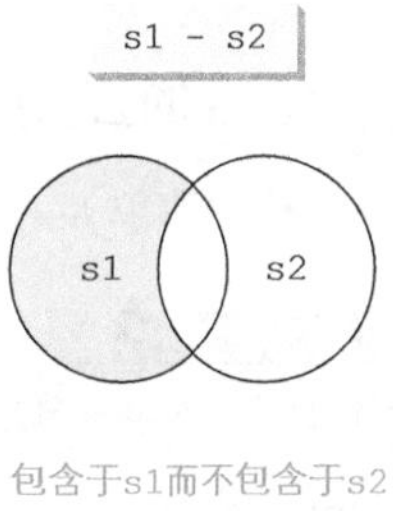

s1 - s2

s1 s2

包含于s1而不包含于s2

图 8-18 差集

此外，使用运算符 -= 和 difference_update 方法可以更新 s1 为 s1 和 s2 的差集。

```
s1 -= s2                         更新为差集
s1.difference_uadate(s2)
```

对称差集合（运算符 ^ 和 difference 方法）

使用运算符 ^ 和 synmetric_difference 方法可以计算集合 s1 和集合 s2 的对称差集（只包含于 s1 或 s2 的元素所构成的集合）（图 8-19）。

```
s1 ^ s2                          生成对称差集
s1.synmetric_difference(s2)
```

s1 ∪ s2 - s1 ∩ s2

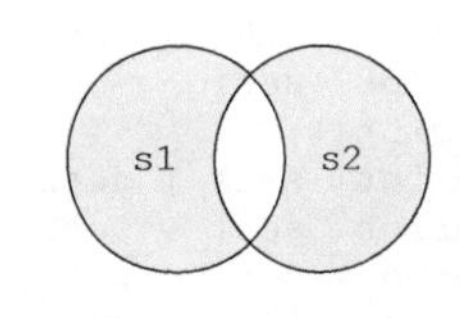

只包含于s1或s2

图 8-19 对称差集

此外，使用运算符 ^= 和 synmetric_difference_update 方法可以更新 s1 为 s1 和 s2 的对称差集。

```
s1 ^= s2                         更新为对称差集
s1.synmetric_difference_update(s2)
```

▶ 表 8-2 下方说明了在使用运算符的情况下运算对象 s2 必须是集合，而在使用方法的情况下用户可以传递任意的可迭代对象给参数 s2。
这里为了方便讲解，只针对 s2 为集合的情况进行了说明。

集合解析式

我在讲解列表和字典时介绍的解析式也可用于集合。集合解析式（set comprehension）的基本形式如下所示。

```
{ 表达式 for 元素 in 可迭代对象 } # 集合解析式
```

比如，表达式`{n for n in range(1, 8)}`生成了集合`{1, 2, 3, 4, 5, 6, 7}`。我们来看例 8-14。

例 8-14 使用集合解析式生成集合

```
>>> x = {n for n in range(1, 8)}
>>> x
{1, 2, 3, 4, 5, 6, 7}
```

除了生成的元素没有重复（重复的元素被忽视）这一点，集合解析式与列表解析式都相同。

集合的应用示例

代码清单 8-17 应用了集合。

代码清单 8-17 chap08/list0817.py

```
# 转换两个字符串为集合后进行集合运算

set1 = set(input('字符串s1：'))
set2 = set(input('字符串s2：'))

print('set1：', set1)
print('set2：', set2)
print()
print('set1 == set2：', set1 == set2)
print('set1 != set2：', set1 != set2)
print('set1 <  set2：', set1 <  set2)
print('set1 <= set2：', set1 <= set2)
print('set1 >  set2：', set1 >  set2)
print('set1 >= set2：', set1 >= set2)
print()
print('set1 | set2：', set1 | set2)
print('set1 & set2：', set1 & set2)
print('set1 - set2：', set1 - set2)
print('set1 ^ set2：', set1 ^ set2)
```

运行示例

```
字符串s1：ABC
字符串s2：ABD
set1： {'B', 'C', 'A'}
set2： {'D', 'B', 'A'}

set1 == set2： False
set1 != set2： True
set1 <  set2： False
set1 <= set2： False
set1 >  set2： False
set1 >= set2： False

set1 | set2： {'A', 'D', 'C', 'B'}
set1 & set2： {'B', 'A'}
set1 - set2： {'C'}
set1 ^ set2： {'D', 'C'}
```

上述程序读取两个字符串后将其转换为集合，并对集合`set1`和`set2`使用各种运算符，最后打印输出相应结果。

► 另外，关于集合的遍历，上一章讲解过使用`for~in`对列表的所有元素进行遍历的方法，该方法可以直接应用于集合。

可迭代对象和迭代器

第 6 章介绍的字符串、第 7 章介绍的列表以及本章介绍的元组、集合和字典等类型的对象都具有可迭代的特性。

可迭代对象的结构支持程序逐一取出元素。

▶ 第 4 章讲解的 range 函数返回的是可迭代对象。另外，第 13 章讲解的文件对象也是可迭代对象。

如果给内置函数 iter 传递可迭代对象作为参数，那么函数会返回该对象的迭代器（iterator）。

迭代器是表示数据序列的对象。通过调用迭代器的 __next__ 方法或以迭代器为参数调用内置函数 next，程序会依次取出对象中排列的元素。

另外，程序取完元素时会抛出 StopIteration 异常。

▶ 首次调用 next 函数时会取出第 1 个元素，第 2 次调用时会取出第 2 个元素……按照这种方式，程序每次调用 next 函数都会取出对象中的下一个元素。

for 语句和可迭代对象

以下是第 4 章和第 7 章中使用了 for 语句的程序。

```
# 代码清单 4-8
for i in range(n):
    print('No.', i, ':你好。')

# 代码清单 7-6
x = ['John', 'George', 'Paul', 'Ringo']
for i in x:
    print(i)
```

在上面的 for 语句中，in 和“:”之间的表达式只在循环开始前进行一次求值操作（如果求值后得到的不是可迭代对象就会产生错误）。

求值操作结束后，程序会进行以下处理。

- 使用 iter 函数从可迭代对象获取迭代器。

▶ 比如，在调用 range(5) 时，程序生成了元素序列是 [0, 1, 2, 3, 4] 的 range 型对象，而后从该对象获取 range_iterator 型的迭代器。

然后程序重复进行以下处理。

- 使用 next 函数从迭代器逐一获取“下一个元素”。
- 执行循环体中的代码组。

取出所有元素后，for 语句循环结束。

通过以上内容，大家应该能基本理解 for 语句精妙的内部机制了。

总结

- 元组是一种容器序列，它对对象的引用进行排列。同时，元组也是不可变的 tuple 型可迭代对象。

- 元组可以通过运算符 () 生成，() 中是用逗号隔开的元素序列。如果生成元组时只有一个元素，我们则需要在末尾添加逗号。在不产生歧义的情况下可以省略 ()。另外，元组也可以通过 tuple 函数生成。

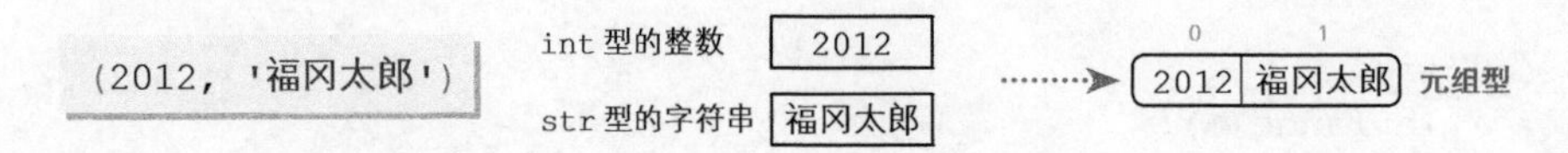

- 元组是不可变类型，不存在对元组内容进行更新的方法。列表中不会对内容进行更新的运算符和方法可以用于元组，并且使用方法相同。

- 在对元组使用索引表达式和分片表达式时，元组不能放在等号左边。

- 多个值组合为元组（列表）的过程称为打包，进行相反转换的过程称为解包。我们根据需要可以隐式地对元组进行解包。

- 使用 zip 函数可以对存储于多个列表和元组的数据（收集相同索引值的数据）进行 zip 化操作。

- 字典是可变的 dict 型可迭代对象，其中排列的元素是由键和值组成的数据对。字典是映射型，元素顺序没有意义。

- 字典可以通过运算符 {} 生成，{} 中是用逗号隔开的“键：值”的序列。另外，字典可以通过 dict 函数生成。

- 字典的键不可变且必须是唯一的。

```
{'春': 'spring', '夏': 'summer', '秋': 'autumn', '冬': 'winter'}
```

春	夏	秋	冬
spring	summer	autumn	winter

- 在对字典调用索引表达式时用户传递键作为索引。

- 在对字典调用索引表达式进行赋值操作时，如果键值存在，程序则更新对应的值，否则添加由键和值组成的数据对作为元素。

- 可以使用 get 方法取出字典中的值，使用 setdefault 方法取出或插入值，使用 update 方法更新字典。
- 我们对字典使用 keys 方法、values 方法和 items 方法可以得到字典的视图，它是用于查看字典内部数据的假想数据表。
- 使用字典解析式可以高效简洁地生成字典。
- 集合是一种容器序列，它的元素是对象的引用。集合也是可变的 set 型可迭代对象。与其他序列型不同，集合中的元素不能出现相同的值。另外，元素的顺序没有意义。
- 集合可以通过运算符 {} 生成，{} 中是用逗号隔开的元素序列。另外，集合也可以通过 set 函数生成。调用 set() 可以生成空集合。

- 冻结集合（frozenset 型）用于表示不可变的集合。
- 我们可以针对集合使用很多运算符、增量赋值运算符和方法。
- 使用集合解析式可以高效简洁地生成集合。
- 可迭代对象（可反复的对象）具有可逐一取出元素的结构。传递可迭代对象作为参数调用 iter 函数，程序会返回表示数据序列的迭代器。

chap08/gist.py

```
# 第8章 总结

p1 = [75, 56, 89]  # 英语分数的列表
p2 = [42, 85, 77]  # 数学分数的列表

# 键是姓、值是名的字典
name = {
    '渡边': '弘一',
    '西田': '繁人',
    '杉田': '香',
}

# zip化后转换为集合（集合的元素是元组型）
plist = set(zip(name.items(), p1, p2))

# 输出集合的所有元素
for m in plist:
    print(m)
```

运行结果

```
(('渡边', '弘一'), 75, 42)
(('西田', '繁人'), 56, 85)
(('杉田', '香'), 89, 77)
```

第 9 章

函数

函数是程序的零件。本章，我将详细介绍函数的编写方法和使用方法。

- 函数和内部函数
- 内置函数和自定义函数
- 函数定义和函数调用
- 实参和形参
- return 语句和返回值
- 递归调用
- 参数的默认值
- 位置参数和关键字参数
- 可变参数（位置参数的元组化）
- 可迭代型实参的解包
- 接收和传递字典化的关键字参数
- 映射型实参的解包
- 强制使用关键字参数
- 文档字符串和 help 函数
- 标注
- 命名空间和作用域
- global 语句和 nonlocal 语句
- 高阶函数
- lambda 表达式

9-1 函数的基础知识

前面的章节中已经使用了许多便利的程序部件，比如 print 函数和 randint 函数等。现在我们来学习如何编写这些程序部件。

函数是什么

首先请看代码清单 9-1 和代码清单 9-2。两个程序分别输出了直角在左下角的等腰直角三角形和长方形。

代码清单 9-1　chap09/list0901.py

```
# 直角在左下角的等腰直角三角形

print('直角在左下角的等腰直角三角形')

n = int(input('腰长:'))

for i in range(1, n + 1):
    for _ in range(i):
        print('*', end='')
    print()
```

运行示例

```
直角在左下角的等腰直角三角形
腰长: 5
*
**
***
****
*****
```

代码清单 9-2　chap09/list0902.py

```
# 长方形

print('长方形')
h = int(input('宽:'))
w = int(input('长:'))

for i in range(1, h + 1):
    for _ in range(w):
        print('*', end='')
    print()
```

运行示例

```
长方形
宽: 5
长: 7
*******
*******
*******
*******
*******
```

上面两个程序的共同点是蓝色底纹部分的代码。该部分代码连续输出了“*”（不插入空格，也不进行换行）。

每次都编写类似的代码进行相同或类似的处理显然毫无意义。因此，我们要采取以下编程方针。

> 将多个程序步骤结合为一个“部件”。

Python 中使用函数来实现这种程序“部件”。图 9-1 是类似于电路图的普通函数示意图。**函数从参数获取辅助性指示并完成目标操作。函数完成操作后返回结果作为返回值。**

另外，接收参数和返回结果的步骤可以省略。

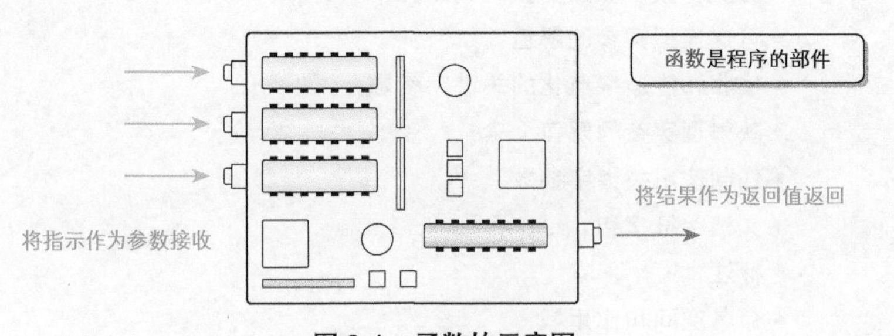

图 9-1　函数的示意图

上述程序需要用到以下函数。

> 接收应当输出的 * 的个数并进行连续输出（没有返回值）。

即使不了解前面提到过的 print 和 randint 等内置函数的内部机制，只要掌握这些函数的使用方法，就能轻松使用函数这个“魔法箱”。

为了帮助读者熟练掌握“魔法箱”，下面我会讲解以下内容。

- 函数的编写方法 … 函数定义
- 函数的使用方法 … 函数调用

另外，程序员编写的函数称为自定义函数（user-defined function）。

▶ 函数这一名称源于数学中的函数。其相应的英语单词 function 原本也包含功能、用途、职责、工作、运行等含义。

函数定义

图 9-2 是一个已经编写好的函数 put_star 的函数定义（function definition）。函数定义是一种复合语句，与 if 语句和 while 语句的结构类似。

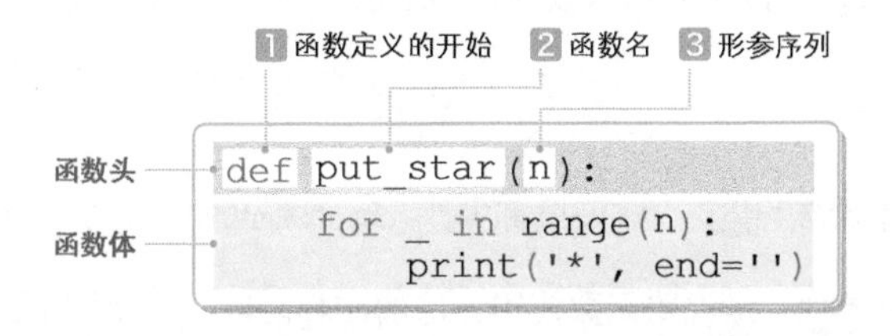

函数是程序的部件！

- 函数名为 put_star
- 接收形参 n
- 连续输出 *n* 个 *
- 不返回任何值

图 9-2 函数定义

第一行是函数头，由三部分构成，是函数对外的门户。

1 开头的关键字 def 表示函数定义的开始。

▶ def 源于 definition，表示定义。

2 函数的名字。

3 用 () 包围的代码用于声明传递辅助指示的形参（parameter）。

在传递多个形参时，各形参之间用逗号隔开，不传递形参时留空。函数 put_star 只接收一个形参 n，它表示应当输出的字符个数。

另外，形参是只在函数中通用的变量。

函数体是一个代码组，它记述了应当进行的处理操作。当函数被调用时，程序会执行这些代码组（函数未被调用则不执行）。函数 put_star 连续输出了 *n* 个 *。

▶ 函数体是在函数头之后增加一级缩进进行记述的语句（或语句序列）。另外，与使用 if 语句一样，如果代码组是简单语句，则函数体与函数头放在同一行。

函数调用

我们通过代码清单 9-3 继续学习，该程序定义并调用了函数 put_star。

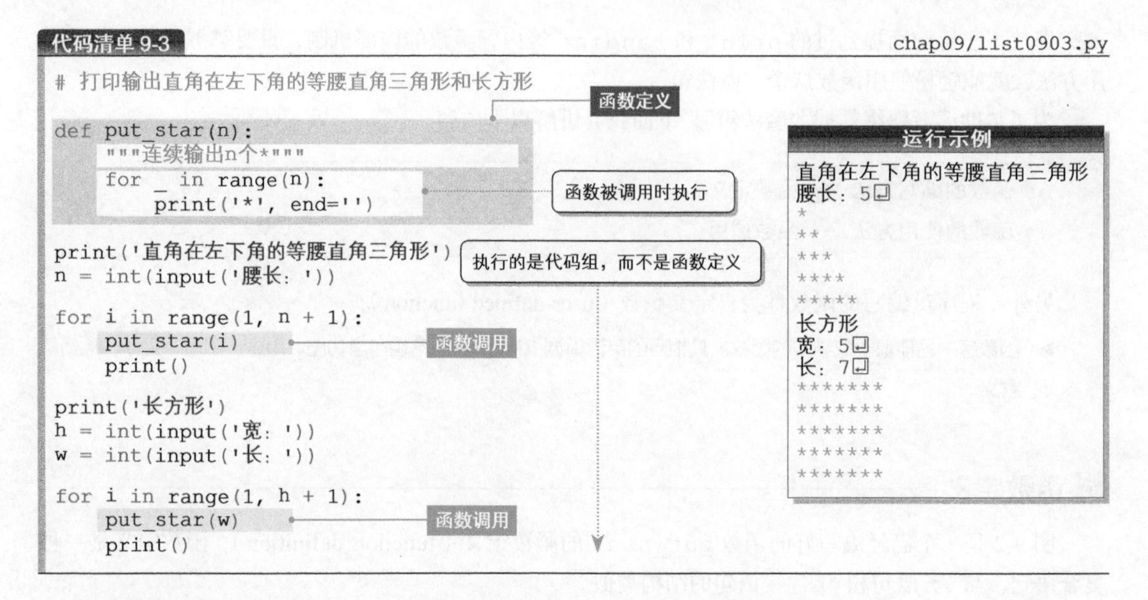

橘色底纹部分是前面编写的函数定义，它位于调用函数的代码之前。

要点 函数定义必须位于调用函数的代码之前。

▶ 函数定义位于代码末尾的程序在执行后会产生错误。我们可以通过程序 chap09/list0903x.py 进行确认。

函数头下一行的 """ 连续输出 n 个 *""" 是说明函数使用方法的注释。以 """ 形式的字符串字面量记述的注释称为文档字符串（docstring）。

▶ 下一节将对文档字符串的详细编写方法进行讲解。在此之前，我们只简单编写一行文档字符串。

程序执行和函数调用

本章之前的程序都是从第一行代码开始按顺序执行。如果程序中包含函数定义，那么程序从头开始执行除函数定义之外的代码。

*

本书讲解过 Python 是以“调用函数”的方式使用（执行）函数的。

程序中的两处蓝色底纹部分调用了函数 put_star。大家可以将函数调用想象成以下请求（图 9-3）。

函数 put_star，请根据传递给你的数值连续输出 * 吧!!

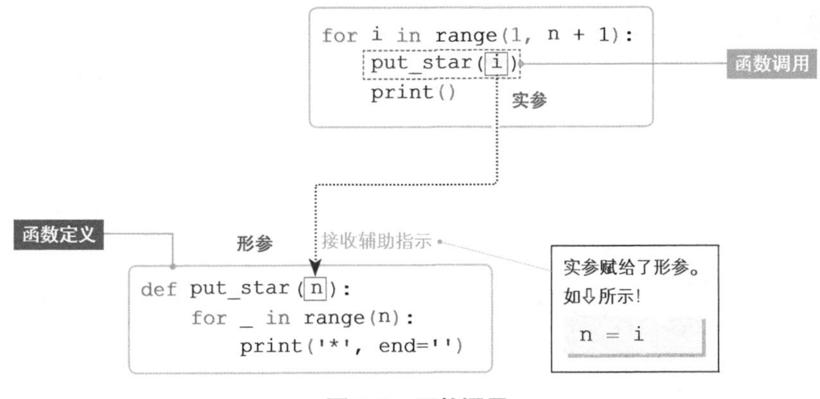

图 9-3　函数调用

我们在第 2 章中学习过下面的内容。

- 在函数名之后添加调用运算符 () 调用函数。
- 调用函数时，在调用运算符 () 中编写对函数起到辅助指示作用的实参。如果有多个实参，则用逗号将各个实参隔开。

另外，使用了○○运算符的表达式一般称为○○表达式，所以使用了调用运算符的表达式称为调用表达式（call expression）。

如果对调用表达式进行求值，程序就会调用相应函数，同时程序流程进入该函数。此时，实参赋给了形参（在图 9-3 中，实参 i 赋给了形参 n）。

要点 如果进行函数调用，程序流程就会进入该函数。此时，传递的实参就会赋给函数相应的形参。

实参赋给形参后，程序开始执行函数体。程序执行该函数后会连续输出 *n* 个 *。

函数体执行结束后，程序流程回到原先的代码位置。

*

由于导入了函数 put_star，所以用于输出等腰直角三角形和长方形的代码发生了如下变化。

- 程序变得短小简洁（复杂的代码被隐藏在函数中）。
- 二重循环变为一重循环。

▶ 如果函数 put_star 变成可随处利用的形式，那么该函数可以由多个程序任意调用。下一章我将对此方法进行讲解。

从函数返回值

下面请看代码清单 9-4 中的函数 max3，它在接收 3 个值后计算并返回这些值的最大值。

代码清单 9-4　chap09/list0904.py

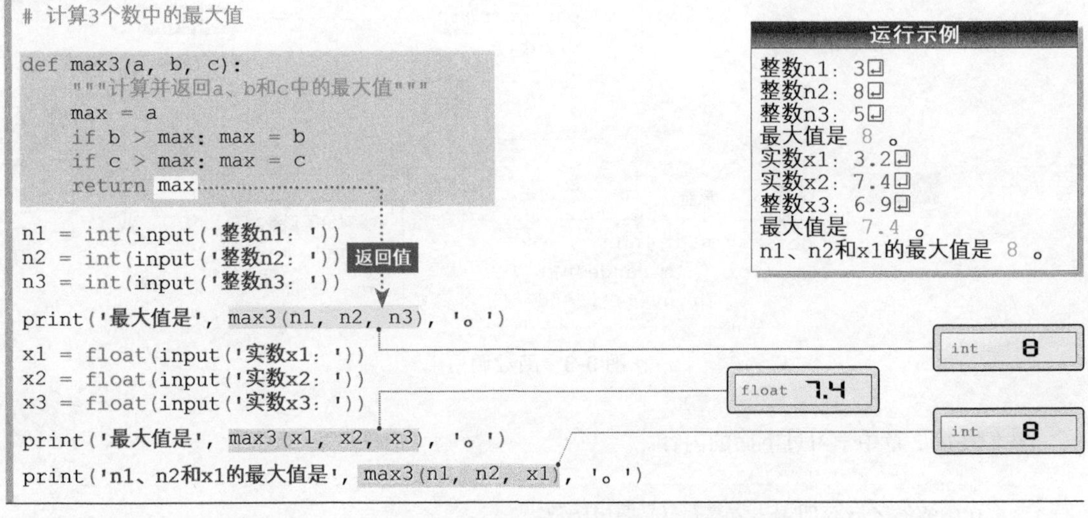

```
# 计算3个数中的最大值

def max3(a, b, c):
    """计算并返回a、b和c中的最大值"""
    max = a
    if b > max: max = b
    if c > max: max = c
    return max

n1 = int(input('整数n1：'))
n2 = int(input('整数n2：'))
n3 = int(input('整数n3：'))

print('最大值是', max3(n1, n2, n3), '。')

x1 = float(input('实数x1：'))
x2 = float(input('实数x2：'))
x3 = float(input('实数x3：'))

print('最大值是', max3(x1, x2, x3), '。')

print('n1、n2和x1的最大值是', max3(n1, n2, x1), '。')
```


函数 max3 对接收的形参 a、b 和 c 进行计算，获取其中的最大值。

获取的值以返回值的形式，通过 return 语句（**return statement**）返回到调用函数的代码。

return 语句执行后，程序流程从执行的函数返回至调用函数的代码。程序流程在返回时带回了置于 return 之后的表达式，该表达式的值就成了返回值（在运行示例中，第一次调用函数 max3 时，返回值是 max 的值，也就是 8）。

要点 程序执行 return 语句后，函数结束运行，程序流程返回至调用函数的代码，并返回相应的值。

对调用表达式求值后得到函数的返回值。在运行示例中，蓝色底纹部分的调用表达式 max3(n1, n2, n3) 求值后得到“int 型的 8”。

要点 对调用表达式进行求值会得到函数返回的值。

其他两处调用代码也一样，程序能正确得到 x1、x2 和 x3 的最大值，以及 n1、n2 和 x1 的最大值（与参数的类型无关）。

*

下面我们来创建一个求两个值中的最大值的函数。具体如代码清单 9-5 所示。

代码清单 9-5　chap09/list0905.py

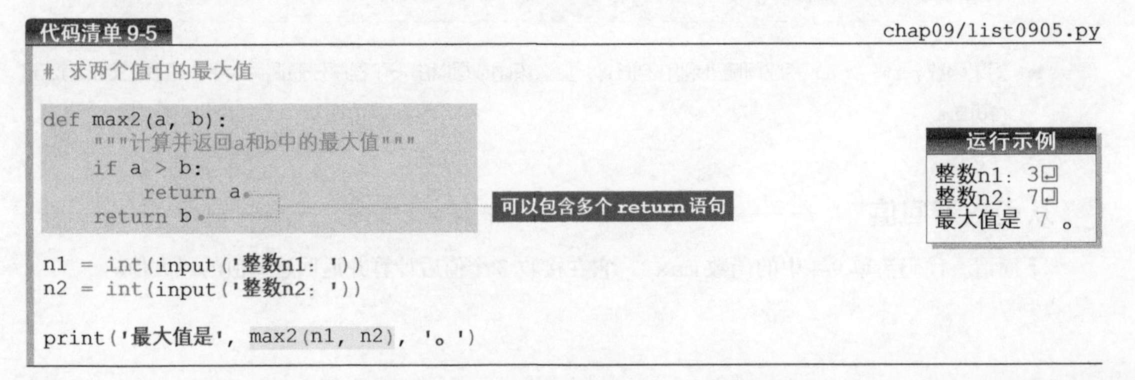

```
# 求两个值中的最大值

def max2(a, b):
    """计算并返回a和b中的最大值"""
    if a > b:
        return a
    return b

n1 = int(input('整数n1：'))
n2 = int(input('整数n2：'))

print('最大值是', max2(n1, n2), '。')
```

函数 max2 中的两个 return 语句的执行过程如下所示。

- 如果 a 大于 b：程序执行第一个 return 语句后将其返回至调用函数的代码。
- 否则：程序执行第二个 return 语句后将其返回至调用函数的代码。

不存在两个 return 语句均执行的情况。

另外，如果使用条件运算符，函数体可以用一行代码编写完成（chap09/list0905a.py）。

```
    return a if a > b else b    # 使用条件运算符if else
```

虽然在语法上函数内可包含多个 return 语句，但实际上应该只保留一个或少量的 return 语句。这是因为如果函数有多个出口，函数结构就会变得让人难以理解。

返回多个值

函数中一般通过元组来返回多个值。代码清单 9-6 中的函数 min_max2 计算出最小值和最大值后，将二者组合为元组并返回。

代码清单 9-6 chap09/list0906.py

```
# 求两个值中的最小值和最大值

def min_max2(a, b):
    """计算并返回a和b中的最小值和最大值"""
    return (a, b) if a < b else (b, a)

n1 = int(input('整数n1：'))
n2 = int(input('整数n2：'))

minimum, maximum = min_max2(n1, n2)
print('最小值是', minimum, '最大值是', maximum, '。')
```

运行示例

```
整数n1：3
整数n2：7
最小值是 3 最大值是 7 。
```

与代码清单 3-27 一样，计算橘色底纹部分的表达式后会得到最小值和最大值。最小值和最大值组合为元组后由 return 语句返回。

蓝色底纹部分代码调用函数 min_max2 后，返回的元组被隐式解包，最小值和最大值分别赋给了 minimum 和 maximum。

return 语句和返回值

如果函数不返回值，则函数中的 return 语句使用“return”的形式，而非“return 表达式”的形式。执行任意一种形式的 return 语句后，程序流程均返回至调用函数的代码。

最开始编写的函数 put_star 没有 return 语句。如果函数结束运行时没有执行 return 语句，或函数执行了不返回值的语句“return”，则函数会返回 None。

要点 函数会返回某种值（如果没有显式指定则为 None）。

不执行任何操作的函数

不传递任何参数且不执行任何操作的最小的函数可按以下方式定义。

```
def func():
    """ 不传递任何参数且不执行任何操作的函数 """
    pass
```

另外，由于没有显式地使用 return 语句返回值，所以函数返回了 None。

返回值的处理

在代码清单 9-3 中，函数 put_star（隐式）返回的 None 没有被使用（被忽略了）。另外，代码清单 9-4～代码清单 9-6 所示程序虽然有返回值，但程序也可以忽略这些返回值。

调用函数的代码可以任意处理函数返回的值。

*

从第 2 章开始我们不断使用了 print 函数。现在请执行代码清单 9-7 的程序来输出 print 函数的返回值。

代码清单 9-7 chap09/list0907.py

```
# 输出print函数的返回值

print(print('ABC'))
```

运行结果

```
ABC
None
```

调用“内侧的 print 函数”，即蓝色底纹部分后，屏幕显示 ABC。因为 print 函数在输出结束后会返回 None，所以“外侧的 print 函数”会将 None 作为参数，于是程序打印输出了 None。

▶ 该程序没有输出“外侧的 print 函数”的返回值。按下面的方式修改后，程序就能输出外侧函数的返回值了（chap09/list0907a.py）。

```
x = print(print('ABC'))         # 将外侧的 print 函数的返回值赋给 x
print(x)                        # 输出 x 的值
```

```
ABC
None
None
```

不接收参数的函数

下面，我们来编写一个心算练习程序。执行代码清单 9-8 后，程序询问 3 个 3 位整数的和。由于程序不接受错误回答，所以我们必须输入正确答案。首先，请尝试运行代码清单 9-8 的程序。

代码清单 9-8 chap09/list0908.py

```
# 心算练习（3个3位整数相加）

import random                                          不接收参数

def confirm_retry():
    """确认是否再次练习"""
    while True:
        n = int(input('再练习一次? <Yes…1 / No…0>: '))
        if n == 0 or n == 1:
            return n

print('心算练习开始!!')

while True:
    x = random.randint(100, 999)
    y = random.randint(100, 999)
    z = random.randint(100, 999)

    while True:
        print(x, '+', y, '+', z, '= ', end='')
        k = int(input())
        if k == x + y + z:
            break
        print('答案错误!!')

    if not confirm_retry():
        break                                          不传递参数
```

运行示例

```
心算练习开始!!
341 + 616 + 741 = 1678↵
答案错误!!
341 + 616 + 741 = 1698↵
再练习一次? <Yes…1 / No…0>: 1↵
674 + 977 + 760 = 2411↵
再练习一次? <Yes…1 / No…0>: 0↵
```

▶ 该程序从 100~999 中生成随机数 x、y 和 z，并在屏幕上显示求三者之和的问题。
如果从键盘输入的值 k 等于 x+y+z，则 k 是正确答案，此时程序执行 break 语句，中断或结束 while 语句。但是，如果 k 不是正确答案，则 while 语句会不断循环。

*

confirm_retry 函数用于确认是否再次进行练习。函数返回值是通过键盘输入的 0 或 1。
在调用 confirm_retry 这种不接收参数的函数时，() 中要留空。

要点 如果函数不接收形参，则在函数定义中将 () 留空。

调用函数 confirm_retry 的蓝色底纹部分代码也在调用运算符 () 中留空。

▶ if 语句中的判断表达式对函数 confirm_retry 的返回值运用了运算符 not（想一想 0 以外的数值的逻辑值为真，0 的逻辑值为假的情况）。

递归调用

如果某对象包含其自身或在定义过程中使用了自身，我们就称该对象是递归的（recursive）。如下所示，非负整数值 n 的阶乘可以通过递归的方式定义。

- 阶乘 n! 的定义（n 是非负整数）

  ⓐ 0! = 1

  ⓑ 如果 n > 0，则 n! = n × (n - 1)!

▶ 比如，10! 可通过计算 10 × 9! 得到，9! 可通过计算 9 × 8! 得到。

代码清单 9-9 是用于实现上述内容的程序示例。

代码清单 9-9 chap09/list0909.py

```
# 计算非负整数的阶乘

def factorial(n):
    """递归求解非负整数的阶乘"""
    if n > 0:
        return n * factorial(n - 1)
    else:
        return 1

n = int(input('几的阶乘：'))
print(n, '的阶乘是', factorial(n), '。')
```

运行示例

```
几的阶乘：3⏎
3 的阶乘是 6 。
```

图 9-4 中的示例计算了 3 的阶乘，现在我通过该示例讲解函数 factorial 计算阶乘的过程。

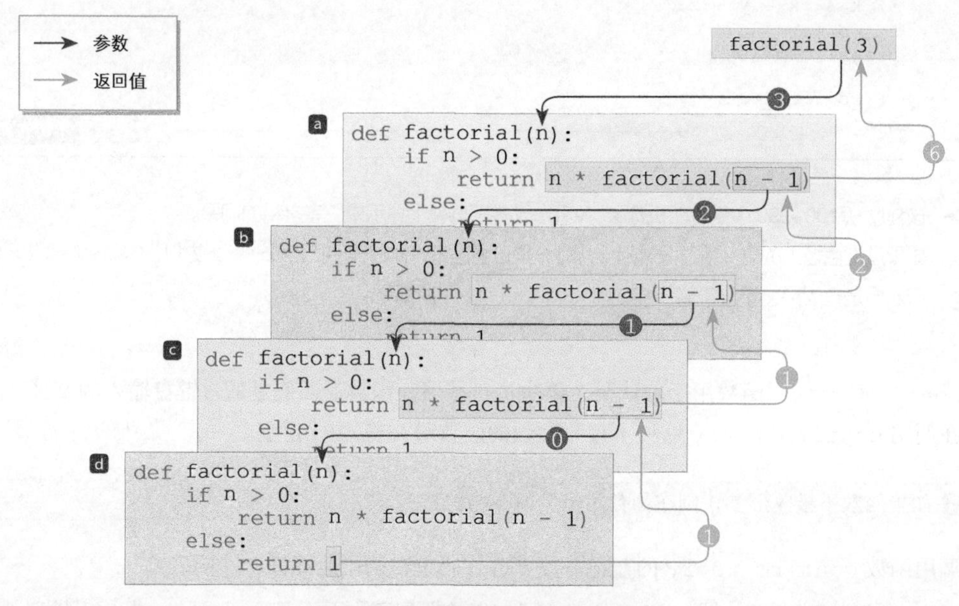

图 9-4 以递归的方式计算阶乘

ⓐ 对调用表达式 factorial(3) 进行求值后，函数 factorial 被调用。由于函数 factorial 的形参 n 接收的值是 3，所以函数返回了下面的值。

```
3 * factorial(2)
```

为了进行乘法运算，程序必须计算 factorial(2) 的值。此时，程序调用函数 factorial 并传递整数值 2 为实参。

ⓑ 调用的函数 factorial 接收 2 作为形参。

```
2 * factorial(1)
```

为了进行乘法运算，程序调用函数 factorial(1)。

c 调用的函数 factorial 接收 1 作为形参。

```
1 * factorial(0)
```

为了进行乘法运算，程序调用函数 factorial(0)。

d 调用的函数 factorial 接收 0 作为形参，所以函数的返回值为 1。

▶ 此时，return 语句第一次被执行。

c 函数 factorial 得到返回值 1 后返回 1 * factorial(0) 的值，即 1 * 1。

b 函数 factorial 得到返回值 1 后返回 2 * factorial(1) 的值，即 2 * 1。

a 函数 factorial 得到返回值 2 后返回 3 * factorial(2) 的值，即 3 * 2。

至此得到 3 的阶乘 6。

为了计算 n-1 的阶乘，函数 factorial 需要调用函数 factorial。这种函数调用称为递归调用（recursive call）。

▶ 我们应该把递归调用理解为“调用与自身相同的函数”，而不是“调用自身这个函数”。这是因为函数若真调用了自己，调用过程会不断持续下去。

如果待求解问题、待计算函数或待处理数据结构是通过递归方式定义的，就要使用递归算法。

通过递归方式计算阶乘只是为了帮助读者理解递归的原理，实际上阶乘并不适合用递归的方式实现。

参数处理的机制

我们通过代码清单 9-10 来思考一下函数接收的形参和调用代码所传递的实参。在程序中定义的函数 sum_1ton 计算并返回了 1 到 n 的和。

代码清单 9-10 chap09/list0910.py

```
# 计算1到n的和的程序

def sum_1ton(n):
    """计算整数1到n的和"""
    s = 0
    while n > 0:
        s += n
        n -= 1
    return s

x = int(input('x的值：'))
total = sum_1ton(x)
print('1到', x, '的和是', total, '。')
```

运行示例

```
x的值：5⏎
1到 5 的和是 15 。
```

在运行示例中，随着函数 sum_1ton 的执行，形参 n 的值会从 5 递减至 1。函数运行结束时，n 的值变为 0。

调用代码传递给 sum_1ton 的实参是 x。在运行示例中，由于程序流程从函数返回后输出了“1 到 5 的和是 15 。”，所以变量 x 的值与调用函数之前的值一样，都是 5。

我们不能根据上例结果得出以下错误结论。

✕ 形参 n 复制了实参 x 的值。

前面提到过，**函数的实参会赋给形参**。赋值时复制的不是值，而是引用，因此 n 和 x 引用的对象相同（图 9-5a）。

虽然函数 sum_1ton 修改了形参 n 的值，但由于整数值是**不可变类型**，所以实参 x 的值不可变。

程序在更新变量 n 的值时，n 引用了其他对象（图 9-5b）。

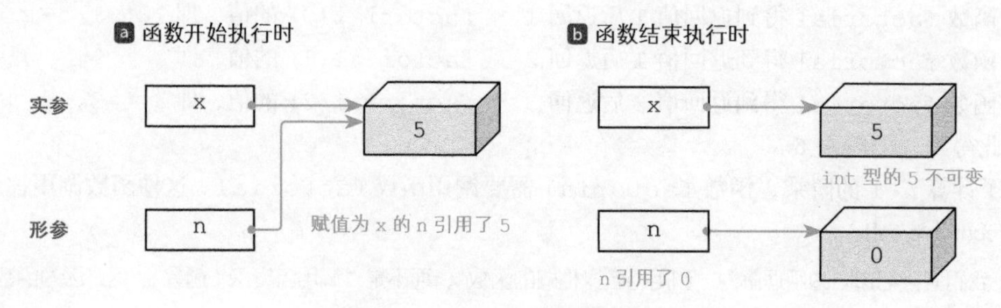

图 9-5 不可变的实参和形参

请通过代码清单 9-11 确认上述内容。

代码清单 9-11 chap09/list0911.py

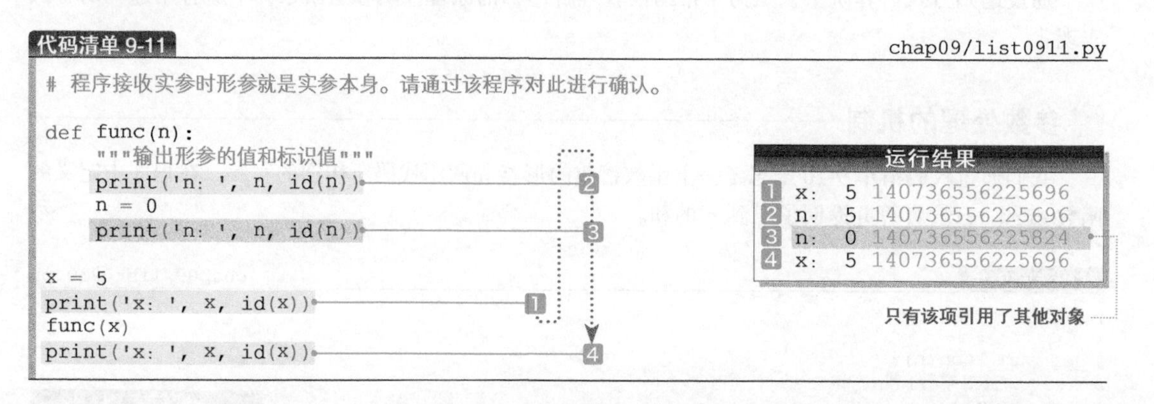

```
# 程序接收实参时形参就是实参本身。请通过该程序对此进行确认。

def func(n):
    """输出形参的值和标识值"""
    print('n: ', n, id(n))
    n = 0
    print('n: ', n, id(n))

x = 5
print('x: ', x, id(x))
func(x)
print('x: ', x, id(x))
```


函数 func 接收形参 n 后，在赋值前后输出形参的标识值。该程序对实参和形参的处理过程与上一程序相同。

▶ 也就是说，代码 2 是图 9-5a 的状态，赋值后的 3 是图 9-5b 的状态。

*

在 Python 中，参数的处理机制是将实参，即对象的引用，作为值传递并赋给形参。

▶ 值传递（call by value）指把实参的值复制给形参，而引用传递（call by reference）指在程序内部将实参的引用复制给形参，形参和实参实际上引用了同一个对象。有的编程语言使用值传递，有的编程语言使用引用传递，有的编程语言两种传递方式都使用。

Python 中参数的接收与传递采用了二者之间的引用值传递的方式。另外，在 Python 官方文档中，相关内容是使用术语对象引用传递（call by object reference）进行说明的。

函数间接收参数和传递参数的机制可总结为如下页所示的内容。

> 函数开始运行时，形参与实参引用同一对象。根据参数类型，当形参的值发生变化时，函数会采用不同的运行方式，具体如下所示。
>
> ① 如果参数是不可变类型，当函数中形参的值发生变化时，形参就会引用新生成的对象。因此，即使形参的值发生变化，调用代码的实参也不会受到影响。
>
> ② 如果参数是可变类型，当函数中形参的值发生变化时，程序会更新对象本身。因此，如果形参的值发生变化，调用代码的实参的值也会发生变化。

上述两个程序都属于情况①。下面我们来思考情况②。

接收列表为参数的函数

下面我们继续思考函数间参数的处理，也就是思考②，参数的类型是**可变类型**的情况。

现在我们以可变对象中最典型的列表为例进行说明。首先，请执行代码清单 9-12 的程序。

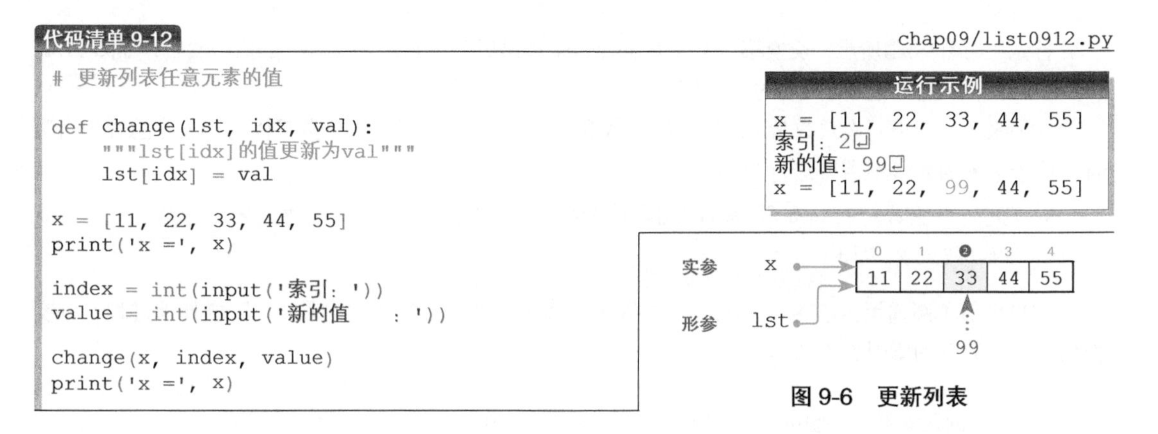

代码清单 9-12　　chap09/list0912.py

```
# 更新列表任意元素的值

def change(lst, idx, val):
    """lst[idx]的值更新为val"""
    lst[idx] = val

x = [11, 22, 33, 44, 55]
print('x =', x)

index = int(input('索引: '))
value = int(input('新的值      : '))

change(x, index, value)
print('x =', x)
```

运行示例

```
x = [11, 22, 33, 44, 55]
索引: 2
新的值: 99
x = [11, 22, 99, 44, 55]
```


图 9-6　更新列表

change 是一个功能简单的函数，它将 val 赋给列表 lst 中索引为 idx 的元素 lst[idx]。

在运行示例中，函数返回之后，x[2] 从 33 变为 99（图 9-6）。

上文介绍过，如果参数是可变类型，则函数中更新的值会传递至调用函数的代码。

反转列表中元素的排列顺序的函数

现在我们来编写程序反转列表中元素的排列顺序（逆序排列所有元素的值）并输出元素。首先思考程序的算法。

图 9-7 演示了反转 lst 中 7 个元素的排列顺序的步骤。

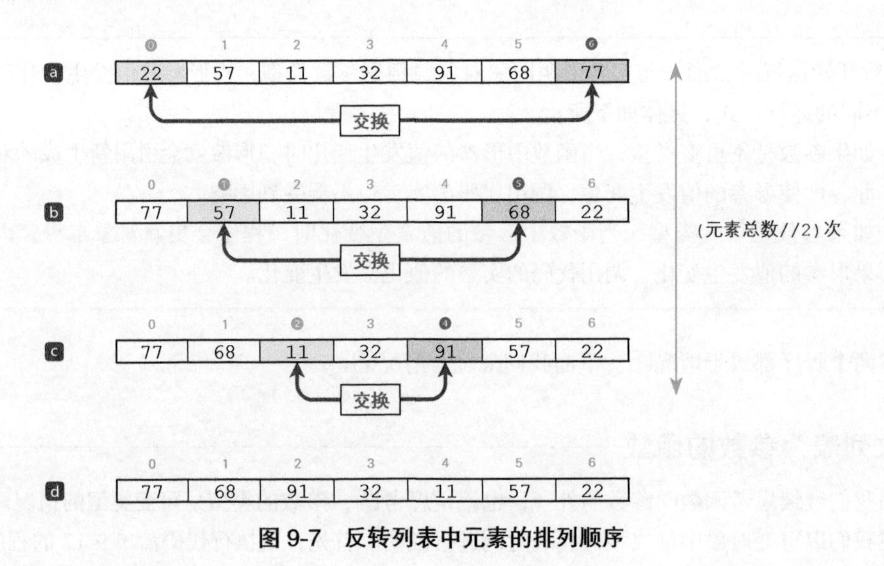

图 9-7 反转列表中元素的排列顺序

首先，如图 9-7a 所示，交换第一个元素 `lst[0]` 和最后一个元素 `lst[6]` 的值。然后，如图 9-7b 和图 9-7c 所示，依次交换两端的元素值。

一般来说，如果元素总数为 `n`，则交换次数为 `n // 2` 次。这里舍去余数是因为当元素总数为奇数时，位于中央的元素不需要进行交换。

▶ “整数 // 整数”的结果是舍去余数后得到的整数商，适合本例场景的计算（当然，当元素总数为 7 时，交换次数为 7 // 2，即 3）。

如果用值不断递增的变量 `i`（0、1、2 等）来表示“图 9-7a⇨图 9-7b⇨…”的处理过程，则交换值的两个元素的索引如下所示。

- 左侧的元素索引（图中●内的值）… `i`　　0⇨1⇨2
- 右侧的元素索引（图中●内的值）… `n-i-1`　　6⇨5⇨4

因此，下面的代码反转了元素总数为 `n` 的列表 `lst` 中元素的排列顺序（其中混用了 Python 代码和中文说明）。

```
for i in range(n // 2):
    交换 lst[i] 的值和 lst[n - i - 1] 的值
```

代码清单 9-13 是根据上述算法编写的程序。

代码清单 9-13 chap09/list0913.py

```
# 反转列表中元素的排列顺序

def reverse_list(lst):
    """反转lst的元素排列顺序"""
    n = len(lst)
    for i in range(n // 2):
        lst[i], lst[n - i - 1] = lst[n - i - 1], lst[i]

x = [22, 57, 11, 32, 91, 68, 77]
print('x =', x)

reverse_list(x)
print('x =', x)
```

运行结果

```
x = [22, 57, 11, 32, 91, 68, 77]
x = [77, 68, 91, 32, 11, 57, 22]
```

函数 reverse_list 反转了数组中元素的排列顺序。

蓝色底纹部分的 for 语句进行了 n // 2 次循环。在循环体中，lst[i] 的值和 lst[n-i-1] 的值进行了交换。

参数的默认值

在调用函数时，() 中传递的实参可以省略。

但是，要省略实参就必须在被调用的函数的定义中设置默认值（default value），这个默认值是实参被省略时传递给形参的值。

代码清单 9-14 使用了参数的默认值。

代码清单 9-14 chap09/list0914.py

```
# 使用敬称打招呼的函数（带默认值的形参）

def hello(name, honorific = '老师'):
    """使用敬称打招呼"""
    print('你好、{}{}。'.format(name, honorific))

hello('田中')            ← 1
hello('关根', '先生')     ← 2
hello('西田', '女士')     ← 3
```

运行示例

```
你好，田中老师。
你好，关根先生。
你好，西田女士。
```

函数 hello 是获取名字 name 和敬称 honorific 后使用敬称打招呼的函数。形参 honorific 的默认值被设定为'老师'。

如果在调用函数时对设置了默认值的形参省略实参，则形参被“填充”为相应的默认值。

因此，各个函数的调用过程如下所示。

由于代码1在没有传递第二个参数的情况下调用函数，所以程序将'老师'赋给了形参 honorific。函数调用 hello('田中') 被程序视为 hello('田中', '老师')，所以程序输出了“你好，田中老师。”。

代码2和代码3在调用函数时没有省略第二个参数。程序分别打印输出了“你好，关根先生。”和“你好，西田女士。”。

▶ 因为'先生'或'女士'作为实参赋给了形参 honorific，所以程序没有使用默认值'老师'进行赋值。

专栏 9-1 默认的含义

在英汉字典中，default 作为名词使用时的含义是拖欠、违约等，作为动词使用时的含义是未履行、拖欠、弃权等。

不过在互联网领域，default 的含义是“最初（初始状态）设置的值”“未设置时使用的值”，与既定的含义接近。

因此，default 被广泛使用的含义是“即使没有给出值（没有特意传递值），值也已设定完毕”。

设置默认值时不能跳过参数，必须从前往后依次设置参数。请看以下几个示例（仅显示函数头）。

```
def func1(a = 1, b = 2):                    // OK
def func2(a = 1, b):                        // 错误

def func3(a, b, c = 3):                     // OK
def func4(a, b = 2, c = 3):                 // OK
def func5(a = 1, b, c = 3):                 // 错误
```

要点 如果在声明形参时设定了默认值，在调用函数时就可以省略实参。在省略实参的情况下，程序会将默认值赋给形参。

▶ 因为默认值只进行一次求值操作，所以如果默认值是列表或字典等可变类型，则每次函数被调用时，默认值都可能会更新。

请看以下示例（chap09/list_apnd.py）。

```
def list_apnd(a, lst=[]):
    """ 每次调用函数时合并列表并对其进行输出 """
    lst += a
    print(lst)

list_apnd([1])      # 在 [] 中添加 [1] 中的元素。lst 的默认值变为 [1]。
list_apnd([2])      # 在 [1] 中添加 [2] 中的元素。lst 的默认值变为 [1, 2]。
list_apnd([3, 4])   # 在 [1, 2] 中添加 [3, 4] 中的元素。lst 的默认值变为 [1, 2, 3, 4]。
```

```
[1]
[1, 2]
[1, 2, 3, 4]
```

函数 list_apnd 给第二个参数设置了默认值。参数 lst 赋值为 [] 的操作只在最初调用函数时进行，此后调用函数时不会进行这种初始化操作。因此，程序通过运算符 += 对列表就地执行（第 174 页）增量赋值后，变量 lst 不断添加接收的值。

专栏 9-2 实参和形参的标记

▪ 函数定义和函数调用中多余的逗号

列表和元组的末尾可以放置多余的逗号，比如 [1, 2, 3,] 和 (1, 2, 3,)。同样，在函数定义和函数调用中，形参序列和实参序列的末尾也可以放置多余的逗号。

▪ 函数定义和函数调用中的 () 内的换行

第 3 章介绍过在 () 中代码可以任意换行。当然，该规则也适用于函数定义和函数调用中的 ()。

当实参的表达式较长或需要编写详细的注释（或下一章讲解的标注）时，上述两点特性非常有用。

```
def func(para1,  # 形参 para1 的详细注释
         para2,  # 形参 para2 的详细注释
         para3,  # 形参 para3 的详细注释
        ):

x = func(long_long_name_argument1,  # 实参的详细注释
         long_long_name_argument2,  # 实参的详细注释
         long_long_name_argument3,  # 实参的详细注释
        )
```

位置参数和关键字参数

本章开头编写的函数 put_star 仅用于输出星号“*”。现在我们来编写函数连续输出任意数量的任意字符串，具体如代码清单 9-15 所示。

代码清单 9-15 chap09/list0915.py

```
# 打印输出直角在左下角的等腰直角三角形和长方形（其一：位置参数）

def puts(n, s):
    """连续输出n个s"""
    for _ in range(n):
        print(s, end='')

print('直角在左下角的等腰直角三角形')
n = int(input('腰长：'))

for i in range(1, n + 1):
    puts(i, '*')
    print()

print('长方形')
h = int(input('宽：'))
w = int(input('长：'))

for i in range(1, h + 1):
    puts(w, '+')
    print()
```

运行示例

```
直角在左下角的等腰直角三角形
腰长：5⏎
*
**
***
****
*****
长方形
宽：5⏎
长：7⏎
+++++++
+++++++
+++++++
+++++++
+++++++
```

函数 puts 的第一个参数是输出字符的个数，第二个参数是输出的字符串。在两处调用代码中，程序对这些形参传递了适当的实参。

*

在上述程序中，调用运算符 () 内放置的实参被传递给了相同位置的形参，这样的参数是位置参数（position argument）。

如图 9-8 所示，程序给形参准备了插槽（slot）。传递的实参会赋给对应的插槽。

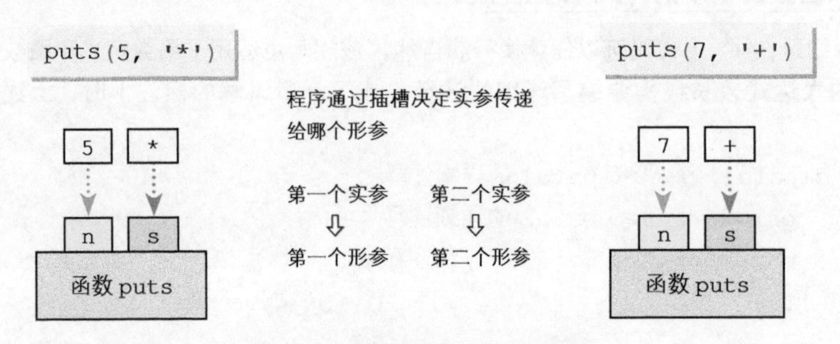

图 9-8 接收和传递位置参数

如果实参的数量众多，根据顺序来管理和应用参数就会变得非常困难。实际上，就连只有两个参数的函数 puts，也很容易让人产生“哪一个参数表示数量，哪一个参数表示字符串”的疑问。

这时发挥作用的就是关键字参数（keyword argument）。在调用函数时，实参的形式是“形参名=值”。代码清单 9-16 利用关键字参数对上述程序进行了改写。

代码清单 9-16 chap09/list0916.py

```
# 输出直角在左下角的等腰直角三角形和长方形（其二：关键字参数）

for i in range(1, n + 1):
    puts(n = i, s = '*')    ──1
    print()

for i in range(1, h + 1):
    puts(s = '+', n = w)    ──2
    print()
```

接收和传递参数的过程如下所示（图 9-9）。

1 i 被传递给名为 n 的形参，'*' 被传递给名为 s 的形参。

2 '+' 被传递给名为 s 的形参，w 被传递给名为 n 的形参。

▶ 该图显示了变量 i 的值为 5、变量 w 的值为 7 时的情况。

调用函数时可以混用位置参数和关键字参数，但在对二者进行混用时，关键字参数必须放在靠后的位置。

```
○ puts(5, s = '+')
× puts(s = '+', 5)
```

要点 调用函数时，可以在使用位置参数的基础上使用关键字参数接收和传递参数。在使用位置参数时，实参会传递给相同插槽的形参。在使用关键字参数时，调用代码可以指定形参的名称实现参数的传递。

▶ 程序通过传递给 print 函数 sep='' 和 end='' 指定关键字参数。

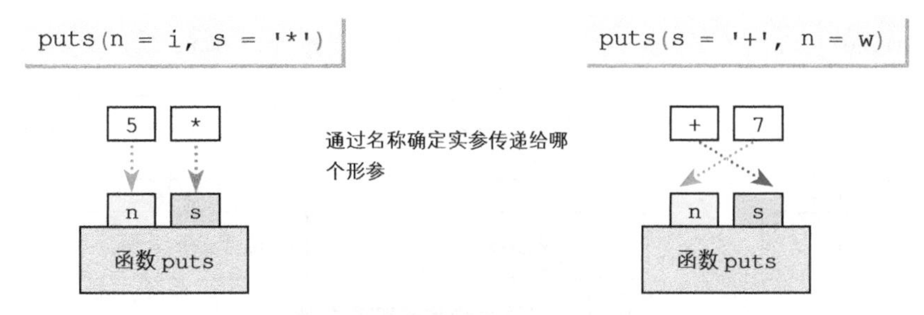

图 9-9 接收和传递关键字参数

通过位置参数的元组化来接收和传递可变参数

本章编写了函数 max2 和函数 max3 来计算两个值中的最大值和三个值中的最大值。代码清单 9-17 中的函数 max2more 用于计算多个值中的最大值。

代码清单 9-17 chap09/list0917.py

```
# 计算多个值中的最大值

def max2more(a, b, *num):          以元组形式接收实参
    """计算多个值中的最大值"""
    max = a if a > b else b
    for n in num:
        if n > max:
            max = n
    return max

print('max2more(1, 2)          = ', max2more(1, 2))
print('max2more(1, 2, 3)       = ', max2more(1, 2, 3))
print('max2more(1, 2, 3, 4, 5) = ', max2more(1, 2, 3, 4, 5))
print('max2more(1)             = ', max2more(1))   缺少传递给 b 的实参
```

运行结果

```
max2more(1, 2)          =  2
max2more(1, 2, 3)       =  3
max2more(1, 2, 3, 4, 5) =  5
```

```
Traceback (most recent call last):
  File "MeikaiPython\chap09\lit0917.py", line 14, in <module>
    print('max2more(1)             = ', max2more(1))
TypeError: max2more() missing 1 required positional argument: 'b'
```

我们来对比一下程序和运行结果。

带有星号的形参 num 用于接收任意数量的值（图 9-10）。

函数 max2more 将第三个实参及之后的所有实参打包为元组，然后将该元组赋给形参 num。

▶ 在图 a 中，“空元组”被生成并传递给函数 max2more 中的变量 num。

调用代码中的实参可以是任意个。这种数量可变的参数称为可变参数（arbitrary argument）。另外，函数体计算了 a 的最大值、b 的最大值和元组 num 的所有元素中的最大值。

▶ 代码清单中最后调用的 max2more(1) 由于没有对形参 b 传递实参，所以产生了错误。

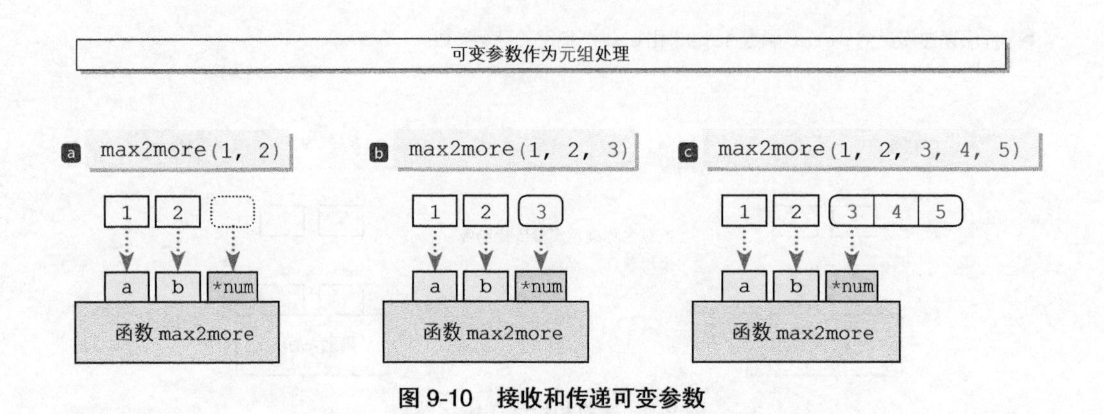

图 9-10 接收和传递可变参数

我们可以通过代码清单 9-18 确认带星号进行声明的形参是元组。

代码清单 9-18 chap09/list0918.py

```
# 打印输出可变参数的信息

def print_args(*args):
    """打印输出接收可变参数的args的信息"""
    print('type(args) = ', type(args))
    print('len(args)  = ', len(args))
    print('args       = ', args)

print_args()
print()
print_args(1, 2, 3)
```

运行结果

```
type(args) =  <class 'tuple'>
len(args)  =  0
args       =  ()

type(args) =  <class 'tuple'>
len(args)  =  3
args       =  (1, 2, 3)
```

函数 print_args 中唯一的形参 args 以带星号的形式进行声明。因此，该函数可接收任意数量的参数。

要点 以带星号的形式声明的形参可将任意数量的值作为元组接收。调用代码中的可变参数被隐式打包。

下面，我们来编写可接收一个以上参数的函数。请看代码清单 9-19，该程序中的函数 print_sum 打印输出求各参数之和的数学表达式并计算参数之和。

代码清单 9-19 chap09/list0919.py

```
# 打印输出求各参数之和的数学表达式并计算参数之和

def print_sum(a, *no):
    """返回参数之和（同时输出表达式）"""
    sum = a
    print(a, end='')
    n = len(no)
    if n > 0:
        print(' + ', end='')
        for i in range(n - 1):
            sum += no[i]
            print(no[i], '+ ', end='')
        sum += no[n - 1]
        print(no[n - 1], end='')
    print(' =', sum)
    return sum

print_sum(5)

print_sum(9, 3)

print_sum(3, 6, 8, 2, 7)
```

运行结果

```
5 = 5
9 + 3 = 12
3 + 6 + 8 + 2 + 7 = 26
```

▶ 此处省略程序的详细说明。

就特性而言，可变参数一般放在形参的末尾。只有关键字参数可以放在可变参数之后。

解包可迭代型实参

我们现在来重新思考一下代码清单 9-4 中的函数 max3。在下面的示例中，用于计算最大值的三个值集中于列表（也可以是元组），解包列表取出各个值后，程序将这些值传递给函数 max3。

```
lst1 = [1, 3, 5]        # 将用于计算最大值的三个值放入列表
x, y, z = lst1          # 解包取出各个值
m = max3(x, y, z)       # 计算最大值
```

代码清单 9-20 简化了上述代码。只要在实参前添加 *，程序就会自动进行解包操作，并将解包后的值传递给函数。

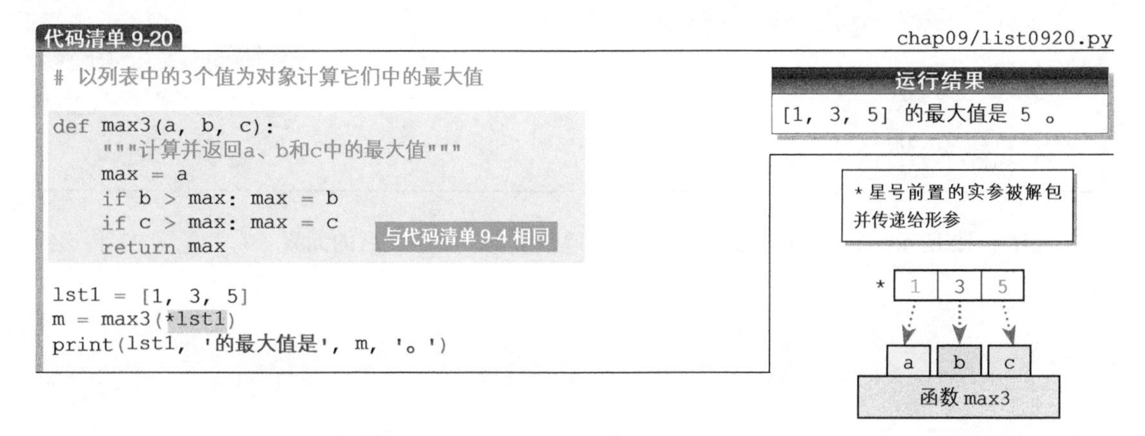

图 9-11 解包实参

如图 9-11 所示，程序对列表 lst1 进行解包并取出三个值，然后将其传递给形参 a、b 和 c，而后准确计算得到最大值 5。

另外，即使列表 lst1 被替换为元组，程序也能正确执行并计算出最大值（chap09/list0920a.py）。

要点 如果要传递给函数的值集中在列表或元组等可迭代对象中，那么传递实参时可以在实参前添加星号进行解包并传递相应值给函数。

▶ 如果添加了 * 的实参是可迭代对象，那么按照下列方式调用函数可以求得 0、1、2 中的最大值。

```
max3(*range(3))          # 计算数列 0, 1, 2 中的最大值
```

现在我来讲解详细规则。

■ 当列表或元组作为实参而其元素总数与形参的个数不一致时

比如，在元素总数为二或四的列表前添加 * 并将该列表传递给函数 max3 后，程序会产生 TypeError 异常。

■ 当在函数定义中指定了默认值时

如果调用函数时实参的元素总数较少，程序就会使用函数的默认值。

如果通过 def max3(a, b, c=0): 在函数 max3 的定义中指定默认值，则可以传递元素总数为二的列表给函数 max3 作为实参。具体如下所示。

```
m = max3(*[-3, -1])       # 计算-3、-1和0中的最大值
```

在上例中，程序求得并返回了 -3、-1 和 0 中的最大值 0。

■ 当函数接收可变参数时

当函数接收可变参数时，位置参数中未取出的元素被充当为可变参数。

请通过代码清单 9-21 进行确认。该程序调用了代码清单 9-19 中的函数 print_sum。

代码清单 9-21 chap09/list0921.py

```
# 打印输出求各参数之和的数学表达式并计算参数之和（解包实参）

def print_sum(a, *no):
    # --- 中间省略：与代码清单9-19相同 --- #

lst1 = [1, 3, 5, 7]
print_sum(*lst1)
```

运行结果

```
1 + 3 + 5 + 7 = 16
```

如图 9-12 所示，lst1 最开始的元素 1 传递给了 a，而 1 之后的元素 [3, 5, 7] 传递给了 no。

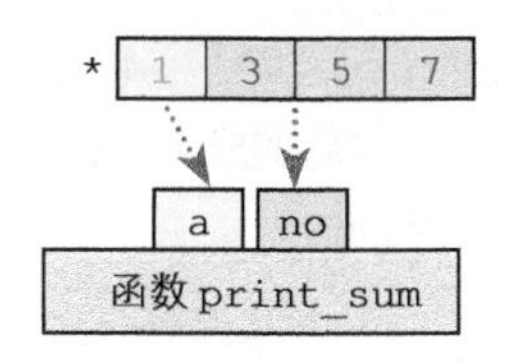

图 9-12　解包实参

▶ 请通过程序（chap09/print_list.py）确认代码清单 9-21 中的 lst1 和 *lst1 传递给 print 函数后程序的输出情况。

```
print(lst1)
print(*lst1)
```

```
[1, 3, 5, 7]
1 3 5 7
```

因为在第一个函数调用中，lst1 是作为列表进行传递的，所以 print 函数执行后，程序输出了列表。

在第二个函数调用中，程序解包出所有元素后将函数调用视为 print(1, 3, 5, 7)，将四个 int 型参数传递给 print 函数。print 函数以 sep 的默认值空格作为分隔符输出接收的 4 个值。

接收和传递字典化的关键字参数

在名称前添加 ** 进行声明的形参会接收遵循了某种规则的字典。首先，请通过代码清单 9-22 进行确认。

代码清单 9-22　chap09/list0922.py

```
# 打印输出字典化的关键字参数的信息

def print_kwargs(s, **kwargs):
    """将字典化的关键字参数传递给kwargs后，程序打印输出kwargs的信息"""
    print(s)
    print('type(kwargs)  =', type(kwargs))
    print('len(kwargs)   =', len(kwargs))
    print('kwqrgs        =', kwargs)

print_kwargs('第一次调用', spring='春', summer='夏')  ―1
print()
print_kwargs('第二次调用', spring='春')  ―2
```

运行结果

```
第一次调用
type(kwargs)  = <class 'dict'>
len(kwargs)   = 2
kwargs        = {'spring': '春',
                 'summer': '夏'}

第二次调用
type(kwargs)  = <class 'dict'>
len(kwargs)   = 1
kwargs        = {'spring': '春'}
```

形参 s 是普通的位置参数，而另一个形参 kwargs 是“字典化的关键字参数”。

函数体打印输出了 s 的值，以及 kwargs 的类型、元素总数和内部数据。

我们来看一下调用函数的代码。毫无疑问，代码1和代码2的第一个实参'第一次调用'和'第二次调用'传递给了位置参数 s。

剩余的实参传递给了 kwargs。在代码1中，kwargs 接收了两个实参，在代码2中，kwargs 接收了一个实参。通过比较程序、运行结果和1的示意图（图 9-13），我们可以得出以下结论。

形参 kwargs 是用于接收（包含任意个元素的）字典的 dict 型变量。

- “关键字实参的名称”在转换成字符串后变成了字典元素的键。
- “关键字实参的值”变成了字典元素的值。

▶ 比如，在关键字实参 spring='春' 中，实参的名称 spring 转换成字符串后变为 'spring'，'spring' 是字典元素的键，'春' 是字典元素的值。

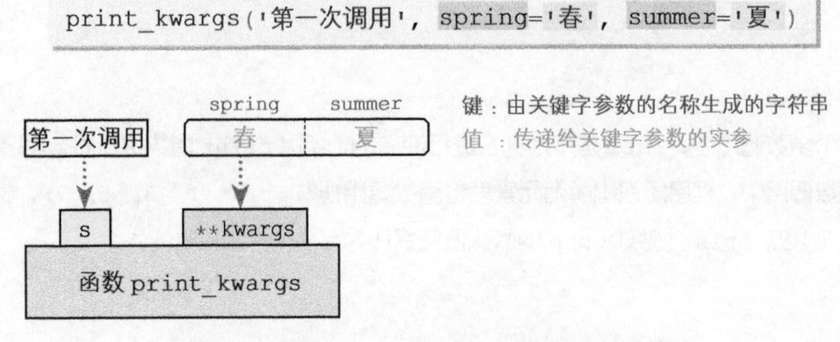

图 9-13 接收和传递字典化的关键字参数

下面请看代码清单 9-23。

代码清单 9-23 chap09/list0923.py

```
# 打印输出字典中存储的人员信息

def put_person(**person):
    """打印输出字典person中的信息"""
    if 'name' in person: print('名字 =', person['name'], end='  ')
    if 'visa' in person: print('国籍 =', person['visa'], end='  ')
    if 'age'  in person: print('年龄 =', person['age'],  end='  ')
    print()  # 换行

put_person(name='中田', visa='日本', age=27)  ―1
put_person(name='赵', visa='中国')  ―2
```

运行结果

```
名字 = 中田 国籍 = 日本 年龄 = 27
名字 = 赵 国籍 = 中国
```

在代码1中，调用函数时传递了三个关键字参数，代码2中传递了两个关键字参数。各个参数转换为下列字典后会传递给函数 put_person。

```
1 {'name': '中田', 'visa': '日本', 'age':27}    # 由实参生成的字典
2 {'name': '赵', 'visa': '中国'}                # 由实参生成的字典
```

函数体判断字典 person 中是否存在 'name''visa' 和 'age' 等各个键，如果存在，程序则会打印输出该键对应的值。

▶ ** 形式的形参和 * 形式的形参可以混用。混用时，* 形式的形参必须放在靠前的位置。

另外，如果不使用 ** 形式的形参，程序就会变为代码清单 9-24 这种形式。

代码清单 9-24 chap09/list0924.py

```
# 打印输出字典中存储的人员信息

def put_person(name=None, visa=None, age=None):
    """打印输出关键字参数接收的人员信息"""
    if name != None: print('名字 =', name, end='  ')
    if visa != None: print('国籍 =', visa, end='  ')
    if age  != None: print('年龄 =', age,  end='  ')
    print()  # 换行

put_person(name='中田', visa='日本', age=27)
put_person(name='赵', visa='中国')
```

运行结果

```
名字 = 中田 国籍 = 日本 年龄 = 27
名字 = 赵 国籍 = 中国
```

乍一看，代码变得更加简洁了，但这样改写的程序存在以下劣势。

- 必须对所有可接收的形参进行声明。
  ※ 不接收包含未知键的字典。
- 所有形参必须指定默认值为 None。

使用 ** 解包映射型实参

上文讲解了如何在实参前使用一个 *，如何在形参前使用一个或两个 *，但没有讲解如何在实参前使用两个 *。

如果在字典型（严格来说是映射型）的实参前添加两个 *，程序就会解包该字典的所有元素。然后，各个元素的键就会变成关键字参数，键对应的值会传递给相应参数。

比如，下面这种形式的函数调用

```
func(**{'key1': value1, 'key2': value2, 'key3': value3})
```

会被程序视为如下形式的调用。

```
func(key1=value1, key2=value2, key3=value3)
```

代码清单 9-25 是使用 ** 解包映射型实参的示例程序。

代码清单 9-25 chap09/list0925.py

```
# 使用**解包映射型实参的示例

def puts(n, s):
    """连续打印输出n个s"""
    for _ in range(n):
        print(s, end='')

d1 = {'n': 3, 's': '*'}      # 3个'*'
d2 = {'s': '+', 'n' :7}      # 7个'+'

puts(**d1)
print()
puts(**d2)
```

与代码清单 9-15 相同

运行结果

```
***
+++++++
```

这里的函数 puts 与代码清单 9-15 中的函数 puts 相同。字典 d1 和 d2 汇总了要传递给函数 puts 的值。请注意，作为键使用的实参名是用“'”包围的字符串。

▶ 也就是说，如果参数名不是字符串，程序就会产生错误。具体如下所示。

```
✕ d1 = {n: 3, s: '*'}
  d2 = {s: '+', n: 7}
```

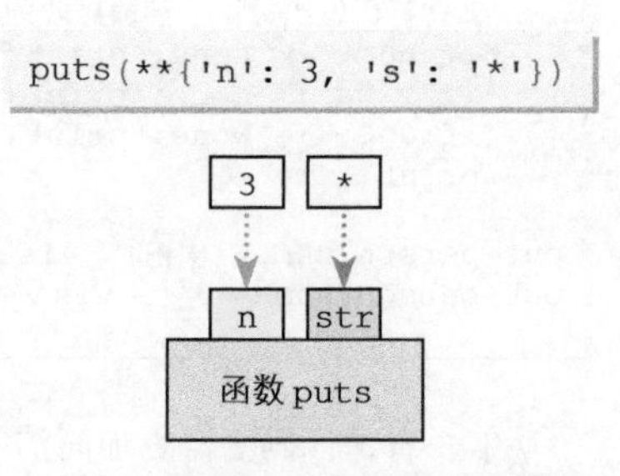

图 9-14 使用 ** 解包字典型参数

调用函数 puts 的代码传递 **d1 或 **d2 作为实参。

因此，程序将字典解包后传递给形参。

▶ 图 9-14 演示了 puts(**d1) 中传递和接收参数的过程（但是，图中没有使用字典 d1 的方式表示，而是直接使用了字典内的元素）。

强制使用关键字参数

关于函数的参数，上文讲解了位置参数、关键字参数和调用函数时使用 * 或 ** 进行打包和解包的方法。如果参数结构比较复杂，要注意避免在接收和传递参数的过程中产生错误。

正如前文所述，函数 puts 接收的两个形参都可以作为位置参数或关键字参数使用。

那么，如果以位置参数的方式调用函数，会出现什么情况呢？

```
✕ puts('+', 3)            # 打印输出'+'个3？
```

执行上述代码后程序产生错误。

▶ 在调用函数 puts 的过程中，当程序执行至 for 语句中的 range('+') 时，由于整数以外的值传递给了 range 函数，所以程序产生错误。

解决这种错误的一个方法是对需要打印输出的字符串和个数强制使用关键字参数。请看代码清单 9-26。

代码清单 9-26　chap09/list0926.py

```
# 强制使用关键字参数

def puts(*, n, s):          # 这之后的参数只作为关键字参数使用
    """连续打印输出n个s"""
    for _ in range(n):
        print(s, end='')

puts(n = 3, s = '*')
print()
puts(s = '+', n = 7)
print()
puts(3, '*')      # 程序错误
```

运行结果

```
***
+++++++
Traceback (most recent call last):
  File "/MeikaiPython/chap09/list0926.py", line 12,
  in <module>
    puts(3, '*')
TypeError: puts() takes 0 positional arguments but
2 were given
```

在函数 puts 中，形参的开头添加了星号 *。像这样，形参声明中（不带名称的）单独的 * 表示之后的形参强制使用关键字参数。

▶ 没有指定关键字参数的蓝色底纹部分代码导致程序产生错误。

另外，参数声明中 * 前的参数都是位置参数。请看以下示例。

```
def func(a, b, *, k1, k2=4):
    pass

func(1, 2)
func(1, 2, k1=3, k2=4)
func(1, 2, k2=4, k1=3)
func(1, 2, 3)                # 错误：位置参数是两个
func(1, 2, 3, 4)             # 错误：位置参数是两个
func(1, 2, ky1=10)           # 错误：参数名有误
```

9-2 文档字符串和标注

本节讲解文档字符串和标注，它们不直接影响函数的执行，只是起到丰富函数内容的作用。

文档字符串和 help 函数

本章将在函数头的下一行以 """ … """ 的形式编写文档字符串（docstring）。docstring 中的 doc 表示文档（document），其含义类似于“说明书”“使用文档”“用户手册”等。

在源程序代码中插入的文档字符串可以通过各种方法使用。

我们可以通过交互式 shell（基本对话模式）进行确认。

首先，输入包含文档字符串在内的所有函数代码（例 9-1）。

例 9-1 设置文档字符串并使用函数 help 进行输出

```
>>> def puts(n, s):↵
...     """连续打印输出n个s"""↵
...     for _ in range(n):↵
...         print(s, end='')↵
... ↵
>>> help(puts)↵
Help on function puts in module __main__:

puts(n, s)
    连续打印输出n个s
```

打印输出函数 puts 的文档

在完成函数定义后输入 help(puts)，程序会输出函数 puts 的定义形式（函数头除末尾冒号以外的部分）和文档字符串。

▶ 下一章将对程序输出的第一行中的 __main__ 进行讲解。

函数 help 是内置函数，它接收函数名（以及类名、方法名和模块名等）作为参数后输出相应文档。

这里打印输出了自定义函数 puts 的文档。下面来打印输出大家所熟知的内置函数 max 的文档。

例 9-2 使用函数 help 打印输出内置函数 max 的文档

```
>>> help(max)↵
Help on built-in function max in module builtins:

max(...)
    max(iterable, *[, default=obj, key=func]) -> value
    max(arg1, arg2, *args, *[, key=func]) -> value

    With a single iterable argument, return its biggest item. The
    default keyword-only argument specifies an object to return if
    the provided iterable is empty.
    With two or more arguments, return the largest argument.
```

下面我们在脚本程序内使用函数 help。代码清单 9-27 打印输出了自定义函数 puts 和内置函数 max 的文档。

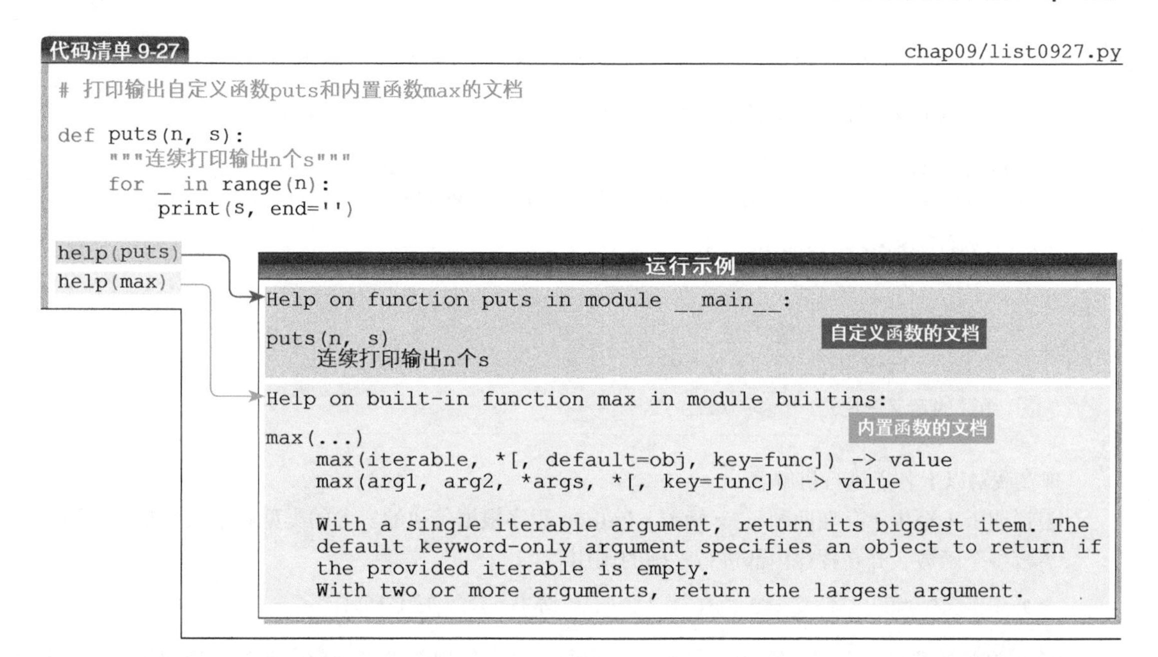

上面的程序打印输出了两个函数的文档。与函数 max 的文档相比，函数 puts 的文档内容较少。现在我们来学习一下文档的编写方法。

专栏 9-3 基本对话模式中的帮助工具

在基本对话模式中直接输入 help() 会启动帮助工具（例 9-3）。由于此时提示符变为 help>，所以如果输入关键字和函数名，程序就会输出相应的文档。另外，用于退出帮助工具的命令是 quit。

例 9-3 帮助工具

```
>>> help()⏎
Welcome to Python 3.7's help utility!
…中间省略…
help> if⏎
The "if" statement
******************

The "if" statement is used for conditional execution:

   if_stmt ::= "if" expression ":" suite
               ("elif" expression ":" suite)*
               ["else" ":" suite]
…中间省略…
help> quit⏎
>>>
```

标注

在 max 函数的文档中，函数的定义形式如下。

```
max(iterable, *[, default=obj, key=func]) -> value
max(arg1, arg2, *args, *[, key=func]) -> value
```

我们可以从上述内容中看出以下 3 点。

① 函数的定义形式有 2 种而不是 1 种。
② 定义函数时使用了 * 和 [] 等符号。
③ 函数的定义末尾是“ -> value”。

现在我对以上各点进行讲解。

①说明了（至少）存在两种 max 函数。Python 程序根据传递的实参的类型和个数判断应该调用哪一个函数，并在程序内部进行正确的调用。

▶ 这部分内容超出了本书讲解的范围，作为入门书，本书不会介绍上述情况。

②在前文已进行了介绍。符号 * 表示之后的参数强制使用关键字参数。此外，说明标记 [] 表示其中的参数可以省略。

▶ 本书在第 6 章讲解字符串的各种方法时已介绍过这种形式的标记。

③中的“-> value”是我们下面要学习的标注（annotation）。

▶ 标注表示“注释”“注记”。

标注是一种注释，对程序的执行没有影响。因此，标注可有可无。
max 函数中“-> value”是一种注释，它表示函数返回单一的值。

*

代码清单 9-28 添加了标注，对函数 puts 进行了修改。
如图 9-15 所示，函数的标注按以下形式编写。

形参　: 注释	放在形参的名称之后（默认值之前）。
返回值 -> 注释	放在函数头的) 和 : 之间。

函数 puts 的标注表示以下含义。

- 形参 n … 该形参应接收 int 型的整数。
- 形参 s … 该形参应接收 str 型的字符串。
- 返回值 … 该函数没有返回值（因此返回 None）。

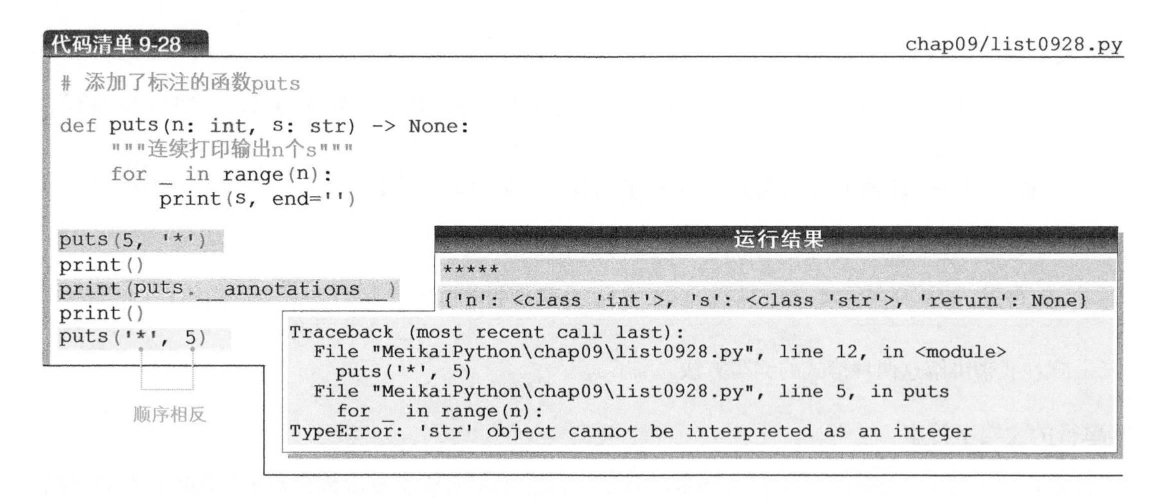

代码清单 9-28　　chap09/list0928.py

```
# 添加了标注的函数puts

def puts(n: int, s: str) -> None:
    """连续打印输出n个s"""
    for _ in range(n):
        print(s, end='')

puts(5, '*')
print()
print(puts.__annotations__)
print()
puts('*', 5)
```

顺序相反

运行结果

```
*****
{'n': <class 'int'>, 's': <class 'str'>, 'return': None}
Traceback (most recent call last):
  File "MeikaiPython\chap09\list0928.py", line 12, in <module>
    puts('*', 5)
  File "MeikaiPython\chap09\list0928.py", line 5, in puts
    for _ in range(n):
TypeError: 'str' object cannot be interpreted as an integer
```

▶ 以下编码标准针对的是函数的标注。

- 针对形参的标注——只在 : 之后插入空格，不在 : 之前插入空格。
- 针对返回值的标注——在 -> 前后均插入空格。

在代码中调用函数时，可以先看函数的标注内容，再进行调用操作。标注本来也只用来表明使用函数的期望，其内容并没有强制力。因此，虽然在蓝色底纹部分的函数调用中 `puts('*', 5)` 的参数顺序有误，但是程序并没有在执行前进行检查，所以程序运行时产生错误。

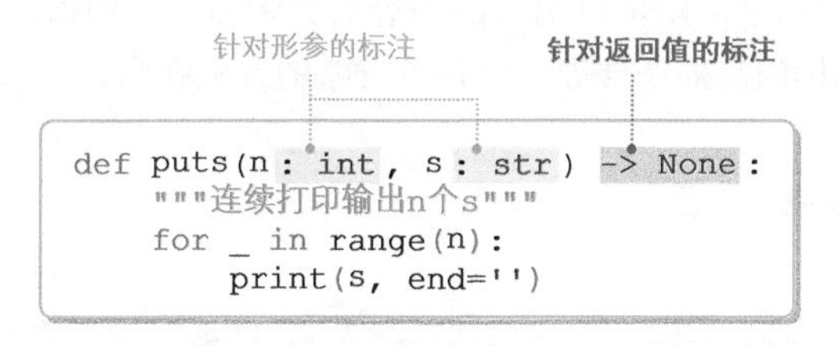

图 9-15　标注

比较灰色底纹部分的代码和运行结果后我们会发现，表达式“函数名 .__ 标注 s__”是函数的标注字典化后的产物。

要点 在定义函数时，我们可以对形参和返回值编写标注，告知函数使用者形参和返回值的特性。“函数名 .__ 标注 s__”用来取出标注中字典化后的各项内容。

无法识别为表达式的单独标注可以使用字符串进行编写。比如，若形参的标注是 integer 和 string，我们就可以将标注编写成下面这样。

```
def puts(n: 'integer', s: 'string') -> None:
```

文档字符串

前面介绍了在函数头的下一行编写一行文档字符串的方法。内置函数 max 的文档则详细编写了很多行文档字符串。

不论是单行的文档字符串还是多行的文档字符串，都有以下共同点。

- 从函数体的第一行（函数头的下一行）开始编写。
- 使用三个引号包围（一般使用双引号 """，也可使用单引号 '''）。

现在我来讲解这两种形式的编写方法。

单行的文档字符串

单行的文档字符串用于简单记录函数的概要。注意不要直接重复函数头和函数的标注中声明的内容。

跨行的文档字符串

没有具体的编写方法。当然也可遵循以下方针编写文档字符串。

· 第一行　在 """ 之后简单记录函数的概要。

· 空行　空一行以便于阅读。

· 中间行　编写详细的说明。

跨行的文档字符串可以编写的内容有：形参、返回值、副作用[①]、可能出现的异常[②]、调用的前提条件等。包括可省略的参数在内，每个形参的说明都可以编写为一行。

· 空行　空一行以便于阅读。

· 最后一行　仅编写 """。

► PEP 257（文档字符串规范）中规定了上文介绍的文档字符串的编写方法和其他各类编写方法。

另外，标注不仅能够用于函数，还能用于脚本文件。此时，标注从文件的第一行开始编写。

► 严格来说，此时标注针对的是模块而不是脚本文件。下一章我会对此进行讲解。

*

在函数 puts 中插入标注和文档字符串后，程序如代码清单 9-29 所示。

---

① 副作用指的是程序执行函数后会对其他代码的执行产生影响。

② 第 12 章将对异常进行讲解。

代码清单 9-29 chap09/list0929.py

```
"""插入标注和文档字符串后的函数puts"""


def puts(n: int, s: str) -> None:
    """连续打印输出n个s

    形参:
        n -- 打印输出的字符串个数
        s -- 打印输出的字符串
    返回值:
        无

    """
    for _ in range(n):
        print(s, end='')


print(puts.__doc__)     # 打印输出文档字符串
```


PEP 8 规定最好在函数定义（或类定义）的前后各空两行，代码清单 9-29 遵循了该规定。

▶ 本书为节约篇幅，除上述程序外，函数前后都仅空一行。

比较黑色底纹部分的代码和运行结果可以看出，“函数名 .__doc__”形式的表达式就是函数的文档字符串。

要点 在定义函数时，最好编写 """ … """ 形式的文档字符串，其内容可以通过“函数名 .__doc__”以字符串的形式取出。

专栏 9-4 标注和文档字符串的使用

PEP 484（类型提示）归纳了标注中针对形参和返回值的类型提示。另外，PEP 526（Syntax for Variable annotations，变量标注语法）归纳了针对变量的标注编写方法（不在本书讲解范围内）。

另外，我们可以通过下列工具有效使用标注和文档字符串。

▪ pydocstyle

pydocstyle 可以检测脚本程序中的文档字符串是否遵循了 PEP 257。

▪ Sphinx

Sphinx 可以基于文档字符串生成 HTML（HyperText Markup Language，超文本标记语言）等形式的美观文档。

编写各类函数

本节，我们将编写插入了标注和文档字符串的多个函数。

判断闰年

首先来编写用于判断某公历年份是否为闰年的函数 is_leapyear。具体如代码清单 9-30 所示。

代码清单 9-30　　chap09/list0930.py

```
"""计算某年份的天数"""

def is_leapyear(year: int) -> bool:
    """公历year年是否为闰年"""
    return y % 4 == 0 and y % 100 != 0 or y % 400 == 0

print('计算某年的天数。')
y = int(input('年份：'))
print('该年份有{}天。'.format(365 + is_leapyear(y)))
```

运行示例

```
计算某年的天数。
年份：2020↵
该年份有366天。
```

列举字典中特定值所对应的键

下面编写函数对字典进行搜索。字典有以键为中心的特性，因此仅仅使用运算符 in 就能对字典的键进行搜索，不过搜索字典的值就没那么容易了。

代码清单 9-31 中的函数 keys_of 计算并返回了字典中“包含特定值的元素”的键。

▶ 代码清单 9-31 修改了计算字符串内字符分布的代码清单 8-15 的程序，该程序根据个数得到相应字符，而不是根据字符得到相应个数。

代码清单 9-31　　chap09/list0931.py

```
"""基于字典元素中特定的值对应的键生成列表"""

def keys_of(dic: dict, val: 'value') -> list:
    """返回一个列表，该列表的元素是字典dic中值为val的元素的键"""
    return [k for k, v in dic.items() if v == val]

txt = input('字符串：')
count = {ch: txt.count(ch) for ch in txt}
print('分布=', count)

num = int(input('字符数量：'))
print('{}个字符={}'.format(num, keys_of(count, num)))
```

运行示例

```
字符串：ABAXB↵
分布={'A': 2, 'B': 2, 'X': 1}
字符数量：2↵
2个字符=['A', 'B']
```

函数 keys_of 返回的是列表，而不是单一的值，这是因为字典中可能有多个元素包含特定的值。

在运行示例中，函数的返回值是一个列表，该列表的元素是字典中值为 2 的元素所对应的两个键，即 'A' 和 'B'。

▶ Python 不允许字典中存在重复的键，所以一个键只能对应一个元素。

计算平均值

下面编写一个函数 ave，该函数接收可变参数后计算并返回参数的平均值。具体如代码清单 9-32 所示。

代码清单 9-32　　chap09/list0932.py

```
"""计算平均值"""

def ave(*args) -> float:
    """计算可变参数的平均值"""
    return sum(args) / len(args)

print('ave(1, 2, 3) = {}'.format(ave(1, 2, 3)))
print('ave(5, 7.77, 5) = {}'.format(ave(5, 7.77, 5)))
print('ave(3.5, 4.7, 8.2) = {}'.format(ave(3.5, 4.7, 8.2)))
```

运行结果

```
ave(1, 2, 3) = 2.0
ave(5, 7.77, 5) = 5.923333333333333
ave(3.5, 4.7, 8.2) = 5.466666666666666
```

函数 ave 接收可变参数后将其传递给形参 args，其返回值是用 sum 函数求得的总和除以 len 函数求得的元素总数后得到的结果。

返回列表形式的字符串

下面编写函数 list_str。该函数在接收可变参数后将其转换为列表形式的字符串并返回该字符串。具体如代码清单 9-33 所示。

代码清单 9-33　　chap09/list0933.py

```
"""转换为列表形式的字符串"""

def list_str(*args) -> str:
    """将可变参数转换为列表形式的字符串后
       返回该字符串"""
    return str(list(args))

print('list_str(1, 2, 3) = {}'.format(list_str(1, 2, 3)))
print('list_str(5, 7.77, 5) = {}'.format(list_str(5, 7.77, 5)))
print('list_str(3.5, 4.7, 8.2) = {}'.format(list_str(3.5, 4.7, 8.2)))
```

运行结果

```
list_str(1, 2, 3) = [1, 2, 3]
list_str(5, 7.77, 5) = [5, 7.77, 5]
list_str(3.5, 4.7, 8.2) = [3.5, 4.7, 8.2]
```

函数将 args 转换为列表后，又将转换后的列表转换为字符串，最后返回该字符串。

专栏 9-5　函数名和变量名

请试着执行以下程序（chap09/column0905.py）

```
a, b, c = 3, 7, 5
max = max(a, b, c)                    # 第一次执行：OK（max = 7）
print('a、b和c中的最大值是', max, '。')

max = max(a, b, c)                    # 第二次执行：错误（max = 7(a, b, c)）
```

在第一次调用的赋值中，整数 7 的引用赋给了 max。在第两次调用中，等号 = 的右操作数 max(a, b, c) 变成了“整数 (a, b, c)”，导致程序出错。

另外，像代码清单 9-4 那样，在函数内使用变量 max 时，变量名仅作用于函数这个局部范围，不能作用于函数外（下一节会介绍变量名的作用范围）。

9-3 命名空间和作用域

关于函数和变量，根据定义所在位置，其名字的作用范围会有所不同。本节将对命名空间和作用域进行介绍，它们与名称的作用范围紧密相关。

关于函数定义的位置

本节会先介绍代码清单 9-34。该程序对代码清单 4-17 进行了扩充，可以根据输入的范围在 1～31 的任意数字打印输出相应的乘法表。

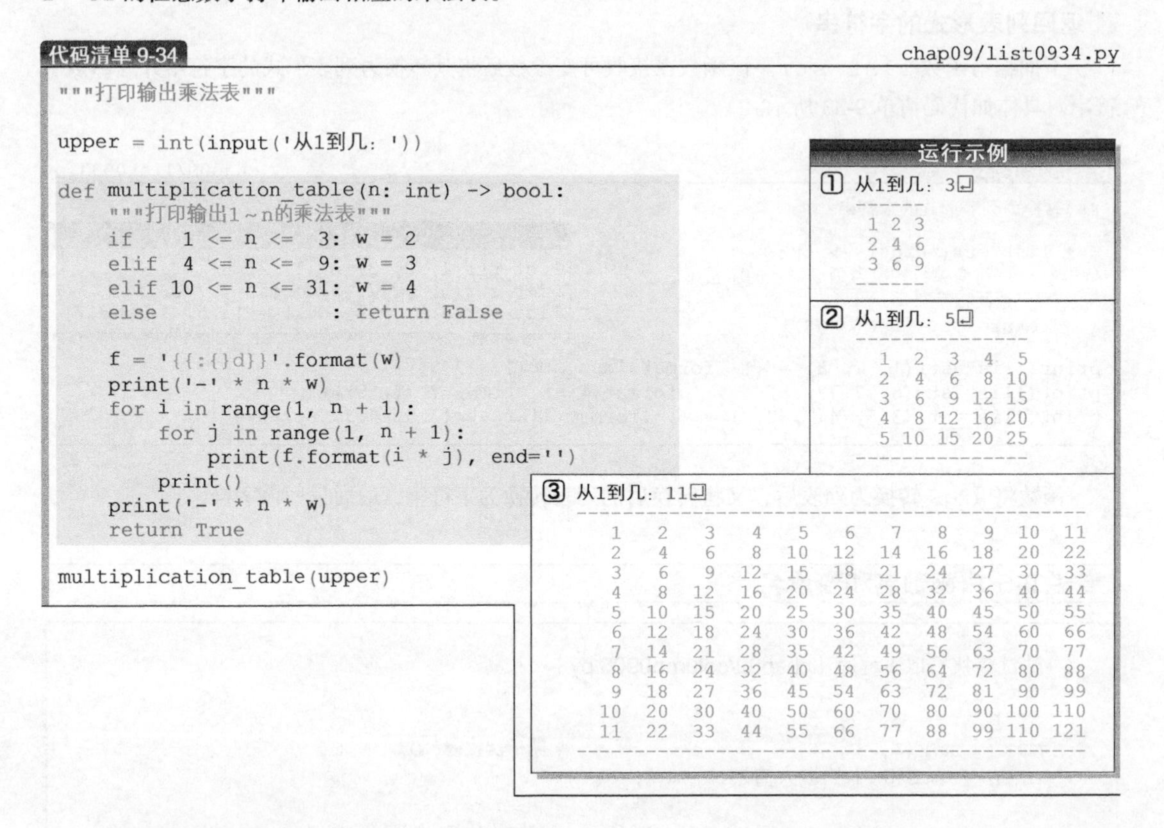

代码清单 9-34　chap09/list0934.py

```
"""打印输出乘法表"""

upper = int(input('从1到几: '))

def multiplication_table(n: int) -> bool:
    """打印输出1～n的乘法表"""
    if    1 <= n <=  3: w = 2
    elif  4 <= n <=  9: w = 3
    elif 10 <= n <= 31: w = 4
    else              : return False

    f = '{{:{}d}}'.format(w)
    print('-' * n * w)
    for i in range(1, n + 1):
        for j in range(1, n + 1):
            print(f.format(i * j), end='')
        print()
    print('-' * n * w)
    return True

multiplication_table(upper)
```

运行示例

```
① 从1到几: 3⏎
------
 1 2 3
 2 4 6
 3 6 9
------
```

```
② 从1到几: 5⏎
---------------
  1  2  3  4  5
  2  4  6  8 10
  3  6  9 12 15
  4  8 12 16 20
  5 10 15 20 25
---------------
```

```
③ 从1到几: 11⏎
--------------------------------------------
   1   2   3   4   5   6   7   8   9  10  11
   2   4   6   8  10  12  14  16  18  20  22
   3   6   9  12  15  18  21  24  27  30  33
   4   8  12  16  20  24  28  32  36  40  44
   5  10  15  20  25  30  35  40  45  50  55
   6  12  18  24  30  36  42  48  54  60  66
   7  14  21  28  35  42  49  56  63  70  77
   8  16  24  32  40  48  56  64  72  80  88
   9  18  27  36  45  54  63  72  81  90  99
  10  20  30  40  50  60  70  80  90 100 110
  11  22  33  44  55  66  77  88  99 110 121
--------------------------------------------
```

首先来执行代码清单 9-34。

请根据程序的提示，使用键盘输入范围在 1～31 的值来确定上限值。

乘法表内的各个数值及用来分隔各数值的空格所占位数与上限值有关，如下所示。

上限值为 1 ~ 3 时⇨ 2 位　　上限值为 4 ~ 9 时⇨ 3 位　　上限值为 10 ~ 31 时⇨ 4 位

▶ 变量 w 表示打印输出的位数。代码清单 5-7 介绍了如何使用 format 方法使输出的位数可变。

另外，如果函数 multiplication_table 的形参 n 接收的值不在 1～31 的范围内，则函数的返回值是

False(应通过文档字符串说明函数的参数必须在整数 1 ~ 31 之间)。

我们在本章开头学习了以下内容。

- 当程序调用函数时,函数被执行(未调用时则不执行)。
- 函数定义应放在调用函数的代码之前。

前面介绍的函数都放在了脚本程序的开头,当然函数也可以放在脚本程序的中间。在代码清单 9-34 中,打印输出乘法表的函数 multiplication_table 放在了程序的中间。

其实函数 multiplication_table 没有必要接收参数。

这是因为函数可以直接使用变量 upper,而不是参数 n。

请通过右侧修改后的程序(chap09/list0934a.py)进行确认。

▶ 程序中的红字为修改后的代码。具体的修改内容如下所示。

- 删除了函数头中形参的声明。
- 将函数体中所有的 n 修改为 upper。
- 删除调用函数时用到的实参 upper。

```
upper = int(input('从1到几:'))

def multiplication_table() -> bool:
    """打印输出 1 ~ n 的乘法表"""
    if     1 <= upper <=  3: w = 2
    elif   4 <= upper <=  9: w = 3
    elif  10 <= upper <= 31: w = 4
    else                   : return False

    f = '{{:{}d}}'.format(w)
    print('-' * upper * w)
    for i in range(1, upper + 1):
        for j in range(1, upper + 1):
            print(f.format(i * j), end='')
        print()
    print('-' * upper * w)
    return True

multiplication_table()
```

执行该脚本后,程序可以正确运行。

我们可以从修改后的程序中看出以下几点。

▪ 函数可以使用在函数外部定义的变量值

之前的程序仅使用了函数内的形参或在函数内定义的变量。修改程序后,函数 multiplication_table 中可以使用在函数外部定义的变量 upper 的值。

▪ 修改后的程序存在缺陷

函数 multiplication_table 被变量 upper(upper 是否存在以及 upper 的值)所束缚,存在无法打印输出以 upper 之外的变量为上限值的乘法表的缺陷。

同时,我们也会产生以下疑问。

如果在函数 multiplication_table 内意外(或故意)修改变量 upper 的值,会出现什么情况?

下一节将详细讲解定义函数和变量的位置,以及如何使用定义后的函数和变量。

内部函数

首先讲解函数定义的位置。实际上,函数定义也可以放在函数中。

利用了该特性的程序是代码清单 9-35。在该程序中，单独定义的函数 put_bar 用于在乘法表的开头和末尾连续输出 '-'（蓝色底纹部分）。

代码清单 9-35 chap09/list0935.py

```
"""打印输出乘法表（内部函数）"""

upper = int(input('从1到几：'))

def multiplication_table(n: int) -> bool:
    """打印输出数字1～n的乘法表"""

    def put_bar(n: int) -> None:
        """连续打印输出n个'-'并换行"""
        print('-' * n)

    if    1 <= n <=  3: w = 2
    elif  4 <= n <=  9: w = 3
    elif 10 <= n <= 31: w = 4
    else              : return False

    f = '{{:{}d}}'.format(w)
    put_bar(n * w)
    for i in range(1, n + 1):
        for j in range(1, n + 1):
            print(f.format(i * j), end='')
        print()
    put_bar(n * w)
    return True

multiplication_table(upper)
```

内部函数

运行示例

```
① 从1到几：3⏎
------
 1 2 3
 2 4 6
 3 6 9
------
② 从1到几：5⏎
---------------
  1  2  3  4  5
  2  4  6  8 10
  3  6  9 12 15
  4  8 12 16 20
  5 10 15 20 25
---------------
```

函数 put_bar 是只能在函数 multiplication_table 中调用的函数。像这样，在特定函数中被调用以处理"转包任务"的函数称为内部函数（inner function）。两处橘色底纹部分代码调用了该内部函数 put_bar。

▶ 内部函数必须在外侧函数的基础上加深一级缩进。

现在对程序中的两个函数进行讲解。

▪ 关于外侧函数和内部函数的形参 n

内侧的函数 put_bar 的形参 n 被调用函数的代码赋值为实参 n*w。我们推测外侧的函数 multiplication_table 中的 n 和函数 put_bar 中的 n 是不同的值。

▶ 比如，在打印输出 1~5 的乘法表时，前者的 n 为 5，后者的 n 为 15。

▪ 关于内部函数的定义位置

如前所述，如果函数 put_bar 的定义被移至计算 w 的 if 语句之后，函数则不需要传递参数（chap09/list0935a.py）。

▶ 函数 put_bar 的定义和调用代码修改如下。

函数定义
```
def put_bar() -> None:      # 移动至计算 w 的 if 语句之后
    print('-' * n * w)
```

函数调用
```
put_bar()
```

全局命名空间和局部命名空间

下面讲解代码清单 9-36。该程序比较复杂，需要大家仔细比对程序和运行结果。

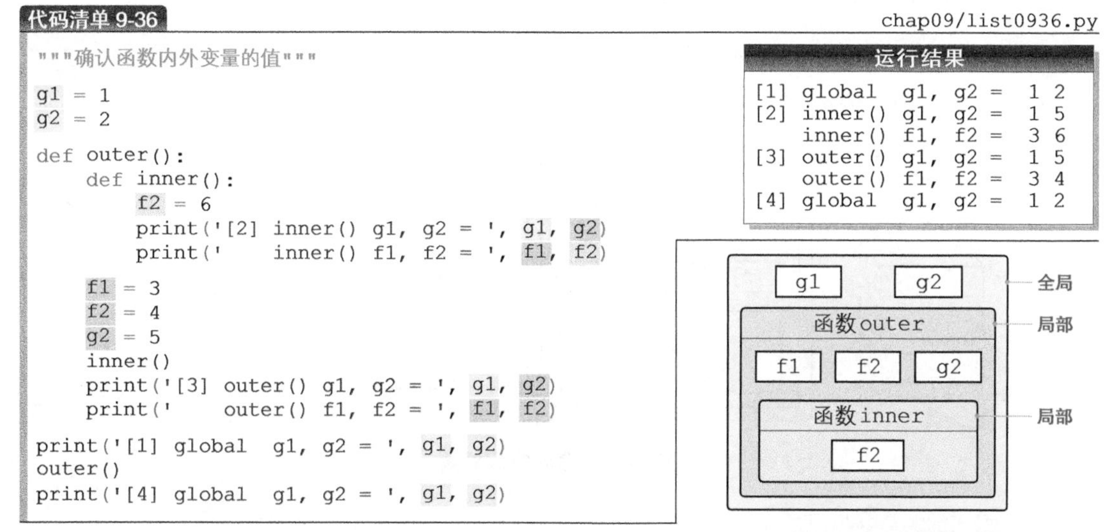

代码清单 9-36　chap09/list0936.py

```
"""确认函数内外变量的值"""

g1 = 1
g2 = 2

def outer():
    def inner():
        f2 = 6
        print('[2] inner() g1, g2 = ', g1, g2)
        print('    inner() f1, f2 = ', f1, f2)

    f1 = 3
    f2 = 4
    g2 = 5
    inner()
    print('[3] outer() g1, g2 = ', g1, g2)
    print('    outer() f1, f2 = ', f1, f2)

print('[1] global  g1, g2 = ', g1, g2)
outer()
print('[4] global  g1, g2 = ', g1, g2)
```

运行结果

```
[1] global  g1, g2 =  1 2
[2] inner() g1, g2 =  1 5
    inner() f1, f2 =  3 6
[3] outer() g1, g2 =  1 5
    outer() f1, f2 =  3 4
[4] global  g1, g2 =  1 2
```


图 9-16　变量和函数

变量 g2 和变量 f2 的值非常奇妙。

首先看变量 g2。它在 [1] 中输出的值是 2。之后 g2 在函数 outer 内更新为 5，并且在 [2] 和 [3] 中进行了输出，但最后在 [4] 中输出的值仍然是 2。

接着来看变量 f2，它的值在内部函数 inner 中更新为 6，紧接着在 [2] 中输出的值也为 6，但程序流程回到函数 outer 后，f2 在 [3] 中输出的值变为了 4。

之所以会产生这样的运行结果，是因为变量 g1 和变量 f1 分别只存在一个同名变量，而变量 g2 和变量 f2 分别存在两个同名变量。具体如图 9-16 所示。

*

淡蓝色区域称为全局命名空间（global namespace），橘色区域和绿色区域因为在各自的函数中，所以称为局部命名空间（local namespace）。

另外，属于全局命名空间的变量称为全局变量（global variable），属于局部命名空间的变量称为局部变量（local variable）。

请对比程序中各个变量的颜色和图中的颜色。打印输出的变量所对应的函数如下所示。

函数 inner 中的 [2] … 全局的 g1 、仅限于 outer 的 g2 和 f1 和仅限于 inner 的 f2。
函数 outer 中的 [3] … 全局的 g1 、仅限于 outer 的 g2、f1 和 f2。
全局的 [1] 和 [4] … 全局的 g1 和 g2 。

下面依次讲解上述命名空间和变量。

命名空间和作用域

上一节出现了全局命名空间和局部命名空间等术语。命名空间（namespace）表示变量或函数等实体对象和引用该对象的名称（变量名和函数名等）之间的映射（mapping）。

▶ 命名空间由程序自动实现，而非由用户（程序员）实现。由于实现了每个命名空间的映射，所以属于不同命名空间的同名变量或同名函数也能存在。

代码清单 9-36 中命名空间的概要如图 9-17 所示。

▶ 图中标号为 1~6 的 6 个箱子表示整数对象。另外，这里省略了原本在对照表中显示的函数（或类等）信息。

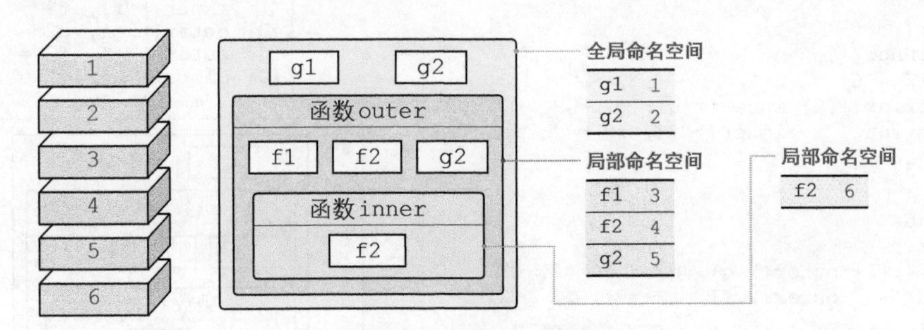

图 9-17　命名空间概要

▶ 对照表的生成过程如下。

- 全局命名空间

  g1 和 g2 的赋值过程在所有函数的外侧进行。在对初次使用的变量进行赋值时，程序在定义变量（新建变量）的同时还会创建变量的对照表。

- 用于函数 outer 的命名空间

  程序建立了变量 f1、f2 和 g2 的对照表来对这些变量进行赋值。

- 用于函数 inner 的命名空间

  程序建立了变量 f2 的对照表来对变量进行赋值。

上述内容对函数内定义的变量（赋值后生成了新的变量）进行了介绍。形参的情况与变量的情况相同。如果函数使用形参，则该形参会进入函数专用的命名空间中（被记录到对照表中）。

在函数 outer 中，程序不仅读取了专属于函数本身局部命名空间的 f1、f2 和 g2 的值，还读取了属于全局命名空间的 g1 的值。

想理解为什么会出现这种情形，就需要了解作用域（scope）的概念。

作用域表示名称可以直接在脚本程序中使用的范围。作用域有以下 3 种类型。

① 内置作用域

内置作用域（built-in scope）是 Python 提供的特殊作用域。在这种作用域中定义的名称属于内置命名空间（built-in namespace）。

▶ print、len 和 max 等内置函数属于内置命名空间，因此，这些内置函数通用于整个 Python 系统。

② 全局作用域

全局作用域（global scope）是在函数外定义的标识符所拥有的作用域，其作用范围是整个脚本程序。

▶ 比如，g1、g2 和 outer 所拥有的作用域就是全局作用域。这些变量名通用于整个脚本程序 'list0936.py'。另外，在全局作用域内定义的名称属于全局命名空间。

③ 局部作用域

局部作用域（local scope）是在函数中定义的标识符所拥有的作用域，其作用范围是整个函数。在函数中定义函数时，其作用域进行了嵌套。

▶ 比如，属于函数 outer 的变量 f1、f2、g2 和 inner 所拥有的作用域就是局部作用域。这些变量名通用于整个函数 outer。另外，在局部作用域中定义的名称属于局部命名空间。

在执行某函数时，如果遇到初次出现的名称（比如，在执行函数 outer 时第一次出现了 g1），Python 系统会在函数专用的局部命名空间中搜索该名称。如果搜索失败（g1 不在对照表内），则 Python 系统会搜索全局命名空间（此时发现 g1）。假如此时仍搜索失败，Python 系统就会搜索内置命名空间。

在执行函数外的代码时，如果遇到初次出现的名字（比如 print），Python 系统会在全局命名空间中搜索是否有以该名字定义的变量或函数。如果搜索失败，则 Python 系统会搜索内置命名空间（此时发现 print 函数）。

也就是说，Python 系统会按照以下顺序搜索名称。

③ 局部命名空间 ➡ ② 全局命名空间 ➡ ① 内置命名空间

▶ 当函数嵌套时，系统会根据嵌套的深度多次搜索局部命名空间。

为保证大家能顺利理解，现在我对函数 outer 中的 g1 和 g2 进行说明。

- g1 … 该变量仅用于读取值。程序进行③→②的搜索后，在全局命名空间的对照表中发现 g1。
- g2 … 该变量进行了赋值操作，因此名称 g2 被记录在函数 outer 命名空间的对照表上，即 g2 是函数 outer 专用的变量（与全局变量 g2 无关）。

global 语句和 nonlocal 语句

前文介绍了命名空间和作用域的概念。现在我来讲解另一个需要掌握的内容，即如何在函数中更新全局变量的值。

▶ 虽然在函数中可以只读取全局变量的值，但是一旦在函数内对变量进行赋值，程序就会重新生成（定义）同名的不同变量。

在这种情况下，我们需要使用以下形式的 global 语句（global statement）。

global 标识符 **global 语句**

▶ 可以利用逗号隔开多个标识符进行指定。

通过 global 语句的声明，指定的标识符（名称）被强制解释为全局变量。现在我们通过对比代码清单9-37和代码清单9-38来理解相关内容。

代码清单 9-37 chap09/list0937.py

```
# 无 global 语句

n = 1

def func():
    # 编写同名变量
    n = 2       # n是局部变量
    print('n =', n)

print('n =', n)
func()
print('n =', n)
```

运行结果

```
n = 1
n = 2
n = 1
```

代码清单 9-38 chap09/list0938.py

```
# 有 global 语句

n = 1

def func():
    global n
    n = 2       # n为全局变量
    print('n =', n)

print('n =', n)
func()
print('n =', n)
```

运行结果

```
n = 1
n = 2
n = 2
```

- 代码清单9-37 … 与以往的程序一样。在函数 func 内进行赋值的变量 n 与全局变量 n 无关，它是函数 func 的局部变量。程序进行赋值操作后，全局变量 n 的值没有发生改变。
- 代码清单9-38 … global 语句指定的变量 n 作为全局变量 n 解释，它没有记录在函数 func 的对照表上。因此，程序进行赋值操作后，全局变量 n 的值从 1 更新为 2。

上述内容可总结如下。

在函数内使用全局命名空间中的变量时：

- 如果仅仅读取值而不进行赋值操作，则直接使用该变量。
- 如果需要进行赋值操作，则使用 global 语句指定该变量。

---

*

在嵌套函数中使用的 nonlocal 语句（**nonlocal statement**），其作用与 global 语句基本相同。该语句的调用形式如下。

---

nonlocal 标识符 **nonlocal 语句**

► 可以指定多个标识符，各个标识符之间用逗号隔开。

现在我们通过对比代码清单9-39和代码清单9-40来理解上述内容。

代码清单 9-39 chap09/list0939.py

```
# 无 nonlocal 语句

def outer():
    n = 1
    def inner():
        # 编写同名变量
        n = 2
        print('n =', n)
    print('n =', n)
    inner()
    print('n =', n)

outer()
```

运行结果

```
n = 1
n = 2
n = 1
```

代码清单 9-40 chap09/list0940.py

```
# 有 nonlocal 语句

def outer():
    n = 1
    def inner():
        nonlocal n
        n = 2
        print('n =', n)
    print('n =', n)
    inner()
    print('n =', n)

outer()
```

运行结果

```
n = 1
n = 2
n = 2
```

两个程序均在函数 outer 内定义变量 n。

- 代码清单 9-39 … 在函数 inner 内进行赋值操作的变量 n 是独立的局部变量，它属于函数 inner，与属于外侧函数 outer 的变量 n 无关。
- 代码清单 9-40 … nonlocal 语句指定的变量 n 没有记录在函数 inner 的对照表上。因此，函数 inner 中的变量 n 被解释为属于外侧函数 outer 的变量 n。

上述内容可总结如下。

当使用的变量在属于外侧函数的命名空间中时：

- 如果仅仅读取值而不进行赋值操作，则直接使用该变量。
- 如果需要进行赋值操作，则使用 nonlocal 语句指定该变量。

▶ 前面提到作用域表示“名称可以直接在脚本程序中使用的范围”。反过来说，就是存在名称不能直接使用的情况。

比如以下几种情况。

- 当使用其他模块（脚本程序）中定义的对象时
  比如，在代码清单 4-6 的猜数字游戏中，程序在调用 random 模块内的 randint 函数时，使用的是 random.randint，而非 randint。在定义 randint 函数的全局作用域中（即脚本程序 'random.py' 中），虽然可以直接使用 randint，但在通过其他文件使用该函数时，不能直接使用 randint 这一名称（下一章会讲解模块的相关内容）。
- 当使用属于类的名称时
  虽然可以在类 C 的定义中直接使用属于类 C 或该 Class 类型的对象 x 的名称 name，但从类的外部使用 name 时，必须以 C.name 或 x.name 的形式使用 name（第 11 章会讲解类的相关内容）。

9-4 高阶函数

在 Python 中，一切皆为对象，函数也不例外。本节，我会介绍函数定义生成函数对象的过程和高阶函数的相关内容。

函数是对象

因为在 Python 中一切皆为对象，所以本章介绍的函数自然也是对象。首先，我们来通过代码清单 9-41 进行验证。

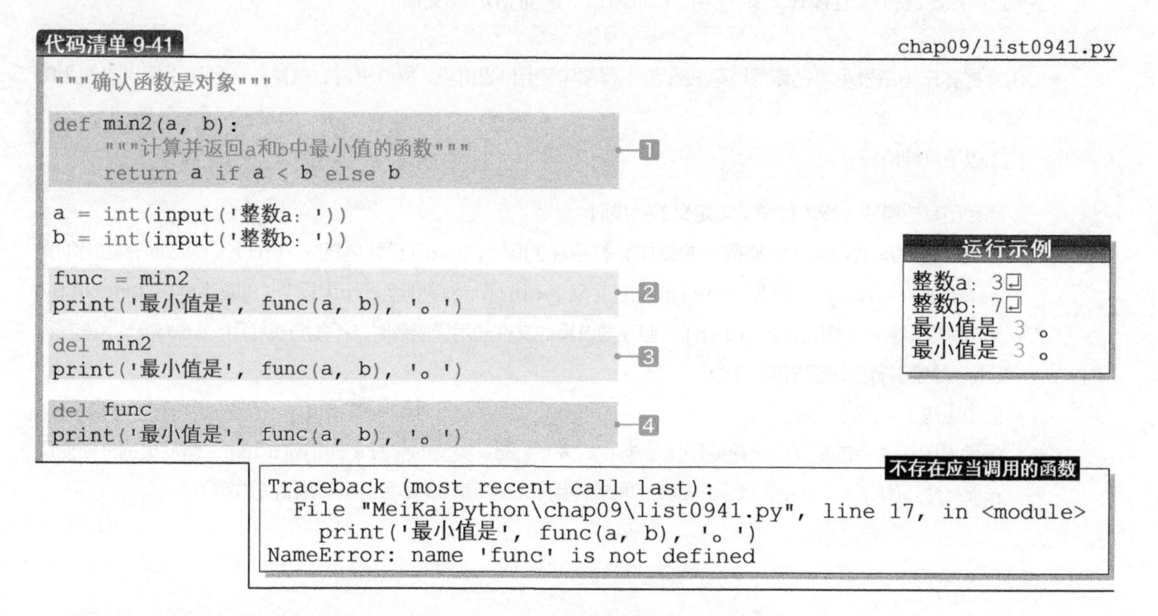

代码清单 9-41 chap09/list0941.py

```
"""确认函数是对象"""

def min2(a, b):                              ─1
    """计算并返回a和b中最小值的函数"""
    return a if a < b else b

a = int(input('整数a: '))
b = int(input('整数b: '))

func = min2                                  ─2
print('最小值是', func(a, b), '。')

del min2                                     ─3
print('最小值是', func(a, b), '。')

del func                                     ─4
print('最小值是', func(a, b), '。')
```

运行示例

```
整数a: 3⏎
整数b: 7⏎
最小值是 3 。
最小值是 3 。
```

不存在应当调用的函数

```
Traceback (most recent call last):
  File "MeiKaiPython\chap09\list0941.py", line 17, in <module>
    print('最小值是', func(a, b), '。')
NameError: name 'func' is not defined
```

代码1是函数的定义，该定义主要完成了以下两项工作。

① 生成函数对象（function object）。

② 将生成的函数对象与 min2 这一名称绑定（min2 是用于引用函数对象的名称）。

也就是说，函数定义生成了函数对象并将生成的函数对象绑定到名字（图 9-18a）。

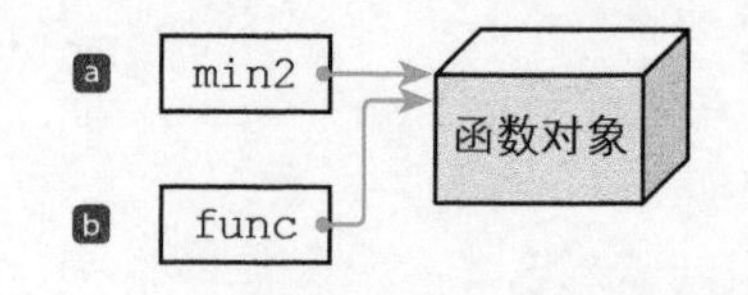

图 9-18 函数对象与引用该对象的变量

代码2将 min2 赋给 func。与变量的赋值过程一样，由于复制了对象的引用，所以赋值后的 func 与 min2 引用了同一个函数对象（图 9-18b）。

▶ 由于等号右边的 min2 没有加上调用运算符 ()，所以它表示的是函数 min2 本身，而不是调用函数 min2 的表达式。

这时，如果程序执行调用表达式 func(a, b)（调用 func 引用的函数），程序就会调用函数（min2 原本引用的函数）计算两个值中较小的值。

代码3通过 del 语句删除 min2。该操作删除的不是函数对象本身，而是引用函数对象的名称。

这时，如果程序执行调用表达式 func(a, b)（调用 func 引用的函数），程序就会调用函数计算两个值中较小的值（与代码2相同）。

代码4通过 del 语句删除 func。删除 func 这一名称后，程序无法引用函数对象来计算两个值中较小的值。如果程序调用 func，理所当然会产生错误。

*

该程序中定义的“函数 min2”是以 func 这个名字被调用的。

前文讲解了函数是对象，函数名只是引用该对象的名称。

另外，在查看类型和标识值的方法上，函数与变量相同（倒不如说所有对象均可使用这类方法）。请通过代码清单 9-42 进行确认。

代码清单 9-42 chap09/list0942.py

```
"""打印输出函数的类型和标识值"""

def min2(a, b):
    """计算并返回a和b中最小值的函数"""
    return a if a < b else b

func = min2

print('type(min2), id(min2) = ', type(min2), id(min2))
print('type(func), id(func) = ', type(func), id(func))
```

运行示例

```
type(min2), id(min2) =  <class 'function'> 3142847414752
type(func), id(func) =  <class 'function'> 3142847414752
```

从运行结果来看，函数对象的类型是 function 型。min2 和 func 在类型和标识值方面自然是相同的。

要点 函数的实体是 function 型的函数对象。函数名只是用来引用（绑定至）函数对象的名称。

高阶函数

下面请看代码清单 9-43。该程序读取了两个整数值并计算了它们的和与积。

代码清单 9-43 chap09/list0943.py

```
"""通过一个名字调用两个函数"""

def mul2(x, y):
    return x * y

def add2(x, y):
    return x + y

a = int(input('整数a：'))
b = int(input('整数b：'))

func = mul2                                      ─1
print('a与b的积是', func(a, b), '。')

func = add2                                      ─2
print('a与b的和是', func(a, b), '。')
```

运行示例

```
整数a：5↵
整数b：7↵
a与b的积是 35 。
a与b的和是 12 。
```

程序定义的两个函数都比较简单。

- 函数 mul2 … 计算并返回 x 和 y 的积
- 函数 add2 … 计算并返回 x 和 y 的和

程序分别以 mul2 和 add2 定义两个函数，不过并未以这些名字来调用函数（这一点与代码清单 9-41 相同）。

在代码1的赋值操作中，函数 mul2 被命名为 func。由于变量 func 引用了 mul2，所以 func(a, b) 实际上与 mul2(a, b) 相同。调用 func(a, b) 相当于调用函数 mul2 计算 a 和 b 的积。

代码2也一样，func(a, b) 实际上与 add2(a, b) 相同，程序调用 func(a, b) 相当于调用函数 add2 计算 a 和 b 的和。

上述程序通过 func 这一个名称调用了 mul2 和 add2 两个函数。如果能理解该程序，应该就能理解更加实用的代码清单 9-44 的程序。

▶ 函数 mul2 和函数 add2 与代码清单 9-43 的相同。

▪ 函数 kuku

函数 kuku 以 9 行 9 列的表格形式打印输出 81 个值，每个输出值占 3 位且大小为 func(i, j)。其中，函数以 func 作为形参。

代码清单 9-44 chap09/list0944.py

```
""" 打印输出九九乘法表和九九加法表 """

def kuku(func):
    """ 打印输出九九乘法表 """
    for i in range(1, 10):
        for j in range(1, 10):
            print('{:3d}'.format(func(i, j)), end='')
        print()

def mul2(x, y):
    return x * y
                        与代码清单 9-43 相同
def add2(x, y):
    return x + y

n = int(input('乘法[0]/加法[1]:'))

if n == 0:
    print('九九乘法表')
    kuku(mul2)                                  ←1
elif n == 1:
    print('九九加法表')
    kuku(add2)                                  ←2
```

运行示例

```
1 乘法[0]/加法[1]:0⏎
九九乘法表
  1  2  3  4  5  6  7  8  9
  2  4  6  8 10 12 14 16 18
  3  6  9 12 15 18 21 24 27
  4  8 12 16 20 24 28 32 36
  5 10 15 20 25 30 35 40 45
  6 12 18 24 30 36 42 48 54
  7 14 21 28 35 42 49 56 63
  8 16 24 32 40 48 56 64 72
  9 18 27 36 45 54 63 72 81
```

```
2 乘法[0]/加法[1]:1⏎
九九加法表
  2  3  4  5  6  7  8  9 10
  3  4  5  6  7  8  9 10 11
  4  5  6  7  8  9 10 11 12
  5  6  7  8  9 10 11 12 13
  6  7  8  9 10 11 12 13 14
  7  8  9 10 11 12 13 14 15
  8  9 10 11 12 13 14 15 16
  9 10 11 12 13 14 15 16 17
 10 11 12 13 14 15 16 17 18
```

▪ 程序的主要部分

在代码1中，程序将 mul2 作为实参传递给函数 kuku。由于实参 mul2 赋给了形参 func，所以这里的参数处理与上一个程序的赋值操作相同，作为形参的变量 func 引用了函数 mul2。

程序执行调用表达式 func(i, j) 后得到 i 和 j 的积。这实际上与执行 mul2(i, j) 的效果一样。

因此，函数 kuku 打印输出了九九乘法表。

代码2也一样。由于程序将作为实参的 add2 传递给了函数 kuku，所以执行调用表达式 func(i, j) 后获得 i 和 j 的和。这实际上与执行 add2(i, j) 的效果一样。

因此，函数 kuku 打印输出了九九加法表。

如果只看函数 kuku 内的调用表达式 func(i, j)，我们无法知道具体调用了什么函数。这是因为在执行程序后，形参 func 接收了函数对象的引用，这时程序才首次确定应调用什么函数。

程序利用函数引用有以下好处。

- 可以在程序运行时动态（dynamic）确定应当调用的函数，而非静态（static）确定。
- 可以编写代码根据不同条件调用不同“转包”函数。

接收函数为参数的函数或返回值是函数的函数称为高阶函数（**higher-order function**）。

▶ 下一节我们会将 lambda 表达式应用于高阶函数。

9-5 lambda 表达式

本节我们会学习 lambda 表达式，该表达式以单一的表达式实现具有复合语句结构的函数。

lambda 表达式

本章开头介绍了函数定义是一种复合语句，而 lambda 表达式（lambda expression）以表达式的形式而不是语句的形式实现函数。

lambda 表达式的基本形式如下所示。

```
lambda 形参序列 : 返回值
```

lambda 表达式

▶ 在接收多个形参时，要使用逗号将各个形参隔开排列。

lambda 表达式的称呼来源于运算符 lambda。

▶ 本书已讲解过使用○○运算符的表达式称为○○表达式。

一般来说不能在表达式中插入语句，所以 lambda 表达式中不能包含语句。另外，单个表达式也不能包含标注。

运算符 lambda 可以生成名为匿名函数（anonymous function）的函数对象。

代码清单 9-45 通过 lambda 表达式生成并调用了一个函数对象，该函数对象用于计算两个值的和。

代码清单 9-45 chap09/list0945.py

```
"""用lambda表达式计算两个值的和"""

a = int(input('整数a: '))
b = int(input('整数b: '))

add2 = lambda x, y: x + y
print('a和b的和是', add2(a, b), '。')
```

运行示例

```
整数a: 5⏎
整数b: 7⏎
a和b的和是 12 。
```

蓝色底纹部分是 lambda 表达式，它与以下函数定义的执行结果相同（但在语法处理等具体方面有所不同）。

```
def 没有函数名 (x, y):
    return x + y
```

在运算符 lambda 之后排列上述绿色底纹部分代码就完成了蓝色底纹部分的 lambda 表达式。

lambda 表达式生成了一个函数对象，该对象被命名为 add2。橘色底纹部分代码调用了函数对象。另外，lambda 表达式的调用方法与普通函数的调用方法相同。

没有必要对程序中只调用一次的函数进行命名。

一般来说，一个表达式可以是其他表达式的一部分，lambda 表达式也可以编写在其他表达式中。

代码清单 9-46 利用该特性对代码清单 9-45 进行了改写。

代码清单 9-46　chap09/list0946.py

```
"""用lambda表达式计算两个值的和（其二）"""

print('a和b的和是', (lambda x, y: x + y)(a, b), '。')
```

lambda 表达式可以将函数定义和函数调用合并到一个表达式中。

*

上一节中高阶函数的示例程序也可以利用计算两个值的和的函数。

代码清单 9-44 打印输出了九九乘法表和九九加法表。利用 **lambda** 表达式改写该程序后可得到代码清单 9-47。

代码清单 9-47　chap09/list0947.py

```
""" 打印输出九九乘法表和九九加法表 """

def kuku(func):
    """ 打印输出九九乘法表 """
    for i in range(1, 10):
        for j in range(1, 10):
            print('{:3d}'.format(func(i, j)), end='')
        print()

n = int(input('乘法[0]/加法[1]:'))

if n == 0:
    print('九九乘法表')
    kuku(lambda x, y: x * y)
elif n == 1:
    print('九九加法表')
    kuku(lambda x, y: x + y)
```

与代码清单 9-44 相同

运行示例

```
① 乘法[0]/加法[1]: 0
九九乘法表
  1  2  3  4  5  6  7  8  9
  2  4  6  8 10 12 14 16 18
  3  6  9 12 15 18 21 24 27
  4  8 12 16 20 24 28 32 36
  5 10 15 20 25 30 35 40 45
  6 12 18 24 30 36 42 48 54
  7 14 21 28 35 42 49 56 63
  8 16 24 32 40 48 56 64 72
  9 18 27 36 45 54 63 72 81

② 乘法[0]/加法[1]: 1
九九加法表
  2  3  4  5  6  7  8  9 10
  3  4  5  6  7  8  9 10 11
  4  5  6  7  8  9 10 11 12
  5  6  7  8  9 10 11 12 13
  6  7  8  9 10 11 12 13 14
  7  8  9 10 11 12 13 14 15
  8  9 10 11 12 13 14 15 16
  9 10 11 12 13 14 15 16 17
 10 11 12 13 14 15 16 17 18
```

代码清单 9-47 改写了调用函数 `kuku` 的蓝色底纹部分代码，而不是函数 `kuku` 本身。传递给函数 `kuku` 的实参被修改为 **lambda** 表达式。

因此，程序在生成二值求和或求积的（匿名）函数对象的同时，将函数引用传递给了函数 `kuku`。

要点 使用 lambda 表达式可以生成匿名的函数对象，该函数对象是表达式而不是语句。

另外，与函数的参数一样，我们在使用 **lambda** 表达式时也可以指定参数的默认值、关键字参数和可变参数等。

map 函数和 lambda 表达式

下面我们来学习内置函数 `map`，以此应用 **lambda** 表达式。`map` 函数的基本调用形式如下所示。

```
map(函数, 可迭代对象)
```

map 函数的第二参数接收了一个可迭代对象，函数针对该可迭代象的所有元素返回一个 map 型的 map 对象。该 map 对象是调用函数后生成的迭代器。

代码清单 9-48 和代码清单 9-49 是具体的程序示例。

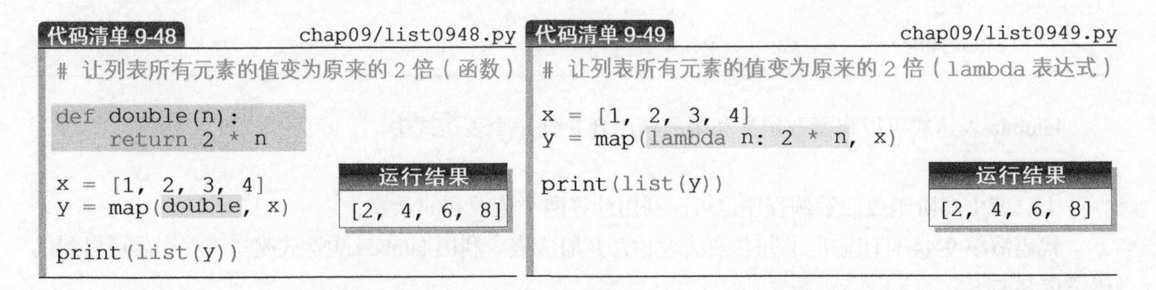

代码清单 9-48　chap09/list0948.py

```
# 让列表所有元素的值变为原来的 2 倍（函数）

def double(n):
    return 2 * n

x = [1, 2, 3, 4]
y = map(double, x)

print(list(y))
```

运行结果

```
[2, 4, 6, 8]
```

代码清单 9-49　chap09/list0949.py

```
# 让列表所有元素的值变为原来的 2 倍（lambda 表达式）

x = [1, 2, 3, 4]
y = map(lambda n: 2 * n, x)

print(list(y))
```

运行结果

```
[2, 4, 6, 8]
```

上述两个程序均生成并输出了一个列表，该列表所有元素的值是列表 [1, 2, 3, 4] 所有元素值的 2 倍。

代码清单 9-48 为函数版本的程序。程序定义了函数 double，函数 double 的返回值是所接收参数值的 2 倍。程序生成函数对象后，将该函数对象传递给 map 函数作为第一参数。

map 函数生成并返回的是对 x 中所有元素调用函数 double 后生成的结果序列。程序因为无法直接打印输出 map 函数返回的 map 对象，所以将 y 转换为列表后对其进行输出（输出的是列表形式的 [2, 4, 6, 8]）。

代码清单 9-49 为 lambda 表达式版本的程序。与前面的程序一样，生成函数对象的 **lambda** 表达式直接作为参数传递。

▶ lambda 表达式生成的函数对象接收的形参为 n，返回值为 2 * n。

*

我们现在思考几个使用 map 函数的示例（x 为 [1, 2, 3, 4]）。

▪ 将所有元素转换为字符串（chap09/map_sample01.py）

```
list(map(str, x))
```

第 2 章讲解的 str 函数是一个将接收的参数转换为字符串的内置函数。因此，生成的列表为 ['1', '2', '3', '4']。

▪ 将所有元素的计量单位从厘米转换为英寸（chap09/map_sample02.py）

```
list(map(lambda n: 2.54 * n, x))
```

生成的列表为 [2.54, 5.08, 7.62, 10.16]。

filter 函数和 lambda 表达式

下面我们使用内置函数 filter 来对 **lambda** 表达式进行应用。filter 函数的基本调用形式如下所示。

```
filter(函数, 可迭代对象)
```

该函数接收一个可迭代对象作为第二参数，然后针对可迭代对象的所有元素调用函数（第一参数）。如果函数（第一参数）执行的结果为真，则抽出该元素生成迭代器，并将其作为 filter 型的 filter 对象返回。

代码清单 9-50 为示例程序。

代码清单 9-50　　chap09/list0950.py

```
# 仅选出80分以上的分数

import random

number = int(input('学生人数：'))

tensu = [None] * number

for i in range(number):
    tensu[i] = random.randint(0, 100)

print('所有学生的分数＝', tensu)
print('合格学生的分数＝', list(filter(lambda n: n >= 80, tensu)))
```

运行示例

```
学生人数：11⏎
所有学生的分数＝ [29, 71, 68, 57, 61, 50, 92, 98, 58, 71, 53]
合格学生的分数＝ [92, 98]
```

tensu 是用于存储考试分数的列表，分数范围为 0～100 分。元素总数通过键盘输出确定，各元素的值为随机数。

filter 函数用于选出合格者（80 分以上）的分数。因此，**lambda** 表达式生成了一个函数并将其传递给 filter 函数的第一参数。在由 **lambda** 表达式生成的函数中，如果接收的参数值大于等于 80，则返回 True，否则返回 False。

被调用的 filter 函数按顺序遍历了第二参数所接收的列表中的所有元素。此时，程序对各个元素调用第一参数所接收的函数，然后选出函数结果为真的（80 分以上的）分数并以新的分数排列生成 filter 对象。

程序无法直接输出函数返回的 filter 对象，要将 filter 对象转换为列表后才能输出。

总结

- 函数是一种具有复合语句结构的程序部件，它对接收的形参进行处理后，将处理结果作为返回值返回。

- 程序根据函数定义生成了 function 型的函数对象作为函数实体。函数名是引用（绑定至）函数对象的名称。

- 程序在调用函数前必须先定义该函数。只要未被程序调用，函数就不会执行。

- 程序调用函数后，程序的流程进入该函数。在调用代码的调用运算符 () 内传递的实参赋给了函数的形参。

- 函数通过传递引用的值（传递对象的引用）来处理参数。因此，
  - 如果参数是不可变对象，那么在修改函数内形参的值时，程序会生成其他对象并修改形参使其引用该对象。
  - 如果参数是可变对象，那么在修改形参的值时，程序会更新引用的对象本身。

- 程序执行 return 语句后，函数结束运行。此时，程序流程返回至调用函数的代码处，与此同时，程序返回相应的值。如果返回的值是元组，则程序将多个值传递给调用函数的代码。如果 return 语句没有指定返回值或函数没有 return 语句，则函数返回 None。

- 程序对调用表达式求值后，得到函数运行后的返回值。该返回值也可以不被程序使用。

- 在函数中调用函数自身可以实现递归调用。

- 如果在函数定义中对形参设定了默认值，则可以省略实参调用函数。

- 在处理参数时可以使用位置参数或关键字参数接收和传递参数。在使用位置参数时，实参会传递给相同插槽的形参，在使用关键字参数时，函数会根据调用代码指定的形参名传递参数。

- 带 * 声明的形参可以接收可变参数（任意数量的值）为元组。程序在调用函数时，会先隐式打包可变实参，然后传递参数。

- 如果将应当传递给函数的值汇总到列表或元组等可迭代对象中，我们可以在实参前放置 * 传递参数。实参在解包后会传递给函数。

- 带有两个连续的 * 进行声明的形参可以接收字典化的关键字参数。

- 如果在字典型（映射型）的实参前放置两个连续的 *，程序就会解包该字典的所有元素。各个元素的“键”变成关键字参数，每个键对应的“值”传递给了相应的关键字参数。

- 在声明形参时，单独放置的 *（不与名字相连）后的形参均强制变为关键字参数。
- 在定义函数时应当编写 """ … """ 形式的文档字符串。其内容可通过函数名 .__doc__ 以字符串的形式取出或通过 help 函数打印输出。
- 在定义函数时应当编写标注提示形参的类型或返回值的类型，向函数使用者传递形参的特性和返回值的特性。函数名 .__annotations__ 可以用来取出标注中字典化后的各项内容。
- 在函数内定义的函数称为内部函数。
- 命名空间是变量或函数等实体对象与引用该对象的名称（变量名、函数名等）之间的对应关系。命名空间有全局命名空间和局部命名空间两种。
- 作用域表示名称可以直接在脚本程序中使用的范围。作用域包括内置作用域、全局作用域和局部作用域。
- global 语句将指定的名称强制解释为全局变量。nonlocal 语句将指定的名称解释为外侧函数的局部变量。
- 接收函数为参数的函数或返回值是函数的函数是高阶函数。高阶函数可以在程序运行时动态确定应当调用什么函数。
- lambda 表达式是运用了运算符 lambda 的表达式，用于生成匿名函数这一函数对象。
- map 函数可以用来针对可迭代对象中的所有元素生成函数调用的结果。
- filter 函数可以针对可迭代对象的元素调用特定函数，程序会选出函数结果为真的元素并生成相应的结果。

chap09/gist.py

```
# 第9章 总结

def range_of(*v):
    """返回最大值和最小值的差"""
    return abs(max(v) - min(v))

print('range_of(1, 5)             = ', range_of(1, 5))
print('range_of(1, -3, 2, 5, 4) = ', range_of(1, -3, 2, 5, 4))
```

运行结果

```
range_of(1, 5)             =  4
range_of(1, -3, 2, 5, 4) =  8
```

第 10 章

模块和包

本章将对模块（module）和包进行讲解，它们用于程序部件的重复利用。

- 模块
- 块和代码块
- 导入模块
- 初始化模块对象
- 模块（脚本文件）的结构
- __name__ 和 '__main__'
- 模块的搜索路径
- 获取 sys.path
- 向 sys.path 添加搜索路径
- 完全限定名（完全修饰名）
- 简单名称
- 使用 import 语句进行导入
- 包和模块
- 标准包
- __init__.py
- 绝对导入
- 隐式相对导入
- 显式相对导入
- 命名空间包

10-1 模块

在上一章的内容中，函数的定义和调用均在一个脚本文件中。函数模块化后，我们可以从其他脚本程序调用函数。

模块和块

第4章介绍了如何导入 random 模块来利用函数 randint 生成随机数。当然，我们自己也能编写这类可重复利用的模块。实际上，到现在为止，我们已经编写了许多模块。

之所以这么说，是因为**单一的脚本文件可以直接作为模块使用**。

Python 程序由代码块（code block）构成，程序块简称为块（block）。完整的一个脚本程序是一个块，其中的函数体或（下一章讲解的）类定义等也是块。

脚本文件所实现的模块是较大单位的块，它包含了函数和类等较小的块。

要点 模块是程序块的单位，一个脚本文件是一个模块。

*

现在我们来思考如何从其他模块调用自定义模块中的函数。首先请看代码清单 10-1 中的函数 min_max2。

代码清单 10-1 chap10/min_max2.py

与代码清单 9-6 相同

```
"""求两个值中的最小值和最大值"""

def min_max2(a, b):
    """计算并返回a和b中的最小值和最大值"""
    return (a, b) if a < b else (b, a)

n1 = int(input('整数n1: '))
n2 = int(input('整数n2: '))

minimum, maximum = min_max2(n1, n2)
print('最小值是', minimum, '最大值是', maximum, '。')
```

因为不包含扩展名 .py 的文件名会直接用作模块名，所以该程序的模块名是 min_max2。

要点 不包含扩展名的文件名被直接当作模块名使用。

代码清单 10-2 利用了模块 min_max2 中的函数 min_max2。程序调用函数 min_max2 后，求两个实数值中的最小值和最大值。

▶ 两个程序必须放在同一个文件夹中。

代码清单 10-2 chap10/min_max2_test.py

```
"""调用min_max2模块中的min_max2函数"""

import min_max2                           ←1

x = float(input('实数x：'))
y = float(input('实数y：'))

mini, maxi = min_max2.min_max2(x, y)     ←2
print('最小值是', mini, '。')
print('最大值是', maxi, '。')
```

运行示例

```
整数n1：3⏎            代码清单 10-1
整数n2：7⏎
最小值是 3 ，最大值是 7 。
实数x：5.2⏎           代码清单 10-2
实数y：6.4⏎
最小值是 5.2 。
最大值是 6.4 。
```

前面介绍过程序在执行 import 语句“import 模块名”（1）后，可以通过格式为“模块名 . 函数名 (...)”的调用表达式来调用模块内的函数（2）。

如果执行了代码清单 10-2 所示的程序，则代码清单 10-1 内的函数 min_max2 以外的橘色底纹部分的代码也会执行。这与上一章提到的“函数体只有在被调用时才会执行（未被调用时不会执行）”不同。

在 Python 中，一切皆为对象，模块当然也是对象。当模块被其他程序首次导入时，程序会生成并初始化该模块对象（图 10-1）。

程序执行1这个 import 语句后会生成并初始化模块对象 min_max2，结果脚本程序 'min_max2.py' 中的橘色底纹部分的代码被执行。

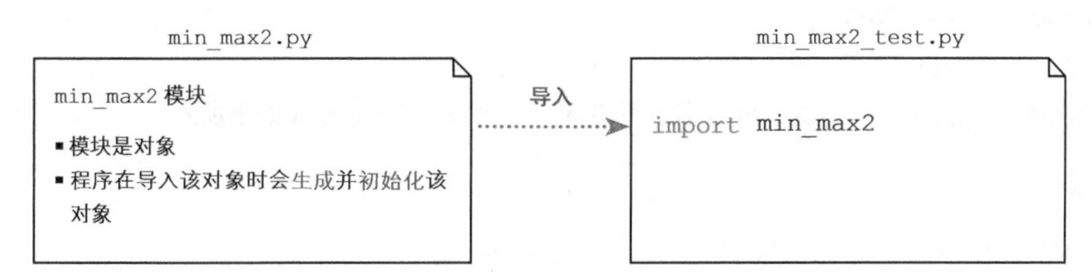

图 10-1 导入模块和初始化模块对象

为了避免这种情况发生，最简单的处理方法是删除代码清单 10-1 中橘色底纹部分的代码，不过，这种处理方式有以下两个缺点。

- 必须修改已经完成的脚本文件。
- 不能仅使用单一的脚本文件测试或调试函数。

编写模块

代码清单 10-3 所示的模块解决了上述问题。

由于文件名是 'min_max.py'，所以模块名是 min_max。此外，该模块中添加了计算三个数值中的最小值和最大值的函数 min_max3。

▶ 代码清单 10-3 修改了函数 min_max2 以利用内置函数 min 和 max 进行实现。

代码清单 10-3 chap10/min_max.py

```
"""计算最小值和最大值的模块"""

def min_max2(a: 'value', b: 'value') -> 'value':
    """计算并返回a和b中的最小值和最大值"""
    return min(a, b), max(a, b)

def min_max3(a: 'value', b: 'value', c: 'value') -> 'value':
    """计算并返回a、b和c中的最小值和最大值"""
    return min(a, b, c), max(a, b, c)

if __name__ == '__main__':
    x = int(input('整数x: '))
    y = int(input('整数y: '))          仅在直接启动时执行，在导入时不会执行
    z = int(input('整数z: '))

    print('x和y中的最小值是{}，最大值是{}。'.format(*min_max2(x, y)))
    print('y和z中的最小值是{}，最大值是{}。'.format(*min_max2(y, z)))
    print('x和z中的最小值是{}，最大值是{}。'.format(*min_max2(x, z)))
    print('x、y和z中的最小值是{}，最大值是{}。'.format(*min_max3(x, y, z)))
```

该模块包括两个函数定义和一个 if 语句。

▶ 程序读取整数值 x、y 和 z 后，通过函数 min_max2 和 min_max3 计算并输出了这些整数中的最小值和最大值。程序在实参前添加 * 后，对元组进行了解包（第 257 页）。之后，解包的结果传递给了 format 方法。

__name__ 和 '__main__'

if 语句用于判断 __name__ 和 '__main__' 是否相等。

左操作数 __name__ 是表示模块名字的变量，该变量的确定方式如下所示。

脚本文件：

- 直接执行时 变量 __name__ 等于 '__main__'
- 导入时 变量 __name__ 等于原本的模块名（在上述程序中是 min_max）

因此，蓝色底纹部分的代码只有在 **'min_max.py'** 被直接启动时才会执行，从其他脚本文件导入 **'min_max.py'** 时，该部分代码不会执行。

▶ 除了 __name__，模块对象中还插入了 __loader__、__package__、__spec__、__path__ 和 __file__ 等变量（属性）。

图 10-2 展示了普通模块（脚本文件）的结构。

模块大致由三个部分构成。

1 … 函数定义（或类定义）等定义。

2 … 从外部导入时自动执行的代码，包括执行模块时不可或缺的初始化代码。

▶ 模块 min_max 中不存在该部分代码。

3 … 从外部导入时不会被执行的代码，用于测试或调试 1 中的函数（或类等）。

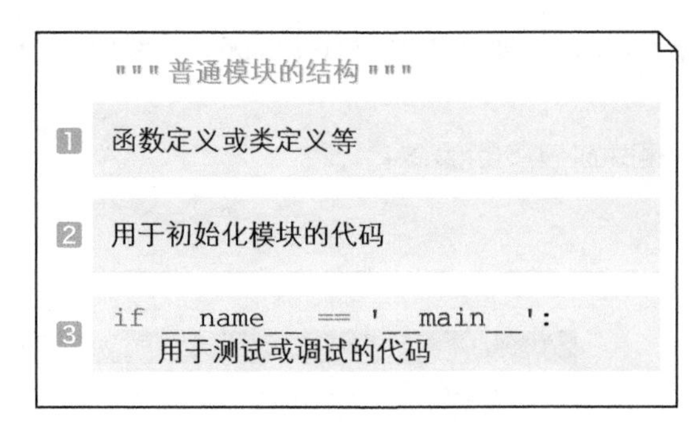

图 10-2 普通模块的结构

代码清单 10-4 是利用模块 min_max 中的多个函数编写的程序示例。

代码清单 10-4 chap10/min_max_test.py

```
"""调用min_max模块中的多个函数"""

import min_max

x = float(input('实数x: '))
y = float(input('实数y: '))
z = float(input('实数z: '))

print('x和y中的最小值是{}，最大值是{}。'.format(*min_max.min_max2(x, y)))
print('y和z中的最小值是{}，最大值是{}。'.format(*min_max.min_max2(y, z)))
print('x和z中的最小值是{}，最大值是{}。'.format(*min_max.min_max2(x, z)))
print('x、y和z中的最小值是{}，最大值是{}。'.format(*min_max.min_max3(x, y, z)))
```

运行示例

```
实数x: 5.2⏎
实数y: 6.4⏎
实数z: 7.2⏎
x和y中的最小值是5.2，最大值是6.4。
y和z中的最小值是6.4，最大值是7.2。
x和z中的最小值是5.2，最大值是7.2。
x、y和z中的最小值是5.2，最大值是7.2。
```

程序读取三个实数值后，通过函数 min_max2 和 min_max3 计算并打印输出了三个实数值中的最小值和最大值。

在这次的运行示例中，程序仅执行了代码清单 10-4，未执行导入模块中函数以外的代码。这样就解决了前文中我们遇到的问题。

模块搜索路径

前面的程序从同一文件夹中导入了自定义模块，而生成随机数的 random 模块的导入源应该在其他文件夹（自定义文件所在的文件夹不存在 'random.py' 文件）。

▶ 文件夹等基本术语将在专栏 13-33 进行讲解。

在导入模块时，程序会根据先后顺序确定应该读取的文件夹。先后顺序大致如下。

① 当前文件夹
② 环境变量 PYTHONPATH 设定的文件夹
③ 标准库的模块文件夹
④ 第三方库的文件夹

变量 sys.path 包含了当前的详细搜索路径和它们的顺序。我们通过代码清单 10-5 来查看变量 sys.path 吧。

▶ sys 模块定义了与系统相关的各类变量和函数。

代码清单 10-5　　chap10/sys_path.py

```
"""打印输出模块搜索路径"""

import sys

print(sys.path)
```

运行示例

```
['\\MeikaiPython\\chap10', '\\Users\\user\\AppData\\Local\\
Programs\\Python\\Python37\\Lib\\idlelib', …中间省略… ]
```

程序运行后，表示路径名的字符串以列表的形式输出。程序在开头输出的是存储该脚本程序 'sys_path.py' 的文件夹。

▶ 程序会根据运行环境和各类设置输出不同的文件夹。

程序产生这样的结果是由于脚本文件运行后，当前文件夹的路径加入列表 sys.path 中并成为该列表的第一个元素。

在交互式 shell 中，程序的运行结果会有所不同。请通过例 10-1 进行确认。

例 10-1　打印输出 sys.path

```
1 >>> import sys⏎
  >>> sys.path
  >>> ['', '\\Users\\user\\AppData\\Local\\Programs\\    ← 以下省略
```

在例 10-1 中，虽然程序输出了 sys.path，但列表的第一个元素是空字符串 ''。

▶ 用户也可以通过程序修改 sys.path。下面的调用可以用来添加搜索路径。

sys.path.append('包含待添加搜索路径的字符串')

我们会在第 303 页学习具体的程序示例。

完全限定名

现在我们回到求最小值和最大值的程序，探讨一下导入的函数名称。

min_max.min_max2：属于模块 min_max 的函数 min_max2

min_max.min_max3：属于模块 min_max 的函数 min_max3

像这样，通过句点符号"."分隔并连接模块名和对象名（函数名、变量名、类名……）后形成的名称叫作完全限定名（fully qualified name），也就是全名（full name）。

▶ 在下一节的内容中，程序使用了多个句点符号，就像 abc.def.xyz 这样。

使用完全限定名的一个好处是能够区分使用属于不同模块的同名函数。

图 10-3 展示了属于模块 abc 的函数 func 和属于模块 xyz 的函数 func，二者可以被区分使用，不会混淆。

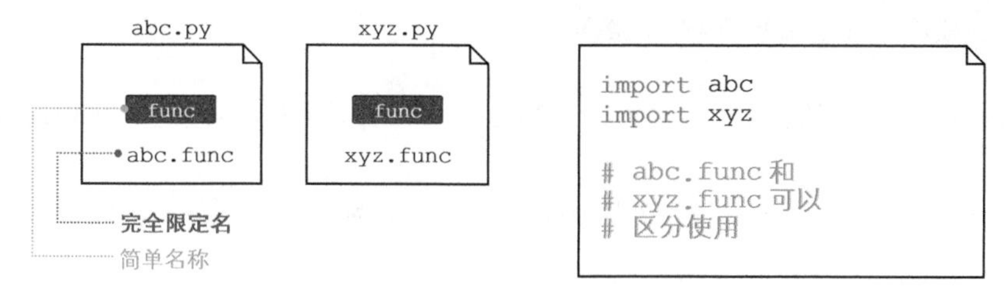

图 10-3 完全限定名和简单名称

另外，最后一个“.”之后的名称在本书中称为简单名称，例如 min_max2 或 min_max3。

要点 通过完全限定名可以区分使用具有相同简单名称的对象。

▶ 虽然在模块内可以使用简单名称（可以直接使用名称 func），但我们无法从其他模块直接使用简单名称进行调用。这是因为各个模块（脚本程序）均实现了该模块专用的命名空间。

使用 import 语句进行导入

前面讲了对象（函数、变量或类等）的名称可分为完全限定名和简单名称，我们可通过不同的导入方法分开使用对象。

import 语句有多种使用形式，现在我们来学习最具代表性的 import 语句的使用形式。

■ import 模块名

这是以往程序所使用的 import 语句的形式。**模块名 . 对象名**可以用来访问指定模块内的对象。

▶ 我们可以使用逗号划分模块名，以此导入多个模块。具体如下所示。

import 模块名 1, 模块名 2, …

但是，请不要使用这种方法。PEP 8 规定一个 import 语句应只导入一个模块。

■ import 模块名 as 别名

这种形式的 import 语句给模块名赋予了别名。当模块名较长时，可以通过这种形式以简短的名称调用模块。

在下面的示例中，模块 min_max 被赋予别名 mm。

```
import min_max as mm

a, b = mm.min_max2(x, y)
a, b, c = mm.min_max3(x, y, z)
```

函数 min_max.min_max2 可以通过名称 mm.min_max2 访问，函数 min_max.min_max3 可以通过名称 mm.min_max3 访问。

■ from 模块名 import 名称 1, 名称 2, …

程序指定模块内特定的名称（名称 1， 名称 2， …）并导入相应对象后，可以通过简单名称访问对象。

下面是一个从模块 min_max 导入函数 min_max2 的示例。

```
from min_max import min_max2

a, b = min_max2(x, y)
```

像这样，程序可以通过简单名称 min_max2 访问模块 min_max 内的函数 min_max2。

该导入方法虽然方便，但不宜过多使用，因为从不同模块导入具有相同简单名称的不同对象会产生问题。

▶ 下面的示例就出现了问题。

```
a = 1
# 单纯的"a"表示"变量a"
from module1 import a
# 单纯的"a"表示"module1.a"
from module2 import a
# 单纯的"a"表示"module2.a"
```

像这样，后导入的名称所引用的对象覆盖了先前引用的对象。

如果清楚导入的模块内的所有名称，就能避免产生这类问题，然而这并不现实。

■ from 模块名 import *

导入指定模块中的所有对象后，就可以通过简单名称进行访问了。

```
from min_max import *

a, b = min_max2(x, y)
a, b, c = min_max3(x, y, z)
```

与之前的导入方法一样，为了避免出现覆盖的情况，原则上不应该使用这种方法。

▶ 在该导入方法中，以下划线开始的名称不会成为导入的对象。

■ from 模块名 import 名称 as 别名

导入的名称被赋予了别名。

```
from min_max import min_max2 as m2
from min_max import min_max3 as m3

a, b = m2(x, y)
a, b, c = m3(x, y, z)
```

虽然名称变短后使用起来更方便了，但使用该方法时，必须统一赋予别名规则，以避免引发错误。

*

一般来说，模块的导入在程序开头进行。另外，如果导入了不存在的模块，程序就会产生 ModuleNotFoundError 异常。如果从存在的模块导入不存在的对象，程序就会产生 ImportError 异常。

▶ 函数中也可以实现模块的导入。但是，从 Python 3 开始不能在函数中通过 * 形式进行导入。

10-2 包

包（package）中聚集了多个模块。导入包后可以分层使用和管理模块。

标准包

上一节我们以包含两个函数的程序为中心学习了模块。如果模块应存储的函数（或类）有所增加，单层结构就会产生问题。

这时就需要使用包来归纳和处理多个脚本文件（甚至可以分层级进行处理）。

我们可以按照以下内容理解包。

- 脚本文件是模块。
- 存储脚本文件的文件夹是包。

另外，如果用作包的文件夹内放置了名为 '__init__.py' 的文件，那么具备这种标准结构的包就称为标准包（regular package）。

现在请看图 10-4 中的示例。这是一个创建包 pack 后，又创建包 sub 作为 pack 的子包的示例。

包 pack 中有模块 abc 和模块 xyz，子包 sub 中有模块 abc 和模块 xyz。

另外，如代码清单 10-6～代码清单 10-9 所示，所有模块都定义了名为 func 的函数。

▶ 这里，文件 '__init__.py' 的内容为空。

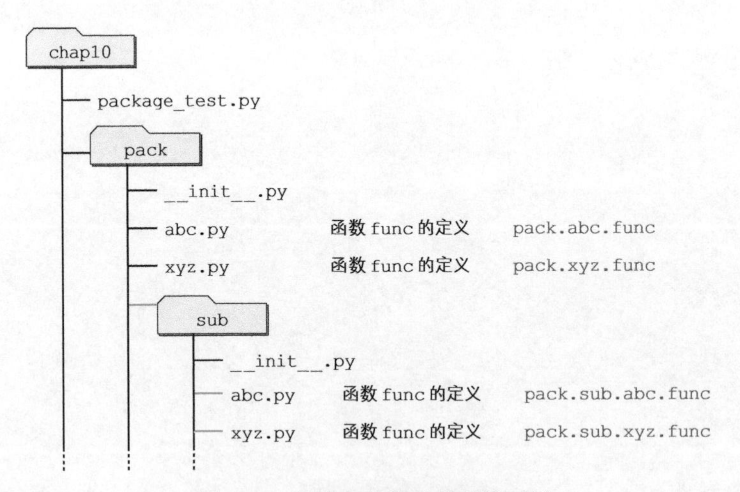

图 10-4 标准包和模块的结构示例

代码清单 10-6 chap10/pack/abc.py

```
# pack.abc 模块
def func():
    print('pack.abc.func()')
```

代码清单 10-7 chap10/pack/xyz.py

```
# pack.xyz 模块
def func():
    print('pack.xyz.func()')
```

代码清单 10-8 chap10/pack/sub/abc.py

```
# pack.sub.abc 模块
def func():
    print('pack.sub.abc.func()')
```

代码清单 10-9 chap10/pack/sub/xyz.py

```
# pack.sub.xyz 模块
def func():
    print('pack.sub.xyz.func()')
```

图中红字部分是各个函数的完全限定名。这时，我们通过句点符号以“**父包 . 子包 . 函数名**”的形式利用分层级的包。

*

代码清单 10-10 调用了各个模块内的函数 func。

代码清单 10-10 chap10/package_test.py

```
"""导入包内的模块"""

import pack.abc
import pack.xyz
import pack.sub.abc
import pack.sub.xyz

pack.abc.func()
pack.xyz.func()
pack.sub.abc.func()
pack.sub.xyz.func()
```

运行结果

```
pack.abc.func()
pack.xyz.func()
pack.sub.abc.func()
pack.sub.xyz.func()
```

程序导入 4 个模块后调用了各模块中的函数 func。

*

程序导入包后将 '__init__.py' 作为模块进行初始化并执行其中的代码。代码清单 10-10 中的 '__init__.py' 文件为空，但文件中如果有代码，程序就会执行编写的代码。

▶ 包的规则极其复杂，其大致内容如下。

- 文件 '__init__.py' 用于告知 Python 程序当前的包是标准包。如果没有该文件，程序就无法识别出标准包（代码清单 10-10 也将无法执行）。
- 程序导入包后会初始化并执行模块 '__init__.py'。因此，我们也会看见在模块 '__init__.py' 中插入（下一章讲解的）类定义这样的编程技巧。
- 在 '__init__.py' 中，如果将名称 __all__ 定义为一个列表，其中包含对象名称的字符串，程序就可以通过 * 的形式导入该名称的对象。例如，在文件夹 pack 内的文件 '__init__.py' 中编写定义 __all__ = ['abc', 'xyz']，程序就可以通过 from pack import * 导入 pack.abc 和 pack.xyz。

绝对导入和相对导入

在属于包的模块中导入模块时，其方法与普通的模块导入方法不同。比如，在包 pack 内的模块 abc（即 'pack\abc.py'）中，如果为了导入同一包内的模块 xyz 而使用了下面这样的 import 语句，程序就会产生错误。

```
import xyz              # 错误
```

这是因为包内的模块不会进行隐式相对导入（**implicit relative import**），即不会优先搜索同一文件夹中的模块。

► Python 2 支持隐式相对导入。

我们可以通过以下方式导入属于包的模块。

▪ 绝对导入（absolute import）

像**包名 . 模块名**这样，通过排列了所有层级的完全限定名来导入模块的方式是绝对导入。以上文为例，import 语句变为以下形式。

```
import pack.xyz           # 绝对导入(从pack\abc.py导入pack\xyz.py)
```

另外，如果从包 pack.sub 中的模块 abc（即 **pac\sub\abc.py**）导入同一包内的模块 xyz，则 import 语句会变成下面这样。

```
import pack.sub.xyz    # 绝对导入(从pack\sub\abc.py导入pack\sub\xyz.py)
```

它相当于文件系统的**绝对路径**（专栏 13-3）。

▪ 显式相对导入（explicit relative import）

显式相对导入可以简洁地指定同层级或父层级的模块。

同层级的包通过一个句点符号“.”指定，父层级的包通过两个句点符号“..”指定（与文件系统的相对路径一样）。

如果要在 **pack\abc.py** 中导入同一个包内的模块 xyz，import 语句就是下面这样。

```
from . import xyz          # 显式相对导入同一层级的xyz
```

另外，如果从包 pack.sub 中的模块 abc（即 **pac\sub\abc.py**）中导入上一层级的包中的模块 xyz，import 语句就是下面这样。

```
from .. import xyz            # 显式相对导入上一层级的xyz
```

命名空间包

虽然一般来说包对应于文件夹，模块对应于文件，但是包的结构和物理文件夹的结构可能并不是一一对应的（或者说无法一一对应）。

这时，我们需要使用命名空间包（**namespace package**）。请看图 10-5 中的结构，包 npack 内的模块 abc 和模块 xyz 分别存储在不同的文件夹中。

另外，在使用命名空间包时，不使用文件 '__init__.py'。

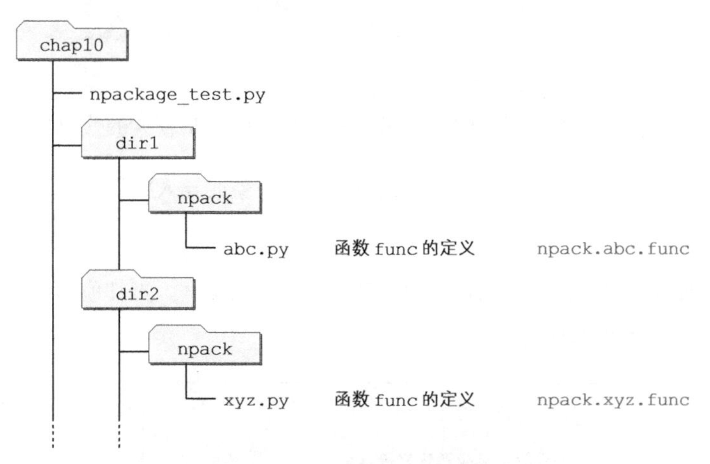

图 10-5　命名空间包和模块的构成示例

在导入模块前需要将文件夹 **dir1** 和 **dir2** 添加到模块搜索路径 sys.path 中。具体的操作方法是在文件 **npackage_test.py** 的第一行编写以下代码。

```
import sys
sys.path.append('dir1')      # 添加文件夹“dir1”到搜索路径
sys.path.append('dir2')      # 添加文件夹“dir2”到搜索路径
```

将文件夹添加到搜索路径后，程序通过下列语句导入模块。

```
import npack.abc          # “dir1\npack\abc.py”导入模块
import npack.xyz          # “dir2\npack\xyz.py”导入模块
```

程序从文件夹 **dir1** 搜索到模块 npack.abc，从文件夹 **dir2** 搜索到模块 npack.xyz，并成功导入模块。

► 源代码见 chap10/npacakge_test.py、chap10/dir1/npack/abc.py 和 chap10/dir2/npack/xyz.py。
另外，Python 从版本 3.3 开始支持命名空间包。

总结

- 脚本程序是模块，不包含扩展名的文件名是模块名。模块是较大的代码块。
- 模块是一种对象，又称模块对象。在直接执行模块对象或导入模块对象时会生成并初始化模块对象。
- 在直接执行脚本程序时，`__name__` 的值是 `'__main__'`。当其他脚本程序导入脚本程序时，`__name__` 的值是模块名。

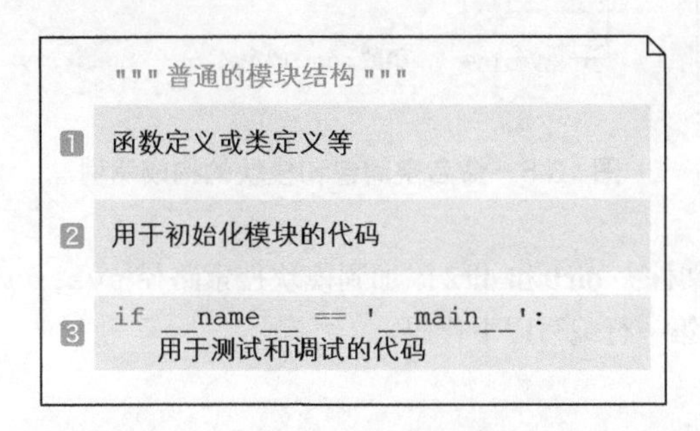

- 模块的搜索顺序是“当前文件夹→环境变量 PYTHONPATH 设定的文件夹→标准库的模块文件夹→第三方库的文件夹”。
- 模块的搜索路径可以通过 `sys.path` 获取，并且可以通过 `sys.path.append` 方法进行添加。
- 包用于汇总或分层级处理脚本文件。
- 完全限定名（完全修饰名）由包名、模块名和对象名通过句点符号“.”连接而成。该名称可以用来区分使用包含在不同包或不同模块内的具有相同简单名称的对象。
- 包分为标准包和命名空间包两种类型。前者的结构对应文件夹结构或文件结构，而后者与之不同。
- 标准包中必须有 '__init__.py' 文件。一般该文件会保存用于初始化模块和执行模块的代码，但该文件也可为空。
- 由于程序无法隐式相对导入属于同一个包的模块，所以需要进行绝对导入或显式相对导入，以导入模块。

- 有很多种使用 import 语句导入模块的方法。
  - import 模块名
  - import 模块名 as 别名
  - from 模块名 import 名字 1, 名字 2, …
  - from 模块名 import *
  - from 模块名 import 名字 as 别名

另外，import 语句一般放在脚本程序的开头。

chap10/put.py

```
"""输出模块put
   函数:
       puts -- 连续输出n个s
       put_star -- 连续输出n个'*'
"""

def puts(*, n: int, s: str) -> None:
    """连续输出n个s
    形参:
        关键字参数n -- 输出字符串的个数
        关键字参数s -- 输出的字符串
    返回值:
        无
    """
    for _ in range(n):
        print(s, end='')

def put_star(n: int) -> None:
    """连续输出n个'*'
    形参:
        参数n -- 输出的个数
    返回值:
        无
    """
    puts(n=n, s='*')
```

chap10/gist.py

```
"""输出模块put的应用示例"""

import put

print('直角在左下角的等腰直角三角形')
n = int(input('腰长: '))

# 使用'*'打印输出腰长为n且直角在左下角的等腰直角三角形
for i in range(1, n + 1):
    put.put_star(i)
    print()

print('长方形')
h = int(input('宽: '))
w = int(input('高: '))

# 使用'+'打印输出宽为h、长为w的长方形
for _ in range(1, h + 1):
    put.puts(n=w, s='+')
    print()

# 打印输出模块put的文档字符串
print('\n' + put.__doc__)
```

运行示例

```
直角在左下角的等腰直角三角形
腰长: 3⏎
*
**
***
长方形
宽: 2⏎
高: 7⏎
+++++++
+++++++

输出模块put
   函数:
       puts -- 连续输出n个s
       put_star -- 连续输出n个'*'
```

第11章

类

本章，我开始对类进行讲解。类是汇总了数据和方法的程序部件，也是面向对象编程的根本。

- 类与类定义
- 动态类型
- 属性（数据属性和方法属性）与属性引用运算符
- 状态与行为
- 实例与实例化
- 构造函数与 `__init__` 方法
- `self` 与 `cls`
- 实例变量与实例方法
- 类变量与类方法
- 可调用对象
- 数据隐藏与封装
- 名称修饰（名称混淆）
- 存取器（访问器和修改器）
- property 装饰器
- classmethod 装饰器
- 基于 `__str__` 方法实现字符串化
- 继承
- 基（超）类/派生（子）类
- 重写与多态性

11-1 类

我们在本章学习的类是一种程序部件，它由表示对象状态的数据和规定对象行为的方法所构成。

什么是类

字符串、列表、元组和字典等类型不仅持有数据，还具备方法。本章讲解的类是将数据和方法汇总在一起的类型。

我们以一个表示某健身房会员的类为例。由于会员相关的数据比较多，所以这里仅考虑以下三种数据。

- 会员号码 no ▪ 名字 name ▪ 体重 weight

代码清单 11-1 定义并使用了包含这些数据的类。

代码清单 11-1　chap11/Member01.py

```
# 健身房会员类（第一版）

class Member:
    """健身房会员类（第一版）"""        ―1
    pass

# 测试会员类

yamada = Member()                      ―2
yamada.no = 15
yamada.name = '山田太郎'
yamada.weight = 72.7

sekine = Member()                      ―3
sekine.no = 37
sekine.name = '关根信彦'
sekine.weight = 65.3

print('{}: {} {}kg'.format(yamada.no, yamada.name, yamada.weight))   ―4
print('{}: {} {}kg'.format(sekine.no, sekine.name, sekine.weight))
```

运行结果

```
15: 山田太郎 72.7kg
37: 关根信彦 65.3kg
```

类定义和实例的生成

程序开头的代码1是类定义（class definition）。在类定义的结构中，“class 类名 :”的下一行代码是类体。

另外，类名的第一个字符是大写字母。

▶ 我们一般使用骆驼命名法（camel case）对 Python 中的类进行命名。该方法要求在类名由多个单词构成时，每个单词的开头要用大写字母表示，比如 SpecialMember。使用这种方法命名的类名看起来像有“驼峰”一样，所以这种命名方式称为骆驼命名法。

该程序中的 Member 类的类体仅含文档字符串和 pass 语句。这种只包含 pass 语句的类体是最小的类定义。

生成实例（类的对象）

代码2和代码3中等号右边的表达式 Member() 生成了 Member 类的对象。

类相当于设计图，基于类生成的实体对象称为实例（instance），生成实例的过程称为实例化（instantiation）（图 11-1）。

▶ 变量 yamada 和 sekine 是绑定到实例（引用实例）的名字。

属性引用运算符

程序创建 yamada 和 sekine 这两个实例后，对实例的会员号码、名字和体重进行了赋值。

这里使用了名为属性引用运算符（attribute reference operator）的运算符“.”（在调用字符串和列表等的方法时所使用的运算符）。

比如，我们可以把 yamada.no 理解为“yamada 的 no”。

程序在对 yamada.no、yamada.name 和 yamada.weight 进行赋值时，yamada 所引用的实例添加了 no、name 和 weight 这些变量并对它们进行了赋值。如图所示，实例本身在不断扩充。

▶ Python 的一个基本原则是程序会自动生成等号左边初次使用的变量。代码清单 11-1 的执行过程就基于该原则。因此，程序执行“yamada.no = 15”这个赋值操作后，在 yamada 引用的实例内生成并添加了引用整数值 15 的变量 no。

代码4打印输出了 yamada 和 sekine 所包含的数据值。

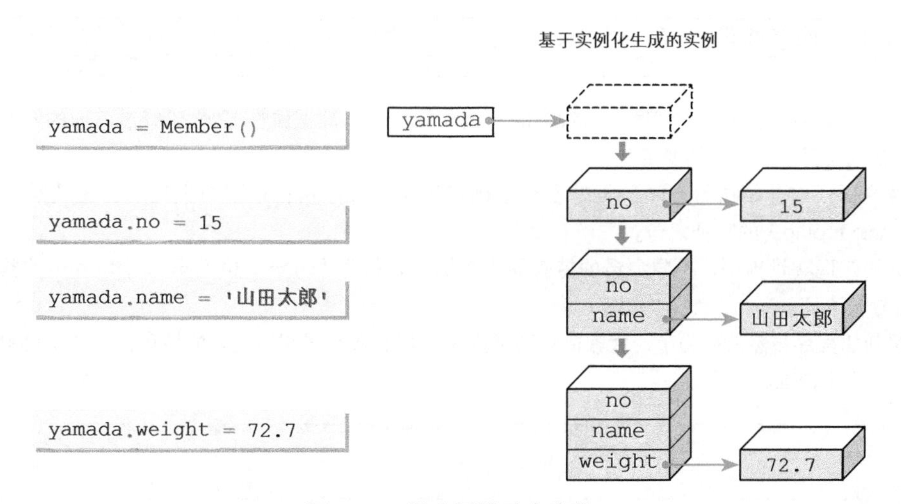

图 11-1 类实例的动态变化

最终，Member 类的实例包含了三个数据。这种包含在类中的数据称为数据属性（data attribute）。

*

我们将关根君体重的赋值操作修改成下面这样（chap11/Member01x.py）。

```
sekine.weigth = 65.3
```

因为 weigth 的最后两个字符是 th 而不是 ht，所以各个实例所包含的数据属性如下所示（图 11-2）。

- 山田太郎 yamada 包含 no、name 和 weight 这三个数据。
- 关根信彦 sekine 包含 no、name 和 weigth 这三个数据。

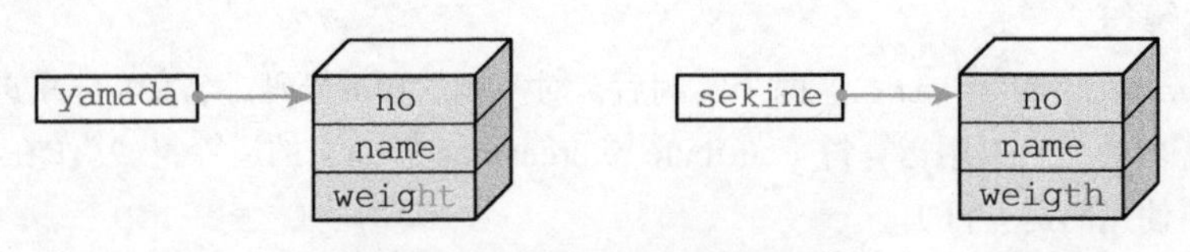

图 11-2　Member 类的两个实例

在执行代码4中用于打印输出 sekine.weight 的代码时，程序产生了错误。由此可见：

- 同一健身房的会员 sekine 和 yamada 所拥有的数据类型和数量会根据类的使用方法发生变化。
- 程序每次打印输出或设定各个会员数据的值时，必须重复执行类似的代码。

下一节我们会解决这些问题。

专栏 11-1　动态类型

在第一版的会员类中，程序不断对类的实例添加变量（数据属性）。代码经过前面的修改后，每个实例都包含了不同名字的变量。

像这样，在开始执行程序前类型没有被确定下来，程序执行过程中类型发生变化是动态类型（dynamcic typing）的特征之一。

即使在现实世界中，不同会员的持有物（数据）和行为（方法）也不同。Python 中的类可以轻松实现这种不同。

最初的程序虽然只是为了让大家体验动态类型，但它应用了相当高超的技巧，对初次接触类的读者来说可能比较难。

类定义

代码清单 11-2 所示的第二版程序解决了上一节程序中出现的问题。在代码清单 11-2 中，两个会员实例的行为与上一个程序的完全一样。

代码清单 11-2 chap11/Member02.py

```
# 健身房会员类（第二版）

class Member:
    """健身房会员类（第二版）"""

    def __init__(self, no: int, name: str, weight: float) -> None:
        """构造函数"""
        self.no = no                # 会员号码
        self.name = name            # 名字
        self.weight = weight        # 体重

    def print(self) -> None:
        """打印输出数据"""
        print('{}: {} {}kg'.format(self.no, self.name, self.weight))

# 测试会员类

yamada = Member(15, '山田太郎', 72.7)
sekine = Member(37, '关根信彦', 65.3)

yamada.print()
sekine.print()
```

运行结果

```
15: 山田太郎 72.7kg
37: 关根信彦 65.3kg
```

在本节中，`Member` 类的类体定义了两个方法（**method**）。方法与第 9 章讲解的函数类似，但在某些方面，二者有很大差异。

▪ 方法属于类

`__init__` 和 `print` 属于类 `Member`。比如，`print` 方法是“属于类 `Member` 的 `print`”，而非“单纯的 `print`”。

属于类的方法称为方法属性（**method attribute**）。

▶ 类的属性（attribute）（至少）包括数据属性和方法属性。
容易让人混淆的是，在一般的面向对象编程中，属性仅指代数据属性。

▪ 第一参数是 self

第一参数是引用实例本身的变量，该变量一般命名为 `self`（也可命名为其他任意名字）。除 `self` 以外的参数均为实际参数（传递自调用代码）。因此，`__init__` 方法的实际参数为三个，`print` 方法的实际参数为零个。

▶ `self` 源于表示“自己”“自身”的英文单词 self。

构造函数和 __init__ 方法

现在我开始对程序进行讲解（以下代码是程序的一部分）。

```
class Member:

    def __init__(self, no: int, name: str, weight: float) -> None:
        """构造函数"""
        self.no = no
        self.name = name
        self.weight = weight

    # --- 中间省略（print 方法的定义）--- #

yamada = Member(15, '山田太郎', 72.7)    ←1
sekine = Member(37, '关根信彦', 65.3)    ←2
# --- 中间省略（print 方法的调用）--- #
```

开头的 `__init__` 方法用于对实例进行初始化。该方法一般称为构造函数（constructor）。

▶ `__init__` 这个名字来源于 initialize，该单词的含义是初始化。另外，动词 construct 的含义是建造。专栏 11-7 将对构造函数这一术语进行讲解。

如果名字前或名字的前后有两个下划线，就表示该名字有特殊的含义。两个下划线（double underline）简称为双下划线（dunder）。

该构造函数接收形参 `no`、`name` 和 `weight` 后，分别将它们赋给 `self.no`、`self.name` 和 `self.weight`（图 11-3）。

▶ 为节省本书空间，图 11-3 中省略了代码中的标注。

*

代码1和代码2调用了构造函数，代码中等号右边的表达式形式如下。

类名 （ 实参序列 ）

程序执行该表达式后生成了实例，同时（自动地）调用执行了作为构造函数的 `__init__` 方法。如图所示，yamada 和 sekine 在理论上都有各自专用的构造函数。

因此，在针对 yamada 调用的构造函数中，`self` 引用了 yamada，而在针对 sekine 调用的构造函数中，`self` 引用了 sekine。

在针对 yamada（或 sekine）调用的构造函数中，最开始代码里的“`self.no = no`”对 yamada（或 sekine）的 no 进行了赋值操作。

另外，实例的数据属性也称为实例变量（instance variable）。

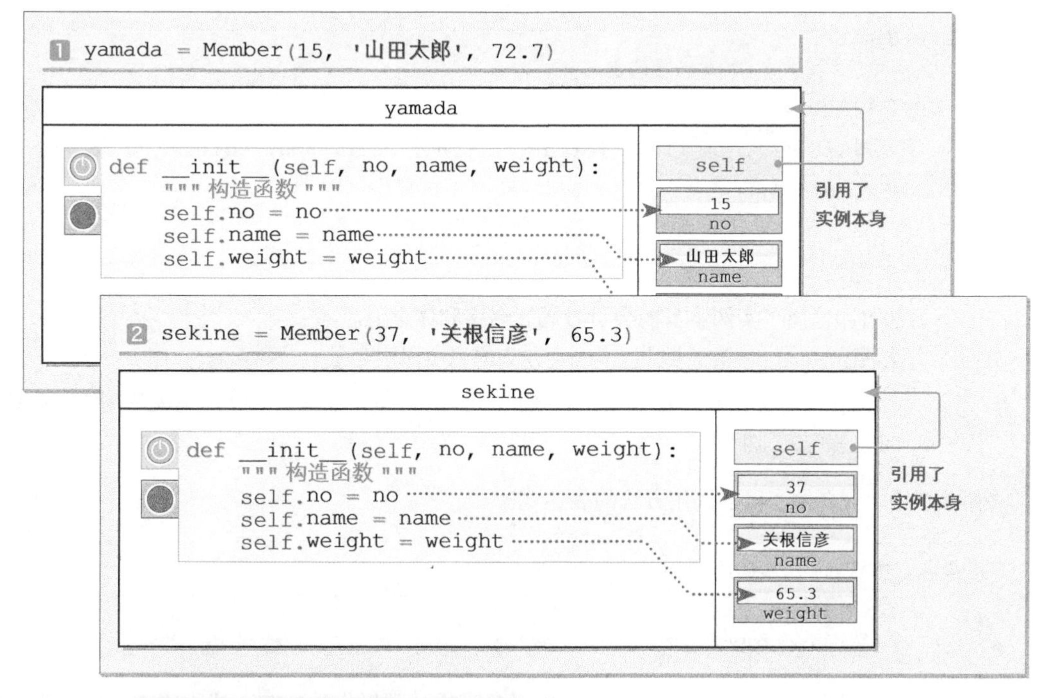

图 11-3 构造函数及其调用

构造函数类似于电源键，用于启动实例的“电源”并初始化各个实例变量的值。

*

下列表达式生成了第一版会员类的实例和第二版会员类的实例。

```
yamada = Member()                          # 第一版
yamada = Member(15, '山田太郎', 72.7)       # 第二版
```

等号右边的类名之后添加了 ()，类似于函数调用表达式。

▶ 由于第一版没有定义类的构造函数，所以实际上程序生成并返回了空的（没有数据属性的）实例。

函数、类或类的实例那种可直接在后面使用 () 的对象称为可调用对象（callable object）。程序执行“类 (实参序列)”后生成并返回了该类的实例。

▶ 构造函数（`__init__` 方法）本身（在没有编写 `return` 语句的情况下也）返回了 `None`。另外，如果 `return` 语句返回了 `None` 以外的值，程序就会产生 `TypeError` 异常。

方法

下面我对 `print` 方法进行讲解（以下代码为程序的一部分）。

```
class Member:
    # --- 中间省略（构造函数的定义）--- #

    def print(self) -> None:
        """打印输出数据"""
        print('{}: {} {}kg'.format(self.no, self.name, self.weight))

# --- 中间省略（调用构造函数）--- #
yamada.print()
sekine.print()
```

print 方法打印输出了实例本身的会员号码、名字和体重值。

print 方法属于 Member 类，因此 print 方法的完全限定名是 Member.print。

▶ 在 Member.print 方法中，打印输出的操作由内置函数 print 完成。对 print 函数的调用并不是调用 print 方法自身的递归调用。

在第 6 章中，我介绍了以下调用方法的表达式。

变量名 . 方法名 (实参序列)

▶ 当然，这里的变量名指的是实例名。另外，本章讲解了运算符“.”的名称是属性引用运算符。

我们知道程序是通过向对象发送消息来请求对象完成处理操作的。在上述程序中发送的消息如下所示（图 11-4）。

yamada 会员，请输出您的数据（会员号码、名字和体重）！

在针对 yamada 调用的 print 方法中，self 的引用对象是 yamada。同样，在针对 sekine 调用的 print 方法中，self 的引用对象是 sekine。

程序调用方法后，取出（查看）并打印输出了实例本身包含的三个实例变量的值。

*

在 Python 中一切皆为对象，类本身也是对象。因此，程序执行 Member 类的定义后，生成了 Member 类的类对象。该类对象是用于创建 Member 实体的“设计图”。然后，程序基于该设计图生成了类的实例。

▶ 通过类创建的“设计图”实体称为类对象，通过“设计图”创建的实例（与类对象相对）称为实例对象。

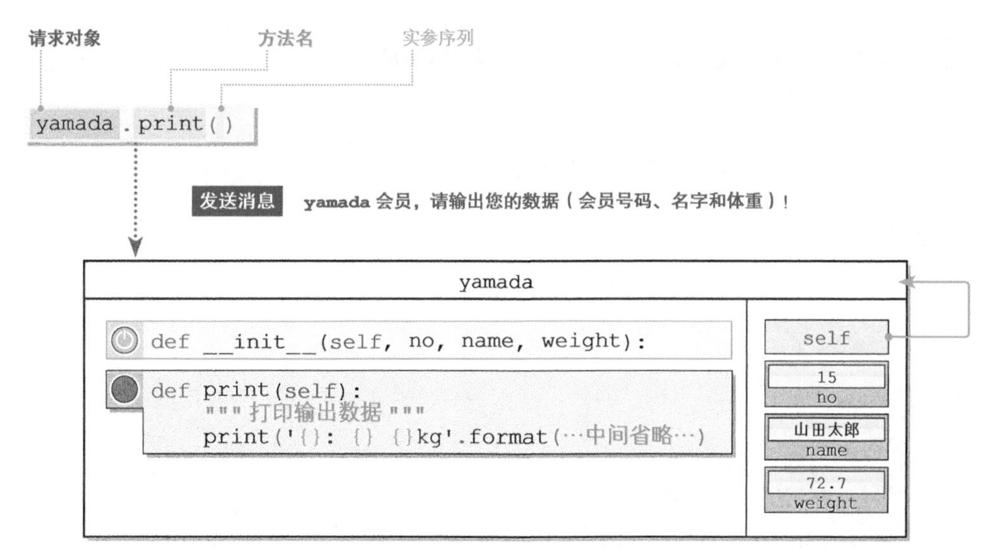

图 11-4　方法及其调用

实例变量的值表示实例当前的状态（state）。

▶ state 的含义是“状态”。比如，实例变量 self.weight 以 int 型的整数值表示会员的当前体重。

另一方面，方法是实例行为（behavior）代码化后的产物。方法可以查看或修改实例的状态。

另外，与数据一样，每个实例在理论上都有所属的方法，所以方法也称为实例方法（instance method）。

▶ 下一节我们会学习类方法（class method）。另外，我们一般称呼实例方法为“方法”。
除对实例方法和类方法进行对比的情况以外，本书一般将实例方法称为方法。

专栏 11-2　判断可调用对象

内置函数 callable 可以用来判断某对象是否为可调用对象。如果参数传递的对象是可调用对象，函数执行的结果就为 True，否则为 False。

比如，callable(max) 为 True（内置函数 max 可以被调用）。

虽然类本身（即类对象）可以被调用，但实例不能被调用。因此，callable(Member) 为 True，callable(yamada) 为 False。

另外，如果在类中定义了 __call__ 方法，那么该类的实例可以被调用。

数据隐藏与封装

下面我们对会员类的两处代码进行修改。

① 使类外部的代码不能（随意）修改会员号码、名字和体重值。

② 添加减重方法 lose_weight。

代码清单 11-3 是改良后的第三版会员类的程序。

代码清单 11-3 chap11/Member03.py

```
# 健身房会员类（第三版）

class Member:
    """健身房会员类（第三版）"""

    def __init__(self, no: int, name: str, weight: float) -> None:
        """构造函数"""
        self.__no = no
        self.__name = name
        self.__weight = weight

    def lose_weight(self, loss: float) -> None:
        """减重loss千克"""
        self.__weight -= loss

    def print(self) -> None:
        """打印输出数据"""
        print('{}: {} {}kg'.format(self.__no, self.__name, self.__weight))

# 测试会员类
yamada = Member(15, '山田太郎', 72.7)
sekine = Member(37, '关根信彦', 65.3)

yamada.lose_weight(3.5)      # 山田君减重3.5kg
sekine.lose_weight(5.3)      # 关根君减重5.3kg

yamada.print()
sekine.print()
```

运行结果

```
15: 山田太郎 69.2kg
37: 关根信彦 60.0kg
```

① 实例变量的名称开头有两个下划线。使用这种命名方式后，从类的外部访问类的属性变得困难（专栏 11-3）。
像这样，类内部的数据无法（难以）从类外部访问的性质称为数据隐藏（**data hiding**），这类似于大家对各类口令和密码进行保密的行为。

▶ 因为数据属性无法从类的外部访问，所以如果在类的外部编写了 yamada. __no 这样的表达式，程序就会产生错误。

② lose_weight 方法接收了形参 loss 后会从体重中减去相应的数值。
从运行结果看，两人均成功减重。
方法以所属实例的数据值为基础进行处理操作或更新其数据值。由此可见，方法与数据紧密相连。

▶ 比如，yamada.lose_weight(3.5) 指从实例 yamada 的体重值中减去 3.5。另外，sekine.print() 查看并打印输出了实例 sekine 中所有实例变量的值。

将数据和方法紧密相连的操作称为封装（**encapsulation**）。

▶ 我们可以把封装理解为将药的成分装入药囊并制成可以发挥药效的胶囊药物。

专栏 11-3 基于名称修饰的访问控制

Python 并不支持 C++ 和 Java 等编程语言中的访问控制 [通过指定公有 (public)、私有 (private)、受保护 (protected) 等来区分不同访问级别，以判断从类的内外部可否访问各种属性]。Python 的基本原则是所有属性 (数据属性和方法属性) 均可公开访问。

在 Python 中，为了私有化 (类似于私有化的操作) 成员而在成员名的开头添加了双下划线 "__"。这种做法利用了名称修饰 (name mangling) 这种机制，举例来说就是将类 C 中包含的开头有超过两个下划线而结尾有一个或没有下划线的名称 __abc 替换为 _C__abc。另外，__init__ 等特殊名称在名称修饰的对象之外。

顺便说一下，mangle 的含义是压碎、撕烂，在 Python 中表示名称混淆。

我们来看一下代码清单 11C-1。

代码清单 11C-1　chap11/list11c01.py

```
# 确认名称修饰

class C():
    __abc = 5

# 可通过修改后的名称进行访问
print(C._C__abc)                        ―1

# 不可使用原本的名称进行访问
print(C.__abc)                          ―2
```

运行结果

```
1 5
2 Traceback (most recent call last):
    File "MeikaiPython\chap11\
  list11c01.py", line 10, in <module>
      print(C.__abc)
  AttributeError: type object 'C' has
  no attribute '__abc'
```

1 使用修改后的名称 C._C__abc 可以访问 __abc 并输出相应的值。

2 通过原本的名称 C.__abc 无法进行访问 (程序会产生 "类对象 C 不存在 __abc 属性" 的错误)。

名称修饰通过混淆名称使得 (用户、编程人员等) 从类外部难以查看相应变量。

另外，上述程序通过 "类名 . 属性名" 而不是 "实例名 . 属性名" 来访问数据属性。下一节我会对该表达式进行讲解。

*

在类 Member 和类 C 中，数据属性的名称开头添加了两个下划线。如果存在只能在类内部使用的 "转包" 方法，我们最好在该名称的开头也添加两个下划线 (降低被外部意外调用的风险)。

存取器 (访问器和修改器)

在经营健身房时需要频繁获取和修改各个会员的体重值，因此我们要在类中添加用来获取和修改体重值的功能。

为实现上述功能，我们需要定义以下两个方法。

```
def get_weight(self) -> float
    """ 获取体重 """
    return self.__weight
```

```
def set_weight(self, weight: float) -> None
    """ 修改体重 """
    self.__weight = weight
```

调用这两个方法获取或修改体重的方式如下所示。

```
w = yamada.get_weight()      # 获取山田君的体重
sekine.set_weight(72.5)      # 将关根君的体重修改为 72.5
```

像这样，获取和修改数据属性值的方法分别称为访问器（getter）和修改器（setter）。它们统称为存取器（accessor）。

我们一般会使用 @property 装饰器来定义访问器和修改器。请看代码清单 11-4。

代码清单 11-4　chap11/Member04.py

```
# 健身房会员类（第四版）

class Member:
    """健身房会员类（第四版）"""
    # --- 中间省略：__init__, lose_weight, print与第三版相同 --- #

    @property
    def weight(self) -> float:
        """获取体重（访问器）"""
        return self.__weight

    @weight.setter
    def weight(self, weight: float) -> None:
        """修改体重（修改器）"""
        self.__weight = weight if weight > 0.0 else 0.0

# 测试会员类

yamada = Member(15, '山田太郎', 72.7)

yamada.weight = 67.3                            # 修改山田君的体重
print('yamada.weight =', yamada.weight)         # 获取山田君的体重
```

运行结果

```
yamada.weight = 67.3
```

■ **访问器的定义**

定义访问器时要添加前置项 @property。

访问器的方法名要能表示出数据属性，该名称叫作“存取器名”。本例中，数据 __weight 的存取器名为 weight。

访问器本身返回了数据的值。

■ **修改器的定义**

定义修改器时要添加前置项“@ 存取器名 .setter”。

修改器方法的名称与访问器的名称，即存取器的名称一样。

修改器接收形参的值后，对数据进行了赋值操作。另外，为了使体重不为负数，在本程序中，当接收的形参 weight 小于等于 0.0 时，修改器会将数据 __weight 赋值为 0.0。

► weight 在语法上并不是存取器名，而是装饰器名。根据访问器定义创建装饰器名 weight 后，程序可以通过 @ 装饰器名 .setter 使用修改器。

■ **访问器的调用和修改器的调用**

定义修改器和访问器后，我们可以使用“实例名 . 存取器名”这种形式的表达式获取和修改数

据值（因此在等号的左右两边均可放置这种表达式）。

该程序对 yamada.weight 进行了赋值，并取出其数据值。

*

代码清单 11-4 定义了访问器和修改器。在只定义访问器的情况下可以实现“能够从外部查看但不能修改”的数据属性。

▶ 除修改器和访问器之外，我们还可以定义用于删除数据属性的删除器（deleter）。__weight 的删除器的定义如下。

```
@weight.deleter
def weight(self):
    del self.__weight
```

专栏 11-4 @property 装饰器

这里，我对 @property 装饰器进行补充讲解。

▪ 装饰器

装饰器用于创建一个返回其他函数的函数。按照左边的代码定义函数后，代码会在内部转换为右边的形式。

```
@deco                          def func(...):
def func(...):        ➡          函数体
    函数体                      func = deco(func)
```

也就是说，在定义带有 @deco 的函数 func 之后，程序可以通过 func 调用 deco(func)。

▪ property 类

property 是 Python 提供的标准类，包含以下数据（可以通过调用构造函数以关键字参数指定这些值）。

- 用于获取属性值的函数 fget
- 用于修改属性值的函数 fset
- 用于删除属性值的函数 fdel
- doc 表示描述属性信息的文档字符串

用于字符串化的 __str__ 方法

下面我们来创建宠物类 Pet，该类包含宠物的名字和主人的名字这两个数据。程序如代码清单 11-5 所示。

代码清单 11-5 chap11/Pet.py

```
# 宠物类

class Pet:
    """宠物类"""

    def __init__(self, name: str, master: str) -> None:
        """构造函数"""
        self._name = name                  # 名字
        self._master = master              # 主人的名字

    def introduce(self) -> None:
        """自我介绍"""
        print('我的名字是{}! '.format(self._name))
        print('我的主人是{}! '.format(self._master))

    def __str__(self) -> str:                              字符串化
        """字符串化"""
        return self._name + ' <<' + self._master + '>>'

    def print(self) -> None:
        """打印输出（打印输出__str__返回的字符串后换行）"""
        print(self.__str__())

# 测试宠物类
kurt = Pet('Kurt', '阿怡')
kurt.introduce()
print(kurt)                                  ─1
print('str(Kurt) = ' + str(kurt))            ─2
kurt.print()                                 ─3
```

运行结果

```
我的名字是Kurt!
我的主人是阿怡!
Kurt <<阿怡>>
str(Kurt) = Kurt <<阿怡>>
Kurt <<阿怡>>
```

大家根据以往学习的知识应该能理解构造函数 `__init__` 和用于自我介绍的 `introduce` 方法，现在我讲解余下的 `__str__` 方法和 `print` 方法。

▪ __str__ 方法

与构造函数一样，`__str__` 在名称前后都有“__”，是一种特殊的方法。它返回了一个对实例进行说明的字符串。

▶ 该类的 `__str__` 方法返回的是 '名字 << 主人的名字 >>' 这种形式的字符串。

现在我们通过调用代码来看定义该方法有什么好处。

代码1在传递 kurt 作为 print 函数的实参后进行了输出。print 函数接收参数后，在程序内部隐式地调用了 `__str__` 方法对字符串进行转换。

因此，print 函数打印输出了接收的字符串 'Kurt << 阿怡 >>'。

代码2调用了 str 函数。像这样，程序调用 str 函数后，属于所传递实参（在上面的示例中为 kurt）的 `__str__` 方法被自动调用。

代码1和代码2与用于打印输出数值或字符串化数值的代码形式一样。

```
# 宠物类 Pet 型                        # int 型
kurt = Pet('Kurt', '阿怡')             x = 15
print(kurt)                            print(x)
print('str(Kurt) = ' + str(kurt))      print('str(x) = ' + str(x))
```

定义 `__str__` 方法后，程序就可以像内置类型那样进行字符串化了（甚至使用该字符串进行输出）。

▪ print 方法

`print` 方法可以直接打印输出 `__str__` 方法返回的字符串。`self. __str()__` 被传递给内置函数 `print` 来进行输出。

在类的方法中，我们可以通过“`self.` 方法名（实参序列）”调用属于类的其他方法。

另外，代码3调用了 `print` 方法。代码3的输出结果与代码1的输出结果相同。

专栏 11-5 __str__ 方法和 __repr__ 方法

`__str__` 方法用于返回易于人类阅读的字符串。`__str__` 返回的非正式字符串可以通过 `str` 函数获取。

`__repr__` 方法的功能与 `__str__` 的类似，该方法用于返回表示该实例的“正式字符串”。返回的字符串可以通过 `repr` 函数获取。该字符串（如果可能）可以还原为原先的类实例。

下面的示例对 `datetime` 型（专栏 13-6）的 `__str__` 和 `__repr__` 进行了对比。

程序将 `__repr__` 生成的字符串传递给内置函数 `eval` 后，可以生成（还原）`datetime` 型的实例。`__str__` 生成的字符串则不能还原为 `datetime` 型的实例。

```
>>> import datetime
>>> crnt = datetime.datetime.now()        ← 当前的日期和时间
>>> repr(crnt)
'datetime.datetime(2019, 10, 25, 14, 6, 15, 645785)'
>>> eval(repr(crnt))
datetime.datetime(2019, 10, 25, 14, 6, 15, 645785)
>>> str(crnt)
2019-10-25 14:06:15.645785
>>> eval(str(crnt))
Traceback (most recent call last):
  File "<stdin>", line 1, in <module>
  File "<string>", line 1
    2019-10-25 14:06:15.645785
           ^
SyntaxError: invalid token
```

虽然 `__repr__` 返回的字符串难以阅读，但我们可以通过该字符串还原 `datetime` 型的实例。

`__str__` 返回的字符串虽然易于阅读，但该字符串不能还原为 `datetime` 型的实例。

在编写一个实用的类时，最好结合 `__repr__` 方法进行定义（调试作业也更容易进行）。

另外，如果类只定义了 `__str__` 方法，`print` 函数就会调用 `__str__` 方法；如果类只定义了 `__repr__` 方法，`print` 函数就会调用 `__repr__` 方法（如果类对这两个方法都进行了定义，那么 `print` 函数就会调用 `__str__` 方法）。

11-2 类变量和类方法

本节讲解的类数据和类方法属于类这个整体，不属于单个实例。

类变量

本节，我以表示武将的 Commander 类为例进行讲解。

该类的实例被自动赋予了 1、2、3 这样的标识值。图 11-5 是它的示意图。

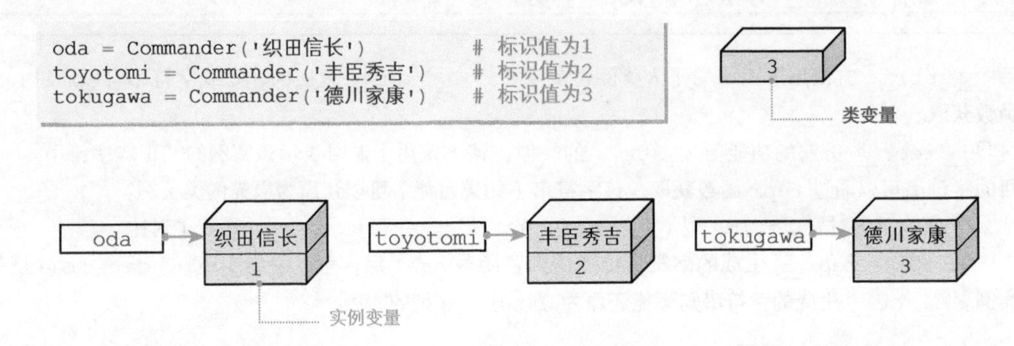

图 11-5　实例变量和类变量

该图展示了生成三个实例后的各个变量的状态。1、2、3 等标识值是各个实例所持有的数据。与此不同的是，用红色箱子表示的

当前赋予的最后一个标识值

必须使用一个变量表示。如果该变量的名称为 __counter，则 __counter 由类 Commander 的实例所共有，而非每个实例都拥有一个 __counter。

*

在上一节中，构造函数或方法以“self.数据属性名”的形式定义并使用了类的数据属性。像这样，属于各个实例的数据属性称为实例变量。

属于每个实例的标识值通过实例变量实现。

*

另一方面，数据属性 __counter 表示赋予的最后一个标识值是多少，它由类 Commander 的实例所共有。

像这样，属于类而不属于每个实例的数据属性无法通过实例变量实现，只能通过名为类变量（class variable）的数据属性实现。

下面，我们通过代码清单 11-6 中的武将类 Commander 来理解前述内容。

代码清单 11-6[A] chap11/Commander.py

```
# 带标识值的武将类

class Commander:
    """武将类"""

    __counter = 0    # 赋予的最后一个标识值是多少          类变量的定义

    def __init__(self, name: str) -> None:
        """构造函数"""
        self.__name = name
        Commander.__counter += 1
        self.__id = Commander.__counter

    def id(self) -> int:
        """"获取标识值"""
        return self.__id

    @classmethod
    def max_id(cls) -> int:
        """"当前赋予的最后一个标识值"""
        return cls.__counter

    def print(self) -> None:
        """打印输出数据"""
        print('{}:标识值是{}'.format(self.__name, self.__id))
```

后续代码见代码清单 11-6[B] ▶

橘色底纹部分代码定义并使用了类变量 __counter。

程序在类的开头部分以不带“self.”的简单名，即“变量名”的形式定义了类变量。

► 上一节讲解了通过类定义可以生成类对象。在生成类对象时，类对象包含的 __counter 为 0（即 __counter 赋值为 0 的操作只进行一次）。

我们先来理解一下最初和最后定义的两个方法。

▪ 构造函数 __init__

在包含了构造函数的方法中，类变量可以通过“类名 . 变量名”的形式访问。

构造函数递增类变量 Commander.__counter 的值后，将实例变量 self.__id 赋值为递增后的值。因此，在生成实例时，该实例的标识值 self.__id 会被依次赋值为 1，2，3…。

▪ print 方法

print 方法打印输出了作为实例变量的名称 self._name 的值和标识值 self.__id 的值（该方法不能访问类变量）。

类方法

下面我来讲解 id 方法和 max_id 方法（以下为类定义的一部分）。

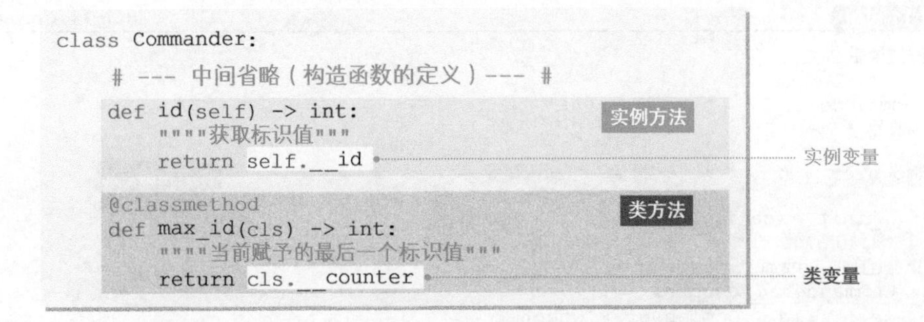

▪ id 方法

该方法用于获取（查看）标识值（oda 为 1, toyotomi 为 2, …）。像这样，属于各个实例的方法称为实例方法。

实例方法接收的第一参数 self 引用了实例本身，id 方法通过“self.__id”获取并返回实例本身的标识值。

上文讲解了方法的调用形式是“实例名 . 方法名 (实参排列)”，因此该程序的代码 1 以 oda.id()、toyotomi.id() 和 tokugawa.id() 的形式调用了 id 方法。

▪ max_id 方法

该方法用于查看当前赋予的最后一个标识值。像这样，属于类而不属于每个实例的方法称为类方法。

@classmethod 装饰器是用于标明类方法的前缀。此外，该方法接收的第一参数 cls 引用了属于实例本身的类对象。

因此，在该方法中属于类的类变量 Commander.__counter 可以通过“cls.__counter”访问。

▶ cls 是类 class 的简称。上文讲解了程序会根据类定义生成类对象。形参 cls 接收的是对该类对象的引用。

程序中代码 2 的第一行以 Commander.max_id() 的形式调用了 max_id 方法。也就是说，该类方法的调用形式如下。

类名 . 方法名 (实参序列)　　　　类方法的调用形式Ⓐ

但是，类实例所共有的 max_id 既是实例 oda 的 max_id，又是 toyotomi 的 max_id，也是 tokugawa 的 max_id。

代码清单 11-6[B]　　chap11/Commander.py

```
oda = Commander('织田信长')          # 标识值为1
toyotomi = Commander('丰臣秀吉')     # 标识值为2
tokugawa = Commander('德川家康')     # 标识值为3

print('oda.id() = {}'.format(oda.id()))
print('toyotomi.id() = {}'.format(toyotomi.id()))      ─1
print('tokugawa.id() = {}'.format(tokugawa.id()))

print('Commander.max_id() = {}'.format(Commander.max_id()))   ─2
print('oda.max_id() = {}'.format(oda.max_id()))
```

运行结果

```
oda.id() = 1
toyotomi.id() = 2
tokugawa.id() = 3
Commander.max_id() = 3
oda.max_id() = 3
```

因此，程序也能像代码2的第二行那样调用 max_id 方法。

实例名 . 方法名 (实参序列)　　　　类方法的调用形式Ⓑ

但是，形式Ⓑ容易造成混淆，一般我们使用形式Ⓐ。

▶ 与形式Ⓐ一样，类 C 的类变量 x 可以通过 C.x 访问。
另外，如果 c1 和 c2 是类 C 的实例，那么因为共有的 x 既是 c1 的 x 也是 c2 的 x，所以与形式Ⓑ一样，程序可以通过 c1.x 或 c2.x 访问类变量 C.x。

*

类方法没有 self，当然无法访问实例变量。

▶ 也就是说，在类方法 max_id 内没有访问 self.__name 或 self.__id 的表达式。

另一方面，在实例方法中，程序可以任意访问类变量。实际上，实例方法引用并更新了构造函数中的 Commander.__counter 的值。

▶ 我们不能在类的外部通过简单名访问实例变量、实例方法、类变量和类方法，必须使用属性引用运算符“.”。这是因为程序根据类定义生成了新的命名空间（类 Member、类 Pet 和类 Commander 各自生成了专用的命名空间）。

专栏 11-6　静态方法

除了实例方法和类方法，还有一个静态方法（static method）。从静态方法属于类的角度来看，静态方法与类方法相同。不过，二者存在以下不同点。

- 静态方法通过前置 @staticmethod 装饰器进行定义
- 静态方法不将 cls 作为参数接收

由于静态方法不接收 cls，所以为了访问类变量，我们必须显式地声明类。当程序使用下一节讲解的继承时，静态方法的行为和类方法的行为也会有所不同。

11-3 继承

上一节讲解的基于类的封装，以及本节讲解的继承和多态性是面向对象编程的三大要素。

什么是继承

以现有的类为基础，我们可以轻易创建沿袭了该类资产的新的类。沿袭现有类的资产的过程称为继承（inheritance）。基于继承而创建的类有以下几种叫法（有较多的称呼方式）。

- 被继承的类
  基类（base class）/ 超类（super class）/ 父类（parent class）
- 基于继承而创建的类
  派生类（derived class）/ 子类（sub class 或 child class）

现在，我们以代码清单 11-5 中的宠物类 Pet 为基类创建其派生类——机器宠物类 RobotPet。表 11-1 是 RobotPet 类的概要说明。

表 11-1 RobotPet 类的概要说明

数据	名称	_name	继承自 Pet 类
数据	主人的名字	_master	继承自 Pet 类
	类型编号	_type_no	它是在 RobotPet 类中新添加的数据
方法	自我介绍	introduce	修改为打印输出类型编号
方法	字符串化	__str__	修改为在返回的字符串内包含类型编号
方法	打印输出	print	继承自 Pet 类，用于打印输出 __str__ 方法返回的字符串
方法	处理家务	work	进行打扫、洗涤和烹饪的方法。它是在 RobotPet 类中新添加的数据

代码清单 11-7 是根据上述方针创建的 Pet 类和派生自 Pet 类的类 RobotPet。正如上表展示的那样，在继承或修改基类资产的同时，程序添加了新的数据和方法。

派生类的定义和构造函数

派生类的定义形式如下。

```
class 派生类名（基类名）:
    类体
```

像这样，被继承的类的名称放在了 () 中。在定义 RobotPet 时，上述定义表示“接下来开始定义的类 RobotPet 以类 Pet 为父类”。

代码清单 11-7[A] chap11/RobotPet.py

```
# 宠物类和机器宠物类

class Pet:
    """宠物类"""                                        基类：与代码清单 11-5 一样

    def __init__(self, name: str, master: str) -> None:
        """构造函数"""
        self._name = name              # 名字
        self._master = master          # 主人的名字

    def introduce(self) -> None:
        """自我介绍"""
        print('我的名字是{}！'.format(self._name))
        print('我的主人是{}！'.format(self._master))

    def __str__(self) -> str:
        """字符串化"""
        return self._name + ' <<' + self._master + '>>'

    def print(self) -> None:
        """打印输出（打印输出__str__返回的字符串并换行）"""
        print(self.__str__())

class RobotPet(Pet):                                    派生类：继承 Pet 类的资产
    """机器宠物类"""

    def __init__(self, name: str, master: str, type_no: str) -> None:
        """构造函数"""
        super().__init__(name, master)  # 调用基类的构造函数 ―1
        self._type_no = type_no         # 类型编号
```

后续代码见代码清单 11-7[B] ▶

构造函数是类似于电源键的一种特殊方法，派生类会重新定义（父类的）构造函数。这是由于派生类在现有类的基础上添加了新的数据或方法属性，基类的电源键无法直接应用于派生类。

RobotPet 类的构造函数接收 3 个值（名字、主人的名字以及类型编号）后，会将这些值赋给实例变量。

▶ Pet 类中的数据名称 _name 和 _master 的开头没有双下划线，所以我们可以从类的外部访问这些数据。RobotPet 类从基类 Pet 继承了 _name 和 _master 的数据属性并添加了数据属性 _type_no，所以数据属性共有 3 个。

基类 Pet 的构造函数，即代码1完成了对 _name 和 _master 的赋值。像这样，调用基类方法的形式如下。

```
super().方法名（实参序列）
```

由于构造函数的名称是 __init__，所以这时程序通过 super().__init__（实参排列）的形式调用了基类 Pet 的构造函数。

▶ 基类又名超类。程序调用 super() 后取出超类的引用并调用了超类的 __init__ 方法。

另外，新添加的数据属性 _type_no 的赋值操作在构造函数内进行。

方法的重写和多态性

现在我讲解 introduce 方法和 __str__ 方法。

RobotPet 类修改并重新定义了这些方法。像这样，在派生类中定义与基类中的方法相同的方法称为重写（override）。

▶ override 的含义包括优先于、撤销、推翻、否决、使无效等。

RobotPet 类的 introduce 方法和 __str__ 方法分别对打印输出的对象和字符串化的对象添加了数据属性——类型编号。

代码1对基类 Pet 的实例调用了这些方法，代码2对派生类 RobotPet 的实例调用了这些方法。

相信大家能够理解代码1和代码2的部分。

*

橘色底纹部分的代码定义了名为 self_introduce 的函数。该函数仅仅对所接收的参数 obj 调用了 introduce 方法。

代码3和代码4调用了函数 self_introduce。

3：以 Pet 类的实例 kurt 为参数调用函数 self_introduce。
　程序执行 obj.introduce() 后调用了 Pet 类的方法 introduce。

4：以 RobotPet 类的实例 r2d2 为参数调用函数 self_introduce。
　程序执行 obj.introduce() 后调用了 RobotPet 类的方法 introduce。

程序的上述行为看似很自然，但从函数 self_introduce 的角度来看，程序完成了非常复杂的工作。之所以这么说，是因为程序必须根据形参 obj 所接收的实例类型来进行处理，具体如下所示。

- 如果形参 obj 接收的是 Pet 类，则程序调用 Pet.introduce。
- 如果形参 obj 接收的是 RobotPet 类，则程序调用 RobotPet.introduce。

但是不用担心，如果对不同类型的实例发送相同的消息（在上例中是调用 introduce 方法），程序也会进行适当的处理，因为实例知道自身的类型。

该机制称为多态性（polymorphism）。

▶ 单词 polymorphism 由 poly、morph 和 ism 构成。其中，poly 是表示“多个”的前缀，morph 表示“变体”，ism 是后缀。根据压力和温度等条件，相同化学结构的物质会得到不同的结晶结构；同一种生物会有不同特性或形态的个体等都可以用 polymorphism 表示。

另外，多态性也称为多样性。

代码清单 11-7[B] chap11/RobotPet.py

RobotPet 类的后续定义

```
    def introduce(self) -> None:
        """自我介绍"""
        print('◆我是机器宠物。我的名字是{}。'.format(self._name))
        print('◆类型编号是{}。'.format(self._type_no))
        print('◆我的主人是{}。'.format(self._master))

    def __str__(self) -> str:
        """字符串化"""
        return(self._name + ' [[' + self._type_no + ']]'
                          + ' <<' + self._master + '>>')

    def work(self, sw: int) -> None:
        """处理家务"""
        if   sw == 0: print('打扫。')
        elif sw == 1: print('洗涤。')
        elif sw == 2: print('烹饪。')

# 测试各个宠物类

kurt = Pet('Kurt', '阿怡')
kurt.introduce()        ─1
print(kurt)

r2d2 = RobotPet('R2D2', '卢克', 'R2')
r2d2.introduce()        ─2
print(r2d2)

def self_introduce(obj: object) -> None:
    """请求obj进行自我介绍"""
    obj.introduce()

self_introduce(kurt)    ─3
self_introduce(r2d2)    ─4
```

运行结果

```
1 我的名字是Kurt!
  我的主人是阿怡。
  Kurt <<阿怡>>
2 ◆我是机器宠物。我的名字是R2D2。
  ◆类型编号是R2。
  ◆我的主人是卢克。
  R2D2 [[R2]] <<卢克>>
3 我的名字是Kurt!
  我的主人是阿怡!
4 ◆我是机器宠物。我的名字是R2D2。
  ◆类型编号是R2。
  ◆我的主人是卢克。
```

后续代码详见代码清单 11-7[C] ▶

object 类

在函数 self_introduce 中，参数 obj 的标注是 object。object 类是 **Python** 中所有类型的直接或间接的基类。

实际上，基类 Pet 的定义相当于以下代码。

```
class Pet(object):
    类体
```

这是因为 **Python** 规定，类名之后的“(基类名)”部分可以省略，并且在省略的情况下该类是 object 类的派生类。

因此，Pet 类是 object 类的子类，RobotPet 类是 object 类的孙类。

▶ 函数 self_introduce 可以不将 Pet 类、机器宠物类 RobotPet 和它们的派生类作为参数接收，函数也可以接收持有 introduce 方法的类作为参数。

对不具有直接派生关系的类实例发送相同消息的手法称为鸭子类型（duck typing）。

方法的多态行为

下面我开始讲解 print 方法（以下代码为类 Pet 的定义的一部分内容）。

```
class Pet:
    """宠物类 """

    def print(self) -> None:
        """打印输出（打印输出__str__返回的字符串并换行）"""
        print(self.__str__())
```

该方法打印输出了 __str__ 方法返回的字符串。

这里需要注意的是虽然 Pet 类定义了 print 方法，但是 RobotPet 类没有定义 print 方法。也就是说，作为基类资产的 print 方法被派生类直接继承而没有被重写。

*

代码1和代码2针对各个类的实例调用了 print 方法。

大家应该能看懂代码1。程序调用 Pet.print 后打印输出了宠物的名字和主人的名字。

代码2针对 RobotPet 类的实例 r2d2 调用了 print 方法。从运行结果来看，程序不仅输出了宠物的名字和主人的名字，还输出了类型编号。

也就是说，虽然 RobotPet 类直接继承了拥有两个数据的 Pet 类的 print 方法，但 RobotPet 类添加数据后拥有三个数据。程序对 RobotPet 类的实例调用了 print 方法并完整输出了三个数据。

这种魔法般的程序行为来源于"self.__str__()"（图 11-6）。

如图所示，在执行代码1时被调用的 self.__str()__ 调用了 Pet.__str()__，在执行代码2时被调用的 self.__str()__ 调用了 RobotPet.__str()__。

"self.__str__()"的多态行为导致 print 方法也有多态行为。

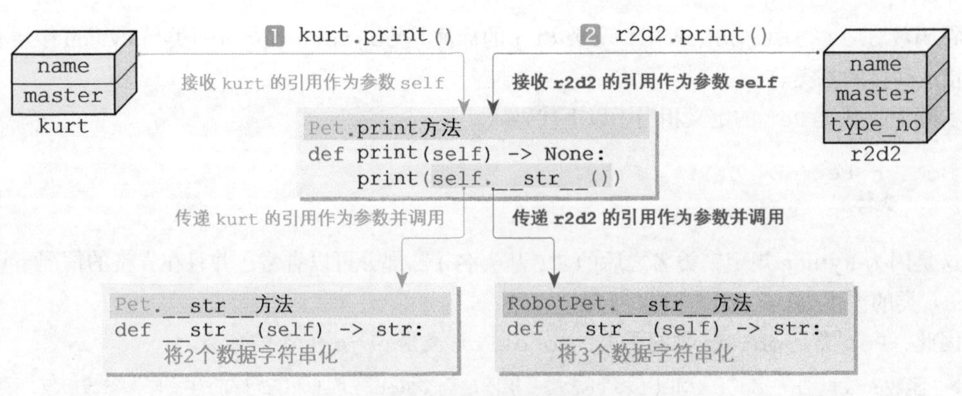

图 11-6　基类中方法的多态行为

代码清单 11-7[C] chap11/RobotPet.py

```
# 测试多个宠物类（后续）

# kurt是Pet类的实例
kurt.print()                    ●─1

# r2d2是RobotPet类的实例
r2d2.print()                    ●─2
r2d2.work(1)
```

运行结果

```
1 Kurt <<阿怡>>
2 R2D2 [[R2]] <<卢克>>
  洗涤。
```

▶ 在 RobotPet 类中可以定义完全一样的方法，如下所示。

```
class RobotPet(Pet):
    # --- 中间省略 --- #
    def print(self) -> None:
        """打印输出（打印输出__str__返回的字符串并换行）"""

        print(self.__str__())
```

但是，我们不能这么编写代码。重复相同代码不仅毫无意义，还存在以下问题。

Pet 类的 print 方法会打印输出 __str__ 方法返回的字符串，RobotPet 类继承了这一点（表 11-1）。如果要修改 Pet 类及派生类中的 print 方法（比如，改为打印输出字符串后换行两次），那么我们只要修改 Pet 类中 print 的定义即可。

但是，如果在 RobotPet 类（以及其他派生于 Pet 的类）中对 print 方法进行如上定义，我们就必须对所有类中的 print 方法进行定义。

*

最后我来讲解新添加的 work 方法。程序会根据接收的参数值打印输出“打扫。”“洗涤。”和“烹饪。”中的任意一个。

该程序向 r2d2 发出洗涤的命令。

▶ 如果对不是机器宠物的 Pet 类实例调用 work 方法，程序会产生错误。

is-A 关系和类的判断

RobotPet 是 Pet 的一种。这种“RobotPet is a Pet.”的关系称为 is-A 关系。

▶ is-A 关系也称为 is-a 关系或 kind-of-A 关系。

我们可以通过内置函数 isinstance 查看某个实例是否是某个类或其派生类的实例。

函数的调用形式如下，其返回值是 True 或 False。

```
isinstance(实例名, 类名)
isinstance(实例名, (类名1, 类名2, …))        ※ 通过元组进行指定。
```

当实例为 kurt 和 r2d2 时，函数执行的结果如下所示（结果与 is-A 关系一致）。

```
isinstance(kurt, Pet)       ➡True    isinstance(r2d2, Pet)       ➡True
isinstance(kurt, RobotPet)  ➡False   isinstance(r2d2, RobotPet)  ➡True
```

另外，Python 中所有的类型都是 object 的一种。

专栏 11-7 关于类的补充说明

作为入门书，本书只讲解类的基础知识。为了大家以后继续学习更深一些的内容，现在我来介绍下面几个知识点（当前阶段不用全部理解）。

▪ 文档字符串可以通过“类名.__doc__”获得

函数的文档字符串可以通过“函数名.__doc__”获得。同样，类的文档字符串可以通过“类名.__doc__”获得。

▪ 方法是函数

通过 type 函数查看方法的类型，我们可以得到 <class 'function'>。也就是说，方法是一种函数。

▪ 所有的类型都是类

包括 int 型和 list 型在内的 Python 中的所有类型都是类。比如，我们通过 type 函数查看 int 型的类型可以得到 <class 'int'>（第 1 章已讲解）。

bool 型是 int 型的派生类，它在程序内部有 0 和 1 这两个整数值。

因此，我们可以通过 isinstance(obj,(int, float, complex)) 查看 obj 是否为数值型的对象〔不需要指定属于 int 型的 bool 型（派生类）〕。

▪ 通过内置函数 dir 获取属性

假定 x 是类的实例。dir(x) 返回了一个按字母表顺序排列名称的列表，其中包含实例属性的名称以及在类中定义的方法和属性等的名称。

比如，dir(int) 返回了以下列表。

```
['__abs__', '__add__', '__and__', '__bool__', '__ceil__', '__class__',
'__delattr__', '__dir__', '__divmod__', '__doc__', '__eq__', '__float__',
'__floor__', '__floordiv__', '__format__', '__ge__', '__getattribute__',
'__getnewargs__', '__gt__', '__hash__', '__index__', '__init__',
'__init_subclass__', '__int__', …中间省略… 'bit_length', 'conjugate',
'denominator', 'from_bytes', 'imag', 'numerator', 'real', 'to_bytes']
```

※ 下文中介绍的属性会用红色文字标出。

▪ int 函数和 list 函数是构造函数

前面我讲解了 int('53') 和 list(1, 2, 3) 等以“类型名（实参序列）”形式调用的函数。这些函数与其说是将参数值转换为指定类型的函数，倒不如说是生成指定类型实例的构造函数。

上面的 dir(int) 返回的列表中包含了 __init__ 方法。

▪ 类名可以通过“实例名.__class__”获取

实例的类名可以通过“实例名.__class__”获取（除了自定义类型，int 型和 list 型等也一样）。

▪ 实例的属性可以通过“实例名.__dict__”获取

自定义类型的实例属性可以通过“实例名.__dict__”获取。比如，在第 1 版会员类的程序（代码清单 11-1）中，程序通过 sekine.__dict__ 获得了字典 {'no': 37, 'name': '关根信彦', 'weight': 65.3}。

▪ 运算符重载

int 型等数值型及 str 型可以通过运算符 + 进行加法运算或拼接操作。定义了 __add__ 方法的类型可以像这样使用运算符 +。只要定义了 __add__ 等各种运算符，即使是自定义类也可以对类的实例使用相应的运算符。

▪ __new__ 方法和构造函数

前面本书提到 __init__ 方法在生成实例对象后进行了初始化（设定值等）。

__new__ 方法比 __init__ 方法更早被调用。我们可以在类中定义 __new__ 方法来定制生成对象的方法。

顺带一提，__init__ 方法本身与生成（构成）对象的处理没有关系，所以严格来说，我们不能将 __init__ 方法称为构造函数。

▪ 可迭代对象和迭代器

要想将类的实例作为可迭代对象，我们就必须在类中定义 __iter__ 方法或 __getitem__ 方法。另外，创建迭代器需要定义 __iter__ 方法和 __next__ 方法。

▪ 基于 type 函数生成动态类

第 1 章讲解的 type 函数可以用来查看对象的类型。我们也可以通过 type 函数动态生成类。

▪ 抽象基类

我们可以使用 abc 模块来实现抽象基类（abstract base class）。定义抽象类需要使用 ABCMeta 元类。另外，在定义抽象基类中的抽象方法时，必须指定 @abstractmethod 装饰器。

※ 派生类需要重写抽象方法（方法的具体内容要在派生类中定义，而非在基类中定义），而抽象方法从某种角度来说是“不完整的”方法。包含这种不完整方法的类是抽象基类。如果把类比作设计图，那么抽象基类就是设计图的设计图。

另外，Python 不直接支持 Java 等编程语言中的实例，所以我们需要通过抽象基类来实现它。

▪ 多重继承

多重继承（multiple inheritance）是指继承两个以上的类的资产。比如，我们可以通过以下定义从类 A 和类 B 中派生出类 C。

```
class C(A, B):
    # 类体
```

另外，多重继承的内部处理极其复杂。虽然 C++ 支持多重继承，但 Java 并不支持它。
Python 通过“继承多个抽象基类”来实现 Java 中的“实现多个接口”。

总结

- 类型（即类）相当于展示了如何汇总数据和方法的设计图。包括 int 型和 float 型等内置类型在内，Python 的所有类型都是类。我们要使用骆驼命名法给自定义类命名。

- 类定义是以关键字 class 开始的一种复合语句，用于生成类对象（类型对象）。

- 基于类（相当于设计图）创建类的实体（对象）的过程，即生成实例对象（简称实例）的过程称为实例化。

- 类的属性包括数据属性和方法属性，将这些数据结合起来使用的过程称为封装。面向对象编程中的“属性”在 Python 中指“数据属性”。

- 类的所有属性均对类的外部公开，即不存在其他编程语言支持的访问控制（类的外部访问等级分为公有、私有和受保护等）。

- 因为 Python 是动态类型的编程语言，所以数据属性和方法属性可以在程序运行时发生变化。因此，属于同一类型实例对象的属性没有必要相同，也不一定相同。

- 类的属性可以通过属性引用运算符“.”进行访问。

- 各个实例对象持有的数据和方法是实例变量和实例方法。

- 实例变量的值表示所属实例对象的状态。如果变量名的开头是双下划线，那么程序可以通过名称修饰（名称混淆）机制实现数据的不完全隐藏。

- 实例方法表示所属实例对象的行为，该方法基于实例变量的值进行处理或更新实例变量的值。实例方法的第一参数 self 引用实例对象本身。

- 实例方法 __init__ 是用于初始化实例的特殊方法。__init__ 方法一般称为构造函数，它初始化实例变量后返回 None。__init__ 与构造对象的过程本身没有关系，严格来说它并不是构造函数。

- 程序执行调用表达式类名(实参序列)后，生成实例对象并调用构造函数。

- 在必要的情况下，我们可以使用 @property 装饰器定义存取器（访问器和修改器）或删除器。如果对数据属性只定义访问器而不定义修改器，那么我们只能从外部查看数据属性的值，不能对其进行修改。

- 属于类而不属于实例的数据和方法是类变量和类方法。

- 在带 @classmethod 装饰器定义类方法时，该方法的第一参数 cls 引用的是方法所属的类对象。类方法不持有 self，所以不能访问实例变量。

- 虽然类变量可以通过“实例名 . 变量名”从类的外部访问，但一般情况下我们应该使用类名 . 变量名来访问类变量。
- 虽然类方法可以通过“实例名 . 方法名 (实参序列)”从类的外部调用，但一般情况下我们应该使用类名 . 方法名 (实参序列) 来调用类方法。
- 静态方法可通过添加 @staticmethod 装饰器进行定义。与类方法不同，静态方法不接收 cls 作为参数。
- __str__ 方法返回的是非正式的字符串，而 __repr__ 方法返回的是正式的字符串。定义 __str__ 方法和 __repr__ 方法后，类用起来会更加方便。
- 通过派生可以继承现有类的资产并创建新的类。其中，被继承的类是基类、超类或父类，新创建的类则为派生类或子类。
- 在派生类的方法内，我们可以通过 super(). 方法名 (实参序列) 调用基类的方法。
- 在派生类中定义与基类的方法同名的方法会重写该方法。Python 的多态性（多样性）可以实现程序的多态行为。
- 在不指定基类的情况下定义的类都是 object 类的派生类。Python 中所有的类都直接或间接地派生于 object 类。
- 如果类 B 派生于类 A，则类 B 是类 A 的一种。这种关系称为 is-A 关系（kind-of-A 关系）。
- 我们可以通过 isinstance 函数判断实例对象是否属于特定的类（或该类的派生类）。
- 函数、类或类的实例等可以直接使用调用运算符 () 的对象称为可调用对象。我们可以通过 callable 函数判断特定对象是否为可调用对象。

第 12 章

异常处理

当程序在运行中遇到意料之外或难以预见的特殊状况时，异常处理可使其恢复运行，避免陷入无法运行的状态。

- 异常
- 异常处理
- 抛出异常
- raise 语句
- 异常的传递
- 异常的捕获与处理
- try 语句（try 块、except 块、else 块和 finally 块）
- try-finally 语句（try 块和 finally 块）
- 异常安全和异常中立
- 异常类型
- 异常类型的互换性
- 异常对象
- Exception 类
- BaseException 类
- 标准内置异常
- 自定义异常
- 堆栈跟踪
- traceback 模块
- 异常的关联值

12-1 异常处理

如果在运行时产生错误，程序就会终止运行。此时，程序针对错误所实施的恰当的处理称为异常处理。本章，我将对异常处理的相关内容进行讲解。

异常和异常处理

前面提到 Python 中的错误可分为以下两类。

▪ 语法错误（syntax error）

语法错误是程序代码字句上的问题，包括无法被正确识别的表达式或语句，错误的拼写或缩进等。

▪ 异常（exception）

虽然程序代码的语法正确，但程序在运行时还是发生了错误。本章我要讲解的就是这种错误类型。

▶ 严格来说，程序将语法错误作为一种异常来进行处理。

首先，我们通过代码清单 12-1 来体会一下程序产生异常的过程。

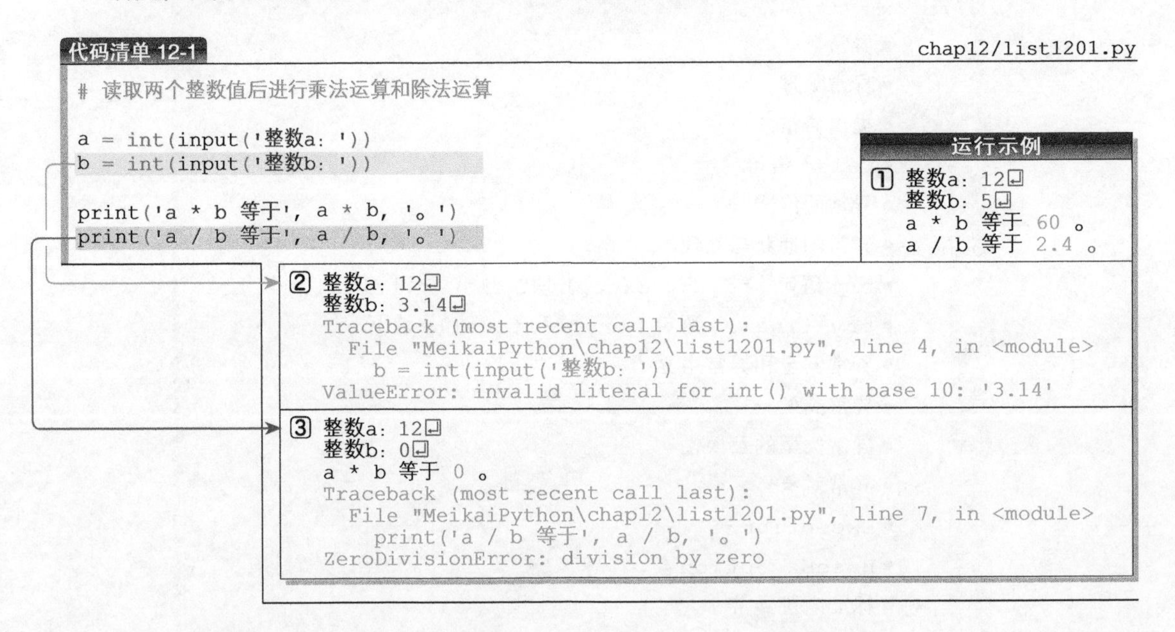

代码清单 12-1　chap12/list1201.py

```
# 读取两个整数值后进行乘法运算和除法运算

a = int(input('整数a: '))
b = int(input('整数b: '))

print('a * b 等于', a * b, '。')
print('a / b 等于', a / b, '。')
```

运行示例

```
① 整数a: 12
   整数b: 5
   a * b 等于 60 。
   a / b 等于 2.4 。
```

```
② 整数a: 12
   整数b: 3.14
   Traceback (most recent call last):
     File "MeikaiPython\chap12\list1201.py", line 4, in <module>
       b = int(input('整数b: '))
   ValueError: invalid literal for int() with base 10: '3.14'
```

```
③ 整数a: 12
   整数b: 0
   a * b 等于 0 。
   Traceback (most recent call last):
     File "MeikaiPython\chap12\list1201.py", line 7, in <module>
       print('a / b 等于', a / b, '。')
   ZeroDivisionError: division by zero
```

运行示例②针对变量 b 输入了实数值。因为字符串 '3.14' 无法转换为整数，所以当 int 函数转换字符串时，程序产生了错误。

```
ValueError: invalid literal for int() with base 10:
```

值错误：对以 10 为基数的 int() 来说是无效的字面量

运行示例③中，针对变量 b 输入了 0。虽然乘法运算可以正常进行，但在接下来的除法运算中，程序产生了错误。

```
ZeroDivisionError: division by zero
除数为 0 的错误：以 0 为除数的除法运算
```

程序产生异常时首先会打印输出错误信息，然后中断程序的运行。

那么在产生错误时，程序是如何进行处理的呢？请看以下处理方式。

---

① 强制终止程序。

② 产生错误时，程序将信息输出到屏幕后继续运行。

③ 错误信息写入文件后终止程序。

……

在产生错误时，如果程序采用上述其中一种方法进行处理，结果会怎样？

编写一个在执行除法运算前判断值是否为 0，然后像①那样强制终止程序的函数或类还是非常容易的。

但是，并非所有用户都期望使用这样的解决方法。

在编写函数或类等程序部件时，我们会遇到以下难题。

我们很容易发现程序产生的错误，但是很难甚至不可能确定要如何处理错误。

之所以会出现这种情况，是因为错误的处理方式大多是由程序部件的用户决定的。如果能够让用户在使用程序部件时可根据具体情况确定错误的处理方式，我们就可以说软件程序比较灵活。

*

我们可以通过异常处理（exception handling）来解决程序如何处理错误的难题。

在运行过程中，程序如果遇到无法处理的情况，就会抛出（raise）异常（exception）。

用户可根据所发消息自行决定处理的方式，所以能灵活应对各种情况。

ⓐ 无视消息（代码清单 12-1 所示程序就无视了消息）。

ⓑ 努力捕获（catch）消息后，根据喜好进行处理。

……

现在我们开始学习这类异常处理。

try 语句（异常处理器）

代码清单 12-2 在代码清单 12-1 的基础上插入了实施异常处理的代码。在下列三个运行示例中，即使我们输入了与先前运行示例相同的值，程序的运行也不会中断。

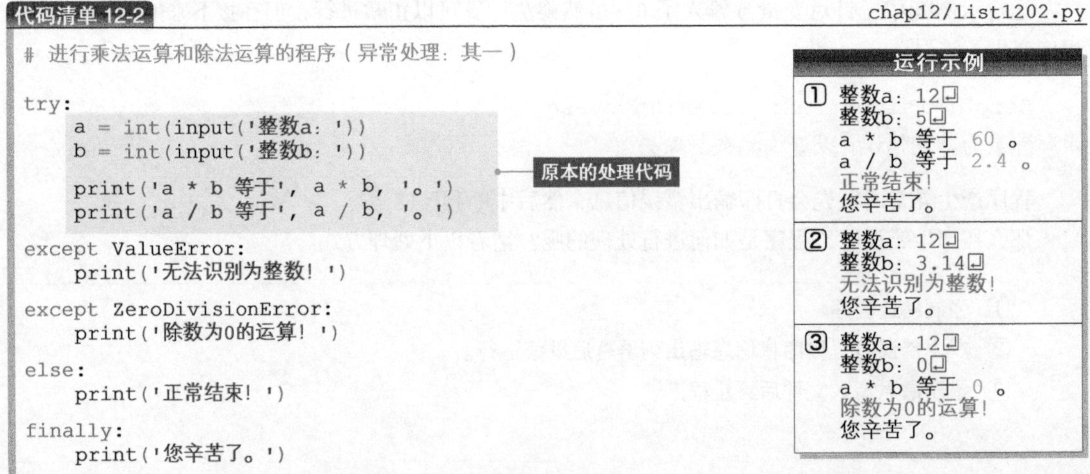

代码清单 12-2 chap12/list1202.py

```
# 进行乘法运算和除法运算的程序（异常处理：其一）

try:
    a = int(input('整数a：'))
    b = int(input('整数b：'))

    print('a * b 等于', a * b, '。')
    print('a / b 等于', a / b, '。')
except ValueError:
    print('无法识别为整数！')
except ZeroDivisionError:
    print('除数为0的运算！')
else:
    print('正常结束！')
finally:
    print('您辛苦了。')
```


try 语句（try statement）是用于异常处理的一种复合语句，也叫异常处理器（exception handler）。如图 12-1 所示，try 语句分两种，代码清单 12-2 使用了图 12-1ⓐ中的 try 语句。

try 块

try 表示努力捕获异常，在以 try 开头的块中，原本的处理代码组成了代码组。实际上，代码清单 12-2 的蓝色底纹部分与代码清单 12-1 的代码完全相同。

异常处理的优点之一是可以分离原本的处理代码和处理错误的代码。比如，程序产生错误时用于进行○○处理的 if 语句等代码没有必要插入到原本的处理代码中。

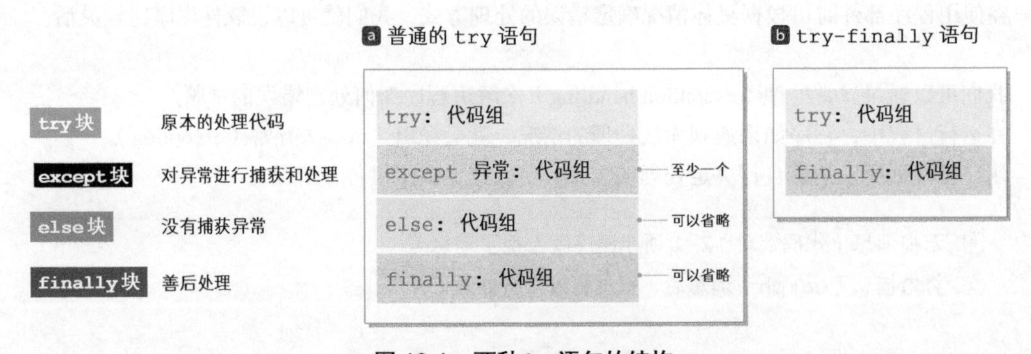

图 12-1 两种 try 语句的结构

except 块

程序如果在执行 try 块中的代码组（原本的处理代码）时产生了异常，则跳过 try 块剩余代码的执行，尝试在 except 块中捕获产生的异常。

由于 try 块后可放置多个 except 块，所以我在上面的程序中编写了两个 except 块。如果把程序产生的错误比作棒球，两个 except 块就分别相当于接住 ValueError 的接球手和接住 ZeroDivisionError 的接球手。

except 块中的代码组对异常进行了相应的处理。

代码清单 12-2 中分别打印输出了“无法识别为整数!”和“除数为 0 的运算!”(运行示例②和运行示例③中的输出)。

虽然程序仅进行了输出，但如果它可以从错误中恢复，那么我们也可以将相关代码编写在 except 块中。

else 块

当 except 块没有捕获异常时，程序会执行 else 块中的代码组。该块也可省略。

在运行示例①中，程序没有产生异常，并且打印输出了“正常结束!”。

finally 块

不论是否产生异常，程序最后都会执行 finally 块中的代码组。finally 块用于进行“善后处理”，该块可以省略。

不论是没有产生异常的运行示例①，还是产生异常的运行示例②和运行示例③都打印输出了“您辛苦了。”。

▶ 如果省略了两个 except 块和 else 块，该程序就会变为图 12-1b中的 try-finally 语句。

try-finally 语句不包含 except 块。因此，程序不会处理异常，但一定会执行 finally 块（'chap12/list1202a.py'）。

另外，在 try-finally 语句的 try 块中，如果代码组内的 return 语句、break 语句或 continue 语句已被执行，这时，程序首先会执行 finally 块，而后跳出函数或循环。

在异常处理的代码结构中，原本的处理代码和用于处理异常的代码是分开的，程序也不会由于异常而终止运行。

*

另外，代码清单 12-2 的程序并不能捕获所有的异常。

比如，在输入变量 a 和变量 b 时，如果在按住 Ctrl 键的同时按下 C 键，程序会产生 KeyboardInterrupt 异常并终止运行。except 块没有捕获异常，程序自然也就没有对异常进行处理。

▶ 程序执行 finally 块后打印输出“您辛苦了。”，然后程序终止运行。

使用 except 块对异常进行捕获与处理

except 块捕获和处理异常的规则如下。

① 有至少一个 except 块。
② except 块可以捕获指定的异常以及与该异常具有互换性的异常。
③ 可以在单个 except 块中通过元组指定多个异常。
④ 将捕获的异常作为变量接收。
⑤ 可以不指定捕获的异常。

规则①已在上文中讲解。

规则②表示 except 块可以捕获指定的类及其派生类。也就是说，如果异常 B 是异常 A 的派生类，即“B 是 A 的一种”，那么“except A:”不仅可以捕获异常 A，也可以捕获异常 B。

代码清单 12-3 利用规则③对代码清单 12-2 进行了改写。

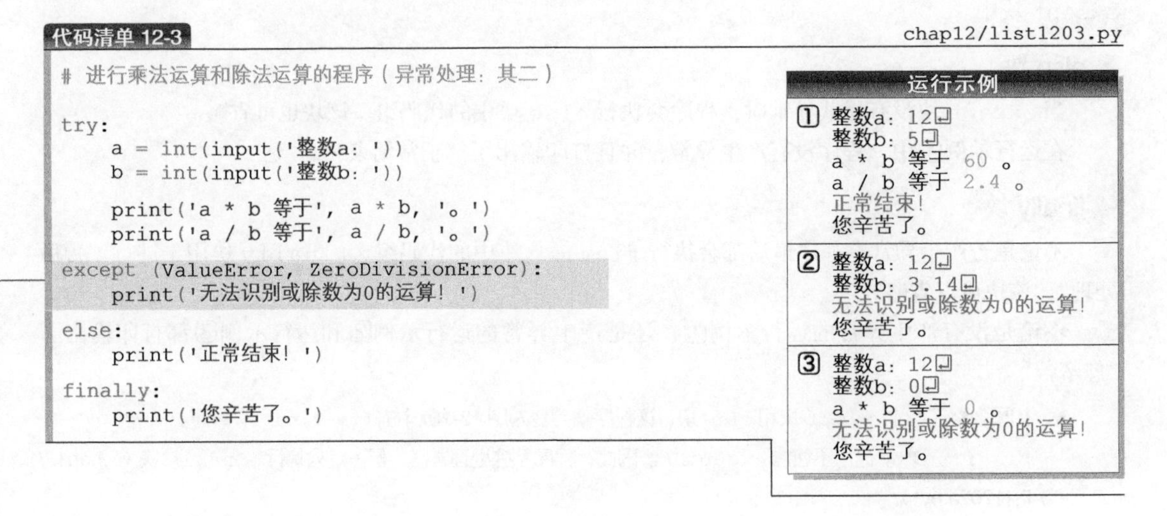

代码清单 12-3　chap12/list1203.py

```
# 进行乘法运算和除法运算的程序（异常处理：其二）

try:
    a = int(input('整数a：'))
    b = int(input('整数b：'))

    print('a * b 等于', a * b, '。')
    print('a / b 等于', a / b, '。')
except (ValueError, ZeroDivisionError):
    print('无法识别或除数为0的运算！')
else:
    print('正常结束！')
finally:
    print('您辛苦了。')
```

运行示例

```
① 整数a：12
   整数b：5
   a * b 等于 60 。
   a / b 等于 2.4 。
   正常结束！
   您辛苦了。
② 整数a：12
   整数b：3.14
   无法识别或除数为0的运算！
   您辛苦了。
③ 整数a：12
   整数b：0
   a * b 等于 0 。
   无法识别或除数为0的运算！
   您辛苦了。
```

单个 except 块捕获了两个异常。因此，程序可以针对多个异常进行相同的处理。

▶ 该程序用于帮助读者理解相关语法。针对不同特性的异常是否进行相同处理要视具体情况而定。

下面我来讲解规则④。因为在 Python 中一切皆为对象，所以异常也是对象的一种。程序可以将捕获的异常对象作为变量接收并对其赋予名字（类似于接收函数参数的过程）。

给捕获的异常对象赋予名字的 except 块的语法形式如下所示。

```
except 异常 as 变量名 : 代码组
```

代码清单 12-4 利用上述形式对代码清单 12-3 进行了改写。

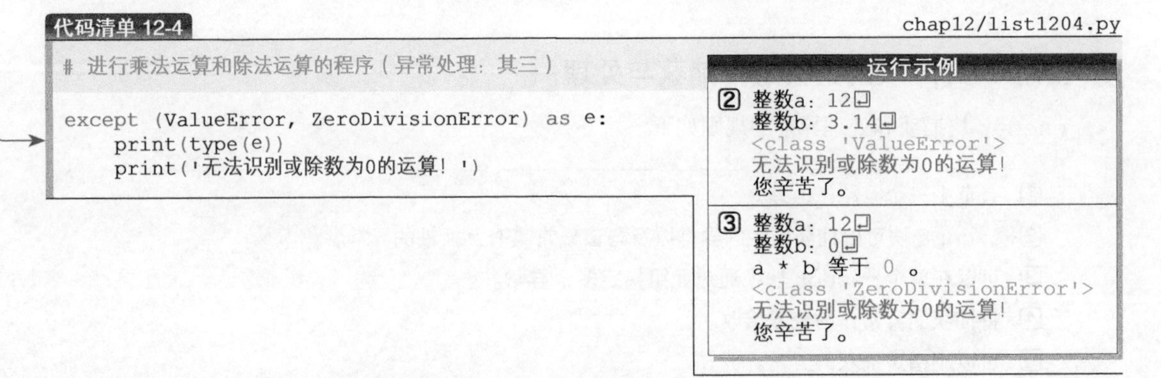

代码清单 12-4　chap12/list1204.py

```
# 进行乘法运算和除法运算的程序（异常处理：其三）

except (ValueError, ZeroDivisionError) as e:
    print(type(e))
    print('无法识别或除数为0的运算！')
```

运行示例

```
② 整数a：12
   整数b：3.14
   <class 'ValueError'>
   无法识别或除数为0的运算！
   您辛苦了。
③ 整数a：12
   整数b：0
   a * b 等于 0 。
   <class 'ZeroDivisionError'>
   无法识别或除数为0的运算！
   您辛苦了。
```

由于 except 块的头部中添加了“as e”，所以变量 e 引用了捕获的异常对象。

由于代码组的第一行输出了 type(e)，所以程序打印输出了捕获的异常类型。

在运行示例中，程序打印输出了“<class 'ValueError'>”和“class 'ZeroDivisionError'”。

▶ 在 except 块头部声明的变量（比如此处的 e）只在 except 块内有效。

最后，我来讲解规则⑤。如果 except 块不指定异常的种类，那么它将捕获所有的异常。如果有多个 except 块，那么这种形式的 except 块必须放在最后。

代码清单 12-5 利用这种形式对代码清单 12-3 进行了改写。

代码清单 12-5 chap12/list1205.py

```
# 进行乘法运算和除法运算的程序（异常处理：其四）

except ValueError:
    print('无法识别为整数！')
except ZeroDivisionError:
    print('除数为0的运算！')
except:
    print('产生异常！')
```

运行示例

```
② 整数a：12↵
   整数b：3.14↵
   无法识别为整数！
   您辛苦了。
③ 整数a：12↵
   整数b：0↵
   a * b 等于 0 。
   除数为0的运算！
   您辛苦了。
④ 整数a：[Ctrl] + [C]
   产生异常！
   您辛苦了。
```

最后的 except 块可以捕获除之前 except 块指定的异常（以及同指定异常具有互换性的异常）以外的所有异常。

运行示例②和运行示例③与代码清单 12-2 中相应运行示例的结果相同。

在运行示例④的输入中，程序捕获了因 Ctrl 键和 C 键被同时按下而产生的 KeyboardInterrupt 异常。

▶ 在第三方的集成开发环境中，程序可能并不接受 Ctrl+C 这样的按键操作（其实这才是最普遍的情况）。在这类环境中，程序不会产生异常，也就不会捕获异常。

基于 raise 抛出异常

上文介绍了捕获并处理异常的方法，其实程序也可以通过代码故意抛出异常。

下列形式的 raise 语句（raise statement）用于抛出异常。

```
raise 表达式
```
raise 语句

上述语句中的“表达式”表示异常对象，它必须是 BaseException 类的子类或该类的实例。各种异常类都继承自 BaseException 类（专栏 12-1）。

代码清单 12-6 通过 raise 语句任意地使程序产生异常。

代码清单 12-6　　chap12/list1206.py

```
# 基于raise语句抛出异常

def func(sw: int) -> None:
    if sw == 0:
        raise ValueError
    elif sw == 1:
        raise ZeroDivisionError

sw = int(input('sw: '))

try:
    func(sw)

except BaseException as e:
    print('捕获异常!')
    print(type(e))
```

运行示例

```
① sw: 0⏎
捕获异常!
<class 'ValueError'>
② sw: 1⏎
捕获异常!
<class 'ZeroDivisionError'>
③ sw: 2⏎
```

如果函数 func 的形参 sw 接收的值为 0，程序就会抛出 ValueError 异常。如果接收的值为 1，程序就会抛出 ZeroDivisionError 异常。

try 语句中函数 func 抛出的异常被单个 except 块捕获。由于代码制定了 BaseException 类，所以作为其派生类的 ValueError 异常和 ZeroDivisionError 异常都可以被该 except 块捕获。

程序如果捕获异常，就会在屏幕上输出“捕获异常!”。然后，程序通过 type(e) 查看并输出捕获的异常 e 的类型。

自定义异常

我们可以从上文 raise 语句的说明中得出以下结论。

继承 BaseException 类可以创建自定义异常类。

代码清单 12-7 定义并利用了自定义异常类。

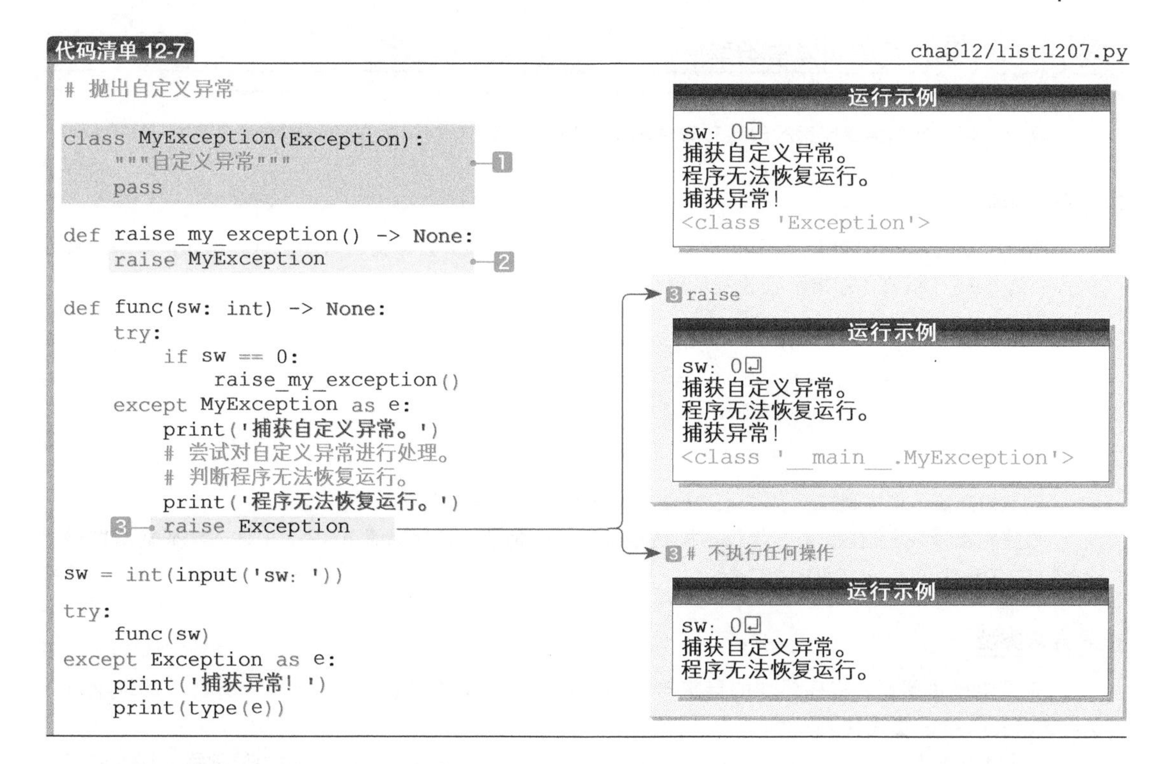

代码清单 12-7　　chap12/list1207.py

```
# 抛出自定义异常

class MyException(Exception):
    """自定义异常"""            ←1
    pass

def raise_my_exception() -> None:
    raise MyException           ←2

def func(sw: int) -> None:
    try:
        if sw == 0:
            raise_my_exception()
    except MyException as e:
        print('捕获自定义异常。')
        # 尝试对自定义异常进行处理。
        # 判断程序无法恢复运行。
        print('程序无法恢复运行。')
3→      raise Exception

sw = int(input('sw: '))

try:
    func(sw)
except Exception as e:
    print('捕获异常！')
    print(type(e))
```

运行示例

```
sw: 0⏎
捕获自定义异常。
程序无法恢复运行。
捕获异常！
<class 'Exception'>
```

3 raise

运行示例

```
sw: 0⏎
捕获自定义异常。
程序无法恢复运行。
捕获异常！
<class '__main__.MyException'>
```

3 # 不执行任何操作

运行示例

```
sw: 0⏎
捕获自定义异常。
程序无法恢复运行。
```

代码1定义了自定义异常类 MyException。该定义指定了 Exception 类为 MyException 类的基类，同时类体仅编写有 pass 语句（下页的专栏 12-1）。

函数 raise_my_exception 用于抛出 MyException 异常。代码2仅抛出异常，并不进行相应的处理。

现在我们对 sw 读取为 0 时的程序行为进行分析。函数 raise_my_exception 抛出了 MyException 异常，该异常被函数 func 中的 except 块捕获。

此时即使尝试对捕获的异常进行处理，程序也可能无法恢复正常。代码3通过抛出 Exception 异常，向调用函数 func 的代码传递该信息。抛出的 Exception 异常被主程序中的 except 块捕获。

另外，如果代码3修改为 raise，程序会直接再次抛出当前处理的异常（**chap12/list1207a.py**）。

另外，如果删除代码3，程序针对所捕获异常的处理（从错误恢复）就结束了（**chap12/list1207b.py**）。

*

根据代码清单 12-7 所示程序，函数内未进行处理或没有处理完的异常会被传递给调用函数的代码，同时异常在传递过程中可以变为其他异常。如果代码对产生的异常进行了适当处理，则该代码具有异常安全的特性，如果代码中所有异常都被传递至调用处，则该代码具有异常中立的特性。

专栏 12-1 堆栈跟踪和异常类型

在本专栏，我们将学习堆栈跟踪和异常类型的相关内容。

▪ 堆栈跟踪

程序如果在产生异常时不对异常进行处理，就会发生中断并打印输出错误信息。比如，本章开头的代码清单 12-1 就打印输出了以下内容。

```
Traceback (most recent call last):
  File "MeikaiPython\chap12\list1201.py", line 4, in
    b = int(input('整数b: '))
ValueError: invalid literal for int() with base 10: '3.14'
```

信息的开头是堆栈跟踪。该术语用于表示从程序产生异常到发生中断的过程。

堆栈跟踪模块 traceback 提供与堆栈跟踪相关的函数。在代码清单 12-7 中插入代码输出堆栈跟踪信息的程序见 chap12/list1207c.py。

▪ 异常类型

正文中已讲解过，程序处理的异常是 BaseException 类的派生类，即所有异常类都继承自 BaseException 类或其子孙类。

正文中出现的 ValueError 类和 ZeroDivisionError 类等 Python 提供的异常称为标准内置异常。

图 12C-1 是标准内置异常的部分内容（各个线条表示了继承关系，箭头指向基类）。

依赖于程序执行过程的特殊异常（GeneratorExit、KeyboardInterrupt、SystemExit）派生于 BaseException 类。这些异常一般无法通过程序进行捕获和处理（因为即使捕获到这类异常，程序也很难完全恢复）。

也就是说，几乎所有的异常类实际上直接或间接地派生于 Exception 类。事实上，我们也可以认为该类是最源头的类。

为了让大家理解异常的原理，我在代码清单 12-6 中让 except 块指定了 BaseException 类。而实际程序应当使用 Exception 类而不是 BaseException 类。

程序创建的自定义异常一般派生于 Exception 类而不是 BaseException 类，这是因为 BaseException 类并不是以派生自定义类为前提被设计出来的。

因此，在代码清单 12-7 中，自定义类 MyException 派生于 Exception 类。

但是，自定义异常也并不是必须派生于 Exception 类。比如，在定义表示算术错误的自定义异常类时，该异常类可以派生于 ArithmeticError 类。

*

异常类会包含表示错误原因的关联值（associated value）。关联值一般是字符串或元组，其中记录了错误代码或表示错误代码的字符串等信息。通常来说，程序会通过将关联值作为参数传递给异常类的构造函数来进行相关设定。

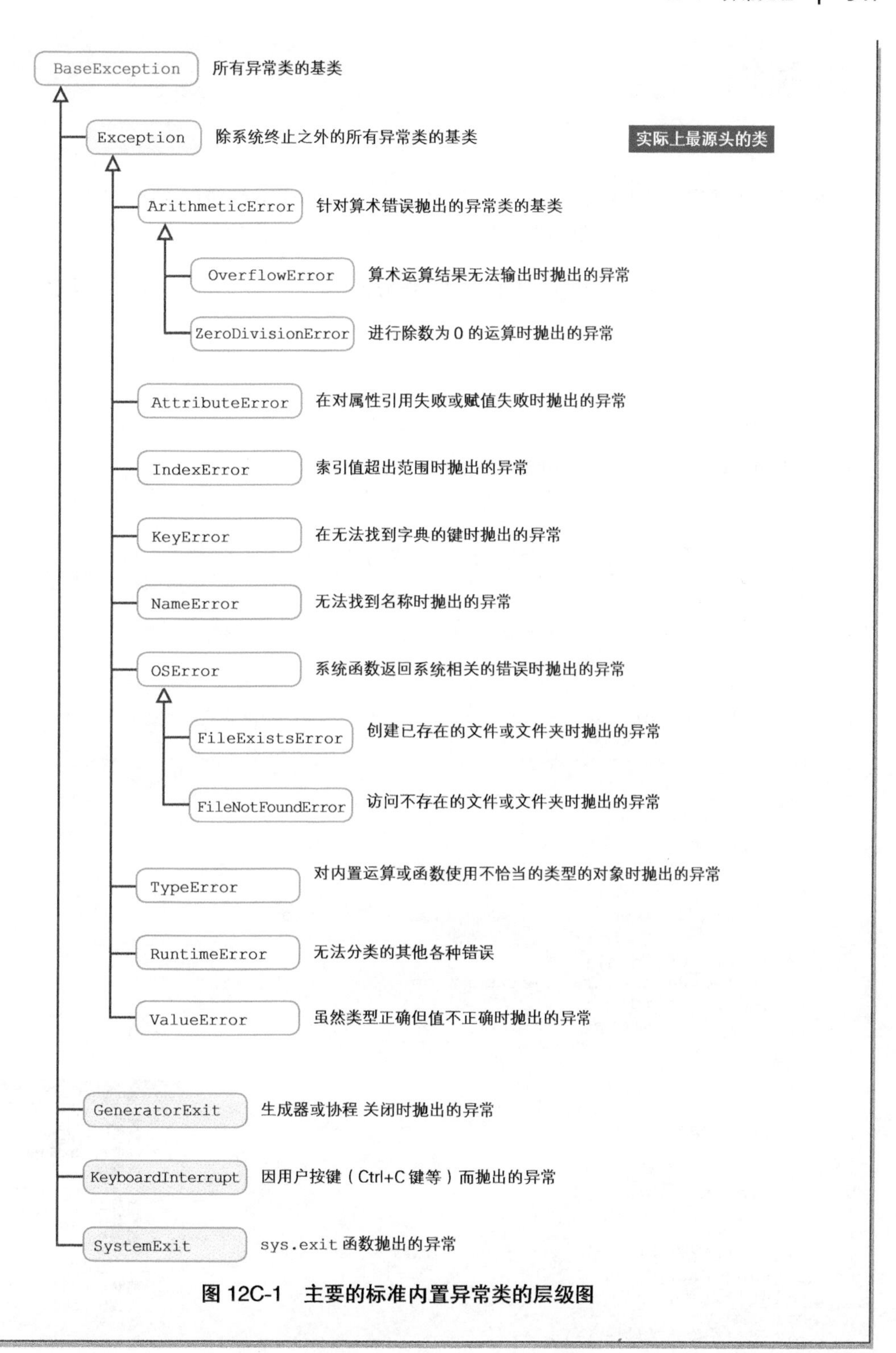

图 12C-1 主要的标准内置异常类的层级图

总结

- 我们虽然容易发现程序错误，但是很难甚至不可能确定这些错误的处理方式。这是因为在多数情况下，针对错误的处理方式是由程序部件的用户决定的。

- Python 程序在运行过程中产生的错误会作为异常抛出。语法错误也是一种异常。

chap12/gist1.py

```
# 第12章 总结（其一）

class RangeException(Exception):
    """超出范围的异常"""
    pass

class ParameterRangeException(RangeException):
    """超出形参范围的异常"""
    pass

class ResultException(RangeException):
    """超出返回值范围的异常"""
    pass

def is_valid(value: int) -> bool:
    """value在0～9之间吗？"""
    return 0 <= value <= 9

def add(a: int, b: int) -> int:
    """返回a与b的和
    前提条件：a和b在0～9之间
              不符合前提条件则抛出ParameterRangeException异常
    事后条件：返回的和在0～9之间
              不符合事后条件则抛出ResultRangeException异常
    """
    if not is_valid(a):
        raise ParameterRangeException
    if not is_valid(b):
        raise ParameterRangeException
    result = a + b
    if not is_valid(result):
        raise ResultException
    return result

a = int(input('整数a：'))
b = int(input('整数b：'))

try:
    print('这些数字的和是{}。'.format(add(a, b)))
except RangeException:
    print('范围外。')
except:
    print('产生了某种异常')
finally:
    print('您辛苦了。')
```

运行示例

```
①
整数a：3↵
整数b：5↵
这些数字的和是8。
您辛苦了。

②
整数a：12↵
整数b：6↵
范围外。
您辛苦了。

③
整数a：7↵
整数b：5↵
范围外。
您辛苦了。
```

- 程序抛出异常后，该异常会进行传递。程序最终打印输出错误信息后中断运行。堆栈跟踪展现了错误的传递过程。

- 程序捕获异常后会对其进行异常处理。如果进行了恰当的异常处理，程序可以从错误中恢复而避免中断运行。

- 异常处理的优点之一是可以分离原本的处理代码和应对错误的处理代码。

- try 语句称为异常处理器，用于进行异常处理。try 语句由 try 块、except 块、else 块和 finally 块构成。此外，仅由 try 块和 finally 块构成的 try-finally 语句也可用于异常处理。

- 如果 try 块在运行过程中产生异常，except 块会尝试捕获异常。try 语句内一般至少有一个 except 块。各个 except 块可以捕获指定的异常及与其具有“互换性”的异常。对捕获的异常执行元组化操作可以指定多个异常。另外，程序可以接收异常作为变量。如果不指定捕获的异常，程序就会捕获所有异常。

- 当 except 块没有捕获到异常时，程序执行 else 块中的代码组。

- 不论是否产生异常，程序都会执行 finally 块中的代码组进行善后处理。

- 异常对象可以通过 raise 语句抛出。

- Python 提供的标准内置异常包括 BaseException 类和直接或间接派生于 BaseException 类的异常类。

- 自定义异常必须作为 Exception 类的派生类进行定义。

- 程序对所产生的异常进行恰当处理的过程称为异常安全，所有异常被传递到调用代码的过程称为异常中立。

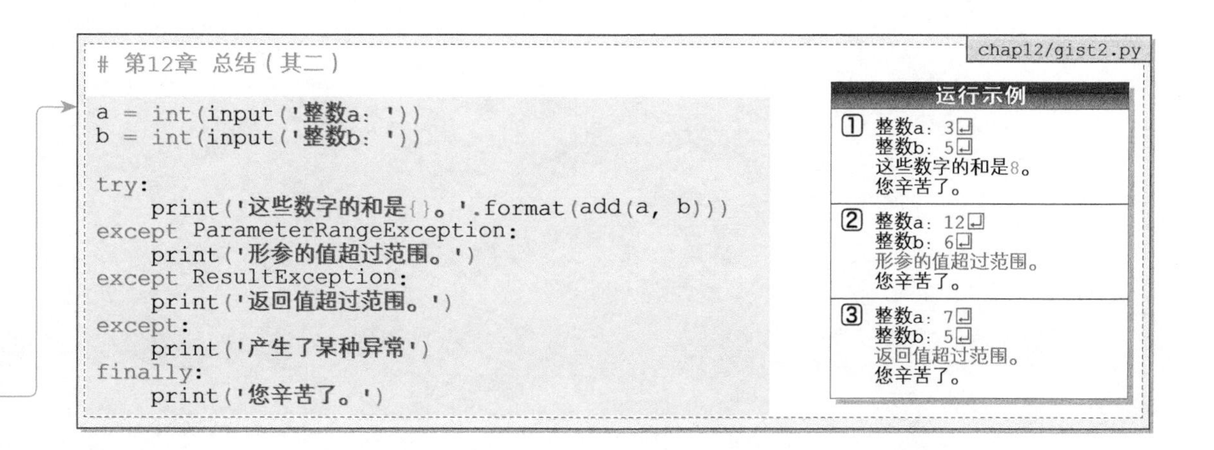

chap12/gist2.py

```
# 第12章 总结（其二）

a = int(input('整数a：'))
b = int(input('整数b：'))

try:
    print('这些数字的和是{}。'.format(add(a, b)))
except ParameterRangeException:
    print('形参的值超过范围。')
except ResultException:
    print('返回值超过范围。')
except:
    print('产生了某种异常')
finally:
    print('您辛苦了。')
```

第 13 章

文件处理

本章，我以如何读写文本文件和二进制文件为中心对文件处理进行讲解。

- 文件
- 文本文件和文本输入 / 输出
- 二进制文件和二进制输入 / 输出
- 原始文件与原始输入 / 输出
- 文件对象
- 打开文件（内置函数 open）
- 文件的打开模式
- 关闭文件（close 方法）
- read 方法 /readline 方法 /readlines 方法
- write 方法 /writelines 方法 /print 函数
- 编码、字符编码和 UTF-8 编码
- 文本文件中的换行符 / 通用换行模式
- with 语句
- 路径（绝对路径 / 相对路径）
- 流位置（通过 tell 获取，通过 seek 修改）
- 通过 os 模块操作路径
- 文件的转储
- pickle 模块
- pickle 化与反 pickle 化

13-1 文件处理的基础知识

文本文件是保存字符信息的文件。本节，我以如何打开并读写文本文件为中心，讲解文件处理的基础知识。

文件和文件系统

文件用于长期保存数据。在操作系统的管理下，文件被存储在具有层级结构的目录中。

我们会在本节学习文件的打开、读写和关闭等基本处理操作。

▶ 专栏 13-3 总结了有关目录和路径的术语。

文件的打开和关闭

我们在使用笔记本时，首先要打开笔记本。同样，在使用文件时，首先要打开文件，然后对指定位置进行读写操作。

使用内置函数 `open` 可以打开文件。比如，打开名为 **hello.txt** 的文件进行写入操作的代码如下（图 13-1）。

```
f = open('hello.txt', 'w')        # 打开文件hello.txt以进行写入操作
```

传递的第一个参数是文件名（路径名）字符串。

第二个参数（关键字参数名 `mode`）用于指定文件的处理模式，使用的是表 13-1 中的单独字符或由字符组成的字符串。代码中指定的 'w' 表示打开文件以进行写入操作（如果文件存在，则舍弃已保存在文件中的内容）。

▶ 本章的程序没有指定文件的路径，所以程序运行的前提是读写的文件与脚本程序在同一目录。

成功打开文件的 `open` 函数会返回文件对象（**file object**）。

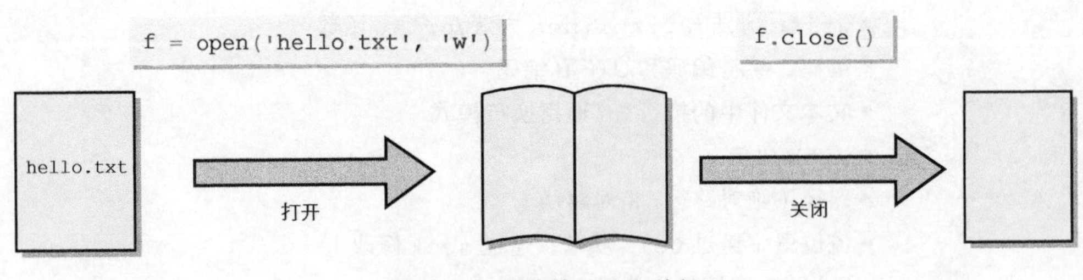

图 13-1　文件的打开和关闭

绑定至文件的文件对象存储着必要的读写信息，程序通过文件对象对文件进行输入 / 输出等处理。

▶ `open` 函数在打开文件失败时会抛出 `OSError` 异常（严格来说是其派生类 `FileNotFoundError` 异常）。

文件的写入

现在我们开始编写对文件执行写入操作的程序。

代码清单 13-1 所示程序向文件 **hello.txt** 中写入 `'Hello!\n'` 和 `'How are you?\n'` 这两行字符串。

代码清单 13-1　　chap13/list1301.py

```
# 向文件写入两行字符串

f = open('hello.txt', 'w')        # 打开（文本+写入模式）

f.write('Hello!\n')
f.write('How are you?\n')

f.close()                         # 关闭
```

打开文件时指定的模式是 `'w'`。如表所示，程序以指定的文本模式（text mode）（而非二进制模式）打开了文件。

▶ 也就是说，`'w'` 和 `'wt'` 含义相同。

另外，如果在执行打开操作时文件 **hello.txt** 存在，程序就会删除已保存的内容并输出字符串至文件，文件内容会变为两行字符串。

针对文件对象 `f` 调用的 `write` 方法用于向文件写入字符串。与 `print` 函数不同，`write` 方法不会在结尾自动输出换行符。

▶ `write` 函数返回了写入的字符个数（这一点与 `print` 函数不同）。

在程序结尾调用的 `close` 方法在关闭文件的同时释放了打开文件时取得的各种资源。

表 13-1　传递给 open 函数中 mode 参数的用于表示模式的字符

字符	概要	
`'r'`	打开文件以进行读取操作	※ 默认
`'w'`	打开文件以进行写入操作。如果文件存在则舍弃已保存的内容	
`'x'`	创建并打开不存在的文件。如果文件存在则打开失败	
`'a'`	打开文件以进行写入操作。如果文件存在则在结尾添加数据	
`'t'`	文本模式	※ 默认
`'b'`	二进制模式	
`'+'`	打开文件以进行更新操作（读写）	

文件的添加和读取

下面我们通过代码清单 13-2 确认文件是否进行了正确的写入操作。当然也可以通过操作系统命令和自带工具进行确认。

代码清单 13-2 chap13/list1302.py

```
# 从文件读取两行字符串并进行输出

f = open('hello.txt')          # 打开（文本 + 读取模式）

line1 = f.readline()           # 读取一行
line2 = f.readline()           # 读取一行

print(line1, end='')
print(line2, end='')

f.close()                      # 关闭
```

运行结果

```
Hello!
How are you?
```

代码清单 13-2 在打开文件时没有指定模式。如表 13-1 所示，因为表示读取的 r 和表示文本的 t 是默认值，所以程序打开文件的模式是 'rt'。

针对文件对象 f 调用的 readline 方法用于从文件中读取并返回从一行的开头到换行符为止的字符串。

▶ 返回的字符串末尾包含换行符。但是，如果文件最后一行不包含换行符，读取该行时得到的字符串就不包含换行符。

此外，如果读取的位置超过了文件末尾，程序就会返回空字符串 "。

程序运行后读取了代码清单 13-1 向文件 **hello.txt** 中写入的两行字符串，并将其输出在屏幕上。

*

代码清单 13-3 又向文件写入了两行字符串。

代码清单 13-3 chap13/list1303.py

```
# 向文件添加两行字符串

f = open('hello.txt', 'a')  # 打开（文本 + 追加模式）

f.write('Fine, thanks.\n')
f.write('And you?\n')

f.close()                   # 关闭
```

程序通过指定表示追加的 a 打开了文件 **hello.txt**，并从文件的末尾开始写入 'Fine, thanks.\n' 和 'And you?\n' 这两行字符串。

因此，该程序每次运行时都向文件 **hello.txt** 添加两行字符串，具体如图 13-2 所示。

另外，代码清单 13-2 所示程序只读取了文件的两行内容，而代码清单 13-4 的程序不论文件有多少行内容，都会读取并输出所有的行。

代码清单 13-4 chap13/list1304.py

```
# 打印输出从文件读取的所有行的字符串

f = open('hello.txt')          # 打开（文本+读取模式）

while True:
    line = f.readline()
    if not line:               # 没有读取到内容（到达了结尾）
        break
    print(line, end='')

f.close()                      # 关闭
```

程序通过 while 语句控制读取处理，以读取所有行的内容。

循环体的开头通过调用 readline 方法读取了一行字符串。如果读取的字符串是空字符串，程序就会通过 break 语句强制终止循环。

► 图 13-2 展示了运行一次代码清单 13-1 后运行两次代码清单 13-3 的结果（为了确认文件内容，又运行了三次代码清单 13-4）。

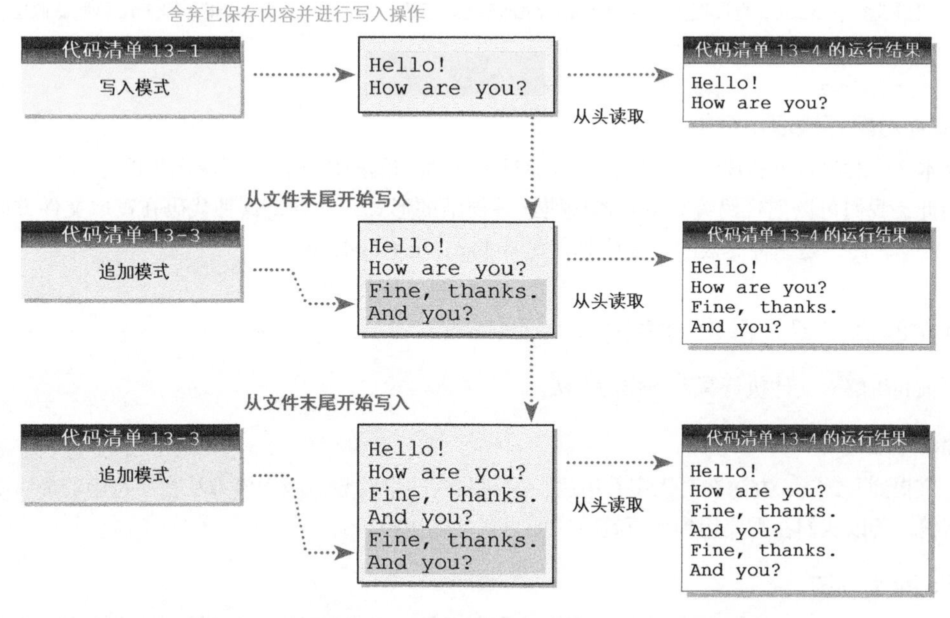

图 13-2 通过执行一连串程序对 hello.txt 文件进行读写

读取文件的方法

我们可以通过上文内容得知 Python 中是通过字符串（字符序列）对文本文件进行输入 / 输出的。现在我开始讲解从文件读取字符串的多种方法。

read 方法

`read` 方法读取文件到表示文件结尾的 EOF（end of file）为止，并返回单个字符串。因此，我们仅通过右侧代码就可以打印输出文件的所有内容（chap13/list1304a.py）。

▶ 如果指定了 `size`，程序最多可读取 `size` 字节的数据。参数 `size` 可以省略且省略时 `size` 的默认值是 `-1`。若 `size` 接收的值是负数或 `None`，程序就会读取文件的所有内容。

readline 方法

我们已经学习了 `readline` 方法（右侧代码与代码清单 13-4 相同）。

该方法从一行的开始读取到换行符为止的内容并将其作为单个字符串返回。

▶ 如果指定了 `size`，程序最多可读取 `size` 字节的数据。参数 `size` 可以省略且省略时 `size` 的默认值是 `-1`，表示读取到换行符为止的一行内容。

readlines 方法

`readlines` 方法用于读取多行内容，并且以字符串的列表形式返回读取的内容。

右侧代码将 `lines` 赋值为列表后，逐一打印输出了列表中的元素（字符串）（chap13/list1304b.py）。

▶ 如果指定了 `hint`，程序最多可读取 `hint` 行的内容。参数 `hint` 可以省略且省略时 `hint` 的默认值是 `-1`，表示读取所有的行。

从文件对象直接取出数据

文本文件对象是可迭代对象，我们可以通过 `for` 语句的遍历操作逐行取出数据。

因此，我们可以把代码编写成右侧代码这种简洁的形式。另外，这种代码在读取文件方面速度很快，效率较高，是一种高效的文件读取方式（chap13/list1304c.py）。

对文件执行写入操作的方法

下面我讲解对文件执行写入操作的方法。

write 方法

上文提到 `write` 方法在写入字符串后会返回写入的字符数。因为该方法在字符串的最后不会输出换行符，所以我们在需要用到换行符时，要显式地输出换行符。

writelines 方法

`writelines` 方法对文件写入了字符串的列表。与 `write` 方法一样，该方法没有在字符串的最后输出换行符。

▶ 以下代码与代码清单 13-1 的程序写入文件的内容相同（chap13/list1301a.py）。

```
f.writelines(['Hello!\n', 'How are you?\n'])
```

另外，`print` 函数也可用于执行文件写入操作。如下所示，关键字参数 `file` 被赋值为待写入的文件对象（chap13/list1301b.py）。

```
print('Hello!\nHow are you?', file=f)    # 结尾自动输出换行符到文件
```

专栏 13-1 编码和 UTF-8

专栏 7-3 介绍了字符编码和 ASCII 码（字符编码的一种）。

在 Python 中对文本文件进行输入 / 输出一般需要使用与所在环境相符的字符编码。

如果对文件进行读写的程序只在特定环境运行，则不会产生问题。可如果在某个环境中写入的文件会在其他环境中被读取，程序就可能无法正常读写文件。

此时，我们可以对 oepn 函数的第 3 参数（关键字参数名为 encoding，表示对字符进行编码）指定字符编码。请看以下示例。

```
'ascii'   'cp932'   'euc-jp'   'euc-jis-2004'   'utf-8'
```

'ascii' 是用于英语的字符编码 ASCII，'cp932'、'euc-jp' 和 'euc-jis-2004' 是用于日语的字符编码（还有针对中文、韩语等各国语言使用的字符编码）。

Python 程序（而不是用 Python 读写的文件）中可以使用 'utf-8' 编码。UTF-8 编码是用于处理多种语言字符的字符编码，在全世界被广泛使用。

如果读写的文件需要在许多环境中使用，那么我们可以考虑使用 UTF-8 编码。比如，我们可以在代码清单 13-1 中对 encoding 参数指定 'utf-8' 来打开文件。

```
f = open('hello.txt', 'w', encoding='utf-8')
```

用于指定模式的关键字参数名是 mode。因此，如果显式地指定关键字参数，就可以像下面这样改变参数传递的顺序。

```
f = open('hello.txt', encoding='utf-8', mode='w')
```

通过 with 语句进行文件处理

在对文件进行读写时，我们可能会遇到以下错误。

- 文件不能打开。
- 无法对文件执行读写操作。

本章为了专注于讲解文件处理本身，在之前的程序中省略了异常处理的代码。代码清单 13-5 插入了异常处理的代码。

▶ 为了帮助大家理解文件处理的代码结构，这里只使用了 pass 语句进行异常处理。

代码清单 13-5　chap13/list1305.py

```
# 从文件读取并输出字符串（异常处理）

try:
    f = open('hello.txt', 'r')
    try:
        for line in f:
            print(line, end='')
    except OSError:
        pass                  # 读取失败时的处理
    finally:
        f.close()
except OSError:
    pass                      # 打开失败时的处理
```

运行结果

```
Hello!
How are you?
```

在文件不能打开的情况下不应该进行读取操作，所以程序使用了嵌套结构的异常处理。

*

使用 with 语句（**with statement**）进行文件处理可以使代码变得简洁。

代码清单 13-6 所示程序使用 with 语句对前面的代码进行了改写。

代码清单 13-6 chap13/list1306.py

```
# 从文件读取并输出字符串（with语句）

with open('hello.txt', 'r') as f:
    for line in f:
        print(line, end='')
```

with 语句是一种复合语句。如果对象包含了“开始处理”和“结束处理”，那么 with 语句可以简化处理该对象的过程。上述程序打开文件 **hello.txt** 并将 f 作为该文件进行操作。

“结束处理”对应于在头部运行的“开始处理”。当 with 语句控制的代码组结束运行时，“结束处理”自动开始运行。此时，程序调用与开始的 open 函数相对应的 close 方法。

另外，即使代码组在运行过程中产生异常，由于“结束处理”会根据规则正常运行，所以程序还是会调用 close 方法。

通过 with 语句，程序在获得资源时进行了初始化，在释放资源时废弃了文件对象。

▶ with 语句是复合语句，它会自动执行目标对象上下文管理器所包含的开始处理 __enter__() 和结束处理 __exit__()。

如果 with 语句的目标对象是文件对象，那么 open 函数对应于 __enter__()，close 方法对应于 __exit__()。

with 语句的头部执行 __enter__() 后，程序调用了 open 函数，as 之后的变量 f 被赋值为函数的返回值。代码组运行结束时，程序自动调用 close 方法。

另外，在打开多个文件时要使用逗号对文件进行区分，具体如下所示。

```
with open('input.txt', 'r') as fin, \
     open('output.txt', 'w') as fout:
    # --- 以下省略 --- #
```

专栏 13-2 文本文件中的换行符

文本文件中换行符（用于分行的字符）的表示方法会根据操作系统发生变化，比较有代表性的表示方法有 3 种，如下所示。

LF： UNIX、Linux 和 macOS 等

CR： 版本 9 之前的 macOS 等

CR + LF：Windows 等（CR 和 LF 两个字符）

LF（line feed）是 ASCII 编码中编码为 0x0a 的字符 '\n'，表示狭义的换行（在屏幕上光标移动到下一行）。

CR（carriage return）是 ASCII 编码中编码为 0x0d 的字符 '\r'，表示回车（在屏幕上光标回

到一行的开头）。

表示换行符的字符有一个还是两个，以及字符编码的具体值都因操作系统而异，所以 open 函数可以通过关键字参数 newline 指定换行相关的行为。其中，关键字参数 newline 可以指定为 None、空字符串 ''、'\n'、'\r' 或 '\r\n'。

▪ 读取时

如果 newline 为 None，程序就会使用通用换行模式（'\n'、'\r' 和 '\r\n' 都被解释为换行符的模式），将读取的换行符转换为字符串 '\n'。如果 newline 为空字符串 ''，虽然程序也使用通用换行模式，但不会进行相应的转换。当 newline 为 '\n'、'\r' 和 '\r\n' 中的一个时，程序会将指定的字符串视为换行符进行读取，并返回原本的字符串。

▪ 写入时

如果 newline 为 None，则写入的换行符 '\n' 会转换为当前系统的换行符（os.linesep）。如果 newline 为空字符串 '' 或 '\n'，则不进行转换。如果 newline 为其他正确的字符，则所有的 '\n' 都会转换为所传递的字符。

专栏 13-3 文件和路径

因为集中管理大量文件的难度较大，所以大多数操作系统引入了目录（directory）的概念。目录也称为文件夹（folder）。

顺带一提，directory 表示名录、电话号码簿，folder 表示文件夹、折叠式印刷品。

我们可以把目录理解为一种用于汇总并元组化文件的东西。但是，目录中不仅可以放置文件，还可以放置目录。因此，目录是分级的树形结构。

当然，目录不能存储在文件中。

另外，目录也可以不包含文件或目录。这种目录一般称为空目录。

*

下面我们开始学习目录的基本概念。

▪ 根目录（root directory）

根目录是处于最上层位置的目录，只存在一个。但是，在 Windows 系统中，每个硬盘都有一个根目录。

在 UNIX 系统中，根目录用 / 表示。

▪ 子目录（sub directory）

子目录是在分层的目录结构中处于下层的（即包含在目录中的）目录。子目录也称为子文件夹。

▪ 超级目录（super directory）

超级目录是在分层的目录结构中处于上层的（即包含目录的）目录。超级目录也称为父目录。

根目录以外的目录一定有一个父目录（不存在有多个父目录的情况）。

- **主目录（home directory）**

主目录是系统给每个用户的专用目录，一般设计为其他用户无法访问的结构。

- **工作目录（working directory）**

工作目录是当前正在执行任务的目录。工作目录也称为当前目录（current directory）或当前工作目录（current working directory）。

在大多数操作系统中，用户登录后系统会将主目录作为当前目录（即主目录变成执行任务的位置）。

另外，当前目录可以通过操作系统的命令任意移动到其他目录。

表示任意文件或目录位置的路径有如下两种表示方法。

- **绝对路径（absolute path）**

绝对路径表示从根目录开始的完整路径，其确定方式与当前目录无关。

- **相对路径（relative path）**

相对路径表示从特定目录（通常为当前目录）开始的路径。

我们可以使用以下符号表示路径。

..	表示父目录
.	表示特定目录本身
~	表示主目录
/	在表示路径时，如果 / 在开头则表示根目录，如果 / 在中间则用于区分目录名和文件名

请通过图 13C-1 进行确认。

绝对路径

绝对路径的开头一定是 /。在区分文件和目录以及目录和目录时要用 /。

文件 F1　/D1/D2/F1

文件 F3　/D1/F3

文件 F4　/F4

目录 D3　/D1/D3

相对路径

相对路径的开头不会是 /。在访问同一目录内的文件或目录时，需要先到达父目录然后再往下一级进行访问。

当前目录为 D2 时

文件 F1　F1

文件 F3　../F3

文件 F4　../../F4

目录 D3　../D3

当前目录为 D1 时

文件 F1　D2/F1

文件 F3　F3

文件 F4　../F4

目录 D3　D3

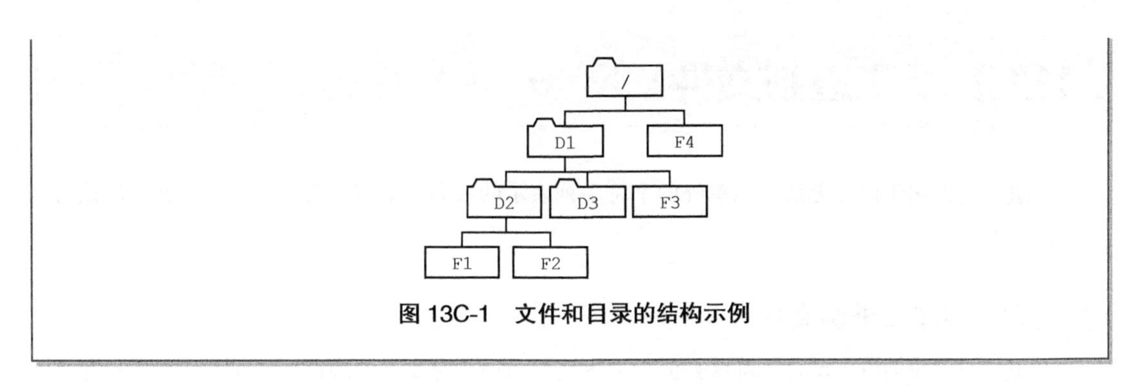

图 13C-1 文件和目录的结构示例

13-2 二进制文件

二进制文件用于保存无法使用单纯的字符序列表示的数据。本节，我将对二进制文件的读写方法进行讲解。

文本文件和二进制文件

在上一节，我们以（保存字符序列的）文本文件为中心对文件处理进行了学习。对于保存了图像和音频的文件或可执行文件，程序无法通过字符序列对其进行读写。这样的文件称为二进制文件（binary file）。

现在我们通过代码清单13-7创建二进制文件。

代码清单 13-7 chap13/list1307.py

```
# 将0x00～0xff写入二进制文件

with open('binfile.bin', 'bw') as f:      # 二进制写入模式
    f.write(bytes(range(0, 256)))
```

程序以b表示的“二进制”模式和w表示的“写入”模式打开了文件binfile.bin。如果文件打开成功，程序会生成由0～255这256个整数值排列的字节序列，并通过write方法写入文件。0到255的整数值如果由8位二进制数表示，则为00000000～11111111，如果由2位十六进制数表示，则为为00～ff。程序会写入所有可用1字节表示的值。

► 在打开已存在的文件时，程序会舍弃保存在文件中的内容。另外，7.3节已对字节序列的相关内容进行了介绍。

图13-3为程序写入该文件的内容。

► 该图由代码清单13-10所示程序运行所得。

```
00000000 00 01 02 03 04 05 06 07 08 09 0a 0b 0c 0d 0e 0f ................
00000010 10 11 12 13 14 15 16 17 18 19 1a 1b 1c 1d 1e 1f ................
00000020 20 21 22 23 24 25 26 27 28 29 2a 2b 2c 2d 2e 2f  !"#$%&'()*+,-./
00000030 30 31 32 33 34 35 36 37 38 39 3a 3b 3c 3d 3e 3f 0123456789:;<=>?
00000040 40 41 42 43 44 45 46 47 48 49 4a 4b 4c 4d 4e 4f @ABCDEFGHIJKLMNO
00000050 50 51 52 53 54 55 56 57 58 59 5a 5b 5c 5d 5e 5f PQRSTUVWXYZ[\]^_
00000060 60 61 62 63 64 65 66 67 68 69 6a 6b 6c 6d 6e 6f `abcdefghijklmno
00000070 70 71 72 73 74 75 76 77 78 79 7a 7b 7c 7d 7e 7f pqrstuvwxyz{|}~.
00000080 80 81 82 83 84 85 86 87 88 89 8a 8b 8c 8d 8e 8f ................
00000090 90 91 92 93 94 95 96 97 98 99 9a 9b 9c 9d 9e 9f ................
000000a0 a0 a1 a2 a3 a4 a5 a6 a7 a8 a9 aa ab ac ad ae af ................
000000b0 b0 b1 b2 b3 b4 b5 b6 b7 b8 b9 ba bb bc bd be bf ................
000000c0 c0 c1 c2 c3 c4 c5 c6 c7 c8 c9 ca cb cc cd ce cf ................
000000d0 d0 d1 d2 d3 d4 d5 d6 d7 d8 d9 da db dc dd de df ................
000000e0 e0 e1 e2 e3 e4 e5 e6 e7 e8 e9 ea eb ec ed ee ef ................
000000f0 f0 f1 f2 f3 f4 f5 f6 f7 f8 f9 fa fb fc fd fe ff ................
```

图13-3 代码清单13-7创建的二进制文件的内容

代码清单 13-8 所示程序会对创建的二进制文件进行读取操作。

代码清单 13-8　chap13/list1308.py

```
# 从二进制文件读取内容

with open('binfile.bin', 'br') as f:
    bin = f.read()                  # 读取所有内容
    for c in bin:
        print(int(c))
```

运行结果

```
0
1
… 中间省略 …
254
255
```

程序以 b 表示的“二进制”模式和 r 表示的“读取”模式打开了文件 **binfile.bin**。

打开文件后，程序首先通过 read 方法读取文件的所有内容。变量 bin 是字节序列型，从头开始依次是十进制数的 0～255。

在 for 语句的运行过程中，程序逐一取出相应的数据并将其转换为 int 型，然后输出。

专栏 13-4 文件和输入 / 输出的内部机制

关于正文介绍的文本文件和二进制文件，程序是通过文本输入 / 输出（text I/O）和二进制输入 / 输出（binary I/O）对其进行读写的。

也就是说，不同类型的文件，比如文本或二进制文件等，处理相应文件的类也有所不同。

查看并输出各程序中 f 类型（即执行 print(type(f))）的结果如下。

```
<class '_io.TextIOWrapper'>      文本文件（上一节程序）
<class '_io.BufferedWriter'>     二进制文件的写入（代码清单 13-7）
<class '_io.BufferedReader'>     二进制文件的读取（代码清单 13-8）
```

相同的 open 函数返回了同名变量 f，但文本文件的 f 和二进制文件的 f 完全不同（另外，通过读写二进制的 'r+b' 或 'w+b' 打开文件会得到 BufferedRandom）。

用于对文本进行输入 / 输出的类、用于对二进制文件进行输入 / 输出的类和两个类各自包含的各种方法会根据文件类型进行相应的处理。

因为用于处理不同类型文件的类派生于同一个类，所以我们在编写代码进行处理时基本不会感觉到不同的类存在。

当然，用于文本输入 / 输出的 write 和用于二进制输入输出的 write 在程序行为方面有所不同。另外，Python 提供了专用于二进制输入 / 输出的 read 方法。

*

在打开二进制文件时，如果指定关键字参数 buffering 为 0，文件就会变为原始文件（raw file），程序对文件进行原始输入 / 输出（raw I/O）（由于原始输入输出是比文本输入 / 输出和二进制输入 / 输出级别更低的输入 / 输出，所以一般不由程序员直接处理）。

FileIO 类用于表示这种输入 / 输出。

※ TextIOWrapper、Buffered 系列的类以及 FileIO 类都属于 io 包。

流位置与定位

流位置（stream position）是对文件进行读写的位置。

打开文件后，流位置一般在文件的开头（追加模式下会在末尾）。当程序对文件进行输入 / 输出时，流位置会按读写的字节数向结尾方向移动。

我们可以使用下面的 tell 方法和 seek 方法获取和设置流位置。

```
f.tell()
```

tell 方法返回当前的流位置。

```
f.seek(offset[, whence])
```

seek 方法针对流位置修改了参数中指定的 offset 字节（该操作也称为"定位"）。offset 表示基于 whence 的指定位置的相对位置。whence 可以指定为以下值，省略时的默认值是 SEEK_SET。

SEEK_SET 或 0：流的开头。offset 的值必须大于等于 0。

SEEK_CUR 或 1：当前的流位置。offset 的值可以是负数。

SEEK_END 或 2：流的结尾。offset 也可以是负数。

seek 方法返回了修改后的流位置。

▶ 以上讲解的内容以二进制文件为对象。针对文本文件使用的 tell 方法会返回不确定的值。另外，seek 方法的功能会受到限制。

使用 seek 方法可以对文件的任意位置执行读写操作。代码清单 13-9 读取并打印输出了文件 binfile.bin 中任意位置的字符。

代码清单 13-9　　chap13/list1309.py

```
# 读取二进制文件中任意位置的字符

with open('binfile.bin', 'br') as f:
    while True:
        pos = int(input('位置：'))
        f.seek(pos)
        c = f.read(1)
        print(c[0])

        retry = input('再读取一次[Y/N]：')
        if retry in {'N', 'n'}:
            break
```

运行示例

```
位置：5↵
5
再读取一次[Y/N]：Y↵
位置：128↵
128
再读取一次[Y/N]：N↵
```

程序以 b 表示的"二进制"模式和 r 表示的"读取"模式打开了文件 binfile.bin。

程序将流位置定位到从键盘输入读取的 pos 字节的位置后，读取 1 字节并打印输出其表示的值。

▶ 该程序仅对文件进行读取操作。本章最后的程序 chap13/gist2.py 对文件的任意位置进行了读写操作。

专栏 13-5 通过 os 模块操作路径

os 模块提供了针对文件本身进行操作（删除文件或确认文件是否存在等）的函数。表 13C-1 是主要函数的一览表。

表 13C-1 用于操作路径的主要函数（均为 os 模块中的函数）

chdir(path)	将工作（当前）目录修改为 path
getcwd()	获取工作（当前）目录
listdir(path)	获取 path 包含的目录及文件一览
makedirs(name)	递归创建目录 name（必要时创建中间目录）
mkdir(path)	创建目录 path
remove(path)	删除文件 path
removedirs(name)	递归删除目录 name
rename(src, dst)	将文件名 / 目录名从 src 修改为 dst
rmdir(path)	删除目录 path
walk(path)	获取以 path 为顶点的目录树内的所有文件名
path.basename(path)	获取路径 path 的文件名部分
path.dirname(path)	获取路径 path 的目录名
path.exists(path)	判断路径 path 是否存在
path.getatime(path)	获取路径 path 的访问时间
path.getmtime(path)	获取路径 path 的最终修改时间
path.getsize(path)	获取表示路径 path 文件大小的字节数
path.isabs(path)	判断路径 path 是否为绝对路径
path.isdir(path)	判断路径 path 是否为目录
path.isfile(path)	判断路径 path 是否存在文件
path.join(path, *paths)	将多个元素结合为路径
path.samefile(path1, path2)	判断两个路径是否引用了同一文件或目录
path.split(path)	将路径 path 分割为基础路径和结尾（路径最后的元素）
path.splitext(path)	将路径 path 分割为基础路径和文件扩展名

注：该表仅为概要表，其中省略了返回值和可省略参数等的说明。

另外，除了 os 模块，Python 还提供了以下模块。

filecmp 模块	比较文件或目录
fnmatch 模块	比对 UNIX 形式的文件名样式
glob 模块	展开 UNIX 形式的路径名样式
pathlib 模块	基于面向对象的文件路径
shutil 模块	高级文件操作
tempfile 模块	创建临时文件或目录

文件的转储

文本编辑器不能确认以二进制模式输出的文件内容。因此，我们来编写一个以字符编码形式输出文件内容的程序，具体如代码清单 13-10 所示。

代码清单 13-10　　chap13/list1310.py

```
# 转储文件（以代码或字符的形式输出文件内容）

import string

def is_print(ch: str) -> bool:
    """ch字符是否为可打印字符？"""
    return (ch == ' ' or ch in string.digits or ch in string.ascii_letters
                      or ch in string.punctuation)

fname = input('文件名：')

with open(fname, 'rb') as f:
    count = 0      # 位置（前数第几字节）
    while True:
        buf = f.read(16)
        n = len(buf)
        if n == 0:
            break
        print('%08x' % count, end=' ')                   # 位置
        for i in range(n):                               # 字符编码
            print('%02x' % buf[i], end=' ')
        if n < 16:
            print('   ' * (16 - n), end='')
        for i in buf:                                    # 字符
            ch = chr(i)
            print('%c' % ch if is_print(ch) else '.', end='')
        print()
        if n < 16:
            break
        count += 16
```

打开文件后，程序由前至后从文件内容中取出字符，并且打印输出每个字符及其十六进制字符编码。

一次性写出（输出）文件内容或内存数据的处理过程一般称为转储（**dump**）。

▶ 转储这一术语源于英语单词 dump，用来形容一次性卸下货物的过程。

函数 is_print 用于判断参数接收的字符是否为“可打印字符”（可以在屏幕或打印机上输出为肉眼可见的字符）。如果参数是数字字符、ASCII 码字符、分隔符或为空白，函数会返回真。

▶ 该函数判断 ch 是否为空格' '、string.digits、string.ascii_letters 或 string.punctuation。专栏 6-3 介绍了 string 模块提供的各个字符串。

程序的主要部分以 b 表示的“二进制”模式与 r 表示的“读取”模式打开了文件，并把 0 赋给用来记录位置（前数第几字节）的变量 count。

while 语句读取一行 16 个字符后，将读取的字符数赋给 n。如果 n 等于 0，则表示指针到达了文件末尾，这时程序会通过 break 语句中断 while 语句。

如果 n 为正数，则程序会先输出当前位置，然后输出 n 个字符和与之相应的十六进制字符编码

（注意在最后一行中，n 的值可能小于 16）。

▶ 在输出各个字符的过程中，如果函数 is_print 判断字符无法输出，则程序输出句点符号“.”来代替字符。

图 13-4 展示了执行上述程序后对代码清单 13-10 的脚本内容进行转储的结果。

▶ 运行示例只是一个示例，实际的运行结果依赖于运行环境中的字符编码。另外，该运行结果是程序以二进制模式打开文本文件执行读取操作的结果。

```
文件名：list1310.py⏎
00000000 23 20 e3 83 95 e3 82 a1 e3 82 a4 e3 83 ab e3 82 # ..............
00000010 92 e3 83 80 e3 83 b3 e3 83 97 ef bc 88 e3 83 95 ................
00000020 e3 82 a1 e3 82 a4 e3 83 ab e3 81 ae e4 b8 ad e8 ................
00000030 ba ab e3 82 92 e3 82 b3 e3 83 bc e3 83 89 e3 81 ................
00000040 a8 e6 96 87 e5 ad 97 e3 81 a8 e3 81 a7 e8 a1 a8 ................
00000050 e7 a4 ba ef bc 89 0d 0a 0d 0a 69 6d 70 6f 72 74 ..........import
00000060 20 73 74 72 69 6e 67 0d 0a 0d 0a 64 65 66 20 69  string....def i
00000070 73 5f 70 72 69 6e 74 28 63 68 3a 20 73 74 72 29 s_print(ch: str)
00000080 20 2d 3e 20 62 6f 6f 6c 3a 0d 0a 20 20 20 20 22  -> bool:..    "
00000090 22 22 e6 96 87 e5 ad 97 63 68 e3 81 af e5 8d b0 ""......ch......
000000a0 e5 ad 97 e5 8f af e8 83 bd e6 96 87 e5 ad 97 e3 ................
000000b0 81 a7 e3 81 82 e3 82 8b e3 81 8b ef bc 9f 22 22 ..............""
000000c0 22 0d 0a 20 20 20 20 72 65 74 75 72 6e 20 28 63 "..    return (c
000000d0 68 20 3d 3d 20 27 20 27 20 6f 72 20 63 68 20 69 h == ' ' or ch i
000000e0 6e 20 73 74 72 69 6e 67 2e 64 69 67 69 74 73 20 n string.digits
000000f0 6f 72 20 63 68 20 69 6e 20 73 74 72 69 6e 67 2e or ch in string.
00000100 61 73 63 69 69 5f 6c 65 74 74 65 72 73 0d 0a 20 ascii_letters..
00000110 20 20 20 20 20 20 20 20 20 20 20 20 20 20 20 20
00000120 20 20 20 20 20 6f 72 20 63 68 20 69 6e 20 73 74      or ch in st
00000130 72 69 6e 67 2e 70 75 6e 63 74 75 61 74 69 6f 6e ring.punctuation
00000140 29 0d 0a 0d 0a 66 6e 61 6d 65 20 3d 20 69 6e 70 )....fname = inp
00000150 75 74 28 27 e3 83 95 e3 82 a1 e3 82 a4 e3 83 ab ut('............
00000160 e5 90 8d ef bc 9a 27 29 0d 0a 0d 0a 77 69 74 68 ......')....with
00000170 20 6f 70 65 6e 28 66 6e 61 6d 65 2c 20 27 72 62  open(fname, 'rb
00000180 27 29 20 61 73 20 66 3a 0d 0a 20 20 20 20 63 6f ') as f:..    co
00000190 75 6e 74 20 3d 20 30 20 20 20 20 23 20 e3 82 a2 unt = 0    # ...
000001a0 e3 83 89 e3 83 ac e3 82 b9 ef bc 88 e5 85 88 e9 ................
000001b0 a0 ad e3 81 8b e3 82 89 e4 bd 95 e3 83 90 e3 82 ................
                         … 中间省略 …
000003b0 64 3d 27 27 29 0d 0a 20 20 20 20 20 20 20 20 70 d='')..        p
000003c0 72 69 6e 74 28 29 0d 0a 20 20 20 20 20 20 20 20 rint()..
000003d0 69 66 20 6e 20 3c 20 31 36 3a 0d 0a 20 20 20 20 if n < 16:..
000003e0 20 20 20 20 20 20 20 62 72 65 61 6b 0d 0a 20            break..
000003f0 20 20 20 20 20 20 20 63 6f 75 6e 74 20 2b 3d 20        count +=
00000400 31 36 0d 0a                                     16..
```

字符编码（十六进制数）

字符

图 13-4 代码清单 13-10 的运行示例

专栏 13-6 通过 pickle 模块保存和恢复对象

我们来执行一下代码清单 13C-1 的程序。

初次运行时程序打印输出“本程序第一次运行。”，此后，程序打印输出上一次运行时的日期和时间。

代码清单 13C-1　　chap03/list13c01.py

```
# 打印输出上一次运行时的日期和时间

import os.path
import pickle
import datetime

CONFIG_FILE = 'config.dat'

previous = None

if os.path.exists(CONFIG_FILE):
    with open(CONFIG_FILE, 'rb') as f:
        previous = pickle.load(f)
        print('上一次:', previous)
        pass
else:
    print('本程序第一次运行。')

# 各种处理

current = datetime.datetime.now()

with open(CONFIG_FILE, 'wb') as f:
    pickle.dump(current, f)
```

▪ 第一次运行的结果

运行结果

```
本程序第一次运行。
```

▪ 第二次及以后运行的结果中的一个示例

运行示例

```
上一次: 2021-11-18 15:13:27.741089
```

该程序对名为 config.dat 的文件进行了读写操作。该文件存储了上一次程序运行结束时的日期和时间。

现在我来讲解程序的大致流程。

程序在运行开始时通过 `os.path.exists` 函数（表 13C-1）检查文件 config.dat 是否存在。

程序会根据判断结果选择以下内容执行。

▪ 当文件不存在时

当文件不存在时，程序打印输出“本程序第一次运行。”。

▪ 当文件存在时

程序打开文件 config.dat 后，打印输出上一次程序运行时写入的日期和时间。

另外，不论哪种情形，程序运行结束时都会在 config.dat 文件中写入当前（程序运行时）的日期和时间。

现在我讲解该程序使用的 `datetime` 模块和 `pickle` 模块。

▪ datetime 模块

`datetime` 模块提供了用于处理日期和时间的类。该模块提供了表示日期的 `date`、表示时间的 `time` 和表示日期和时间的组合的 `datetime` 等类。

该程序通过 datetime.datetime.now() 获得当前日期和时间（now 是 datetime 模块中 datetime 类的类方法）。

▪ pickle 模块

程序通过 pickle 模块将日期和时间等信息读写到文件中。pickle 原意为腌、泡（pickles 是 pickle 的复数形式，表示泡菜）。

pickle 模块可以将对象转换为 pickles（原指腌菜，此处指字节流）并将其保存到文件中，也可以从文件中读取 pickles 并将其恢复为原先的对象。

另外，将 Python 对象转换为字节流的过程称为 pickle 化，相反的过程称为反 pickle 化。

此外，pickle 化相当于（其他编程语言中的）序列化（serialization）。

pickle 化和反 pickle 化的执行过程如下所示。

▪ 基于 dump 函数执行 pickle 化操作和文件写入操作

程序调用 dump(obj, file) 后可以对 obj 对象执行 pickle 化操作并将其写入文件对象 file。

另外，以下对象可执行 pickle 化操作。

None、True、False
整数、浮点数、复数
字符串、字节序列、字节数组
由可 pickle 化的对象构成的元组、列表、集合、字典
在模块顶层通过 def 定义的函数（lambda 表达式除外）
在模块顶层定义的内置函数
在模块顶层定义的类
拥有 __dict__ 属性的类以及 __getstate__() 方法的返却值可进行 pickle 化的类

在编写本书时，pickle 化从版本 0 到版本 4 共有五种协议。在调用 dump 函数时，程序通过传递 protocol 参数可以显式地指定协议版本。

该程序在运行结束时会对保存当前日期和时间的 current 对象执行 pickle 化操作，然后将其写入文件。

▪ 基于 load 函数读取文件并进行反 pickle 化

调用 load(file) 后，程序从文件对象 file 读取数据并进行反 pickle 化操作，然后返回执行反 pickle 化操作后得到的对象。

该程序读取文件并执行反 pickle 化操作后，将相应数据保存到了 previous 对象中并打印输出了上一次运行时的日期和时间。

总结

- 内置函数 open 可以打开文件。通过传递参数可以指定打开的文件路径和模式等。

- 传递给 open 函数的关键字参数 mode 可以指定打开文件的模式。
mode 省略时会被默认为 r 表示的“读取”模式和 t 表示的“文本”模式。

'r'	打开文件以进行读取操作	※ 默认
'w'	打开文件以进行写入操作。如果文件存在则舍弃已保存的内容	
'x'	创建并打开不存在的文件。如果文件存在则打开失败	
'a'	打开文件以进行写入操作。如果文件存在则在文件末尾添加数据	
't'	文本模式	※ 默认
'b'	二进制模式	
'+'	打开文件以进行更新操作（读写）	

- open 函数成功打开文件后返回文件对象。文件对象可以对文件进行各种操作。

- 文件对象的类型依赖于打开文件时指定的模式。文件对象的类型包括 TextIOWrapper、BufferedWriter、BufferedReader、BufferedRandom 和 FileIO 等。

- close 方法用于在文件使用完毕后关闭文件。

- 对于拥有开始处理和结束处理的对象，with 语句可以简化使用这种对象的过程。使用 with 语句可以编写出更简洁的代码来打开文件或关闭文件，即使不引入异常处理也可以申请和释放资源。

- 程序以字符串形式对文本文件执行读写操作。我们要对编码和换行符多加留意。

- 程序以字节序列形式对二进制文件进行读写。

- 读取文件的方法包括 read 方法、readline 方法和 readlines 方法。

- 写入文件的方法包括 write 方法和 writelines 方法。

chap13/gist1.py

```
# 第13章 总结（其一：带行号输出程序文件本身的内容）

with open('gist1.py', 'r', encoding='utf8') as f:
    for i, line in enumerate(f, 1):
        print(f'{i:04} {line}', end='')
```

运行结果

```
0001 # 第13章 总结（其一：带行号输出程序文件本身的内容）
0002
0003 with open('gist1.py', 'r', encoding='utf8') as f:
0004     for i, line in enumerate(f, 1):
0005         print(f'{i:04} {line}', end='')
```

- 如果我们对 `print` 函数的关键字参数 `file` 指定文件对象，则可对文件执行写入操作。

- 流位置是对文件执行读写操作的位置，它可以通过 `tell` 方法获得，通过 `seek` 方法修改。这些方法一般用于二进制文件。

- `os` 模块提供了用于操作路径的基本函数。`os.path.exists` 函数用于判断路径（文件或目录）是否存在。

- `datetime` 模块提供了用于处理日期和时间的类。`datetime.datetime.now` 方法可用于获取当前的日期和时间。

- `pickle` 模块提供了用于 pickle 化和反 pickle 化的函数。

- 使用 `pickle.dump` 函数可以将 pickle 化后的对象写入文件进行保存。使用 `pickle.load` 函数从文件中读取数据并执行反 pickle 化操作后，对象会恢复成原先的样子。

chap13/gist2.py

```
# 第13章 总结（其二）
# 对代码清单13-7所示程序创建的二进制文件执行任意位置字符的读写操作

with open('binfile.bin', 'br+') as f:
    while True:
        pos = int(input('位置：'))
        f.seek(pos)
        c = f.read(1)
        print(c[0])

        retry = input('修改值[Y/N]：')
        if retry in {'Y', 'y'}:
            value = int(input('0～255的值：'))
            if 0 <= value <= 255:
                f.seek(pos)
                f.write(bytes([value]))
            else:
                print('不正确的值。')

        retry = input('再读取一次[Y/N]：')
        if retry in {'N', 'n'}:
            break
```

整数 ➡ 列表 ➡ 字节序列
例：123 ➡ [123] ➡ b'{'

运行示例

```
位置：7
7
修改值[Y/N]：Y
0～255的值：300
不正确的值。
再读取一次[Y/N]：Y
位置：7
7
修改值[Y/N]：Y
0～255的值：123
再读取一次[Y/N]：N
```

代码清单 13-10 所示程序的运行示例

```
文件名：binfile.bin
00000000 00 01 02 03 04 05 06 7b 08 09 0a 0b 0c 0d 0e 0f .......{........
00000010 10 11 12 13 14 15 16 17 18 19 1a 1b 1c 1d 1e 1f ................
00000020 20 21 22 23 24 25 26 27 28 29 2a 2b 2c 2d 2e 2f  !"#$%&'()*+,-./
00000030 30 31 32 33 34 35 36 37 38 39 3a 3b 3c 3d 3e 3f 0123456789:;<=>?
00000040 40 41 42 43 44 45 46 47 48 49 4a 4b 4c 4d 4e 4f @ABCDEFGHIJKLMNO
00000050 50 51 52 53 54 55 56 57 58 59 5a 5b 5c 5d 5e 5f PQRSTUVWXYZ[\]^_
00000060 60 61 62 63 64 65 66 67 68 69 6a 6b 6c 6d 6e 6f `abcdefghijklmno
00000070 70 71 72 73 74 75 76 77 78 79 7a 7b 7c 7d 7e 7f pqrstuvwxyz{|}~.
… 以下省略 …
```

附录

安装与运行

A-1 Python 的安装

在学习 Python 时，我们必须在计算机上安装 Python。现在我以 Microsoft Windows 10 为例讲解安装 Python 时的各个步骤。

下载 Python

首先讲解如何下载 Python。Python 有 32 位和 64 位两个版本。

如果使用的 Microsoft Windows（以下简称为 Windows）是 32 位的版本，我们就可以安装 32 位版本的 Python。如果 Windows 是 64 位的版本，那么我们既可以安装 32 位版本的 Python，也可以安装 64 位版本的 Python，不过在这种情况下一般会安装 64 位版本的 Python。

我们可以访问 Python 官网来下载 Python。

在图 A-1 中，鼠标指针停留在❶“Downloads”上后显示出新的菜单，然后鼠标指针又停留在❷“Windows”上。

点击右侧的❸“Python 3.7.3”按钮后，浏览器开始下载 32 位版本的 Python。

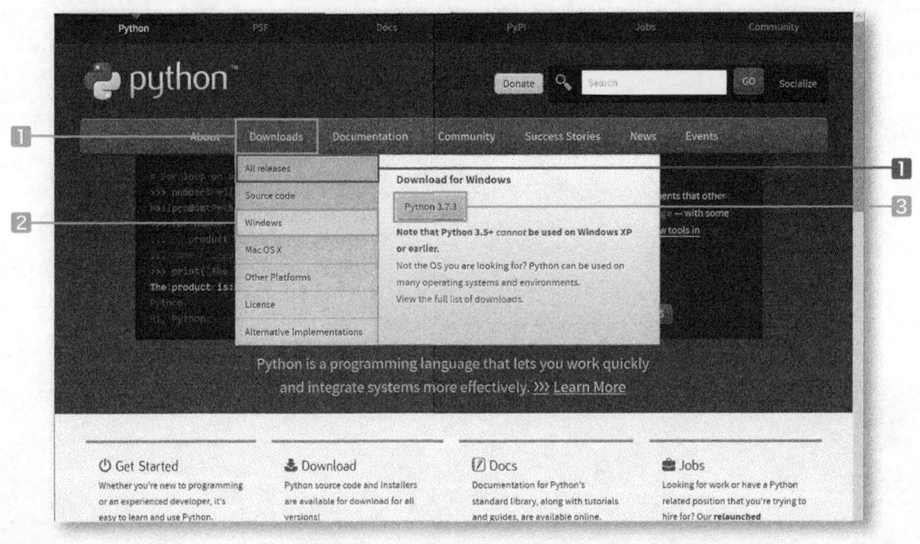

图 A-1 下载 Python（其一）

如果要下载 64 位版本的 Python，请在点击❶“All releases”后点击图 A-2ⓐ中的❷“Windows”。此时，浏览器会跳转到图ⓑ所示页面。该页面会显示各个版本的 Python。请点击❸“Windows x86-64 executable installer”进行下载。

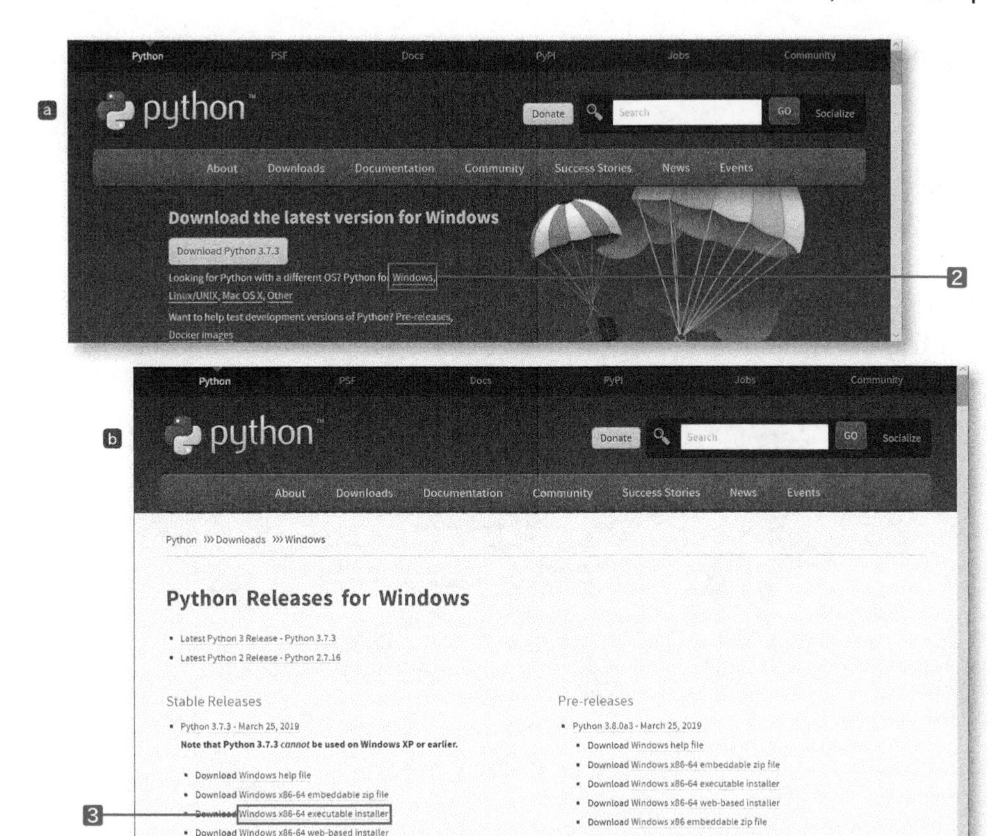

图 A-2　下载 Python（其二）

另外，如果点击该页面中的4 “Windows x86 executable installer”，浏览器会下载 32 位版本的 Python。

▶ 也就是说，Python 的下载流程如下：

32 位版本的 Python：1 ⇨ 2 ⇨ 3 或 1 ⇨ 2 ⇨ 4

64 位版本的 Python：1 ⇨ 2 ⇨ 3

这里介绍的是编写本书时 Python 的下载流程。随着 Python 版本的升级，网站页面的内容和结构等可能会发生变化。

安装 Python

下载的文件名如下所示。

- 32 位版本的 Python 的安装程序：python-3.7.3.exe
- 64 位版本的 Python 的安装程序：python-3.7.3-amd64.exe

执行下载的文件后屏幕上会显示图 A-3 所示界面。

▶ 该图是执行 64 位版本的 Python 的安装程序后显示的界面。

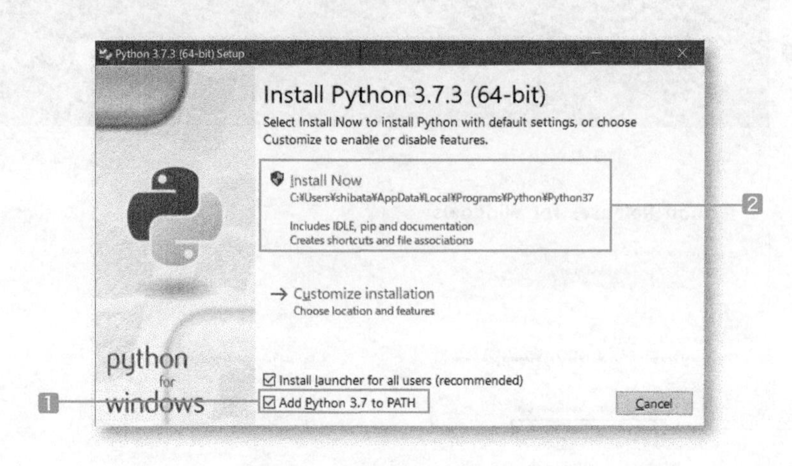

图 A-3 安装 Python（其一）

首先勾选 1 “Add Python 3.7 to PATH”，然后点击 2 “Install Now”。另外，如果要修改安装目录或自定义安装的功能，请点选“Customize installation”。

▶ 用户安装命令（应用或软件）后，系统无法只通过命令名执行该命令。当用户指示系统执行命令时，系统只在环境变量“PATH”记录的目录内搜索命令，并执行在这些目录中发现的命令（因为不可能系统每执行一次命令就搜索一次计算机所有分区的所有目录）。

如果在安装 Python 时勾选“Add Python 3.7 to PATH”，Python 的安装目录就会被记录到环境变量 PATH 中。因此，用户从 PowerShell 执行 python 命令时，Windows 会自动找到 Python 的安装目录并启动 Python。（像这样在环境变量 PATH 中记录应用程序或命令所在路径的过程称为配置环境变量。）

如果在安装 Python 时不勾选该选项，每次启动命令时就必须指定 Python 的安装目录，很不方便。

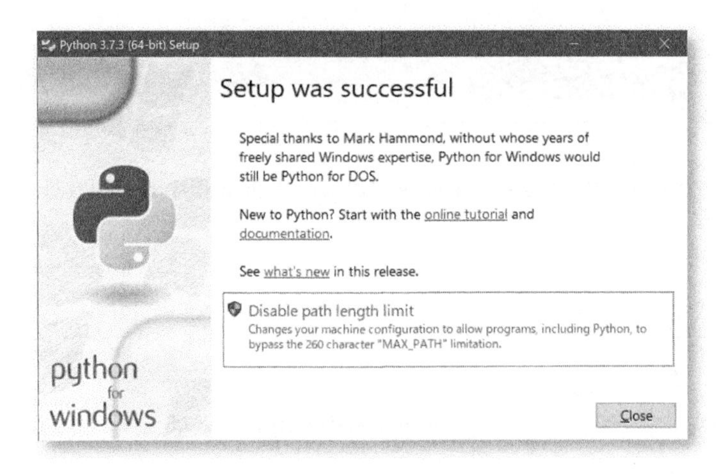

图 A-4　安装 Python（其二）

Python 安装完毕后屏幕上会显示图 A-4 中的界面，请点击“Close”按钮。

现在我们进入 Windows 的开始菜单，确认新添加的 Python 的相关菜单（图 A.5）。

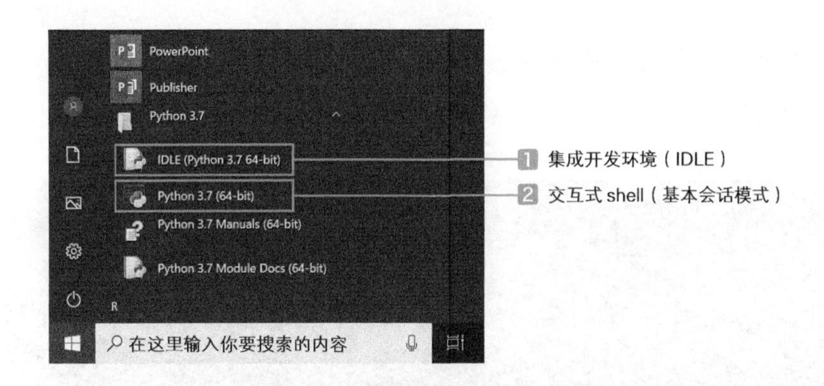

图 A.5　开始菜单中显示的 Python

1表示名为 IDLE 的集成开发环境，2表示名为基本会话模式的交互式 shell。

A-2 执行程序

上一节介绍了 Python 的安装过程。下面我讲解执行 Python 程序的三种方法。

程序的执行方法

执行 Python 程序的方法主要有三种。

交互式 shell（基本会话模式）

通过交互式 shell 逐行执行程序。我们在第 1 章中使用了这种方法。

通过集成开发环境执行

通过名为 IDLE 的集成开发环境工具执行程序。

通过 python 命令执行

使用 python 命令执行已保存的程序。

交互式 shell（基本会话模式）

点击图 A-5 的 2 “Python 3.7 (64-bit)”后，交互式 shell 开始运行（图 A-6）。

图 A-6 交互式 shell（基本会话模式）

我已在第 1 章中详细讲解了交互式 shell 的使用方法，现在来讲解如何自定义交互式 shell。点击左上图标后会打开系统菜单（图 A-7），然后点击“属性 (P)”。

▶ 在按住 Alt 键的同时按下空格键也可以调出系统菜单。

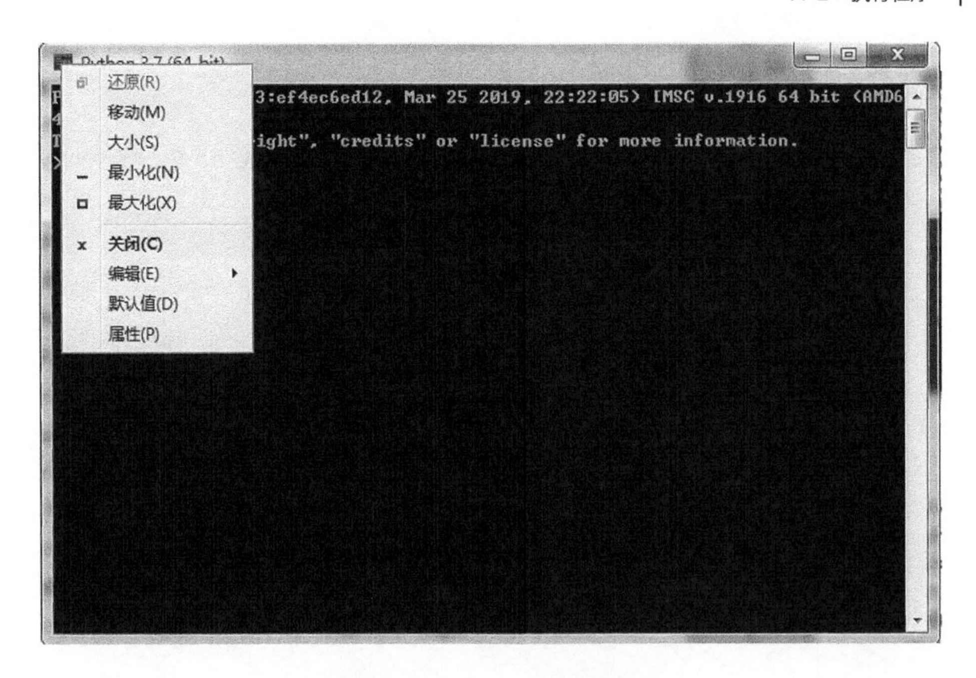

图 A-7　交互式 shell 的系统菜单

这样，“属性”窗口就会显示出来（图 A-8）。

在该界面中，我们可以根据喜好对光标大小、字体（字体和大小）、窗口大小和界面颜色（文字或背景颜色）等进行详细设定。

▶ 系统菜单和属性由 Windows 设定，而非通过 Python 提供的功能来设定。

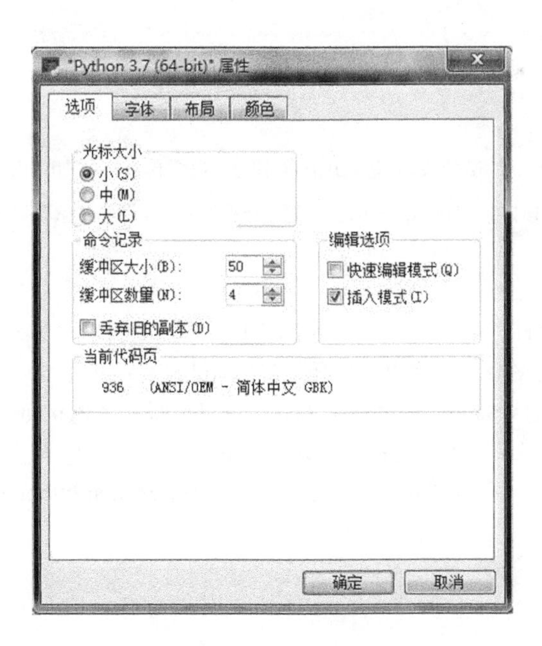

图 A-8　交互式 shell 的属性

集成开发环境

下面我来讲解集成开发环境 IDLE。

点击图 A-5 中的 1 “IDLE (Python 3.7 64-bit)” 可以启动集成开发环境 IDLE（图 A-9）。

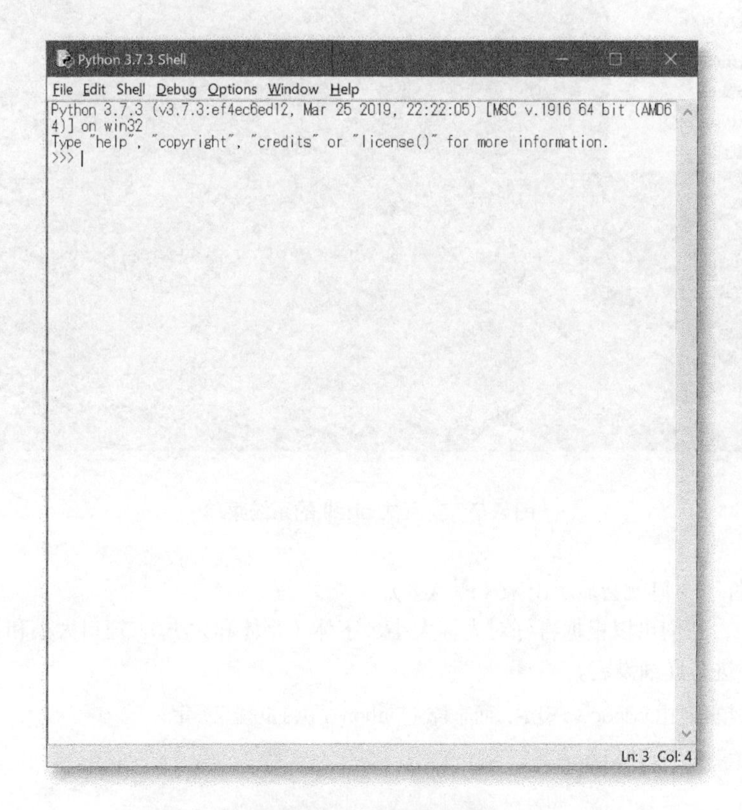

图 A-9 集成开发环境

与基本会话模式不同，集成开发环境 IDLE 提供了许多菜单，比如 File 和 Edit 等。

▶ 点选“Options”菜单中的“Configure IDLE”后可以根据喜好设置字体或高亮等项目。

程序的创建与编辑

点选“File”菜单中的“New File”后会弹出用于编辑的窗口。另外，点选“File”菜单中的“Open...”可以编辑已保存的程序（弹出“打开”窗口后选择目标文件）。

点选“File”菜单中的“Save”或“Save As...”可以重新保存 Python 程序。在弹出的“另存为”窗口中，我们可以在目标目录中用合适的名字保存程序（扩展名是 .py）。

图 A-10 为输入并保存代码清单 4-5 所示程序后的状态。MeikaiPython\chap04 目录中保存了文件 list0405.py。

▶ Windows 中的目录开头必须添加类似“C:”这样的分区字符。

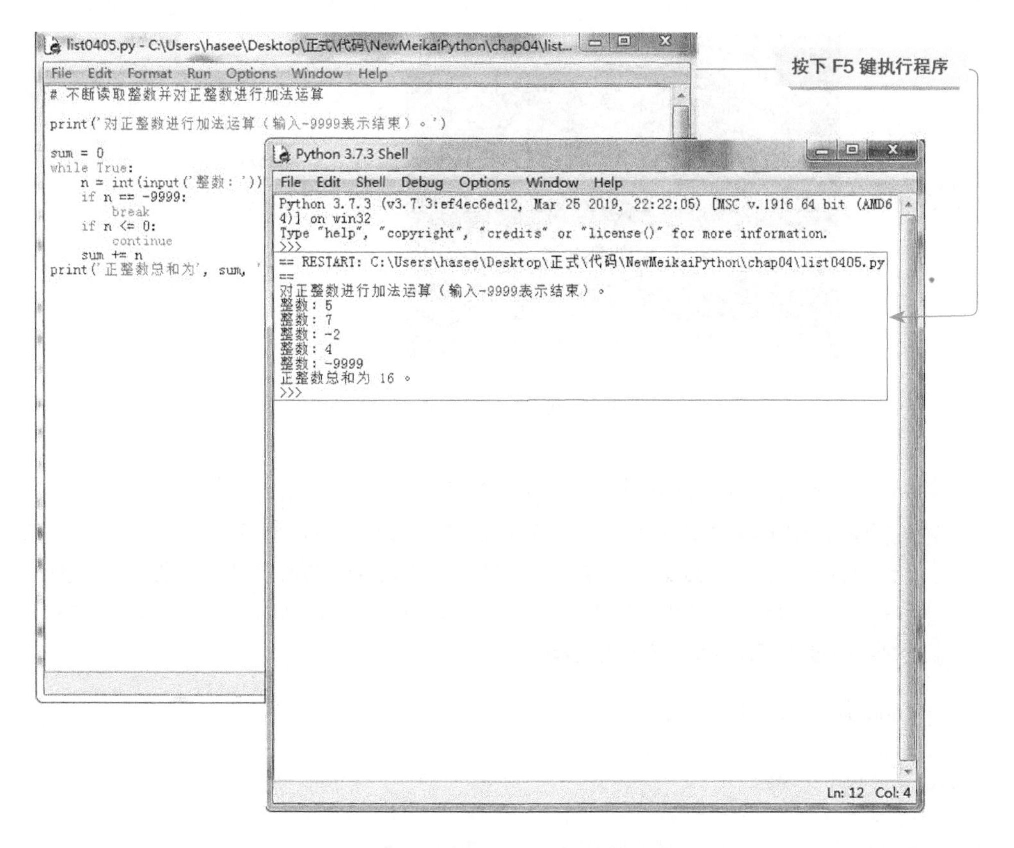

图 A-10　在集成开发环境中执行程序

按下 F5 键后程序开始执行。此时，程序是在集成开发环境的窗口中运行（屏幕输出或键盘输入等）的。

▶ 点选“Run”菜单中的“Run Module”也可以执行 Python 程序，但是按 F5 键的操作方式更快。

python 命令

最后我来讲解 python 命令。首先请从开始菜单启动 Windows 提供的 PowerShell（图 A-11）。

▶ 该图所示为 64 位版本 Windows 10 系统中的开始菜单。如果是没有提供 PowerShell 的旧版本 Windows，请启动“命令提示符”。

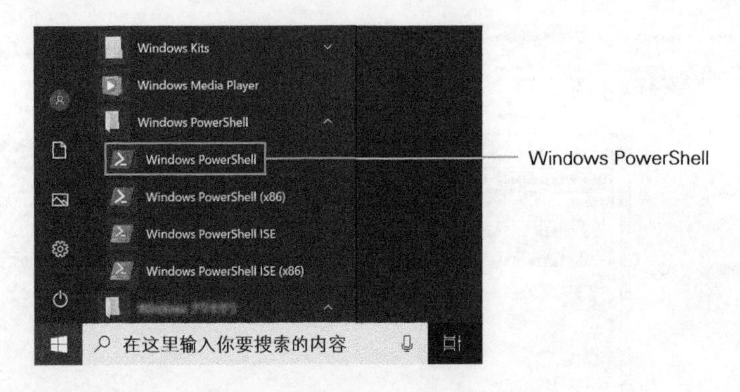

图 A-11 开始菜单中的 PowerShell

在利用 PowerShell 前，请先熟悉目录（文件夹）、文件、路径和当前目录等概念。

▶ 首先，请学习专栏 13-3 中介绍的文件、目录和路径等基础概念。然后，学习 Windows（macOS 或 Linux 等）命令及其使用方法（切换或显示当前目录、操作整个目录、复制或移动文件等基础操作）。这些内容与操作系统有关，但与 Python 无关，因此本书不对其进行介绍（对各个操作系统进行详细讲解需要占几十页的内容，这些内容对已了解相关知识的读者来说毫无必要）。

执行 python 命令的基本形式如下。

```
python 脚本文件名
```

图 A-12 是具体的程序运行示例。与前面一样，我们通过 `python list0405.py` 命令执行了代码清单 4-5 的程序。

▶ 指定脚本文件名可以执行保存在当前目录中的脚本程序，而执行保存在当前目录以外的脚本程序则必须指定路径。
另外，如果环境变量中没有配置 python 命令，那么我们必须在指定 python 命令自身的路径后执行程序。

图 A-12 PowerShell 中通过 python 命令执行程序

本书的脚本程序

本书中使用了 299 段脚本程序来帮助大家学习。请通过 ituring.cn/book/2788 下载所有程序。

下载的源程序被打包为单个压缩文件。如图 A-13 所示。请在合适的目录位置创建 MeikaiPython 目录，并将解压后的文件保存在该目录中。

在集成开发环境中打开脚本程序后，按 F5 键即可执行程序。

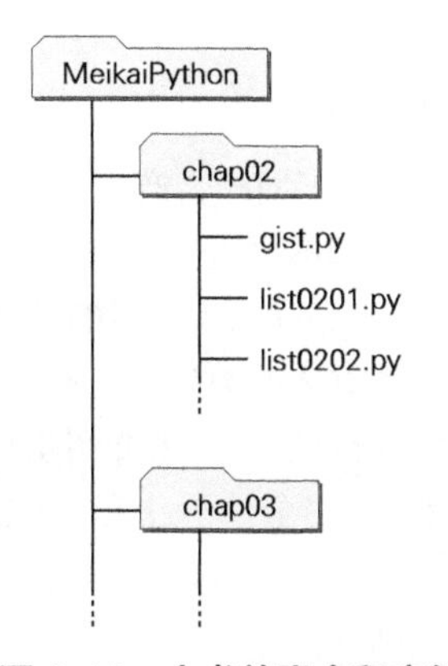

图 A-13 本书的脚本程序结构

后记

至此，包含程序在内的 Python 的基础知识终于讲解完毕。大家在学习的过程中是否有了新的感悟呢？比如：

“原来变量和赋值是这种含义啊。”

“使用这个功能可以简化最初编写的程序。”

当然，在学习 Python 之外的知识时，大家同样会产生类似的感想。不论学习何种知识，在学习的开始阶段都不可能（或难以）完全掌握知识的全貌。

本书循序渐进地介绍了 Python 语言及其编程知识，目的是帮助大家掌握 Python 的全貌。因此在初始阶段，针对一些复杂或细致的内容，我并未悉数讲解，而是选择在后面的内容中进行“揭秘”。

由于只打算编写 400 页左右的内容，所以书中并未介绍生成器、类的应用、实用算法、线程编程和 GUI 等知识点，可以说内容介绍得并不完全。不过请不要担心，我在编写本书时考虑到了如何帮助读者轻松进入下一阶段的学习。

*

迄今为止，我已经对数不胜数的学员教授了编程及编程语言的课程。这些学员中有学生，也有专业的程序员。每个人的学习目标、学习进度和理解程度都不同，这让我感到因材施教的必要性。

比如，大家学习 Python 的目的各不相同：“因为兴趣想学习 Python”“虽然不是编程专业，但为了获得学分必须学习 Python”“作为信息专业的学生必须掌握 Python”“想成为开发游戏的职业程序员”……

本书的读者类型较为广泛。为照顾到各类读者，本书内容不会过于复杂，也不会过于简单。即便如此，可能也会有读者不满意本书的难度。

这里举出以下几点内容，以供大家参考。

▶ 有的读者在阅读本书后可能会产生以下感想。

“对我来说这种知识完全没有必要（比如专业术语的英语说法）”“相似的程序太多了”“为什么要讲得这么细致呢”“章节的结构太奇怪了”“在实际的软件开发中，不应该编写这样的程序”……

我是在确定目标人群后，经过深入思考，才编写了这本书的。以下内容也是我对至今收到的各种（针对我编写的其他书的）提问和意见的回复。

▪ 关于专业术语

本书中的专业术语大多以“××（××）”[汉语（英语）] 的形式给出。英语表述参考了 Python 软件基金会的文档。

如果读者是信息专业的大学生，自然会阅读编程相关的英语专业图书。本书使用的大多是基础的英语专业术语，大学生应该已全部掌握（研究生更应如此）。

▪ 关于记载的相似程序

用于实现某个简单目标的程序也有多种实现方法，用于实现某个复杂目标的程序，其实现方法就更是数不胜数了。

因此，本书展示了各个阶段的不同实现方式。比如，针对求 `1` 到 `n` 之和的程序，代码清单 4-3 使用了 `while` 语句来实现，7-1 节使用了 `sum` 函数和 `range` 函数来实现。除该示例外，使用一些高超的技巧也可以简化书中的其他程序，或实现更具实用性的程序（如前所述，本书内容介绍得并不完全）。

▪ 关于章节的结构

理解能力较好或有其他编程语言经验的读者可能会觉得本书讲解的速度较慢，后半部分章节不够完美。

这么设计章节结构的原因是许多人在学习 `if` 语句（第 3 章）或循环语句（第 4 章）的阶段会产生挫败感。实际上，许多教育一线的老师也曾与我讨论过“如何帮助学生学习 `if` 语句和循环语句”这样的话题。

请回想一下最开始学习算术时的情形。我们先学习了数的基本概念，然后学习了加法和乘法等运算，知道了如何求解 1 加 3 等于几之类的问题。当然，在现实世界中很少有只让我们求解 1+3 这种问题的情况（一般在科学计算或财务计算中会用到单纯的加法运算）。

另外，大多数人应该能一下子算出 3 × 5 的结果。但是，在学习乘法运算前，我们是通过“加 5 次 3”这样的加法运算来求解 3 × 5 的。

我有时会听到“应该从○○（比如面向对象编程）开始讲解”或“书上记载的程序不实用”这样的意见。这种意见相当于要求“应该一开始就教乘法运算或方程的解法”，完全忽视了不会加法运算（或觉得加法运算很难）的人。

当然，如果本书的目标读者是熟悉 Java 等面向对象编程语言的人，那么我可以从“所有的类型都是对象”“所有的类都派生于 `object` 类”等知识点开始讲解。不过，也有许多人只是为了进行数值计算才使用 Python 的（不只是编程语言，任何事物的用途都因人而异）。

而且在不同的专业中，入门书的作用也不尽相同。比如，有的专业既会设置使用本书这种入门教材的科目，也会设置计算机工程、数据结构与算法、面向对象编程等科目。这类科目会通过其他教材让学生学习搜索、排序和设计模式等内容。

另一方面，有的专业也只使用本书这样的入门教材来介绍编程知识。此时，搜索和用于自由操作数组的技术等内容就要另行学习了。

考虑到不同的教学场景和教材的使用方法，我认为讲解的重点应该放在基础知识上，而不应一味满足编程行家或职业程序员的需求。

最后，提醒各位读者，许多图书和网站的内容明显是错误的，写出这些内容的人对相关知识了解得并不透彻，还望大家注意。

下面列出一部分大家需要注意的内容。

× 变量有存储生命周期（存储期）

存储生命周期（存储器）是 C 语言等编程语言中常用的概念，表示在函数中定义的对象只在函数运行期间存在。在以对象为中心的 Python 中，变量只不过是用来引用（绑定到）对象的名字。因此，在函数开始运行和结束运行时，程序并不会生成对象或废弃对象（比如代码清单 9-36，程序并没有在各个函数开始运行和结束运行时生成或废弃整数对象 `1`、`2`、`3`、`4`、`5` 和 `6`）。

存储生命周期这个概念在 Python 语言中完全没有存在的必要（这一点在专栏 5-1 中进行了简单补充）。

× and 和 or 这两个逻辑运算符生成逻辑值 True 或 False

第 55 页～第 59 页详细介绍了对逻辑表达式“x and y”或“x or y”求值后会得到 x 或 y。比如，对表达式式 5 or 3 求值后会得到 5，而不是 True。

只要 x 或 y 本身不是逻辑值，运算符 and 和运算符 or 就不会生成 True 或 False。

真（true）本来就不等同于 True，假（false）也不等同于 False。

逻辑表达式“x and y”和“x or y”生成的是 x 或 y，本书也介绍了在 Python 中有效利用该特性的编程技巧。

× if 语句只在判断表达式为 True 时执行代码组

if 语句中的判断表达式没有必要是逻辑值（True 或 False）。像“if 5:”或“if [1, 2, 3]:”这样，判断表达式也可以是整数或列表。这是因为所有值都被视为真或假。

顺带一提，很多人有这样的误解，即（包括 if 语句在内的）复合语句控制的代码组必须编写在头部的下一行（第 65 页～第 69 页已讲解正确的内容）。

× 赋值运算符是右结合运算

我从第 1 章开始就反复讲解赋值语句中的 = 不是运算符。正因为 = 不是运算符，所以也就不存在右结合或左结合这样的结合特性。

有一种错误说法认为赋值运算符是右结合的。根据这种说法，“a = b = 1”会被程序解释为“a = (b = 1)”。然而在 Python 中，“a = (b = 1)”会产生错误。

× 函数通过“值传递”或“引用传递”传递参数

第 247 页～第 251 页的内容介绍了 Python 中函数间参数的传递既不是“值传递”也不是“引用传递”。函数传递参数的规则极其简单，即“将实参赋给形参”（当然，赋的是对象的引用而不是值）。

因为程序行为会根据参数是否为可变对象而发生变化，所以程序不会根据参数的类型和性质来区分使用“值传递”和“引用传递”。

*

上面仅列出了一部分内容，这些内容并不是我个人的见解，而是我基于 Python 官方文档列举出来的。

另外，我发现有的教材中出现了这里指出来的大部分错误内容。如果使用这种教材进行学习，读者恐怕会误解 Python 的实质。

*

在本书中，我最初给出了“变量就像一个存储值的箱子”这种错误的说明，并在后文中讲解了正确的内容。

由于本书是入门书，不是参考手册，所以我在讲解许多内容时舍弃了语法规则或库的使用等细节部分，整本书的讲解并非尽善尽美。

当今世界信息泛滥，希望各位读者能鉴别各种信息的真假，切忌全盘接受。

参考文献

[1] 娜奥米・塞德 . Python 快速入门 [M]. 戴旭，译 . 北京：人民邮电出版社，2019.
[2] 石本敦夫 . Python 文法詳解 [M]. 東京：オライリージャパン，2014.
[3] 保罗・巴里 . Head First Python（第二版），乔莹，林琪，等译 . 北京：中国电力出版社，2017.

致谢

在整理本书的过程中承蒙 SB Creative 公司的野泽喜美男主编关照。借此机会向野泽喜美男主编表示衷心感谢。

版权声明